范例导航系列丛书

# CorelDRAW 2019 中文版<br>图形创意设计与制作

## (微课版)

李　军　编著

清华大学出版社
北 京

## 内 容 简 介

CorelDRAW 是目前最流行的矢量绘图软件之一，本书全面系统地讲解了 CorelDRAW 平面设计制图中常用的操作方法和设计要领。根据软件功能的使用特点，全书分为 13 章，主要内容包括 CorelDRAW 基础操作、绘制简单图形、绘制复杂的图形、对象的变换与管理、填充与轮廓、文字的创建与编辑、编辑矢量对象、制作矢量图形特效、制作与应用表格、编辑与处理位图、位图特效、管理和打印文件以及综合应用案例等。

本书结构清晰、内容翔实、图文并茂，具有很强的可操作性，适合 CorelDRAW 初、中级用户学习使用，也适合图形图像设计师、平面广告设计师、网络广告和动漫设计师参考学习，还可以作为高等院校相关设计专业的教材或者参考用书。



图书在版编目(CIP)数据

CorelDRAW 2019 中文版图形创意设计与制作：微课版/李军编著. —北京：清华大学出版社，2021.1
(范例导航系列丛书)
ISBN 978-7-302-56982-4

Ⅰ. ①C… Ⅱ. ①李… Ⅲ. ①图形软件—高等学校—教材 Ⅳ. ①TP391.412

中国版本图书馆 CIP 数据核字(2020)第 231951 号

责任编辑：魏 莹
装帧设计：杨玉兰
责任校对：王明明
责任印制：杨 艳
出版发行：清华大学出版社
网 址：http://www.tup.com.cn, http://www.wqbook.com
地 址：北京清华大学学研大厦 A 座 邮 编：100084
社 总 机：010-62770175 邮 购：010-62786544
投稿与读者服务：010-62776969, c-service@tup.tsinghua.edu.cn
质量反馈：010-62772015, zhiliang@tup.tsinghua.edu.cn
课件下载：http://www.tup.com.cn, 010-62791865
印 刷 者：北京富博印刷有限公司
装 订 者：北京市密云县京文制本装订厂
经 销：全国新华书店
开 本：185mm×260mm 印 张：19.75 字 数：475 千字
版 次：2021 年 1 月第 1 版 印 次：2021 年 1 月第 1 次印刷
定 价：78.00 元

产品编号：087704-01

# 致 读 者

"范例导航系列丛书"将成为您"快速掌握电脑技能，灵活处理职场工作"的全新学习工具和业务宝典，通过"**图书+在线多媒体视频教程+网上技术指导**"等多种方式与渠道，为您奉上丰盛的学习与进阶的盛宴。

"范例导航系列丛书"涵盖了电脑基础与办公、图形图像处理、计算机辅助设计等多个领域，本系列丛书汲取目前市面上同类图书的成功经验，针对读者最常见的需求进行精心设计，从而让内容更丰富、讲解更清晰、覆盖面更广，是读者首选的电脑入门与应用类学习及参考用书。

热切希望通过我们的努力不断满足读者的需求，不断提高我们的图书编写与技术服务水平，进而达到与读者共同学习、共同提高的目的。

## 一、轻松易懂的学习模式

我们遵循"**打造最优秀的图书、制作最优秀的电脑学习视频、提供最完善的学习与工作指导**"的原则，在本系列图书编写过程中，聘请电脑操作与教学经验丰富的教师和来自工作一线的技术骨干倾力合作，为您系统化地学习和掌握相关知识与技术奠定扎实的基础。

### 1. 快速入门、学以致用

本套图书特别注重读者学习习惯和实践工作应用，针对图书的内容与知识点，设计了更加贴近读者学习的教学模式，采用"**基础知识学习+范例应用与上机指导+课后练习与上机操作**"的教学模式，帮助读者从**初步了解**到**掌握**再到**实践应用**，循序渐进地成为电脑应用高手与行业精英。

### 2. 版式清晰、条理分明

为便于读者学习和阅读本书，我们聘请专业的图书排版与设计师，根据读者的阅读习惯，精心设计了赏心悦目的版式，全书图案精美、布局美观，读者可以轻松完成整个学习过程，进而在愉快的阅读氛围中快速学习、逐步提高。

### 3. 结合实践、注重职业化应用

本套图书在内容安排方面，尽量摒弃枯燥乏味的基础理论，精选了更适合实际生活与工作的知识点，每个知识点均采用“**基础知识+范例应用**”的模式编写，其中“基础知识”的操作部分偏重于知识学习与灵活运用，“范例应用与上机操作”主要讲解该知识点在实际工作和生活中的综合应用。此外，每章的最后都安排了“本章小结与课后练习”及“上机操作”，帮助读者综合应用本章的知识进行自我练习。

## 二、易于读者学习的编写体例

本套图书在编写过程中，注重内容起点低、操作上手快、讲解言简意赅，读者不需要复杂的思考，即可快速掌握所学的知识与内容。同时针对知识点及各个知识板块的衔接，科学地划分章节，知识点分布由浅入深，符合读者循序渐进与逐步掌握的学习规律，从而使学习达到事半功倍的效果。

- **本章要点**：在每章的章首页，我们以言简意赅的语言，清晰地表述了本章即将介绍的知识点，读者可以有目的地学习与掌握相关知识。
- **操作步骤**：对于需要实践操作的内容，全部采用分步骤、分要点的讲解方式，图文并茂，使读者不但可以动手操作，还可以在大量的实践案例练习中，不断提高操作技能和经验。
- **知识精讲**：对于软件功能和实际操作应用比较复杂的知识，或者难以理解的内容，进行更为详尽的讲解，帮助您拓展、提高与掌握更多的技巧。
- **范例应用与上机操作**：读者通过阅读和学习此部分内容，可以边动手操作，边阅读书中所介绍的实例，一步一步地快速掌握和巩固所学知识。
- **本章小结与课后练习**：通过此栏目内容，不但可以温习所学知识，还可以通过练习，达到巩固基础、提高操作能力的目的。

## 三、精心制作的在线视频教程

本套丛书配套在线多媒体视频教学课程，旨在帮助读者完成“从入门到提高，从实践操作到职业化应用”的一站式学习与辅导过程。读者在阅读本书的过程中，可以使用手机

网络浏览器或者微信等工具，扫描每节标题左侧的二维码，即可在打开的视频界面中实时在线观看视频教程，或者将视频课程下载到手机中，也可以将视频课程发送到自己的电子邮箱随时离线学习。

## 四、图书产品与读者对象

“范例导航系列丛书”涵盖电脑应用各个领域，为读者提供了全面的学习与交流平台，适合电脑的初、中级读者，以及对电脑有一定基础、需要进一步学习电脑办公技能的电脑爱好者与工作人员，也可作为大中专院校、各类电脑培训班的教材。本套丛书具体书目如下。

- Office 2016 电脑办公基础与应用(Windows 7+Office 2016 版)(微课版)
- Dreamweaver CC 中文版网页设计与制作(微课版)
- Flash CC 中文版动画设计与制作(微课版)
- Photoshop CC 中文版平面设计与制作(微课版)
- Premiere Pro CC 视频编辑与制作(微课版)
- Illustrator CC 中文版平面设计与制作(微课版)
- 会声会影 2019 中文版视频编辑与制作(微课版)
- CorelDRAW 2019 中文版图形创意设计与制作(微课版)
- Office 2010 电脑办公基础与应用(Windows 7+Office 2010 版)
- Dreamweaver CS6 网页设计与制作
- AutoCAD 2014 中文版基础与应用
- Excel 2010 电子表格入门与应用
- Flash CS6 中文版动画设计与制作

- CorelDRAW X6 中文版平面设计与制作
- Excel 2010 公式·函数·图表与数据分析
- Illustrator CS6 中文版平面设计与制作
- UG NX 8.5 中文版入门与应用
- After Effects CS6 基础入门与应用

## 五、全程学习与工作指导

为了帮助您顺利学习、高效就业，如果您在学习与工作中遇到疑难问题，欢迎来信与我们及时交流与沟通，我们将全程免费答疑。希望我们的工作能够让您更加满意，希望我们的指导能够为您带来更大的收获，希望我们可以成为志同道合的朋友！

最后，感谢您对本系列图书的支持，我们将再接再厉，努力为读者奉献更加优秀的图书。衷心地祝愿您能早日成为电脑高手！

编　者

# 前　　言

CorelDRAW 是 Corel 公司出品的矢量图形制作软件，该软件给设计师提供了矢量动画、页面设计、网站制作、位图编辑和网页动画等多种功能，拥有无数的爱好者和忠实的用户。为了帮助初学者快速地掌握 CorelDRAW 软件，以便在日常的学习和工作中学以致用，我们编写了本书。

## 一、购买本书能学到什么

本书在编写过程中根据初学者的学习规律，采用由浅入深、由易到难的方式讲解，为读者快速学习提供了一个全新的学习和实践操作平台，无论从基础知识安排还是实践应用能力的训练，都充分地考虑了用户的需求，快速达到理论知识与应用能力的同步提高。全书结构清晰，内容丰富，主要包括以下 6 个方面的内容。

### 1. CorelDRAW 基础与绘图

本书第 1～3 章，介绍了色彩和图形术语、管理图形文件、设置文档页面、绘图辅助设计、绘制简单图形和绘制复杂图形的方法。

### 2. 管理对象与填充

本书第 4～5 章，介绍了选择与变换对象、复制与控制对象以及使用图层管理对象，还讲解了交互式填充、使用调色板、其他填充工具、编辑轮廓线等内容。

### 3. 创建文字与矢量图形

本书第 6～8 章，介绍了创建与编辑排版文字、编辑矢量对象、制作矢量图形特效等内容。

### 4. 制作与应用表格

本书第 9 章，介绍了创建表格、文本与表格的相互转换、设置表格的外观、操作表格以及合并与拆分单元格等内容。

### 5. 位图与打印

本书第 10～12 章，介绍了编辑与处理位图、位图特效，还讲解了导出 CorelDRAW 中的文件、打印和印刷等内容。

### 6. 综合应用案例

本书第 13 章，通过 3 个实际应用案例检验对 CorelDRAW 2019 的学习成果。

## 二、如何获取本书的学习资源

为帮助读者高效、快捷地学习本书知识点，我们不但为读者准备了与本书知识点有关的配套素材文件，而且还设计并制作了精品视频教学课程，同时还为教师准备了 PPT 课件资源。购买本书的读者，可以通过以下三种途径获取相关的配套学习资源。

**1. 扫描书中二维码获取在线学习视频**

读者在学习本书的过程中，可以使用微信的扫一扫功能，扫描本书标题左下角的二维码，在打开的视频播放页面中可以在线观看视频课程。这些课程读者也可以下载并保存到手机或电脑中离线观看。

**2. 登录网站获取更多学习资源**

本书配套素材和 PPT 课件资源，读者可登录网址 http://www.tup.com.cn(清华大学出版社官方网站)下载相关学习资料，也可关注“文杰书院”微信公众号获取更多的学习资源。

本书由文杰书院李军组织编写，参与本书编写工作的有袁帅、文雪、李岩松、李强、高桂华等。

我们真切希望读者在阅读本书之后，可以开阔视野，增长实践操作技能，并从中学习和总结操作的经验和规律，达到灵活运用的水平。鉴于编者水平有限，书中纰漏和考虑不周之处在所难免，热忱欢迎读者予以批评、指正，以便我们日后能为您编写更好的图书。

编　者

# 目　录


第 1 章　CorelDRAW 的基础操作............1

1.1　进入 CorelDRAW 的世界......................2

1.1.1　CorelDRAW 概述......................2

1.1.2　CorelDRAW 能做什么..............2

1.1.3　认识 CorelDRAW 的工作界面..................................5

1.2　色彩和图形术语....................................8

1.2.1　认识色彩模式..........................8

1.2.2　位图和矢量图..........................9

1.2.3　常见的图形格式......................9

1.3　管理图形文件........................................9

1.3.1　创建新文档............................10

1.3.2　打开已有的 CorelDRAW 文件........................................11

1.3.3　向文档中导入其他内容..........11

1.3.4　保存与关闭文档....................12

1.3.5　将文档导出为其他格式..........13

1.4　查看图像文档......................................14

1.4.1　使用缩放工具........................14

1.4.2　使用抓手工具........................15

1.5　设置文档页面......................................16

1.5.1　修改页面属性........................17

1.5.2　增加与删除文档页面..............17

1.5.3　显示页边框/出血/可打印区域.............................18

1.6　绘图辅助设计......................................19

1.6.1　使用标尺................................20

1.6.2　使用辅助线............................20

1.6.3　使用动态辅助线....................21

1.7　范例应用与上机操作..........................21

1.7.1　使用文档网格........................21

1.7.2　自动贴齐对象........................22

1.7.3　重命名页面............................23

1.8　本章小结与课后练习..........................23

1.8.1　思考与练习...............................24

1.8.2　上机操作...................................24

第 2 章　绘制简单图形..................................25

2.1　绘图工具.............................................26

2.1.1　常用的绘图工具.......................26

2.1.2　使用绘图工具绘制简单图形....26

2.1.3　为图形进行填色与描边...........27

2.1.4　绘制精确尺寸的图形...............28

2.1.5　将图形转换为曲线并调整图形形态..................................28

2.2　矩形工具.............................................29

2.2.1　使用矩形工具制作美食宣传页......................................29

2.2.2　使用圆角矩形制作简约名片....32

2.2.3　使用 3 点矩形工具制作菱形版面..................................34

2.3　椭圆形工具.........................................38

2.3.1　使用椭圆形工具制作圆形标志..........................................39

2.3.2　制作简单的统计图表...............41

2.4　多边形和星形工具..............................43

2.4.1　使用多边形工具制作简约海报..........................................43

2.4.2　使用多边形工具制作五角星....45

2.4.3　使用多边形工具制作太阳图案卡片..................................46

2.5　范例应用与上机操作..........................48

2.5.1　常见形状工具..........................48

2.5.2　绘制彩带图形..........................49

2.5.3　制作相机 App 图标..................50

2.6　本章小结与课后练习..........................54

2.6.1　思考与练习..............................54

2.6.2　上机操作..................................54

第 3 章 绘制复杂的图形 ........................55

3.1 手绘工具 ........................56
3.1.1 基本绘制方法 ........................56
3.1.2 线条的设置 ........................57
3.2 贝塞尔工具 ........................58
3.2.1 直线绘制方法 ........................58
3.2.2 折线绘制方法 ........................58
3.2.3 曲线绘制方法 ........................58
3.3 艺术笔工具 ........................59
3.3.1 预设 ........................59
3.3.2 笔刷 ........................60
3.3.3 喷涂 ........................60
3.3.4 书法 ........................61
3.3.5 表达式 ........................62
3.4 绘图工具 ........................63
3.4.1 钢笔工具 ........................63
3.4.2 B 样条工具 ........................65
3.4.3 2 点曲线工具 ........................65
3.4.4 折线工具 ........................66
3.4.5 智能绘图工具 ........................66
3.5 连接器工具 ........................67
3.5.1 直线连接器工具 ........................67
3.5.2 直角连接器工具 ........................67
3.5.3 圆直角连接符工具 ........................68
3.5.4 编辑锚点工具 ........................68
3.6 度量工具 ........................68
3.6.1 平行度量工具 ........................68
3.6.2 水平或垂直度量工具 ........................70
3.6.3 角度量工具 ........................70
3.6.4 线段度量工具 ........................71
3.6.5 3 点标注工具 ........................71
3.7 范例应用与上机操作 ........................73
3.7.1 使用连接器工具制作数据图 ........................73
3.7.2 使用贝塞尔工具制作海报 ........................76
3.7.3 使用钢笔工具制作画册封面 ...77
3.8 本章小结与课后练习 ........................79
3.8.1 思考与练习 ........................79
3.8.2 上机操作 ........................79

第 4 章 对象的变换与管理 ........................81

4.1 选择对象 ........................82
4.1.1 选择单一对象 ........................82
4.1.2 选择多个对象 ........................82
4.1.3 选择全部对象 ........................82
4.1.4 选择被覆盖的对象 ........................82
4.1.5 隐藏或显示对象 ........................83
4.2 变换对象 ........................83
4.2.1 移动对象 ........................83
4.2.2 旋转对象 ........................84
4.2.3 缩放对象 ........................84
4.2.4 镜像对象 ........................85
4.2.5 倾斜对象 ........................85
4.2.6 清除变换 ........................86
4.3 对象的复制与再制 ........................86
4.3.1 对象的基本复制 ........................86
4.3.2 复制对象属性 ........................88
4.4 控制对象 ........................88
4.4.1 更改对象叠放效果 ........................89
4.4.2 组合与取消群组 ........................89
4.4.3 合并与拆分对象 ........................90
4.4.4 锁定与解锁对象 ........................90
4.5 使用图层管理对象 ........................91
4.5.1 使用对象管理器编辑图层 ........91
4.5.2 新建图层 ........................92
4.5.3 在图层间复制与移动对象 ........93
4.6 范例应用与上机操作 ........................93
4.6.1 修剪图形 ........................93
4.6.2 将轮廓转换为对象 ........................94
4.6.3 转换为曲线 ........................95
4.7 本章小结与课后练习 ........................96
4.7.1 思考与练习 ........................97
4.7.2 上机操作 ........................97

第 5 章 填充与轮廓 ........................99

5.1 交互式填充 ........................100
5.1.1 均匀填充 ........................100

5.1.2 渐变填充......101

5.1.3 向量图样填充......102

5.1.4 位图图样填充......103

5.1.5 双色图样填充......105

5.1.6 底纹填充......106

5.2 使用调色板......107

5.2.1 填充对象......107

5.2.2 添加颜色到调色板......108

5.2.3 创建调色板......108

5.2.4 打开创建的调色板......109

5.3 其他填充工具......110

5.3.1 网状填充工具......110

5.3.2 滴管工具......111

5.4 编辑轮廓线......113

5.4.1 改变轮廓线的颜色......113

5.4.2 改变轮廓线的宽度......113

5.4.3 改变轮廓线的样式......114

5.4.4 清除轮廓线......115

5.4.5 转换轮廓线......115

5.5 效果......116

5.5.2 设置轮廓线的起始和终止箭头......117

5.5.3 设置轮廓线的书法样式......120

5.5.4 设置轮廓线的位置......121

5.6 本章小结与课后练习......122

5.6.1 思考与练习......122

5.6.2 上机操作......122

**第 6 章 文字的创建与编辑......123**

6.1 创建文字......124

6.1.1 认识文本工具......124

6.1.2 创建段落文本......125

6.1.3 向文档中导入文本文件......125

6.1.4 创建沿路径排列的文本......126

6.1.5 在图形中输入文本......128

6.2 文字的基本编辑......129

6.2.1 文本属性设置......129

6.2.2 文本字符设置......129

6.2.3 段落文本设置......131

6.2.4 艺术文本设计......131

6.2.5 插入特殊字符......132

6.3 文本排版......134

6.3.1 设置断字规则......134

6.3.2 添加制表位......135

6.3.3 首字下沉......136

6.3.4 分栏......137

6.3.5 项目符号......137

6.3.6 文本换行......138

6.4 范例应用与上机操作......139

6.4.1 将文字转换为曲线......139

6.4.2 转换文字方向制作菜谱......140

6.4.3 制作带有沿路径排列文字的杂志封面......141

6.5 本章小结与课后练习......143

6.5.1 思考与练习......143

6.5.2 上机操作......144

**第 7 章 编辑矢量对象......145**

7.1 形状工具......146

7.1.1 选择和移动节点......146

7.1.2 添加、删除节点......147

7.1.3 对齐节点......148

7.1.4 连接与断开节点......148

7.2 修整图形......149

7.2.1 对象造型......149

7.2.2 图形的边界......150

7.2.3 图形的修剪......151

7.2.4 图形的相交......151

7.2.5 图形的简化......152

7.2.6 移除后面对象......152

7.2.7 移除前面对象......152

7.3 修饰图形......153

7.3.1 自由变换工具......153

7.3.2 涂抹工具......155

7.3.3 粗糙工具......156

7.3.4 转动工具......157

7.3.5 吸引和排斥工具......157

7.3.6 虚拟段删除工具......158

7.3.7 裁剪工具 159
7.3.8 刻刀工具 160
7.4 范例应用与上机操作 162
7.4.1 使用弄脏工具制作云朵图形 162
7.4.2 使用粗糙工具制作贺卡 163
7.4.3 使用橡皮擦工具制作切分感背景 165
7.5 本章小结与课后练习 166
7.5.1 思考与练习 166
7.5.2 上机操作 166

第 8 章 制作矢量图形特效 167

8.1 阴影工具 168
8.1.1 创建阴影效果 168
8.1.2 设置阴影属性 168
8.2 轮廓图工具 169
8.2.1 创建轮廓图效果 169
8.2.2 设置轮廓图属性 169
8.3 混合工具 171
8.3.1 创建混合效果 171
8.3.2 设置混合属性 172
8.4 变形工具 172
8.4.1 创建变形效果 172
8.4.2 设置变形属性 173
8.5 封套工具 174
8.5.1 创建封套效果 175
8.5.2 设置封套属性 175
8.6 立体化工具 176
8.6.1 创建立体化效果 176
8.6.2 设置立体化属性 177
8.7 块阴影工具 177
8.7.1 创建块阴影效果 177
8.7.2 设置块阴影属性 178
8.8 透明度工具 178
8.8.1 创建透明度效果 179
8.8.2 设置透明度属性 179
8.9 范例应用与上机操作 181
8.9.1 使用透明度工具制作混合效果 181
8.9.2 使用阴影工具制作电影海报 183
8.9.3 使用立体化工具制作立体文字标志 185
8.10 本章小结与课后练习 187
8.10.1 思考与练习 188
8.10.2 上机操作 188

第 9 章 制作与应用表格 189

9.1 创建表格 190
9.1.1 使用表格工具创建 190
9.1.2 使用菜单命令创建 191
9.2 文本与表格的相互转换 191
9.2.1 将文本转换为表格 192
9.2.2 将表格转换为文本 192
9.3 设置表格的外观 193
9.3.1 设置表格背景色 193
9.3.2 设置表格或单元格边框 194
9.4 操作表格 195
9.4.1 选择单元格 195
9.4.2 插入单元格 198
9.4.3 删除单元格 200
9.4.4 调整行高和列宽 201
9.4.5 平均分布行列 202
9.4.6 在单元格中添加图像 203
9.5 合并与拆分单元格 204
9.5.1 合并多个单元格 204
9.5.2 拆分单元格 205
9.6 范例应用与上机操作 206
9.6.1 制作简约表格 206
9.6.2 绘制家居用品表格 209
9.6.3 为糖果包装添加表格 210
9.7 本章小结与课后练习 211
9.7.1 思考与练习 211
9.7.2 上机操作 212

第 10 章　编辑与处理位图 213

10.1 编辑位图 214
10.1.1 将矢量图转换为位图 214
10.1.2 矫正图像 215
10.1.3 重新取样 215
10.1.4 位图边框扩充 216
10.2 描摹位图 217
10.2.1 快速描摹位图 217
10.2.2 中心线描摹 218
10.2.3 轮廓描摹 219
10.3 调整位图色调 219
10.3.1 高反差 219
10.3.2 局部平衡 220
10.3.3 调合曲线 221
10.3.4 亮度/对比度/强度 222
10.3.5 颜色平衡 223
10.3.6 伽玛值 223
10.3.7 色度/饱和度/亮度 224
10.4 转换位图颜色模式 224
10.4.1 转换黑白图像 225
10.4.2 转换灰度模式 225
10.4.3 转换 RGB 图像 226
10.4.4 转换 CMYK 图像 226
10.4.5 转换调色板颜色图像 226
10.5 范例应用与上机操作 227
10.5.1 使用双色调模式制作怀旧海报 227
10.5.2 使用【色度/饱和度/亮度】命令调整局部颜色 229
10.6 本章小结与课后练习 229
10.6.1 思考与练习 230
10.6.2 上机操作 230

第 11 章　位图特效 231

11.1 为位图添加特效的方法 232
11.2 三维效果 232
11.2.1 三维旋转 232
11.2.2 柱面 233
11.2.3 浮雕 234
11.2.4 卷页 235
11.2.5 挤远/挤近 236
11.2.6 球面 236
11.3 艺术笔触效果 237
11.3.1 蜡笔画 238
11.3.2 印象派 238
11.3.3 调色刀 239
11.3.4 水彩画 240
11.4 模糊效果 241
11.4.1 定向平滑 241
11.4.2 高斯式模糊 241
11.4.3 低通滤波器 242
11.4.4 动态模糊 243
11.5 相机效果 244
11.5.1 着色 244
11.5.2 扩散 244
11.5.3 照片过滤器 245
11.5.4 棕褐色色调 246
11.5.5 延时 246
11.6 颜色转换效果 247
11.6.1 位平面 248
11.6.2 半色调 248
11.6.3 梦幻色调 249
11.6.4 曝光 250
11.7 轮廓图效果 251
11.7.1 边缘检测 251
11.7.2 查找边缘 252
11.7.3 描摹轮廓 252
11.8 创造性效果 253
11.8.1 晶体化 253
11.8.2 织物 254
11.8.3 框架 254
11.8.4 玻璃砖 255
11.9 扭曲效果 256
11.9.1 块状 256
11.9.2 网孔扭曲 257
11.9.3 龟纹 258
11.9.4 平铺 259

11.10 底纹效果......260
11.10.1 鹅卵石......260
11.10.2 蚀刻......261
11.10.3 塑料......262
11.11 范例应用与上机操作......262
11.11.1 应用茶色玻璃效果制作网页......263
11.11.2 应用半色调效果制作波普风格海报......264
11.11.3 应用水印画效果制作油画效果......266
11.12 本章小结与课后练习......267
11.12.1 思考与练习......267
11.12.2 上机操作......267

第 12 章 管理和打印文件......269

12.1 导出 CorelDRAW 中的文件......270
12.1.1 导出到 Office......270
12.1.2 导出为 Web......271
12.1.3 发布为 PDF......272
12.2 打印和印刷......272
12.2.1 打印设置......273
12.2.2 打印预览......277
12.2.3 合并打印......277
12.3 范例应用与上机操作......279
12.3.1 查看文档属性......279
12.3.2 导出为 WordPress......279
12.3.3 【发送到】命令......280
12.4 本章小结与课后练习......281
12.4.1 思考与练习......282
12.4.2 上机操作......282

第 13 章 综合应用案例......283

13.1 制作园艺博览会宣传广告......284
13.2 制作时装网站首页......289
13.3 制作图形化版面......292

课后练习参考答案......295

范例导航
系列丛书

# 第 1 章

# CorelDRAW 的基础操作

本章主要介绍 CorelDRAW 的基本知识、色彩和图形术语、管理图形文件、查看图像文档、设置文档页面方面的知识与技巧，同时还讲解了如何使用绘图辅助设计工具。通过本章的学习，读者可以掌握 CorelDRAW 基础操作方面的知识，为深入学习 CorelDRAW 知识奠定基础。

## 本章要点

1. 进入 CorelDRAW 的世界
2. 色彩和图形术语
3. 管理图形文件
4. 查看图像文档
5. 设置文档页面
6. 绘图辅助设计

Section 1.1 进入 CorelDRAW 的世界

手机扫描下方二维码，观看本节视频课程

正式开始学习 CorelDRAW 功能之前，我们需要先了解 CorelDRAW 的基础知识，包括 CorelDRAW 概述、CorelDRAW 能做什么以及认识 CorelDRAW 的工作界面等。CorelDRAW 是一款常用的矢量制图软件，下面详细介绍该软件的基础知识。

## 1.1.1 CorelDRAW 概述

CorelDRAW 是加拿大 Corel 公司的平面设计软件。该软件是 Corel 公司出品的矢量图形制作工具软件，该软件给设计师提供了矢量动画、页面设计、网站制作、位图编辑和网页动画等多种功能。

该图像软件是一套屡获殊荣的图形图像编辑软件，它包含两个绘图应用程序：一个用于矢量图及页面设计，一个用于图像编辑。这套绘图软件组合给用户提供强大的交互式工具，使用户可以创作出多种富于动感的特殊效果及点阵图像即时效果。

该软件界面设计友好，操作精微细致。它提供给设计者一整套的绘图工具(包括圆形、矩形、多边形、方格、螺旋线)，配合塑形工具，可以对各种基本图形做出更多的变化，如圆角矩形、弧、扇形、星形等。同时也提供了特殊笔刷如压力笔、书写笔、喷洒器等，以便充分地利用电脑处理信息量大、随机控制能力高的特点，制作出丰富多彩的图形。

为便于设计需要，该软件提供了一整套的图形精确定位和变形控制方案。这给商标、标志等需要准确尺寸的设计带来极大的便利。

该软件提供的智慧型绘图工具以及新的动态向导可以充分降低用户的操控难度，允许用户更加精确地创建物体的尺寸和位置，减少点击步骤，节省设计时间；该软件套装更为专业设计师及绘图爱好者提供简报、彩页、手册、产品包装、标识、网页制作等功能。

知识精讲

目前，CorelDRAW 的多个版本都拥有数量众多的用户群，每个版本的升级都会有性能的提升和功能上的改进，但是在日常工作中并不一定要使用最新版本。新版本虽然可能会有功能上的更新，但是对设备的要求也会有所提升，在软件的运行过程中就可能会消耗更多的资源。用户应根据计算机的配置情况来选择合适的版本。

## 1.1.2 CorelDRAW 能做什么

CorelDRAW 可以说是平面设计类软件的“老大哥”了，作为一款实用而高效的矢量制图软件，CorelDRAW 常被用于海报设计、标志设计、书籍装帧设计、广告设计、包装设计、卡片设计、DM 设计等多种设计作品的制作中，如图 1-1 和图 1-2 所示。

图 1-1

图 1-2

UI 设计也是近几年非常热门的设计职业。随着 IT 行业日新月异的发展，以及智能手机、移动设备、智能设备的普及，企业越来越重视网站和产品的交互设计，所以对相关的 UI 设计专业人员的需求与日俱增，如图 1-3 和图 1-4 所示。

图 1-3

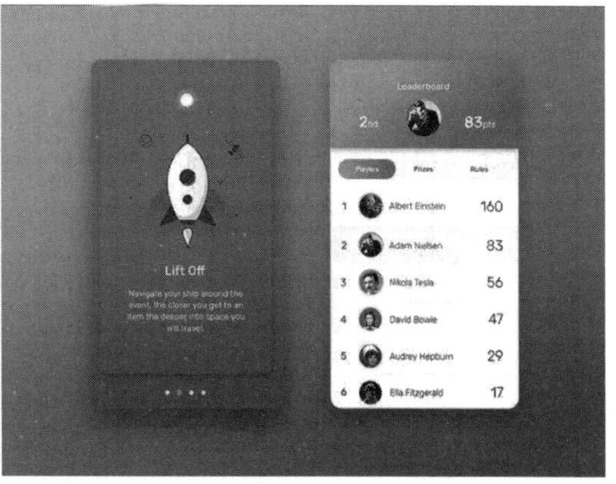


图 1-4

随着互联网技术的发展，网站页面美化工作的需求量逐年攀升，尤其是网店美工设计更是火爆。对于网页设计师而言，CorelDRAW 也是一个非常方便的网页版面设计工具，如图 1-5 所示。

对服装设计师而言，在 CorelDRAW 中不仅可以进行服装款式图、服装效果图的绘制，还可以进行服装产品宣传画册的设计制作，如图 1-6 和图 1-7 所示。

图 1-5

图 1-6

图 1-7

插画设计并不算是一个新行业，但是随着数字技术的普及，插画绘制的过程更多地从纸上转移到计算机上。数字绘图可以在多种绘画模式之间进行切换，还可以轻松消除绘画过程中的失误，更能够创造出前所未有的视觉效果，从而使插画更方便地为印刷行业服务。CorelDRAW 也是数字插画师常用的绘画软件，如图 1-8 所示为优秀的插画作品。

图 1-8

## 1.1.3 认识 CorelDRAW 的工作界面

CorelDRAW 的工作界面主要由菜单栏、标准工具栏、属性栏、工具箱、绘图页面(绘图区)、泊坞窗(面板)、调色板以及状态栏组成，如图 1-9 所示。

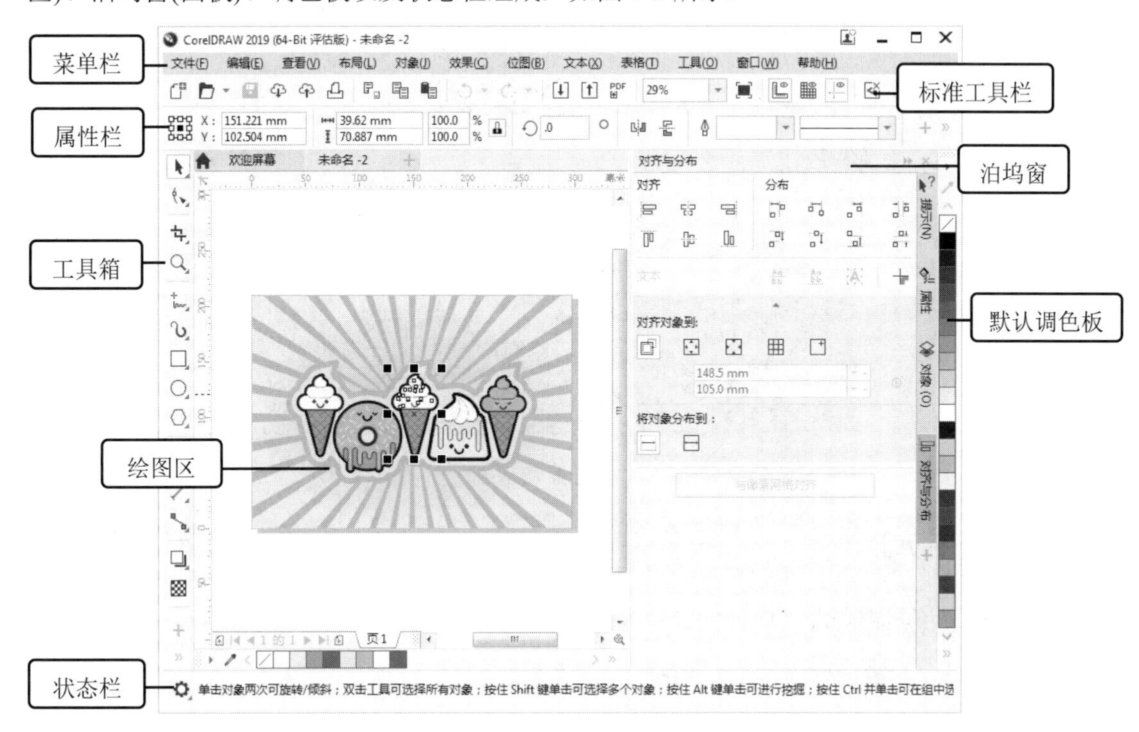


图 1-9

### 1. 菜单栏

菜单栏放置了 CorelDRAW 中常用的各种命令，包括文件、编辑、查看、布局、对象、效果、位图、文本、表格、工具、窗口以及帮助共 12 组菜单命令，如图 1-10 所示。CorelDRAW 的菜单栏中包含多个菜单项，单击某一菜单项，即可打开相应的下拉菜单。

图 1-10

### 2. 标准工具栏

标准工具栏位于菜单栏的下方，收集了一些常用的命令按钮，如图 1-11 所示。标准工具栏为用户节省了从菜单中选择命令的时间，使操作过程一步完成，方便快捷。

图 1-11

## 3. 工具箱与属性栏

工具箱位于 CorelDRAW 工作界面的左侧。在工具箱中可以看到有多个小图标，每个图标都是一种工具。选择了某个工具后，在属性栏中可以看到当前使用的工具参数选项；不同工具的属性栏也不同，如图 1-12 所示为在工具箱中选择【艺术笔工具】按钮后的属性栏。

图 1-12

## 4. 绘图页面

绘图页面(绘图区)用于图像的绘制与编辑，如图 1-13 所示。

图 1-13

## 5. 泊坞窗

泊坞窗也被称为面板，用于编辑对象时提供一些功能、命令、选项、设置等。泊坞窗显示的内容并不固定，执行【窗口】→【泊坞窗】命令，在子菜单中可以选择需要打开的

泊坞窗，如图 1-14 所示。默认情况下，泊坞窗位于窗口的右侧，如图 1-15 所示。

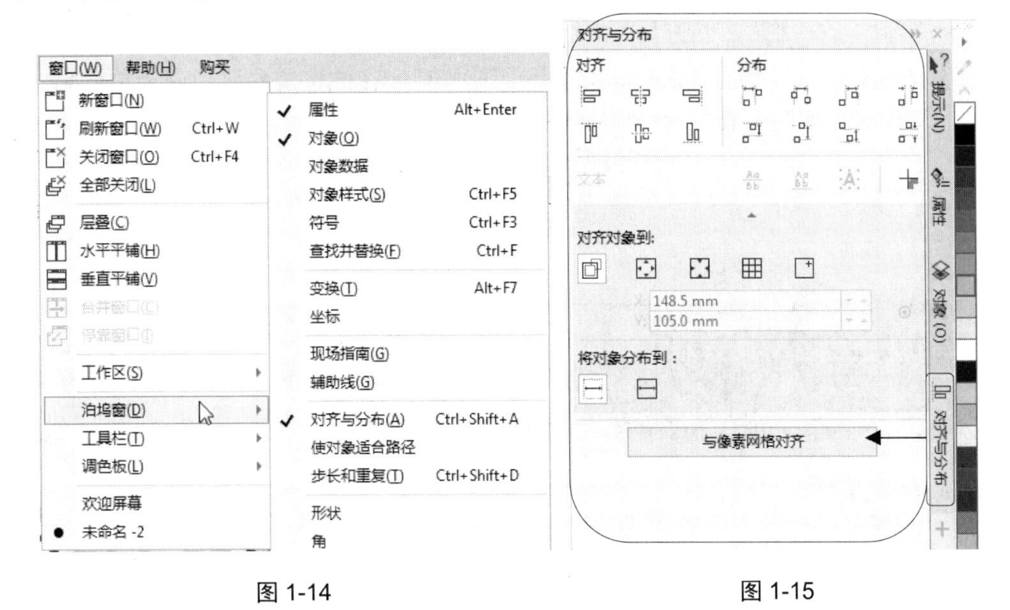


图 1-14　　　　图 1-15

## 6. 调色板

在调色板中可以方便地为对象设置轮廓色或填充色。单击调色板底部的»按钮可以显示更多的颜色；单击∧或∨按钮，可以上下滚动调色板以查看、使用更多的颜色，如图 1-16 所示。执行【窗口】→【调色板】子菜单项中的相应命令，可以打开其他类型的调色板，如图 1-17 所示。

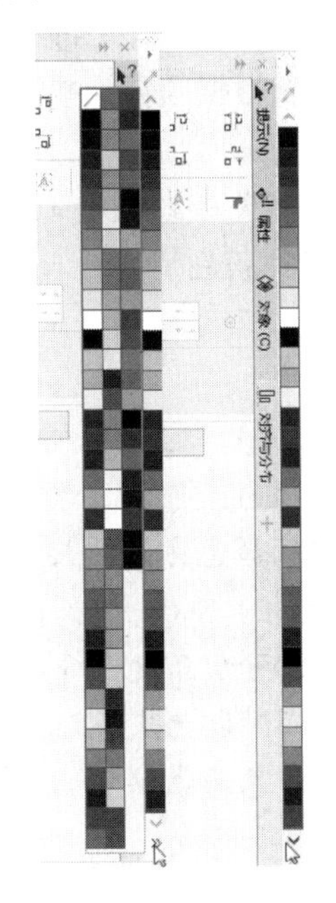

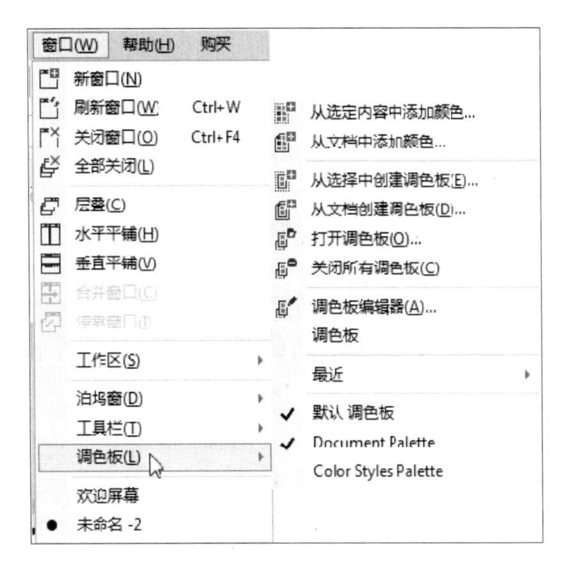


图 1-16　　　　图 1-17

### 7. 状态栏

状态栏位于工作界面的最底部，显示了当前光标所在的位置和对象的相关信息，如填充色、轮廓色等，如图 1-18 所示。

宽度：54.365 高度：56.485 中心：(192.232, 91.451) 毫米 7 对象群组于 Layer 1 多项填充 多个轮廓

图 1-18

## Section 1.2 色彩和图形术语

手机扫描下方二维码，观看本节视频课程

如果想要应用好 CorelDRAW，就需要对位图与矢量图、色彩模式以及文件格式有所了解和掌握。了解位图与矢量图的区别、各个色彩模式之间的关系，以及图像保存文件的格式，我们才能更好地应用 CorelDRAW 制作图像。

### 1.2.1 认识色彩模式

色彩模式是将某种颜色表现为数字形式的模型。CorelDRAW 提供了多种色彩模式，这些色彩模式提供了把色彩协调一致地用数值表示的方法，是设计制作的作品能够在屏幕和印刷品上成功表现的重要保障。经常用到的有 RGB 模式、CMYK 模式、Lab 模式、HSB 模式以及灰度模式等。每种色彩模式都有不同的色域，用户可以根据需要选择合适的色彩模式，各个模式之间可以互相转换。

- RGB 模式：RGB 颜色模式采用三基色模型，又称为加色模式，是目前图像软件最常用的基本颜色模式。三基色可复合生成 1670 多万种颜色。
- CMYK 模式：CMYK 颜色模式采用印刷三原色模型，又称减色模式，是打印、印刷等油墨成像设备即印刷领域使用的专有模式。
- Lab 模式：Lab 颜色模式是一种色彩范围最广的色彩模式，它是各种色彩模式之间相互转换的中间模式。
- HSB 模式：HSB 模式是一种更直观的色彩模式，它的调色方法更接近人的视觉原理，在调色过程中更容易找到需要的颜色。H 代表色相，S 代表饱和度，B 代表亮度。色相的意思是纯色，即组成可见光谱的单色，红色为 0 度，绿色为 120 度，蓝色为 240 度。饱和度代表色彩的纯度，饱和度为 0 时即为灰色，黑、白 2 种色彩没有饱和度。亮度是色彩的明亮程度，最大亮度是色彩最鲜明的状态，黑色的亮度为 0。
- 灰度模式：灰度模式图像中没有颜色信息，色彩饱和度为 0，属无彩色模式，图像由介于黑白之间的 256 级灰色组成。

## 1.2.2　位图和矢量图

点阵图也称为位图，就是最小单位由像素构成的图，缩放会失真。构成位图的最小单位是像素，位图就是由像素阵列的排列来实现其显示效果的，每个像素有自己的颜色信息，所以处理位图时，应着重考虑分辨率，分辨率越高，位图失真率越小。

矢量图也叫做向量图，就是缩放不失真的图像格式。矢量图是通过多个对象的组合生成的，对其中的每一个对象的记录，都是以数学函数来实现的。所以即使对画面进行倍数相当大的缩放，其显示效果仍不失真。

这两种类型的图像各具特色，也各有优缺点，并且两者之间具有良好的互补性。因此，在处理图像和绘制图形的过程中，将这两种图像交互使用，取长补短，一定能使创作出来的作品更加完美。

## 1.2.3　常见的图形格式

CorelDRAW 中有 20 多种文件格式可供选择。在这些文件格式中，既有 CorelDRAW 的专用格式，也有用于应用程序交换的文件格式，还有一些比较特殊的文件格式。

- CDR 格式：CDR 格式是 CorelDRAW 的专用图形文件格式。由于 CorelDRAW 是矢量图形绘制软件，所以 CDR 可以记录文件的属性、位置和分页等。但它在兼容度上比较差，所有 CorelDRAW 应用程序均能够使用，其他图像编辑软件打不开此类文件。
- TIFF 格式：TIFF 支持 Alpha 通道的 RGB、CMYK、灰度模式，以及无 Alpha 通道的索引模式、灰度模式、16 位和 24 位 RGB 文件，可设置透明背景。
- PSD 格式：PSD 格式是 Photoshop 图像处理软件的专用文件格式，它可以比其他格式更快速地打开和保存图像。
- AI 格式：AI 是一种矢量图片格式，是 Adobe 公司的软件 Illustrator 的专用格式。它的兼容度比较高，可以在 CorelDRAW 中打开，也可以将 CDR 格式的文件导出为 AI 格式。
- JPEG 格式：JPEG 是一种压缩效率很高的存储格式，但当压缩品质过高时，会损失图像的部分细节，其被广泛应用到网页制作和 GIF 动画。

# Section 1.3　管理图形文件

手机扫描下方二维码，观看本节视频课程

CorelDRAW 是以文档的形式承载、呈现画面的内容。新建、保存、打开、导入、导出、关闭等都是文档最基本的操作，也几乎是每个文档都会进行的操作。CorelDRAW 为文档的基本操作提供了多种便捷的方法，十分人性化。

## 1.3.1 创建新文档

打开 CorelDRAW 之后，想要进行绘图操作，首先需要创建一个新的文档。

step 1 打开 CorelDRAW 2019，在欢迎屏幕中单击【新文档】按钮，如图 1-19 所示。

图 1-19

step 3 通过以上步骤即可创建一个空白的新文档，如图 1-21 所示。

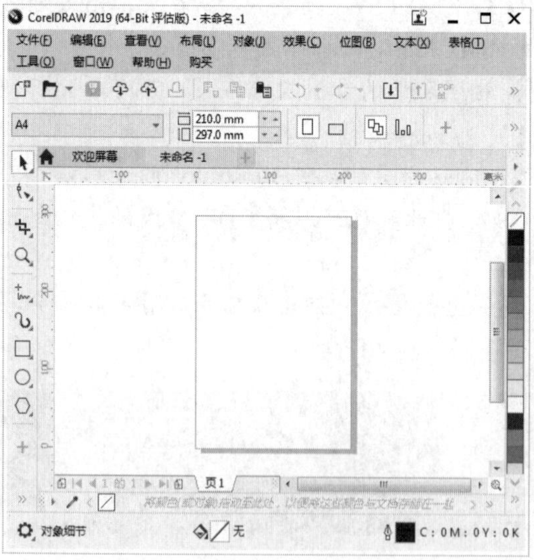

图 1-21

step 2 弹出【创建新文档】对话框，① 设置参数，② 单击 OK 按钮，如图 1-20 所示。

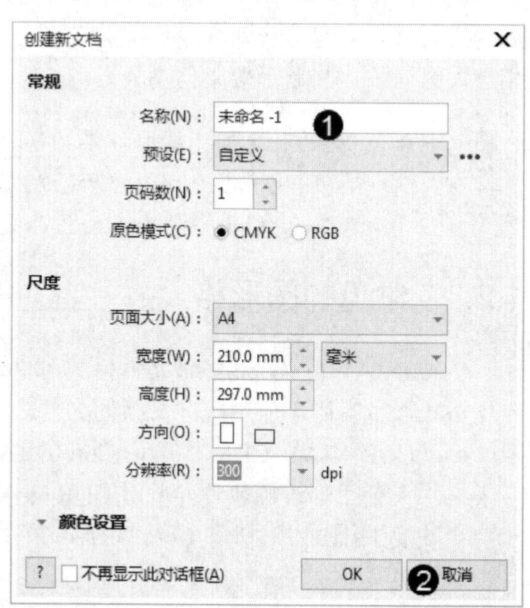


图 1-20

**智慧锦囊**

选择【文件】→【新建】菜单项，在标准工具栏中单击按钮，或者按 Ctrl+N 组合键，都可以打开【创建新文档】对话框，进行新建文档的操作。

**考考您**

请您根据上述方法创建一个 CDR 文档，测试一下您的学习效果。

## 1.3.2 打开已有的 CorelDRAW 文件

当需要处理一个已有的文档，或者要继续做之前没有完成的工作时，就需要在 CorelDRAW 中打开已有的文档。

step 1 打开 CorelDRAW 2019，① 单击【文件】菜单，② 选择【打开】菜单项，如图 1-22 所示。

图 1-22

step 2 弹出【打开绘图】对话框，① 选中准备打开的文档，② 单击【打开】按钮，如图 1-23 所示。

图 1-23

step 3 文档已经打开，如图 1-24 所示。

图 1-24

智慧锦囊

在标准工具栏中单击 按钮，或者按 Ctrl+O 组合键，都可以打开【打开绘图】对话框，进行打开文档的操作。

考考您

请您根据上述方法打开一个 CDR 文档，测试一下您的学习效果。

## 1.3.3 向文档中导入其他内容

在进行制图的过程中，经常需要用到其他的图片元素来丰富画面效果。前面介绍的【打开】命令只能将图片在 CorelDRAW 中以一个独立文件的形式打开，并不能添加到当前的文件中，此时通过【导入】命令可以实现向当前文档中添加其他元素的操作。

step 1 在 CorelDRAW 2019 中新建一个文档，① 单击【文件】菜单，② 选择【导入】菜单项，如图 1-25 所示。

图 1-25

step 2 弹出【导入】对话框，① 选中准备导入的文件，② 单击【导入】按钮，如图 1-26 所示。

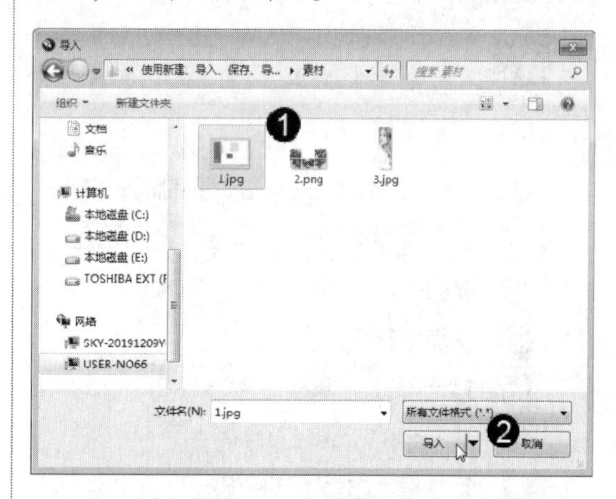


图 1-26

step 3 在工作区中按住鼠标左键并拖动，控制导入对象的大小，如图 1-27 所示。

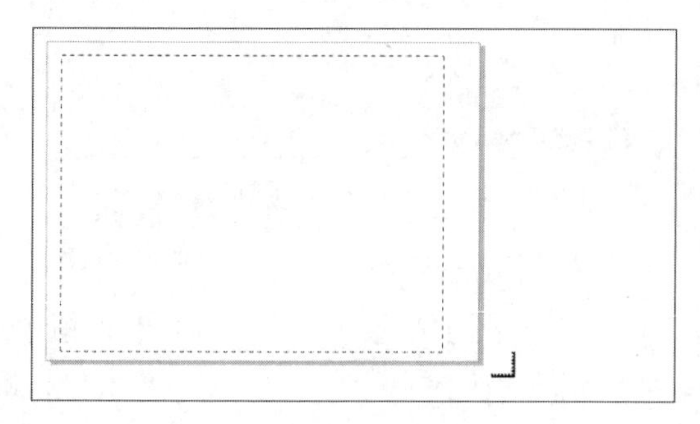

图 1-27

step 4 释放鼠标左键完成导入操作，如图 1-28 所示。

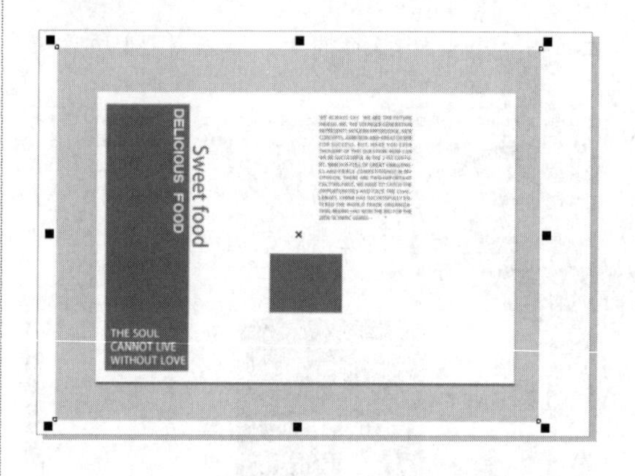


图 1-28

知识精讲

选择位图作为素材时，默认情况下位图将以“嵌入”的形式嵌入到文件中。为了避免出现嵌入的位图过多而使文件过大的情况，可以单击【导入】按钮右侧的下拉按钮，在弹出的下拉列表中选择【导入外部链接图像】选项，这样在以后编辑源图像时，所做的修改会自动反映在绘图中。需要注意的是，如果源位图文件丢失或位置更改，那么文件中的位图将会发生显示错误。

## 1.3.4 保存与关闭文档

如果对一个文档进行了编辑，就需要将当前操作保存到当前文档中，保存后就可以将文档关闭。

**step 1** 在 CorelDRAW 2019 中编辑完一个文档，① 单击【文件】菜单，② 选择【保存】菜单项，如图 1-29 所示。

图 1-29

**step 2** 弹出【保存绘图】对话框，① 选择保存的位置，② 在【文件名】下拉列表框中输入名称，③ 单击【保存】按钮即可完成保存文档的操作，如图 1-30 所示。

图 1-30

**step 3** 单击窗口右上角的【关闭】按钮，如图 1-31 所示。

图 1-31

**step 4** 文档已经被关闭，返回欢迎屏幕。通过以上步骤即可完成关闭文档的操作，如图 1-32 所示。

图 1-32

## 1.3.5 将文档导出为其他格式

一个作品制作完成后，通常会保存成 cdr 格式文件，这种格式的文件便于之后对画面进行修改。除此之外，通常还会导出一幅 jpg 格式的图片，这种格式是通用的图片格式，可以方便地预览效果、传输以及上传到网络。

step 1 在 CorelDRAW 2019 中编辑完一个文档，① 单击【文件】菜单，② 选择【导出】菜单项，如图 1-33 所示。

图 1-33

step 2 弹出【导出】对话框，① 选择保存的位置，② 在【文件名】下拉列表框中输入名称，③ 设置【保存类型】，④ 单击【导出】按钮，即可完成导出其他格式文件的操作，如图 1-34 所示。

图 1-34

## Section 1.4 查看图像文档

手机扫描下方二维码，观看本节视频课程

在制图的过程中，有时需要观看画面整体，有时则需要放大显示画面的某个局部，这就需要用到工具箱中的缩放工具以及平移工具。本节将详细介绍使用缩放工具和平移工具查看图像的方法。

### 1.4.1 使用缩放工具

工具箱中的缩放工具是用来放大或缩小图像显示比例的。

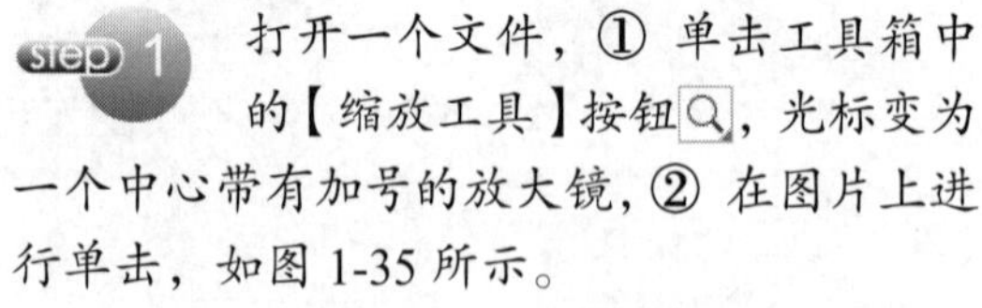

step 1 打开一个文件，① 单击工具箱中的【缩放工具】按钮，光标变为一个中心带有加号的放大镜，② 在图片上进行单击，如图 1-35 所示。

step 2 图片已经放大显示，如图 1-36 所示。

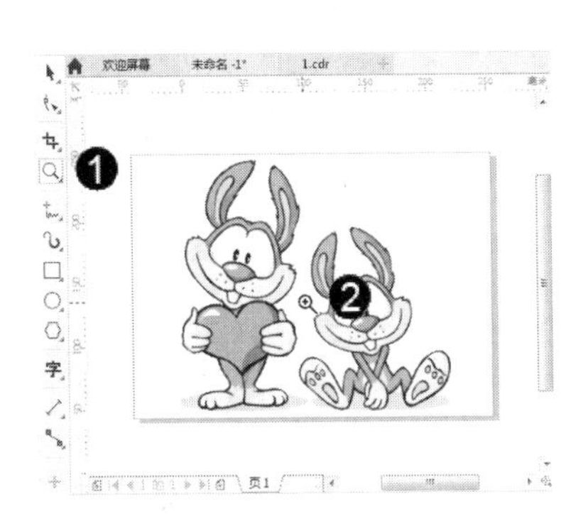

图 1-35

图 1-36

若想要缩小图片，可以单击属性栏上的【缩小】按钮，如图 1-37 所示。

可以看到图片已经缩小显示，如图 1-38 所示。

图 1-37

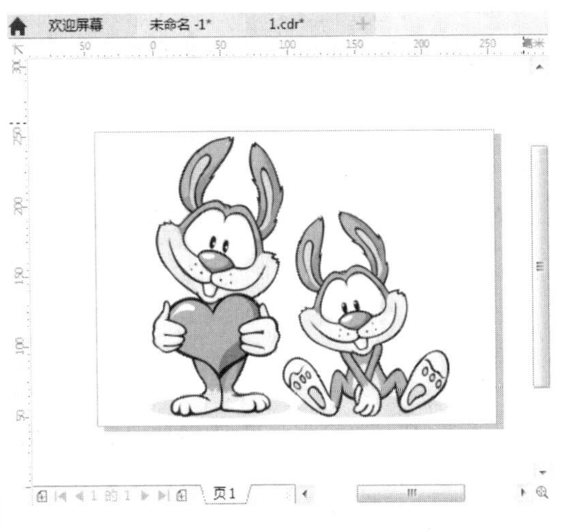

图 1-38

知识精讲

单击【缩放工具】按钮，按住 Shift 键单击图像，可以缩小图像；向上滑动鼠标滑轮可以一直放大图像，向下滑动鼠标滑轮可以一直缩小图像。每单击一次图像，视图会放大或缩小到上一个预设百分比。

## 1.4.2 使用抓手工具

图像的显示比例虽然增大了，但是窗口的显示范围却是固定的，那么看不见的地方怎么办呢？此时可以使用抓手工具将画面进行平移以查看隐藏的区域。

打开一个文件，单击工具箱中的【抓手工具】按钮，如图 1-39 所示。

光标变为手掌形状，按住鼠标左键并拖动，如图 1-40 所示。

图 1-39

图 1-40

step 3 可以看到图像显示在窗口中的内容已经改变。通过以上步骤即可完成使用抓手工具的操作，如图 1-41 所示。

图 1-41

**智慧锦囊**

抓手工具的快捷键是 H 键，按 H 键就可以快速切换到抓手工具，然后对图像进行移动操作。缩放工具的快捷键是 Z 键。

**考考您**

请您根据上述方法使用抓手工具移动图像，测试一下您的学习效果。

## Section 1.5 设置文档页面

手机扫描下方二维码，观看本节视频课程

CorelDRAW 支持在一个文件中创建多个页面，在不同的页面中进行不同的图形绘制与处理，方便进行系统、连贯、复杂的多页面图形项目的编辑，这也是 CorelDRAW 可以应用于大型出版物排版工作的突出特点。

## 1.5.1 修改页面属性

绘画区域是默认可以打印输出的区域，在新建文档时，可以在【创建新文档】对话框中进行绘画区域的尺寸设置。

如果要对现有绘画区域的尺寸进行修改，可以先单击工具箱中的【选择工具】按钮，属性栏中会显示当前文档页面的尺寸、方向等信息，也可以在这里快速地对页面进行简单的设置，如图 1-42 所示。

- 【文件大小】下拉列表框：在该下拉列表框中有多种标准规格纸张的尺寸可供选择。
- 【页面大小】微调框：显示当前所选页面的尺寸，也可以在此处自定义页面大小。
- 方向：切换页面方向，为纵向，为横向，单击这两个按钮可以快速切换纸张方向。
- 【页面大小应用于所有页面】按钮：将当前设置的页面大小应用于文档中的所有页面(当文档中包含多个页面时)。
- 【页面大小应用于当前页面】按钮：单击该按钮，修改页面的属性时只影响当前页面，其他页面的属性不会发生变化。

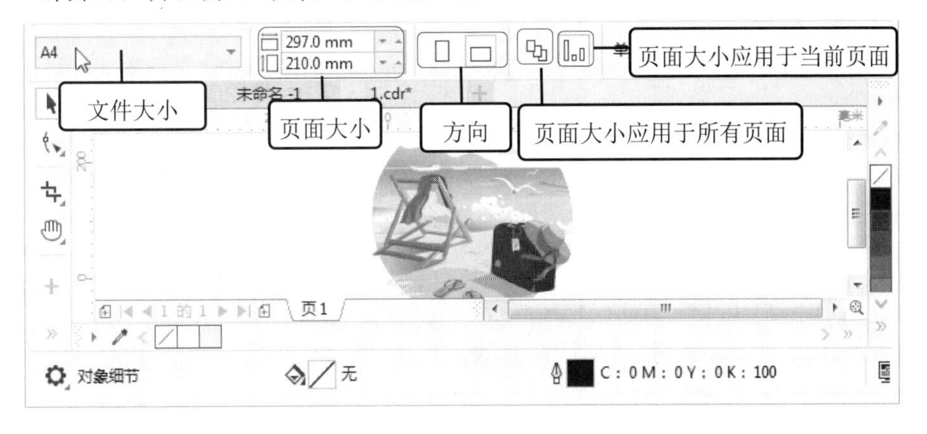


图 1-42

## 1.5.2 增加与删除文档页面

在制作画册、杂志这类多页作品时，一个绘图页面是不够的。用户无须新建一个文档，只需新建页面即可，保存后的所有页面都会保留在一个文档内。

在【创建新文档】对话框中，【页码数】微调框即可设置文档页数，如图 1-43 所示；在创建文档之后，也可以添加新页面。选择【布局】→【插入页面】菜单项，弹出【插入页面】对话框，在该对话框中可以设置插入页面的数量、位置以及尺寸等信息，如图 1-44 所示。

如果想要删除某一个页面，在页面控制栏中用鼠标右键单击需要删除的页数标签，在弹出的快捷菜单中选择【删除页面】菜单项即可，如图 1-45 所示。

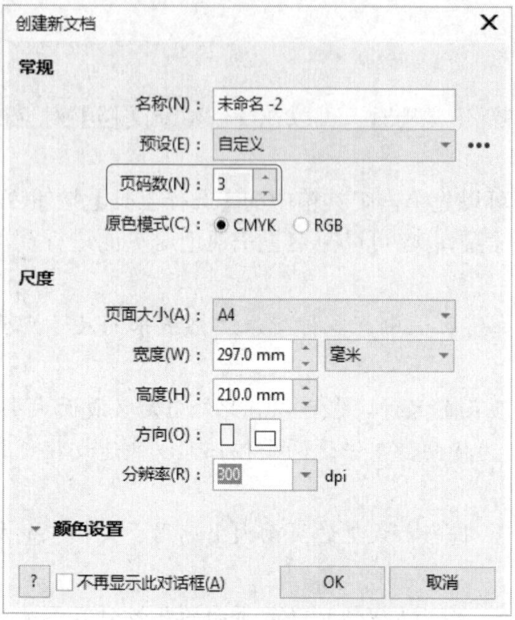

图 1-43

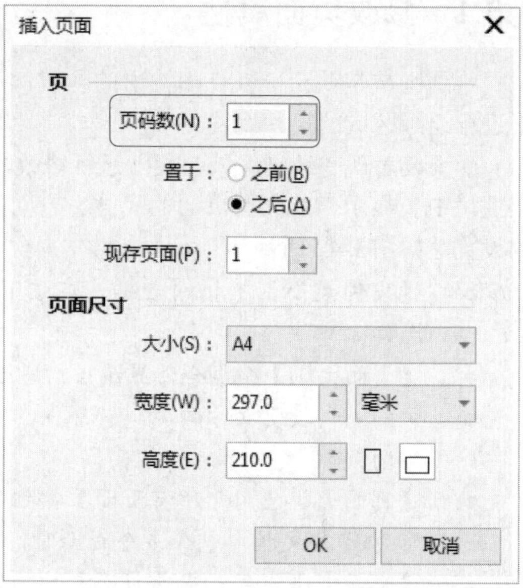

图 1-44

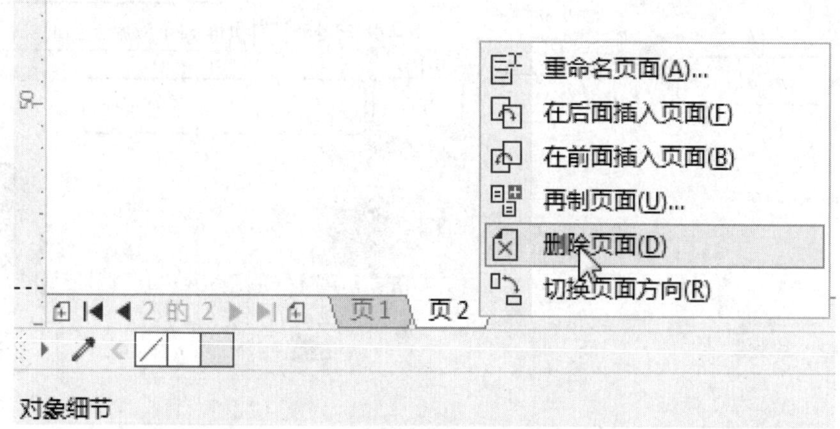


图 1-45

## 1.5.3　显示页边框/出血/可打印区域

默认情况下页边框是显示的，页边框的使用可以让用户更加方便地观察页面大小，需要打印输出的部分必须是在页边框以内的区域，如图 1-46 所示。执行【查看】→【页】→【页边框】命令，可以切换页边框的显示与隐藏。

印刷品在设计过程中需要预留出“出血”，这部分区域需要包含画面的背景内容，但主题文字或图形不可绘制在该区域，因为该区域在印刷后会被剪切掉。执行【查看】→【页】→【出血】命令，可以看到在页边框外部显示了虚线形式的出血线。在制图的过程中，背景部分应覆盖出血的范围，以避免在裁切之后留下白色边缘，如图 1-47 所示。

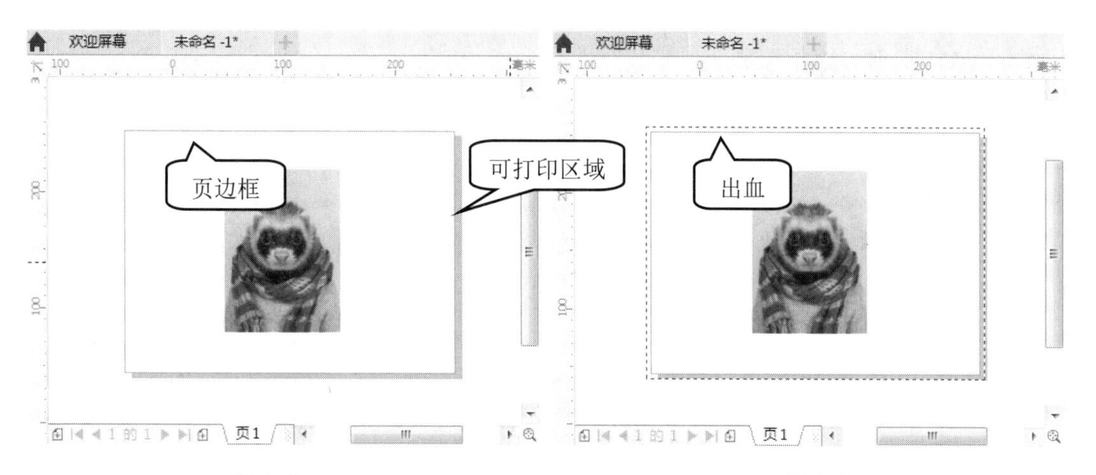


图 1-46　　　　图 1-47

执行【查看】→【页】→【可打印区域】命令，此时显示在页边框内部的虚线框为“可打印区域”。在进行画面元素布置时，重要的元素应摆放在虚线框以内，避免在打印时产生差错，如图 1-48 所示。

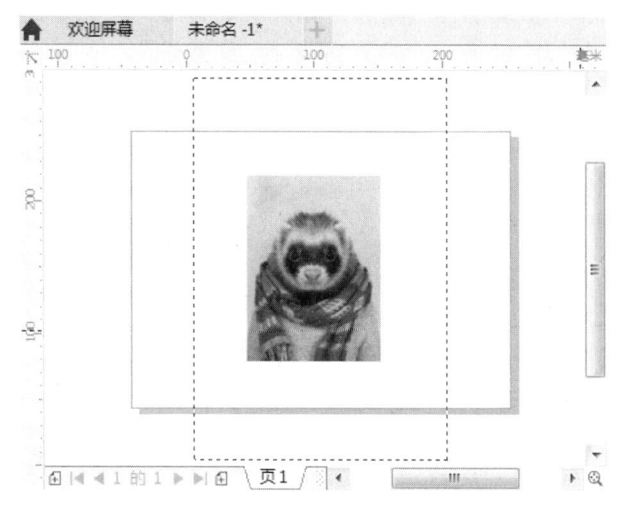


图 1-48

## Section 1.6 绘图辅助设计

手机扫描下方二维码，观看本节视频课程

CorelDRAW 提供了多种非常方便的辅助工具，如标尺、辅助线、网格、对齐辅助线等。利用这些工具，用户可以轻松地制作出尺度精准的对象和排列整齐的版面。本节将详细介绍使用 CorelDRAW 辅助工具的方法。

## 1.6.1 使用标尺

执行【查看】→【标尺】命令，可以显示或隐藏标尺，如图 1-49 所示。

图 1-49

标尺的原点默认位于页面的左上角处，如果想要更改标尺原点的位置，可以直接在画面中标尺原点处按住鼠标左键拖动。如果当前标尺原点错位，可以通过双击标尺左上角，恢复标尺原点位置。

## 1.6.2 使用辅助线

辅助线(或称参考线)可以辅助用户更精确地绘图；而且辅助线是虚拟对象，不会在印刷中显示出来，但是能够在存储文件时被保留下来。

要创建辅助线，首先要调出标尺，接着将光标移动至水平标尺上方，按住鼠标左键向下拖动，释放鼠标后即可创建水平参考线；将光标移动至垂直标尺上方，按住鼠标左键向右拖动，释放鼠标后即可创建垂直参考线，如图 1-50 所示。

执行【查看】→【辅助线】命令，可以切换辅助线的显示与隐藏。执行【查看】→【对齐辅助线】命令，绘制或者移动对象时会自动捕获到最近的辅助线上。CorelDRAW 中的辅助线是可以旋转角度的。在辅助线上双击，即可显示控制点，然后将光标移动至↶或↷处，按住鼠标左键拖动即可旋转辅助线，如图 1-51 所示。

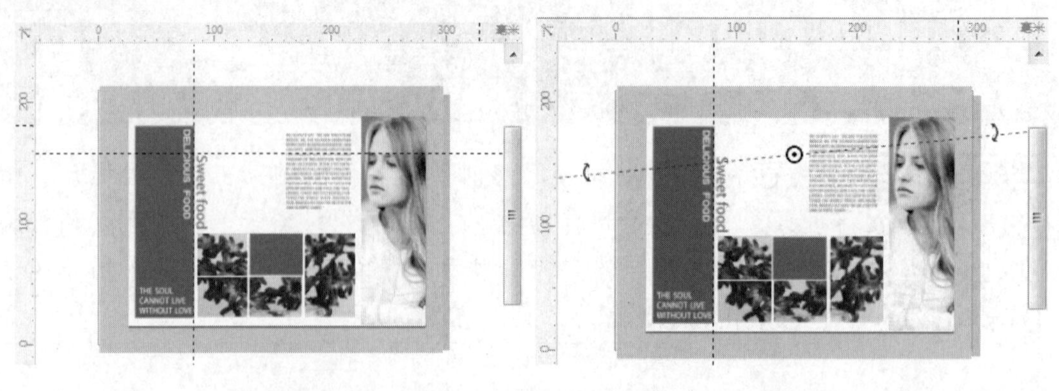

图 1-50　　图 1-51

选中需要删除的辅助线，使之变为红色，按 Delete 键即可删除。用鼠标右键单击辅助线，在弹出的快捷菜单中选择【锁定】菜单项，即可将辅助线锁定，如图 1-52 所示，被锁定的辅助线可以被选中，但是不能被移动；如果要解锁辅助线，再次用鼠标右键单击辅助线，在弹出的快捷菜单中选择【解锁】菜单项即可，如图 1-53 所示。

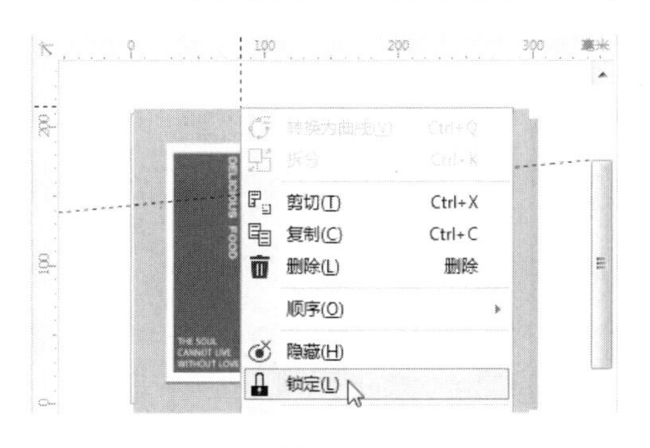


图 1-52

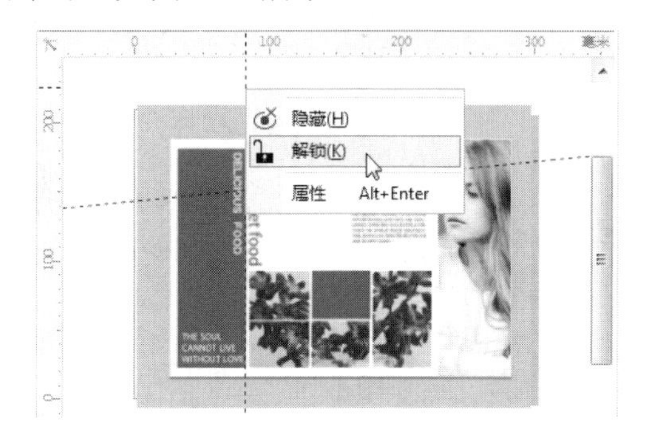


图 1-53

## 1.6.3 使用动态辅助线

动态辅助线是一种临时辅助线，可以帮助用户准确地移动、对齐和绘制图像。执行【查看】→【动态辅助线】命令，可以开启或关闭动态辅助线。启用动态辅助线后，移动对象时周围会出现动态辅助线。

# Section 1.7 范例应用与上机操作

手机扫描下方二维码，观看本节视频课程

在本节的学习过程中，将侧重介绍和讲解与本章知识点有关的范例应用与技巧，主要内容包括使用文档网格、自动贴齐对象、重命名页面等方面的知识与操作技巧。通过本节范例应用的操作，可以达到举一反三的目的。

## 1.7.1 使用文档网格

网格是由均匀分布的水平线和垂直线组成的，使用网格可以在绘图窗口中精确地对齐和定位对象。

素材文件 第1章\素材文件\1.cdr

效果文件 无

step 1 在 CorelDRAW 2019 中打开素材文件，① 单击【查看】菜单，② 选择【网格】菜单项，③ 选择【文档网格】子菜单项，如图 1-54 所示。

step 2 此时文档底部显示浅灰色的均匀分布的网格。通过以上步骤即可完成使用文档网格的操作，如图 1-55 所示。

图 1-54

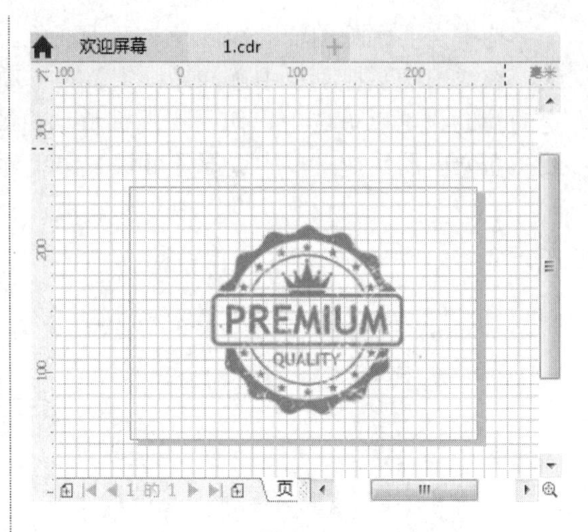

图 1-55

## 1.7.2 自动贴齐对象

【贴齐】功能可用于在对象的创建和移动过程中快速贴齐到目标位置。

素材文件 第1章\素材文件\1.cdr，1.jpg

效果文件 无

step 1 在 CorelDRAW 2019 中打开“1.cdr”文件，并导入“1.jpg”素材，① 单击【查看】菜单，② 选择【贴齐】菜单项，③ 选择【对象】子菜单项，如图 1-56 所示。

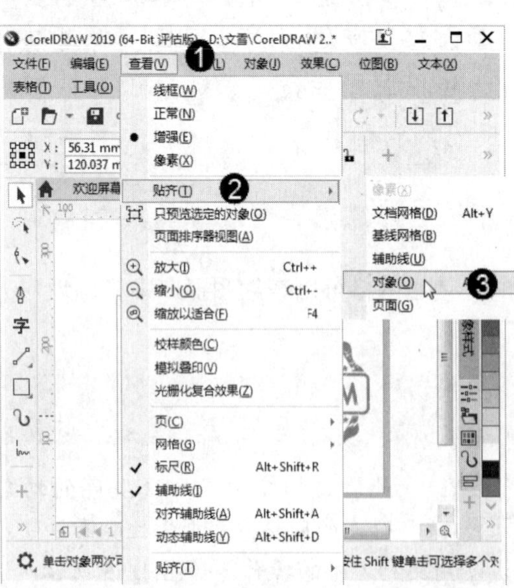

图 1-56

step 2 当鼠标指针接近贴齐点时，贴齐点将突出显示，表示该贴齐点是鼠标指针要贴齐的目标，如图 1-57 所示。

图 1-57

考考您

请您根据上述方法贴齐文档中的对象，测试一下您的学习效果。

## 1.7.3 重命名页面

重命名页面是指对当前页面重新命名，以方便在绘图工作中快速、准确地找到需要进行编辑修改的页面。

素材文件 无

效果文件 无

step 1 在 CorelDRAW 2019 中新建一个空白文档，用鼠标右键单击“页 1”标签，在弹出的快捷菜单中选择【重命名页面】菜单项，如图 1-58 所示。

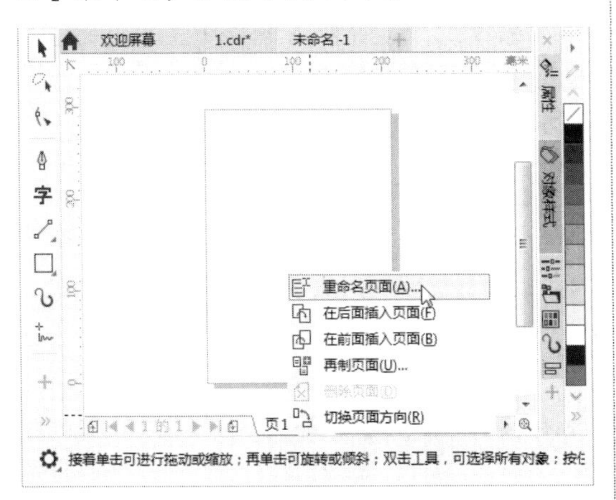


图 1-58

step 2 弹出【重命名页面】对话框，① 在【页名】文本框中输入名称，② 单击 OK 按钮，如图 1-59 所示。

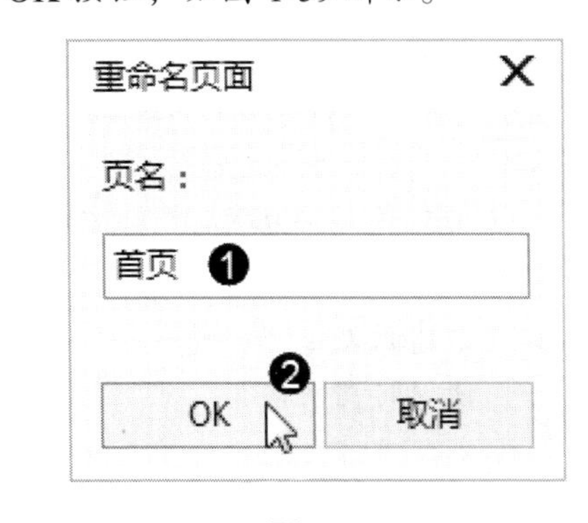


图 1-59

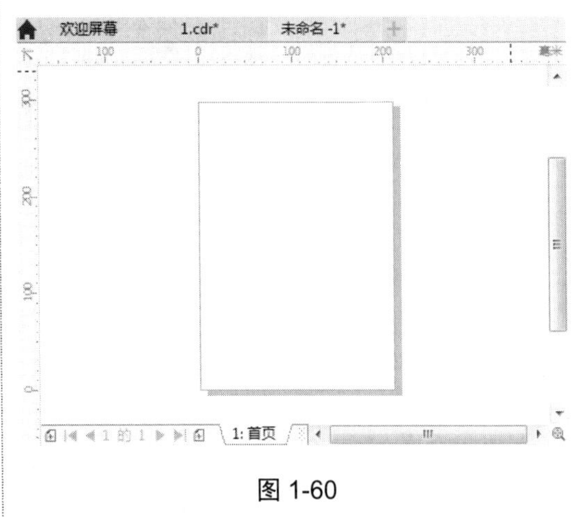


图 1-60

step 3 可以看到标签栏的名称已经改变。通过以上步骤即可完成重命名页面的操作，如图 1-60 所示。

智慧锦囊

用户还可以通过执行【布局】→【重命名页面】命令来完成重命名页面的操作。

## Section 1.8 本章小结与课后练习

本节内容无视频课程

本章主要介绍了 CorelDRAW 概述、CorelDRAW 能做什么、色彩和图形术语、管理图形文件、查看图像文档、设置文档页面以及使用绘图辅助工具等内容。学习本章后，用户可以基本了解 CorelDRAW 的基础操作，为进一步使用软件制作图像奠定基础。

## 1.8.1 思考与练习

一、填空题

1. CorelDRAW 软件是 Corel 公司出品的矢量图形制作工具软件，该软件给设计师提供了矢量动画、________、网站制作、________和网页动画等多种功能。

2. CorelDRAW 作为一款实用而高效的矢量制图软件，常被用于________、标志设计、书籍装帧设计、________、包装设计、________、DM 设计等多种设计作品的制作中。

3. CorelDRAW 的工作界面主要由________、标准工具栏、________、工具箱、绘图页面(绘图区)、________、调色板以及状态栏组成。

二、判断题

1. CMYK 颜色模式采用三基色模型，又称为加色模式，是目前图像软件最常用的基本颜色模式。 (  )

2. CDR 格式是 CorelDRAW 的专用图形文件格式。 (  )

三、思考题

1. 如何创建新文档?

2. 如何使用文档网格?

## 1.8.2 上机操作

1. 通过本章的学习，读者基本可以掌握管理图形文件的知识，下面通过练习向文档中导入 JPG 图片，达到巩固与提高的目的。

2. 通过本章的学习，读者基本可以掌握查看图像文档方面的知识，下面通过练习使用缩放工具，达到巩固与提高的目的。

范例导航
系列丛书

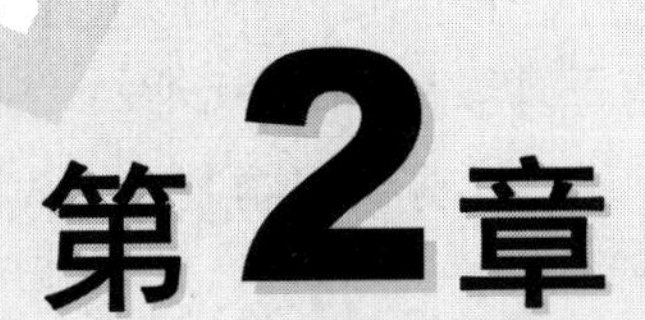

# 第2章

# 绘制简单图形

本章主要介绍矩形工具、椭圆形工具方面的知识与技巧，同时还讲解了如何制作多边形和星形。通过本章的学习，读者可以掌握绘制简单图形方面的知识，为深入学习 CorelDRAW 2019 知识奠定基础。

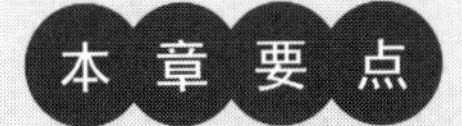


1. 绘图工具
2. 矩形工具
3. 椭圆形工具
4. 多边形和星形工具

# Section 2.1 绘图工具

手机扫描下方二维码，观看本节视频课程

作为专业的平面图形绘制软件，CorelDRAW 具有非常强大的矢量绘图功能，可以轻松满足日常设计工作的需要。掌握各种图形的绘制和编辑方法，是使用 CorelDRAW 2019 进行平面设计创作的基础。

## 2.1.1 常用的绘图工具

单击【矩形工具】按钮□右下角的◢，在弹出的工具列表中可以看到用于绘制矩形的矩形工具、3 点矩形工具、椭圆形工具、3 点椭圆形工具、多边形工具、冲击效果工具、图纸工具和螺纹工具等，如图 2-1 所示。

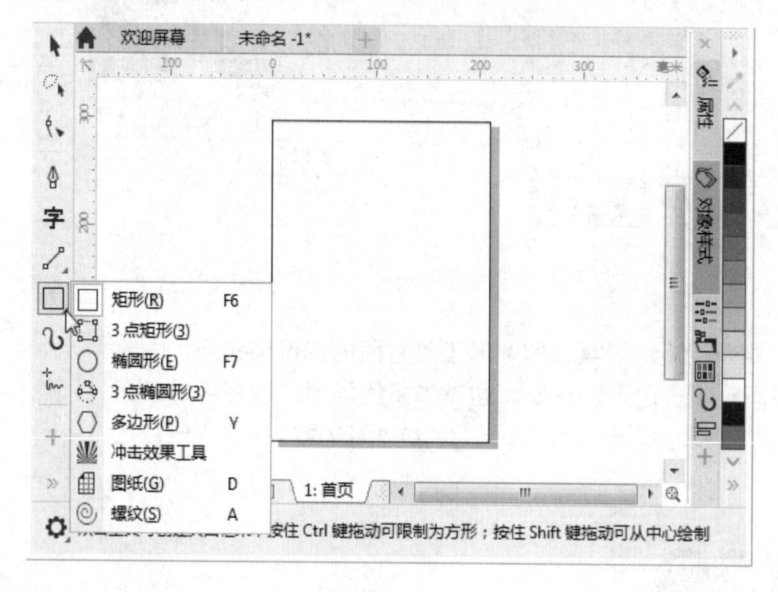


图 2-1

## 2.1.2 使用绘图工具绘制简单图形

这些绘图工具虽然绘制的是不同类型的图形，但是其使用方法是比较相似的。以使用矩形工具为例，①单击工具箱中的【矩形工具】按钮□，②在画面中按住鼠标左键并拖动，如图 2-2 所示，③释放鼠标后，可以看到出现了一个矩形，如图 2-3 所示。其他工具的使用方法与此类似，区别在于部分工具可能需要在属性栏中进行一些设置，以便于调整图形的部分属性。

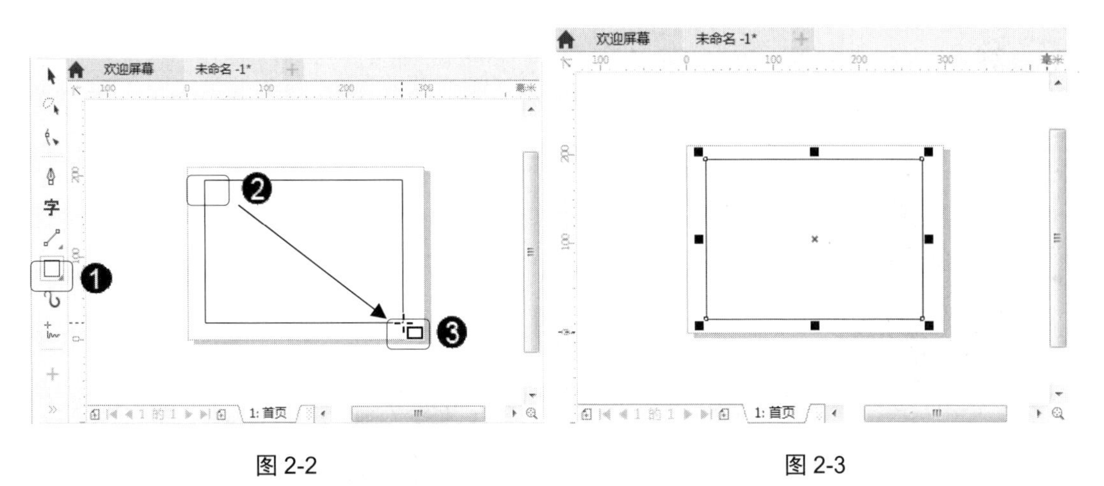


图 2-2　　　　　　　　　　　　　　图 2-3

## 2.1.3　为图形进行填色与描边

刚刚绘制的图形没有颜色，只有一个黑色的细框，这是 CorelDRAW 的默认设置。图形绘制完成后，可以修改填充色和轮廓色。调色板位于窗口的右侧，由一个一个小色块组成。选中矩形后，单击调色板的一个色块，可以更改矩形填充色为该颜色，如图 2-4 所示；①右击其中一个色块，可以更改矩形的轮廓色为该颜色；②属性栏中的【轮廓宽度】下拉按钮用于更改轮廓宽度，可以在文本框中输入数值进行设置，如图 2-5 所示。

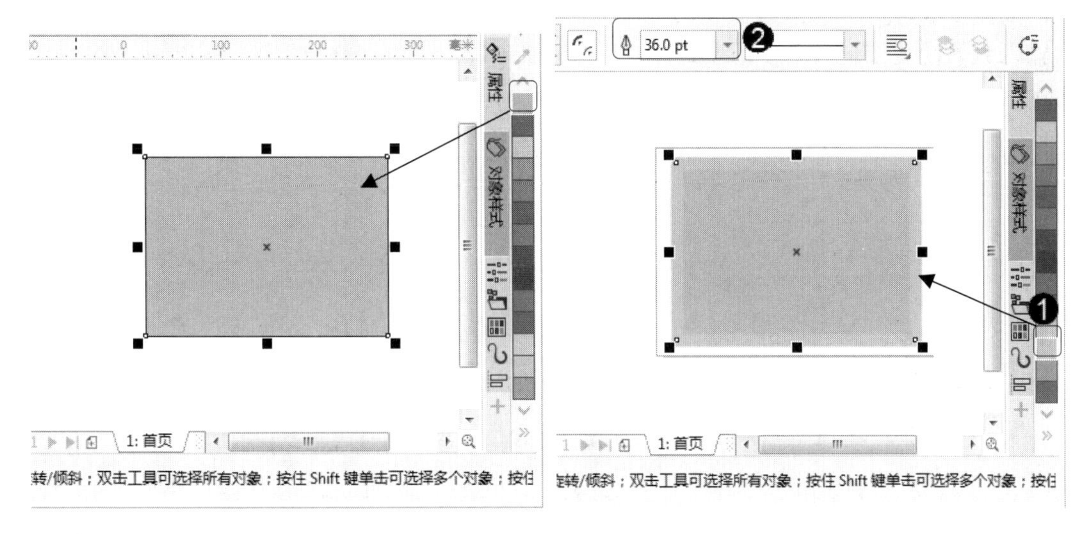


图 2-4　　　　　　　　　　　　　　图 2-5

如果调色板没有想要使用的颜色，用户也可以选中绘制的图形，①双击界面右下角的填充色色块，②在弹出的【编辑填充】对话框中单击顶部的【均匀填充】按钮，③滑动颜色滑块选择一个适合的色相，④在左侧色域中单击选中一种颜色，⑤单击 OK 按钮完成颜色设置，如图 2-6 所示。

如果需要为轮廓线设置不同的颜色，①可以双击界面右下角的轮廓色色块，②在弹出的【轮廓笔】对话框中单击【颜色】后方的色块，③选择一种合适的颜色，④单击 OK 按钮完成设置，如图 2-7 所示。

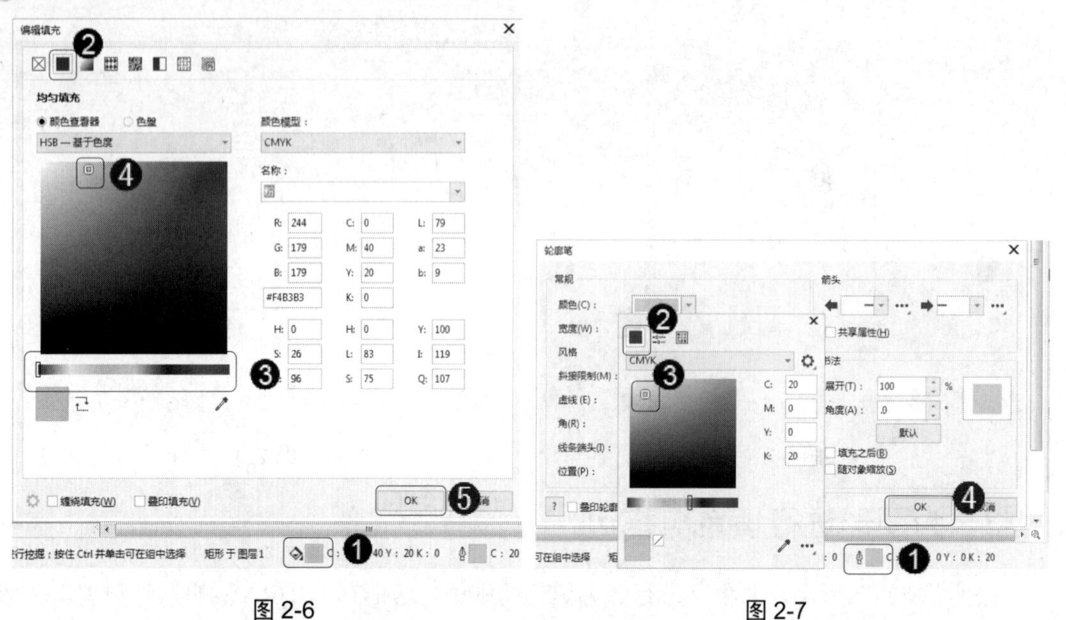

图 2-6　　　　图 2-7

## 2.1.4　绘制精确尺寸的图形

如果想要得到精确尺寸的图形，首先选中图形，在属性栏中可以看到该图形现在的尺寸，如图 2-8 所示。接着在 251.367 mm 框内输入数值设置图形宽度，在 179.18 mm 框内输入数值设置图形的高度，设置完成后按 Enter 键，即可调整选中图形的尺寸，如图 2-9 所示。

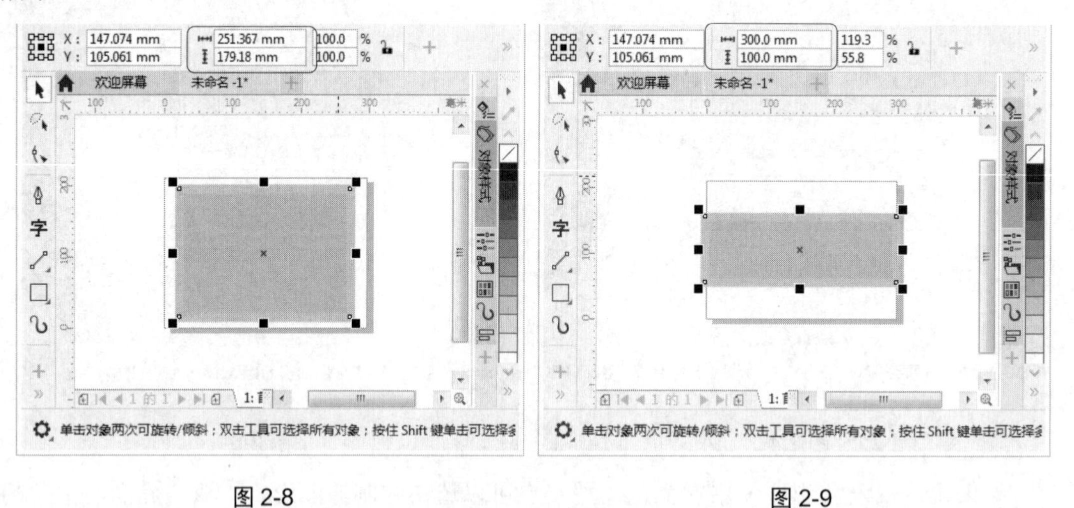

图 2-8　　　　图 2-9

## 2.1.5　将图形转换为曲线并调整图形形态

使用绘图工具直接绘制的图形带有特定的属性，在属性栏中可以对该属性进行更改。例如绘制矩形后，在属性栏中可以设置转角的类型，如图 2-10 所示。

但是带有属性时，一些编辑操作会受到限制。例如，使用形状工具更改路径时就不

能操作，这时需要将图形转换为曲线。选择图形，选择【对象】→【转换为曲线】菜单项，此时图形失去了原有属性。接着使用形状工具单击并拖曳节点，即可调整路径，如图 2-11 所示。

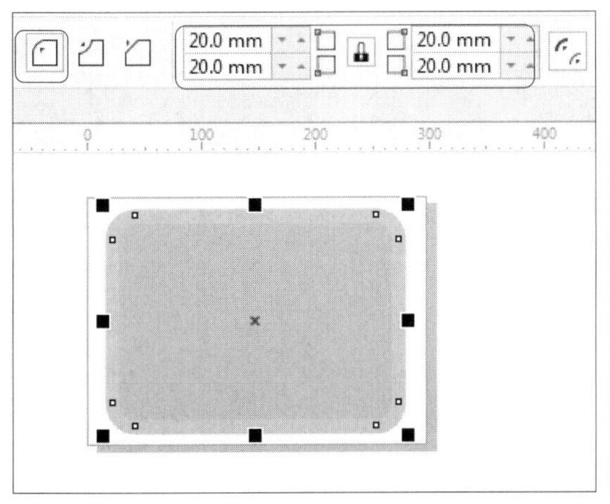


图 2-10

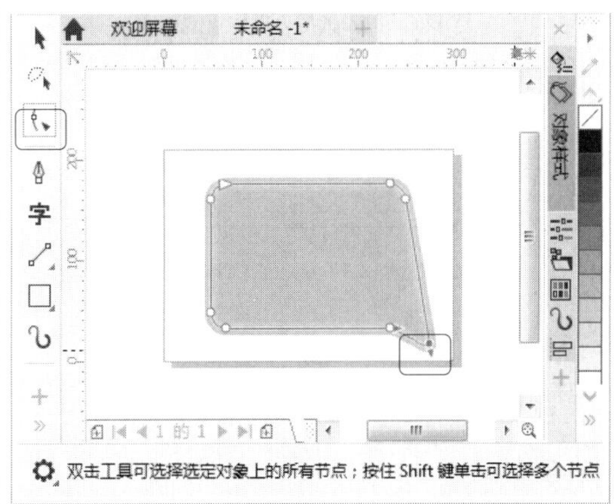


图 2-11

## Section 2.2 矩形工具

手机扫描下方二维码，观看本节视频课程

矩形工具组包含矩形工具和 3 点矩形工具两种工具，使用这两种工具可以绘制长方形、正方形、圆角矩形、扇形角矩形以及倒菱角矩形。本节将详细介绍使用矩形工具制作图形的操作方法。

### 2.2.1 使用矩形工具制作美食宣传页

本案例讲解如何使用矩形工具绘制好看的美食版面。首先绘制几个单色的矩形摆放在画面合适的位置，然后导入合适大小的图片素材，接着为画面添加文字，制作一幅干净整洁的美食宣传页。

step 1 执行【文件】→【新建】命令，弹出【创建新文档】对话框，① 设置【页面大小】为 A4，② 单击【纵向】按钮，③ 单击 OK 按钮，如图 2-12 所示。

step 2 创建一个空白文档，如图 2-13 所示。

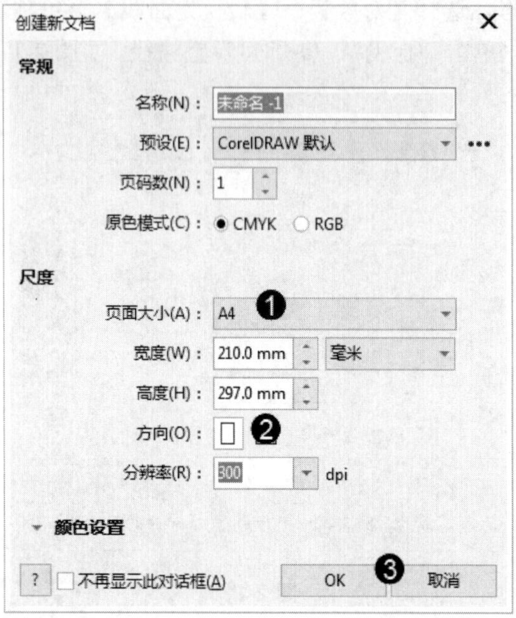

图 2-12

图 2-13

step 3 单击工具箱中的【矩形工具】按钮□，在工作区中的左上角按住鼠标左键向画面的右下角拖动，绘制一个与画布等大的矩形，如图 2-14 所示。

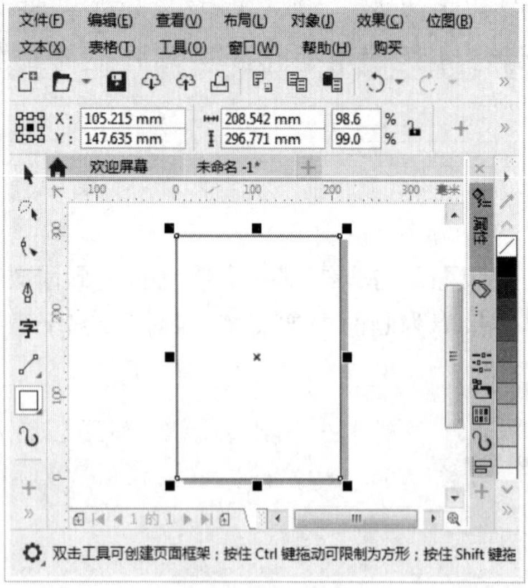

step 4 选中该矩形，左键单击右侧调色板中的白色按钮，为矩形填充白色，接着在调色板中的上方右键单击【无】按钮，去掉轮廓，如图 2-15 所示。

图 2-14

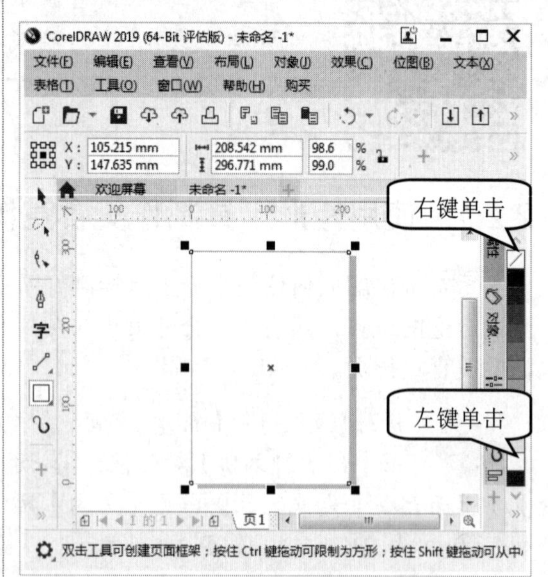


图 2-15

step 5 使用矩形工具在左侧绘制一个矩形，为其填充深黄色(C：0，M：20，Y：100，K：0)，并去掉轮廓，如图 2-16 所示。

step 6 继续使用相同方法，再绘制两个矩形，并为其填充深黄色，去掉轮廓，如图 2-17 所示。

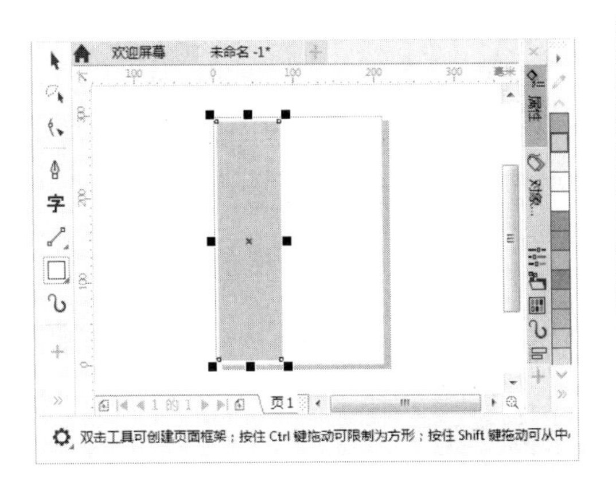


图 2-16

step 7 执行【文件】→【导入】命令，弹出【导入】对话框，① 选择准备导入的文件，② 单击【导入】按钮，如图 2-18 所示。

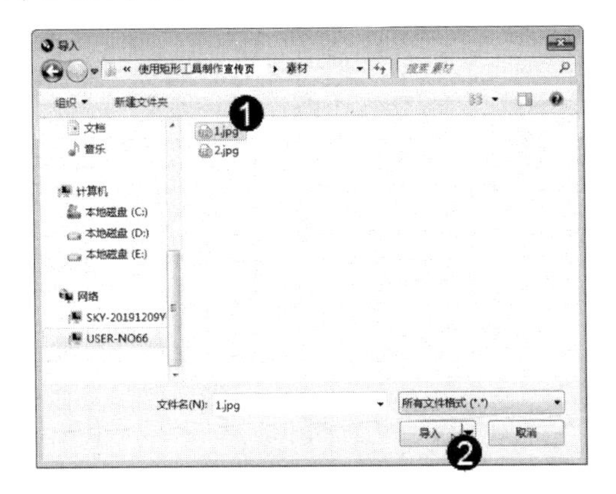


图 2-18

step 9 使用相同方法导入素材“2.jpg”，如图 2-20 所示。

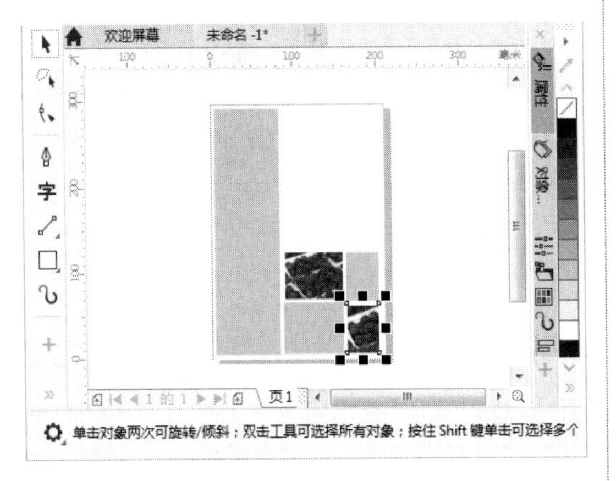


图 2-20

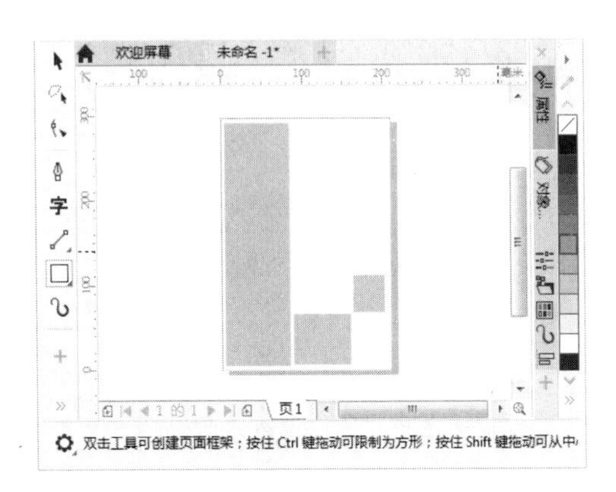


图 2-17

step 8 在画面中按住鼠标左键向右下角拖动导入对象并控制其大小，释放鼠标左键完成导入操作，如图 2-19 所示。

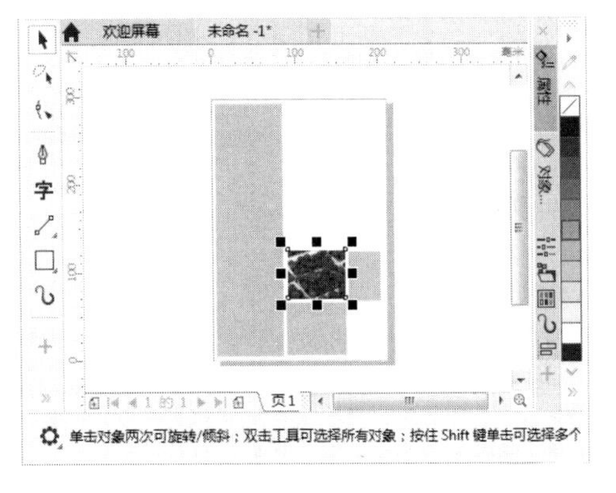


图 2-19

step 10 ① 单击工具箱中的【文本工具】按钮字，② 在画面中单击鼠标左键，定位光标，输入内容，如图 2-21 所示。

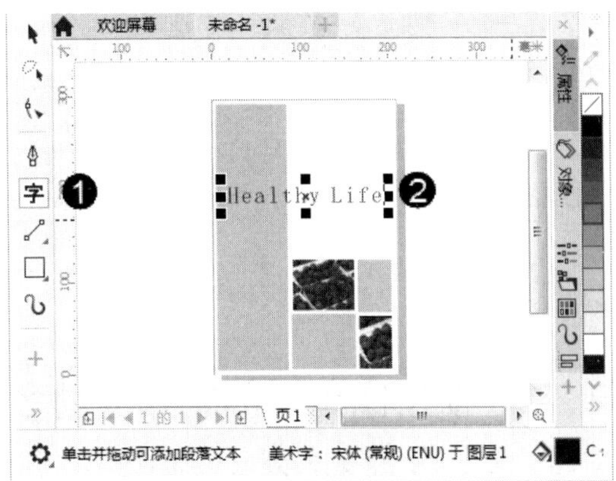


图 2-21

step 11 在属性栏中设置字体、大小，并为其填充白色，如图 2-22 所示。

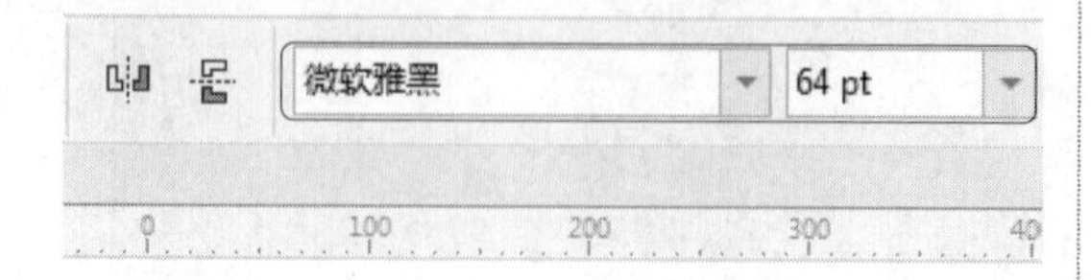


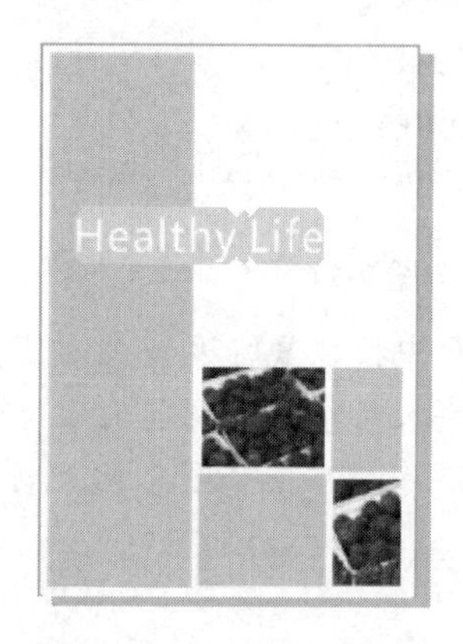


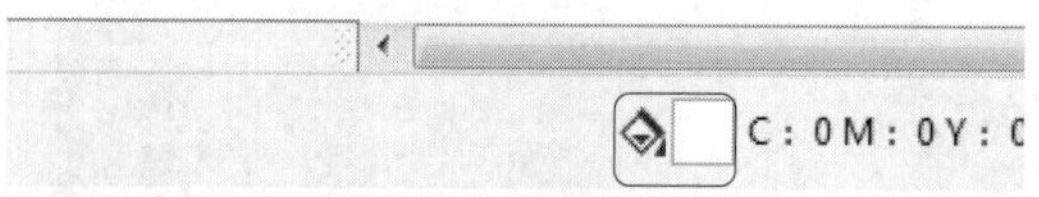


图 2-22

step 13 将旋转的文字移到合适的位置，如图 2-24 所示。

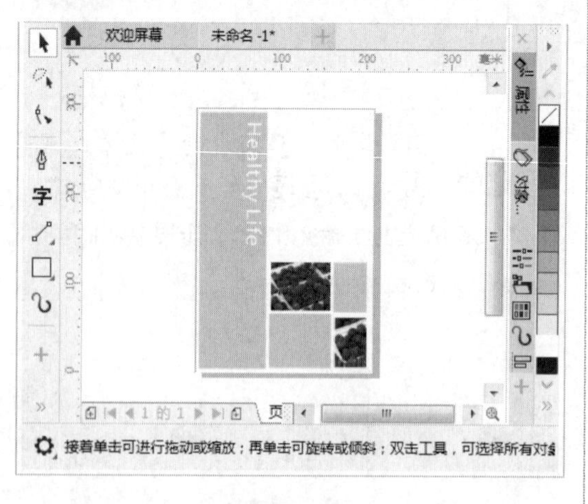


图 2-24

step 12 选中文字，单击文字的中心位置，文字控制点变为可旋转的控制点，将光标移至右上角的控制点上，按住 Ctrl 键的同时，拖动鼠标将其旋转，如图 2-23 所示。

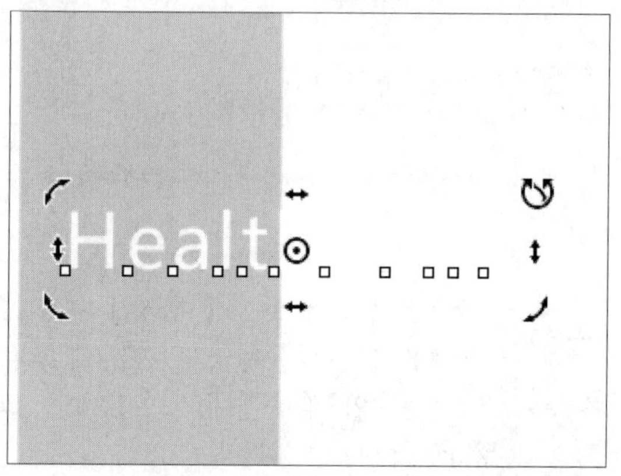


图 2-23

step 14 使用相同的方法制作其他文字，最后的美食宣传页效果如图 2-25 所示。

图 2-25

## 2.2.2 使用圆角矩形制作简约名片

本案例讲解如何使用圆角矩形制作简约名片。首先使用矩形工具制作背景，接着制作前方的圆角矩形，输入文字。

执行【文件】→【新建】命令，弹出【创建新文档】对话框，创建一个横向的A4文档，如图2-26所示。

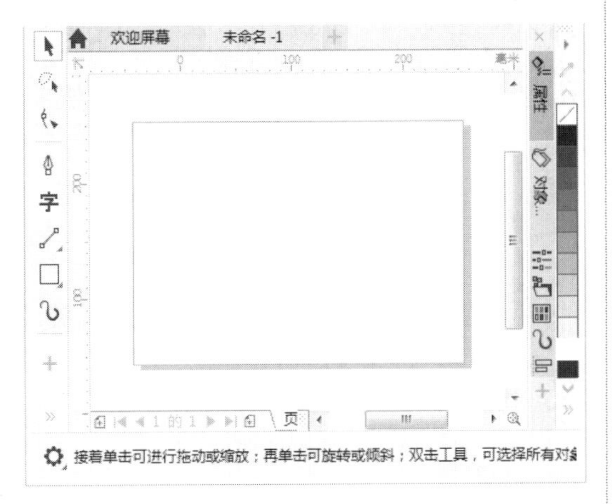


图 2-26

step 3

为圆角矩形填充浅灰色(C：0，M：0，Y：0，K：10)，去掉轮廓，如图2-28所示。

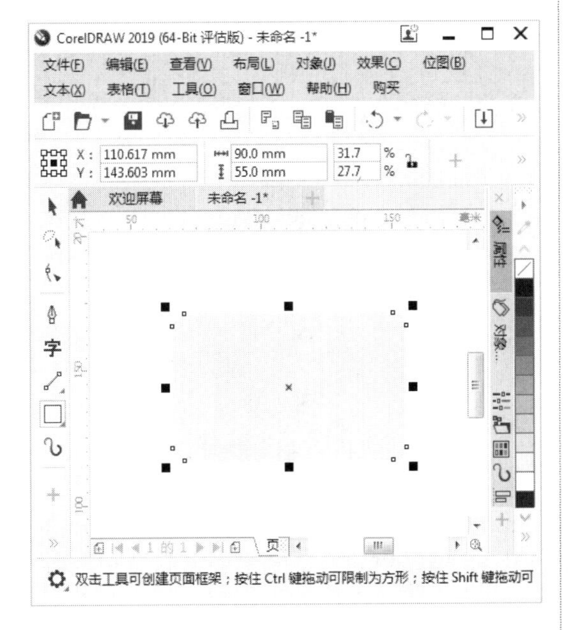


图 2-28

step 5

使用相同方法制作出其他的圆角正方形，并为其填充颜色，如图2-30所示。

step 2

单击工具箱中的【矩形工具】按钮□，① 在属性栏中设置【宽度】为90mm，【高度】为55mm，② 在标准工具栏中单击【圆角】按钮，③ 将【转角半径】均设置为5.0mm，如图2-27所示。

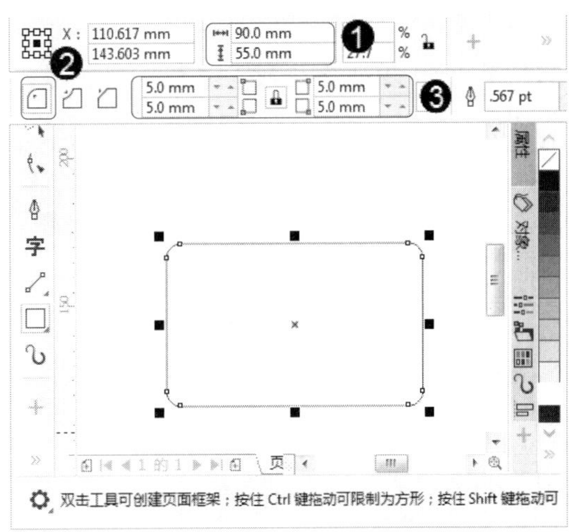


图 2-27

step 4

按住Ctrl键使用矩形工具绘制一个正方形，为其填充蓝色(C：60，M：40，Y：0，K：40)，去掉轮廓，将【转角半径】均设置为5.0mm，设置【旋转角度】为45，如图2-29所示。

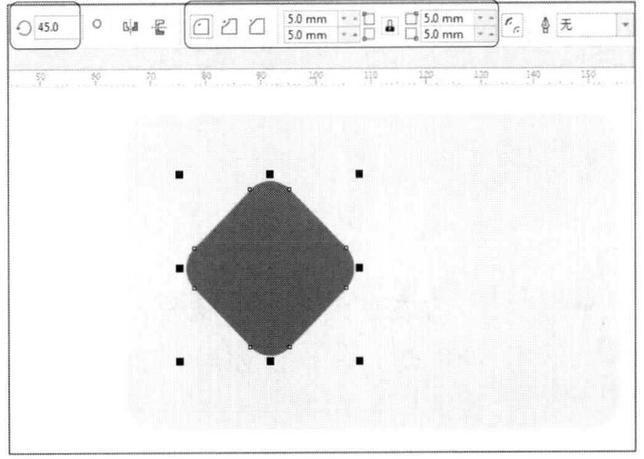


图 2-29

step 6

在工具箱中单击【文本工具】按钮字，输入文字内容，设置字体为Arial，大小为12，颜色为黑色，效果如图2-31所示。

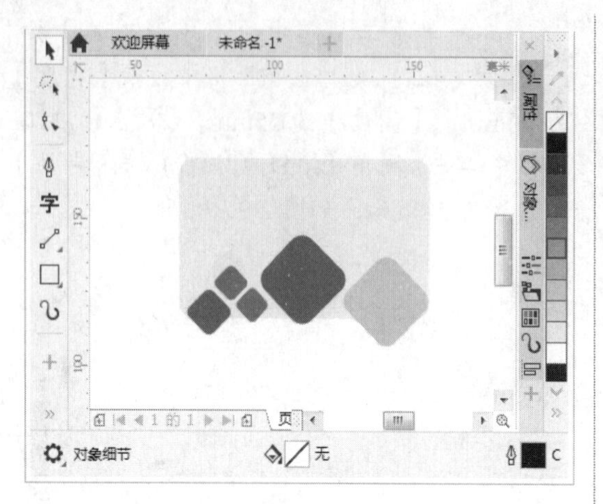


图 2-30

**step 7** 按住 Shift 键选中所有的正方形，① 单击【对象】菜单，② 选择 PowerClip 菜单项，③ 选择【置于图文框内部】子菜单项，如图 2-32 所示。

图 2-32

图 2-31

**step 8** 此时鼠标指针变为黑箭头，单击底部的灰色圆角矩形，这样名片上超出底色的图形就被隐藏，通过以上步骤即可完成名片的制作，如图 2-33 所示。

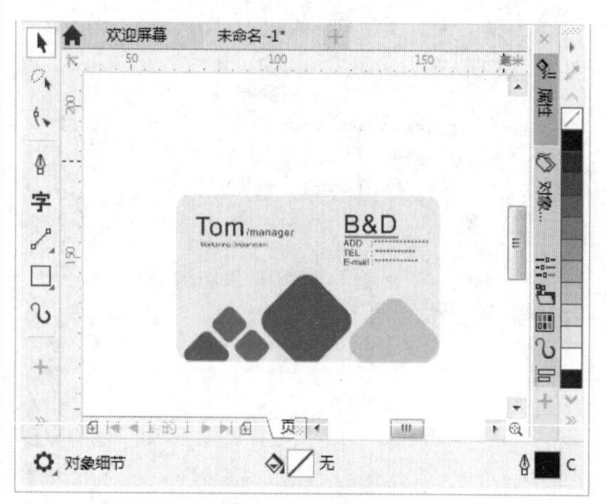


图 2-33

知识精讲

在使用某种形状绘制工具时，按住 Ctrl 键绘制图形，可以得到一个“正”的图形，例如正方形、正圆形。按住 Shift 键绘制图形，能够以起点为对象的中心点绘制图形。按住 Shift+Ctrl 组合键绘制图形，可以绘制出从中心向外扩展的正图形。

## 2.2.3 使用 3 点矩形工具制作菱形版面

本案例将讲解使用 3 点矩形工具制作菱形版面的方法。

**step 1** 执行【文件】→【新建】命令，弹出【创建新文档】对话框，创建一个纵向的 A4 文档，如图 2-34 所示。

**step 2** 执行【文件】→【导入】命令，弹出【导入】对话框，① 选择素材，② 单击【导入】按钮，如图 2-35 所示。

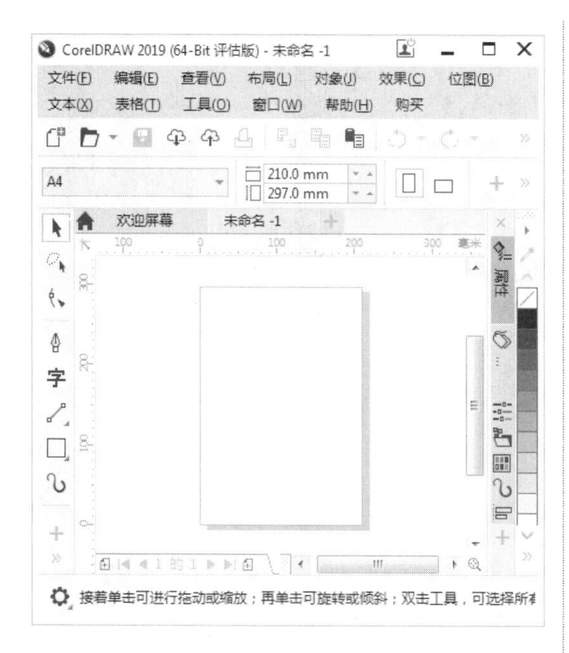

图 2-34

step 3 在画面中按住鼠标左键拖动，释放鼠标左键完成导入操作，如图 2-36 所示。

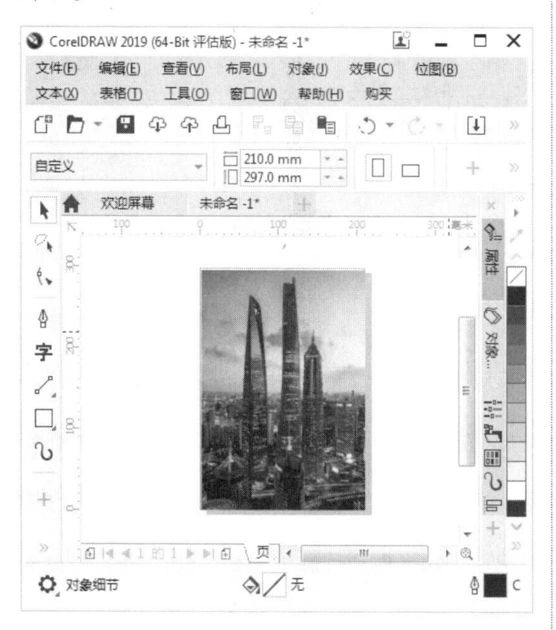

图 2-36

step 5 接着向右上方拖曳鼠标(此时不需要按住鼠标左键)，到适当位置后单击，即可创建矩形，如图 2-38 所示。

图 2-35

step 4 单击工具箱中的【矩形工具】按钮右侧的按钮，在弹出的列表中选择【3 点矩形】选项，在图像的上方按住鼠标左键向右下方拖曳，到合适的位置释放鼠标，如图 2-37 所示。

图 2-37

step 6 选中绘制的图形，单击窗口右侧调色板中的 60%黑(C：0，M：0，Y：0，K：60)色块，为其填充颜色，使用鼠标右键单击【无】按钮去掉轮廓色，如图 2-39 所示。

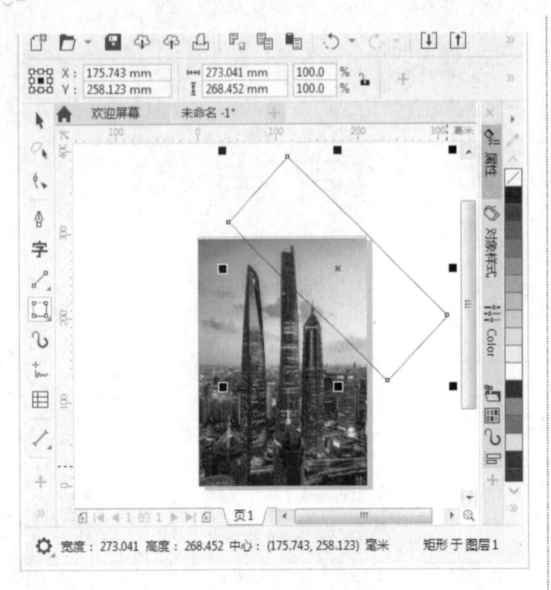

图 2-38

图 2-39

step 7 继续使用3点矩形工具绘制其他3个图形，并为其依次填充60%黑、白色和黑色，如图2-40所示。

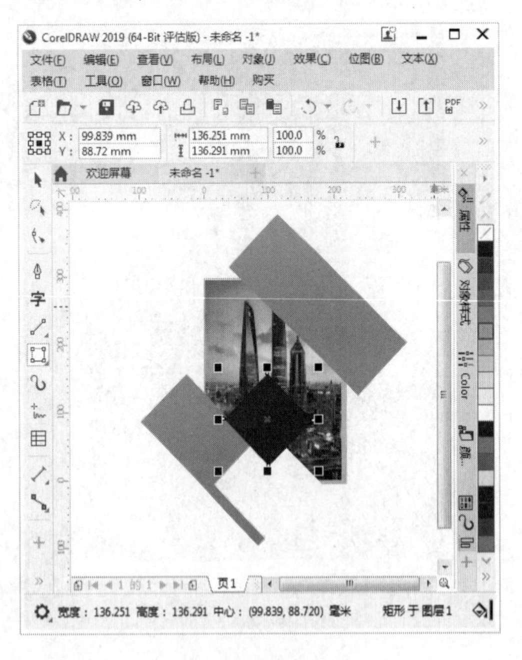

图 2-40

step 8 选中黑色矩形，① 单击工具箱中的【透明度工具】按钮，② 在属性栏中单击【均匀透明度】按钮，③ 设置透明度为30，如图2-41所示。

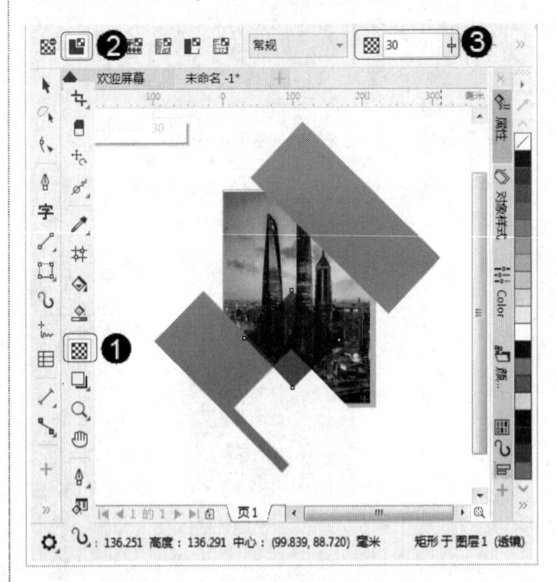

图 2-41

step 9 选中黑色矩形，执行【对象】→【顺序】→【后移一层】命令，将这个半透明图形移动至白色图形的后方，如图2-42所示。

step 10 继续使用该方法绘制3个白色菱形、1个橙色菱形(C：0，M：60，Y：100，K：0)，如图2-43所示。

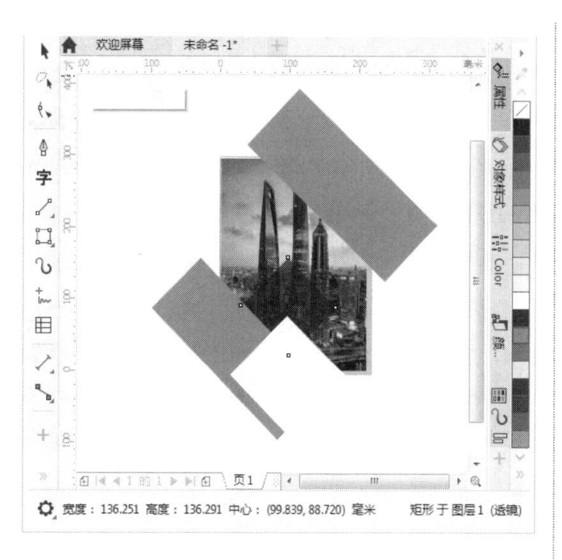


图 2-42

step 11 单击工具箱中的【矩形工具】按钮右侧的◢按钮，在弹出的列表中选择【椭圆形】选项，按住 Ctrl 键绘制一个正圆，并填充橙色(C：0，M：60，Y：100，K：0)，如图 2-44 所示。

图 2-44

step 13 单击工具箱中的【2 点线工具】按钮⟋，在版面右上角按住鼠标左键拖曳，到合适长度释放鼠标，即可绘制一段直线。鼠标右键单击调色板中的白色色块，设置其轮廓色为白色，在属性栏中设置【轮廓宽度】为 2px，以同样方法绘制另 2 条直线，如图 2-46 所示。

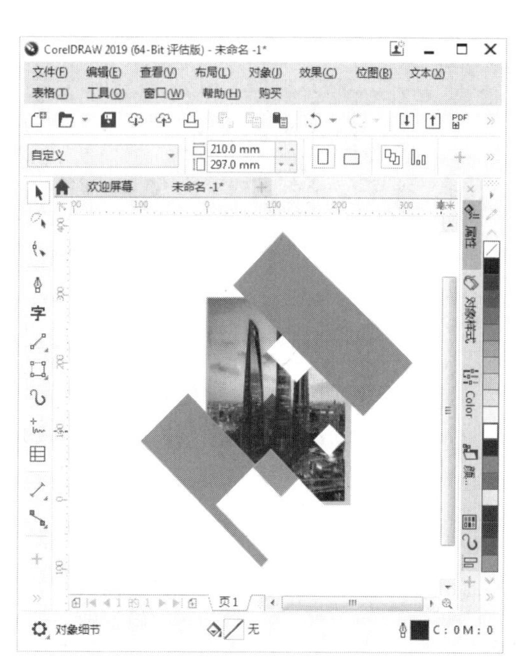


图 2-43

step 12 继续使用该方法绘制正圆，填充 60%黑色，如图 2-45 所示。

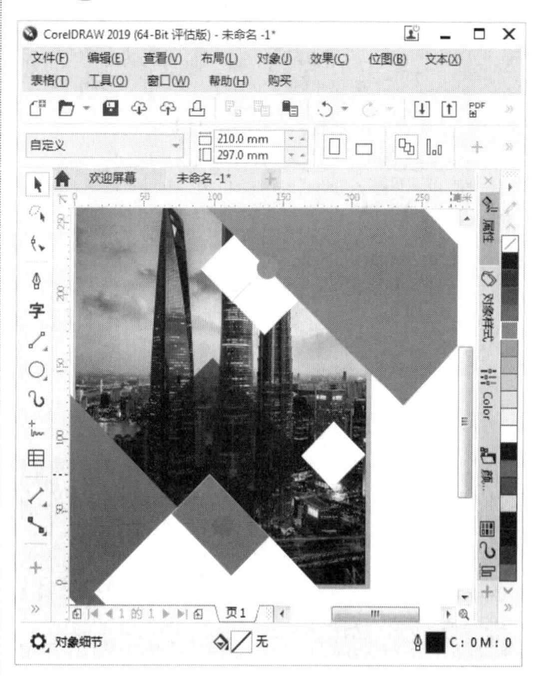


图 2-45

step 14 单击工具箱中的【文本工具】按钮字，输入文字，如图 2-47 所示。

图 2-46

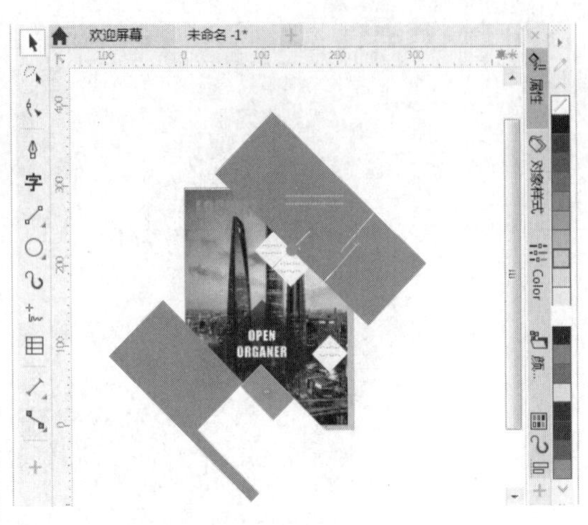

图 2-47

step15 由于此时画面四周仍有多余的图形，因此选中画面全部对象，单击工具箱中的【裁切工具】按钮，在画面中按住鼠标左键拖动框选准备保留的区域，单击【裁剪】按钮，如图 2-48 所示。

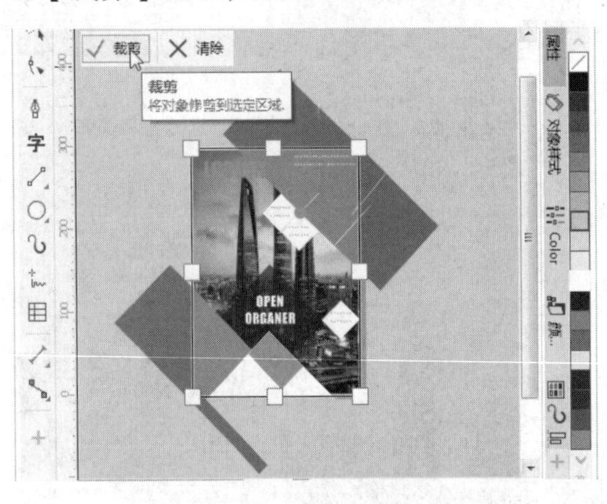


图 2-48

step16 可以看到画面四周多余的部分已经被裁掉，通过以上步骤即可完成制作菱形版面的操作，如图 2-49 所示。

图 2-49

## Section 2.3 椭圆形工具

手机扫描下方二维码，观看本节视频课程

椭圆形工具组包括两种工具：椭圆形工具和 3 点椭圆形工具。使用这两种工具可以绘制椭圆形、正圆形、饼形和弧形。在设计中，圆形可以只作为一个点，也可以作为面，不同的设计方式给人的感觉也不同。

## 2.3.1 使用椭圆形工具制作圆形标志

了解了椭圆形工具的使用方法后，本节将详细介绍使用椭圆形工具制作圆形标志的操作方法。

**素材文件** 第2章\素材文件\4.png

**效果文件** 第2章\效果文件\圆形标志.doc

step 1 执行【文件】→【新建】命令，弹出【创建新文档】对话框，设置【宽度】为269mm，【高度】为267mm，单击【纵向】按钮，单击OK按钮，创建空白文档，如图2-50所示。

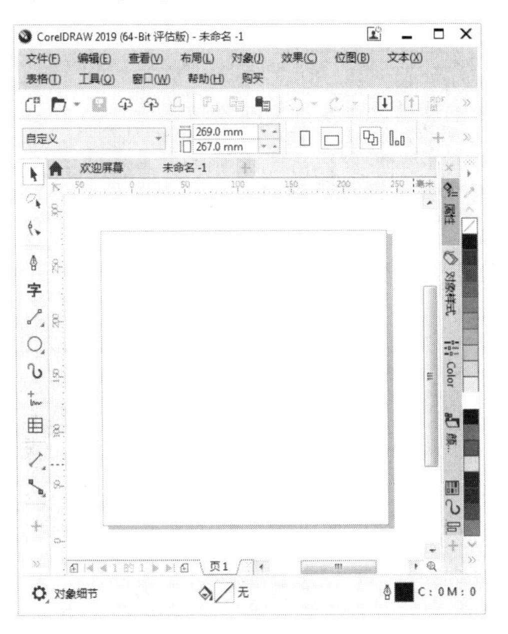


图 2-50

step 2 单击工具箱中的【矩形工具】按钮，在画面中绘制一个与画板等大的矩形，如图2-51所示。

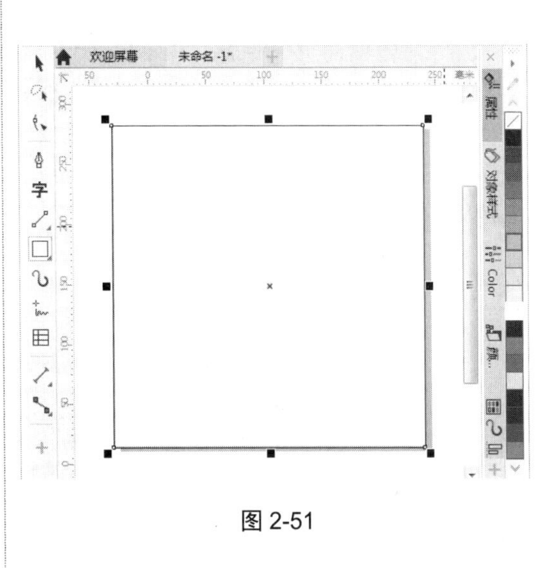


图 2-51

step 3 选中矩形，单击工具箱中的【交互式填充工具】按钮，在属性栏中单击【渐变填充】按钮，单击【椭圆形渐变填充】按钮，单击右侧节点，在显示的浮动工具栏中设置节点颜色，设置中心点为白色，右键单击调色板中的【无】按钮，去掉轮廓色，如图2-52所示。

step 4 单击工具箱中的【矩形工具】按钮右侧的按钮，在弹出的列表中选择【椭圆形】选项，在画面中间按住Ctrl键的同时按住鼠标左键拖动绘制一个正圆，如图2-53所示。

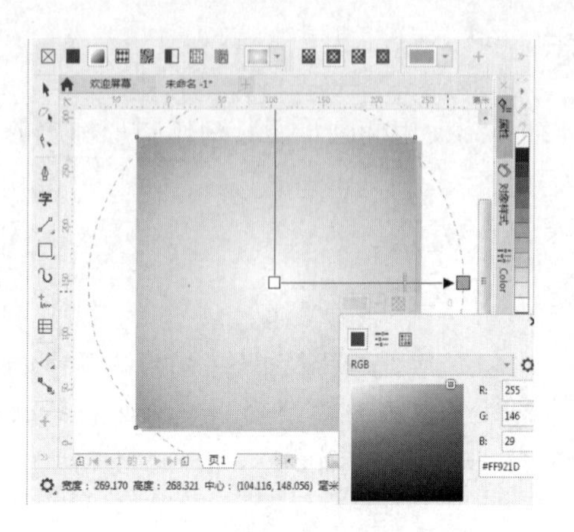

图 2-52

step 5 选中圆形，单击工具箱中的【交互式填充工具】按钮，在属性栏中单击【均匀填充】按钮，设置填充颜色为深红色。右键单击调色板中的【无】按钮，去掉轮廓色，如图 2-54 所示。

图 2-54

step 7 继续使用相同的方法，在白色正圆上方绘制一个稍小的红色正圆，并调整其位置，如图 2-56 所示。

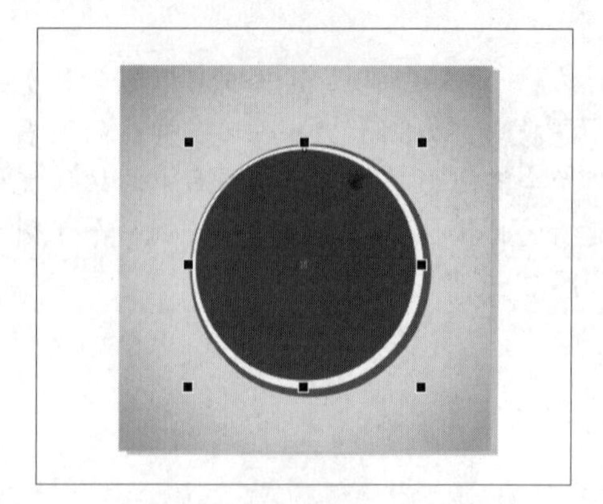

图 2-56

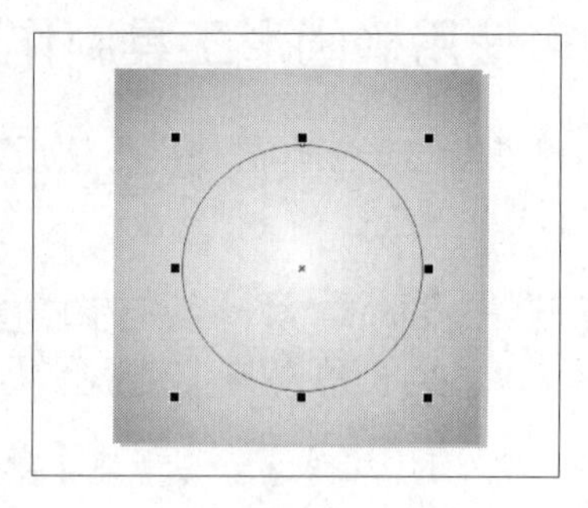

图 2-53

step 6 继续使用相同的方法，在深红色正圆上方绘制一个稍小的白色正圆，并调整其位置，如图 2-55 所示。

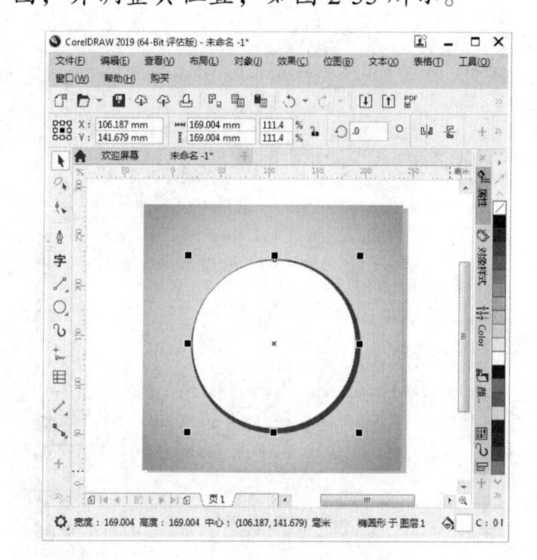

图 2-55

step 8 ① 单击【文件】菜单，② 在弹出的菜单中选择【导入】菜单项，如图 2-57 所示。

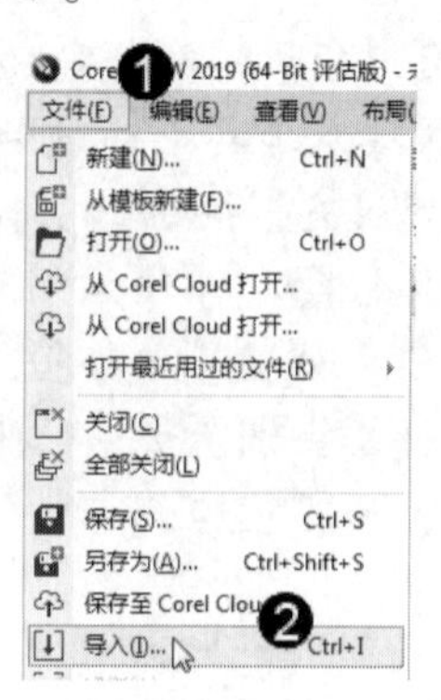


图 2-57

step 9 弹出【导入】对话框，① 选择素材，② 单击【导入】按钮，如图 2-58 所示。

图 2-58

step 10 在画面中按住鼠标左键向右下方拖动素材，调整其位置，即可完成制作圆形标志的操作，如图 2-59 所示。

图 2-59

## 2.3.2 制作简单的统计图表

本节将详细介绍使用矩形工具制作统计表的方法。

step 1 执行【文件】→【新建】命令，弹出【创建新文档】对话框，创建一个横向的 A4 文档，如图 2-60 所示。

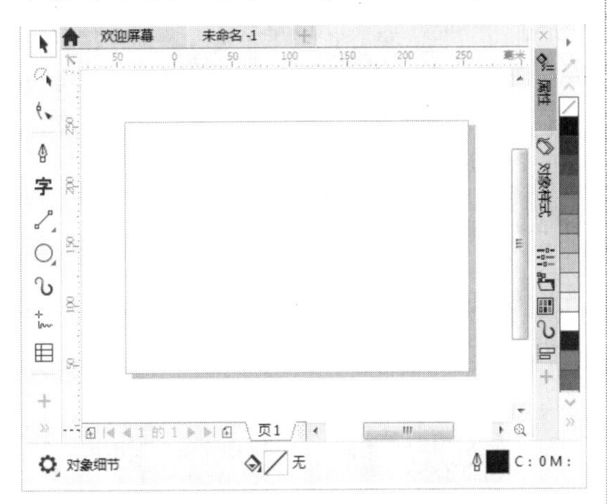

图 2-60

step 2 双击工具箱中的【矩形工具】按钮，即可快速绘制一个与画板等大的矩形，并为其填充深灰色(C：0，M：0，Y：0，K：90)，去掉轮廓色，如图 2-61 所示。

图 2-61

step 3 执行【文件】→【导入】命令，打开【导入】对话框，① 选择素材，② 单击【导入】按钮，如图 2-62 所示。

step 4 在画面中按住鼠标左键拖动，释放鼠标后完成导入操作，如图 2-63 所示。

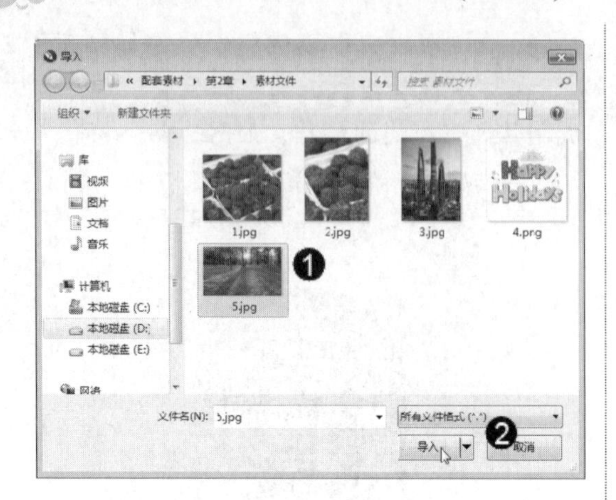


图 2-62

使用矩形工具在相应位置绘制矩形，并填充白色和红色，如图 2-64 所示。

图 2-64

step 7 选中弧形，在调色板中选择红色，右击为其设置轮廓色。在属性栏中设置【宽度】为 10.8pt，如图 2-66 所示。

图 2-66

图 2-63

step 6 单击工具箱中的【矩形工具】按钮右侧的按钮，在弹出的列表中选择【椭圆形】选项，在画布上绘制圆形，在属性栏中单击【弧】按钮，设置【起始】和【结束】角度分别为 0 和 300，并适当旋转图形，如图 2-65 所示。

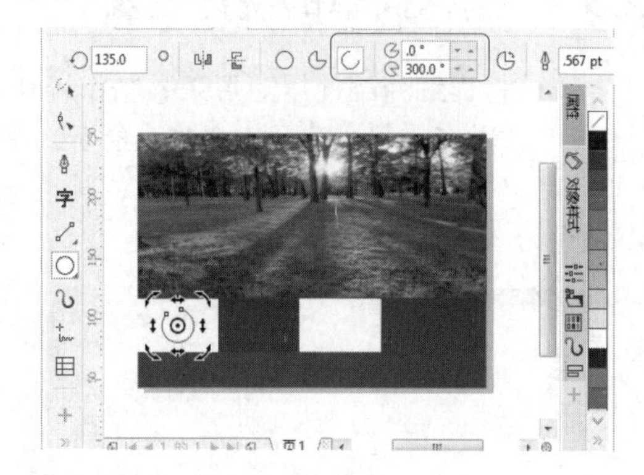


图 2-65

使用同样的方法绘制其他弧形，如图 2-67 所示。

图 2-67

使用椭圆形工具在画布上绘制一个正圆，为其填充白色，如图 2-68 所示。

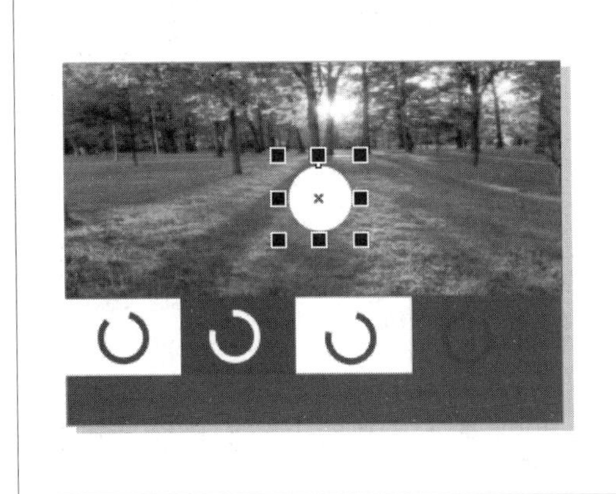

图 2-68

使用文本工具输入内容，即可完成制作统计表的操作，如图 2-69 所示。

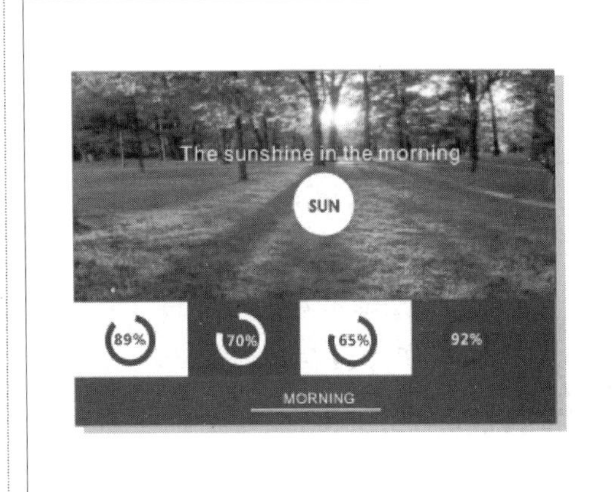


图 2-69

知识精讲

用户还可以使用 3 点椭圆工具绘制倾斜的椭圆形。单击工具箱中的【3 点椭圆工具】按钮，在绘图区按住鼠标左键拖动至合适长度(长度为椭圆的一个直径)后释放鼠标左键，然后向另一个方向拖曳鼠标以确定椭圆形的另一个直径大小，单击鼠标左键完成椭圆的绘制。

# Section 2.4 多边形和星形工具

手机扫描下方二维码，观看本节视频课程

多边形工具常用于绘制边数为 3 和 3 以上的多边形，除此之外，还可以通过调整多边形上的控制点制作出多种奇特的星形。使用星形工具可以绘制出不同边数、不同锐度的星形。本节将详细介绍使用多边形和星形工具绘制图形的方法。

## 2.4.1 使用多边形工具制作简约海报

本节将介绍使用多边形工具制作海报的操作方法。首先创建空白文档，然后导入素材，再使用多边形工具绘制图形，为图形填充颜色，在图形中添加文字内容，即可完成海报制作的操作。

step 1 执行【文件】→【新建】命令，弹出【创建新文档】对话框，创建一个纵向的 A4 文档，如图 2-70 所示。

step 2 执行【文件】→【导入】命令，弹出【导入】对话框，① 选择准备导入的文件，② 单击【导入】按钮，如图 2-71 所示。

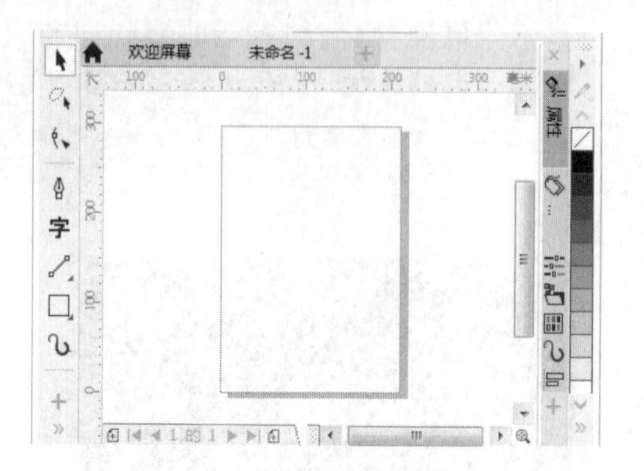

图 2-70

在画面中按住鼠标左键拖动，释放鼠标后完成导入操作，如图 2-72 所示。

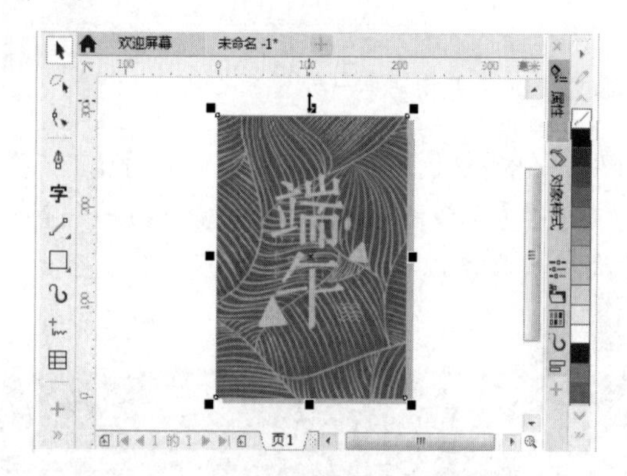

图 2-72

step 5 ① 双击【填充色】按钮，弹出【编辑填充】对话框，② 单击【颜色滴管】按钮，③ 在图像上吸取颜色，④ 单击 OK 按钮，如图 2-74 所示。

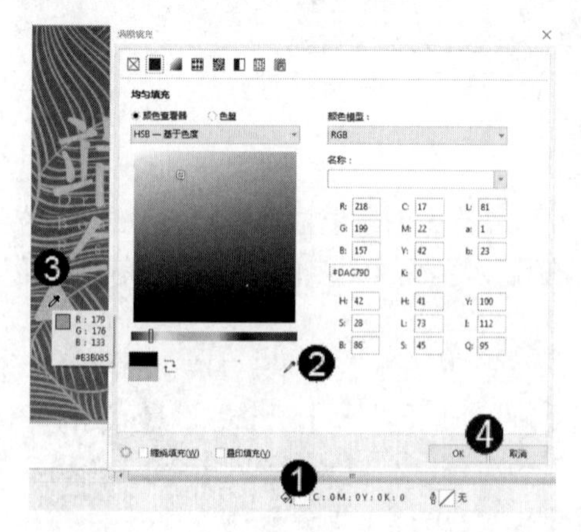

图 2-74

图 2-71

单击工具箱中的【矩形工具】按钮右侧的按钮，在弹出的列表中选择【多边形】选项，在属性栏中设置【点数或边数】为 8，接着在画布上按住 Ctrl 键绘制八边形，如图 2-73 所示。

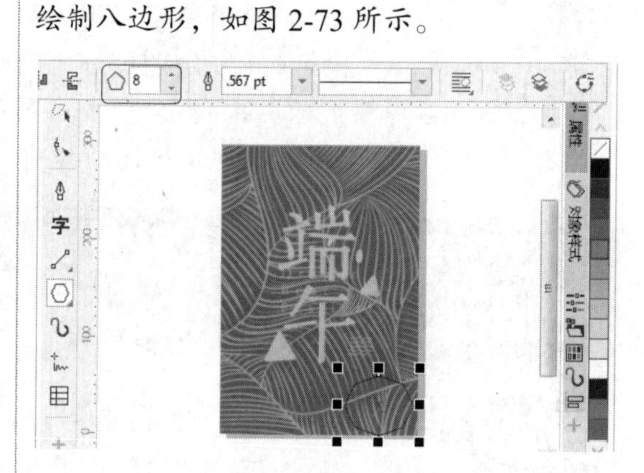

图 2-73

可以看到图形已经填充了颜色，去掉轮廓色，如图 2-75 所示。

图 2-75

step 7 单击【文本工具】按钮，在图形中定位光标，输入内容，并设置文本字体为【微软雅黑】，如图 2-76 所示。

图 2-76

step 8 使用同样方法绘制其他多边形，如图 2-77 所示。

图 2-77

step 9 单击【裁剪工具】按钮，沿文档边缘绘制选框，单击【裁剪】按钮，如图 2-78 所示。

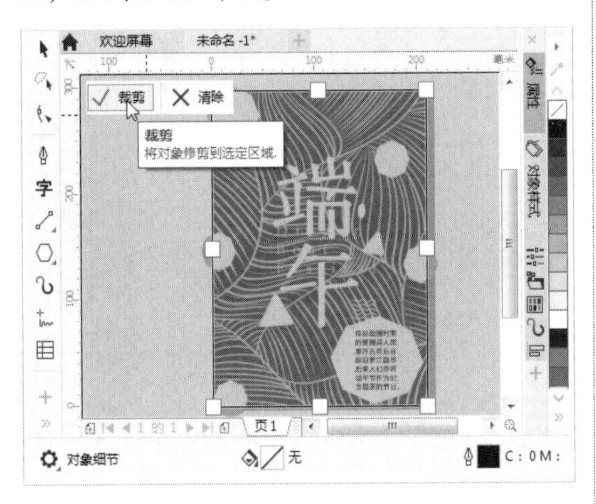


图 2-78

step 10 通过以上步骤即可完成制作海报的操作，如图 2-79 所示。

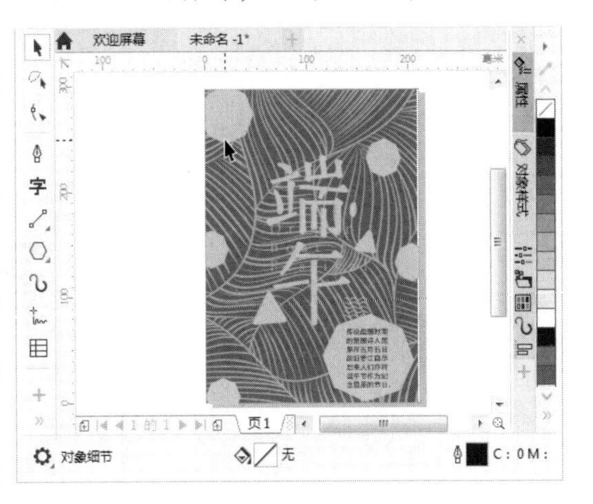


图 2-79

## 2.4.2 使用多边形工具制作五角星

使用多边形工具还可以绘制不同边数、不同锐度的星形，本节将详细介绍使用多边形工具绘制五角星的方法。

step 1 执行【文件】→【新建】命令，弹出【创建新文档】对话框，创建一个横向的 A4 文档，如图 2-80 所示。

step 2 使用多边形工具，在属性栏中设置【边数或点数】为 5，在画布中绘制多边形，如图 2-81 所示。

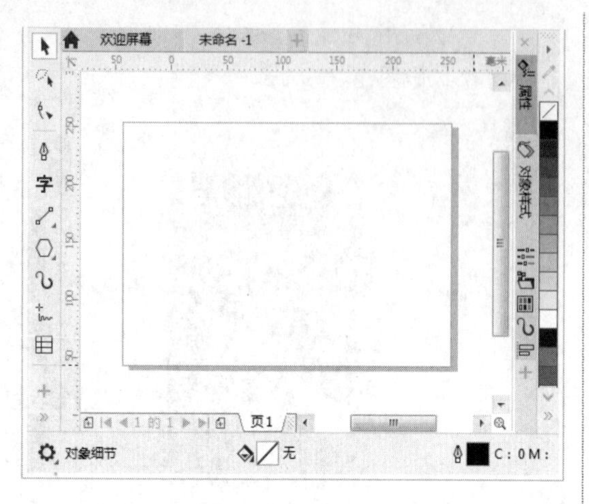
图 2-80

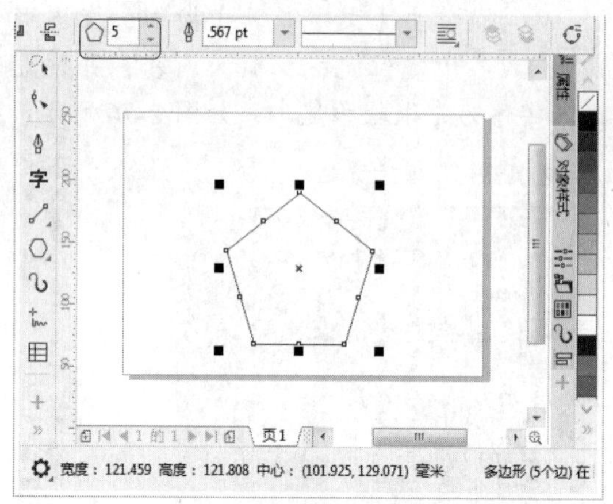
图 2-81

step 3 在工具箱中单击【形状工具】按钮，向多边形内部拖曳控制点调整锐度，如图 2-82 所示。

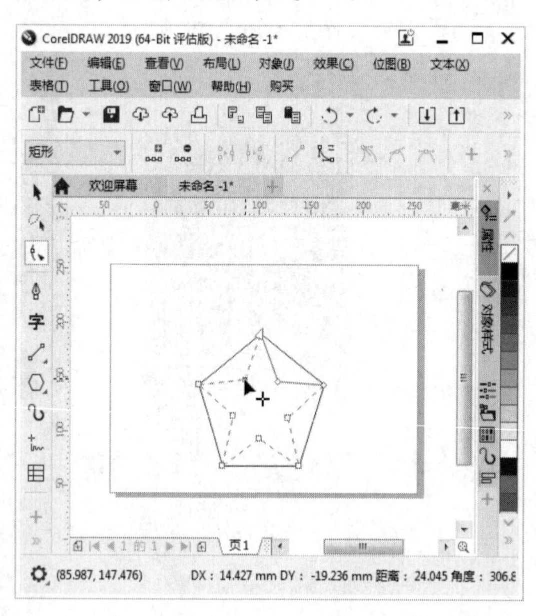
图 2-82

step 4 通过以上步骤即可完成绘制五角星的操作，如图 2-83 所示。

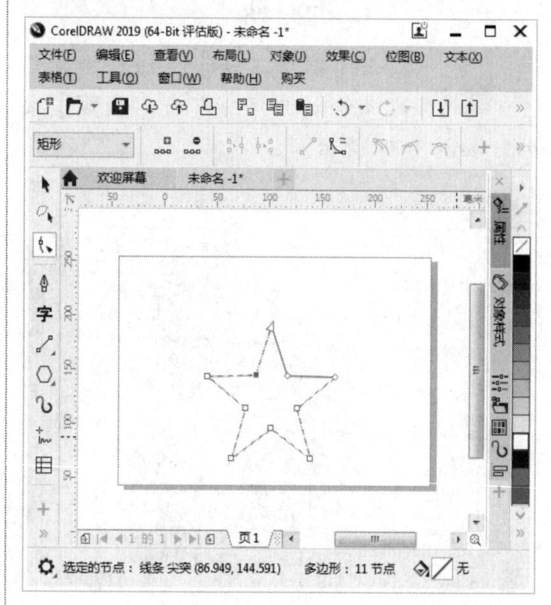
图 2-83

## 2.4.3 使用多边形工具制作太阳图案卡片

本节将详细介绍使用多边形工具制作太阳图案卡片的具体方法。

step 1 执行【文件】→【新建】命令，弹出【创建新文档】对话框，创建一个横向的 A4 文档，如图 2-84 所示。

step 2 双击工具箱中的【矩形工具】按钮，即可快速绘制一个与画板等大的矩形，单击调色板中的灰色色块为其填充 40%黑色，并去掉轮廓色，如图 2-85 所示。

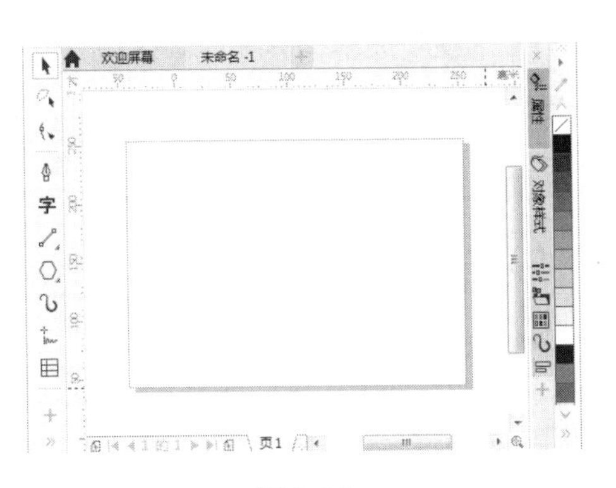

图 2-84

step 3 再绘制一个矩形，为其填充 60%黑色，去掉轮廓色，如图 2-86 所示。

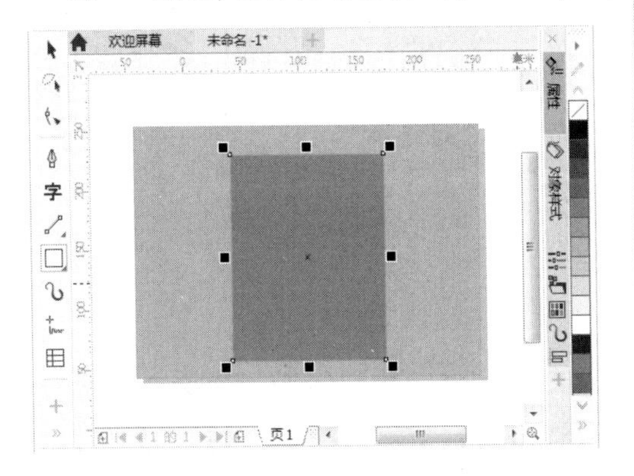

图 2-86

step 5 单击【星形工具】按钮，在属性栏中单击【复杂星形】按钮，设置【边数或点数】为 11，【锐度】为 2，绘制星形，如图 2-88 所示。

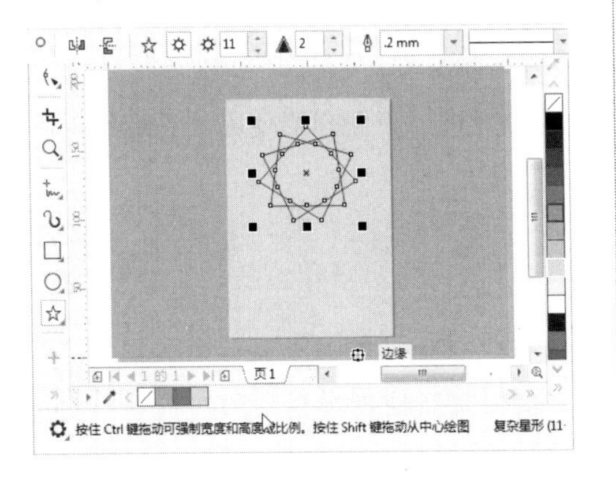

图 2-88

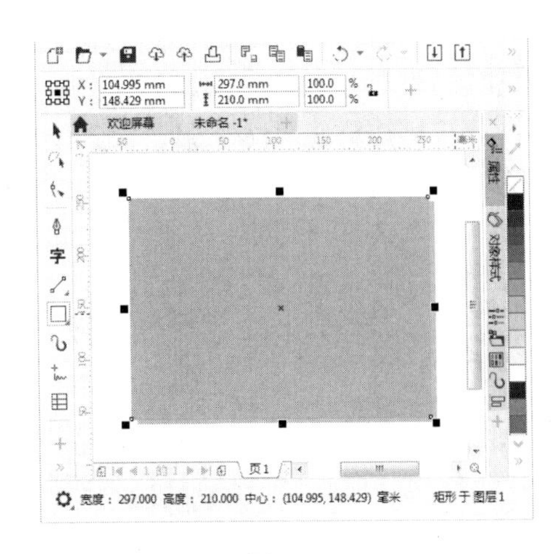

图 2-85

step 4 选中矩形，按 Ctrl+C 组合键复制矩形，按 Ctrl+V 组合键粘贴矩形，移动复制的矩形位置，并为其填充 20%黑色，如图 2-87 所示。

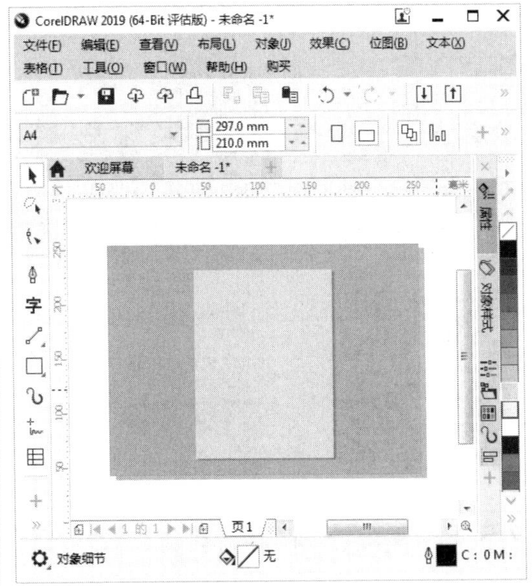

图 2-87

step 6 选中星形，在工具箱中单击【交互式填充工具】按钮，在属性栏中单击【均匀填充】按钮■，设置填充色为粉色(R：217，G：163，B：209)，并去掉轮廓色，如图 2-89 所示。

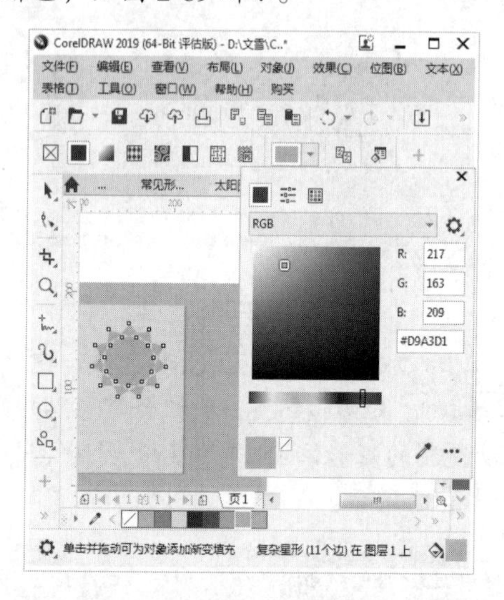


图 2-89

step 7 使用文本工具输入文字，如图 2-90 所示。

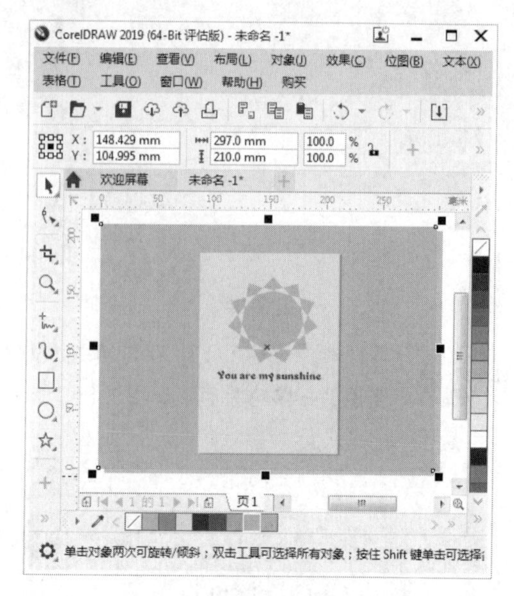


图 2-90

## Section 2.5 范例应用与上机操作

手机扫描下方二维码，观看本节视频课程

在本节的学习过程中，将侧重介绍和讲解与本章知识点有关的范例应用与技巧，主要内容包括使用常见形状工具、绘制彩带图形、制作相机 App 图标等方面的知识与操作技巧。通过本节范例应用的操作，可以达到举一反三的目的。

### 2.5.1 常见形状工具

使用常见形状工具可以绘制多种系统内置的图形效果。下面介绍使用常见形状工具绘制图像的方法。

素材文件 无

效果文件 第 2 章\效果文件\常见形状工具.cdr

step 1 创建一个横向的 A4 文档，① 单击工具箱中的【基本形状工具】按钮，② 在属性栏中单击【完美形状】按钮，在面板中选择一个图形，如图 2-91 所示。

step 2 在画面中按住鼠标左键拖曳，即可绘制出所需图形，如图 2-92 所示。

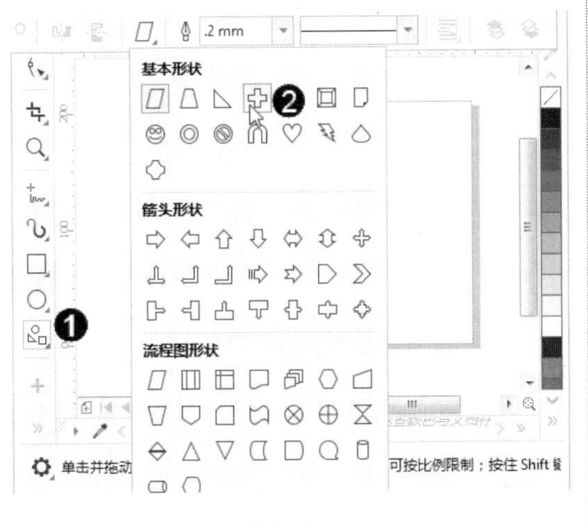


图 2-91

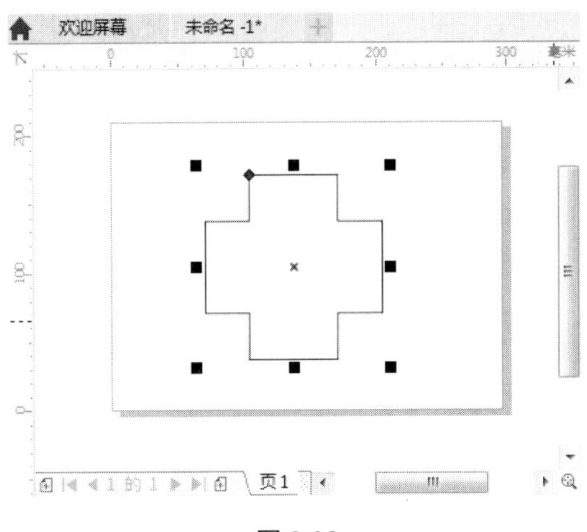


图 2-92

绘制出的图形上方有一个红色的控制点◆，拖曳该控制点，即可对所绘制图形形状进行变形。【完美形状】按钮没有一个固定的样子，其图标形状为当前所选图形的缩览图。

## 2.5.2 绘制彩带图形

使用常见形状工具还可以绘制出彩带图形，下面详细介绍绘制彩带图形的操作方法。

素材文件 无
效果文件 第 2 章\效果文件\彩带图形.cdr

step 1 创建一个横向的 A4 文档，① 单击工具箱中的【基本形状工具】按钮，② 在属性栏中单击【完美形状】按钮，在面板中的【条幅形状】区域选择一个图形，如图 2-93 所示。

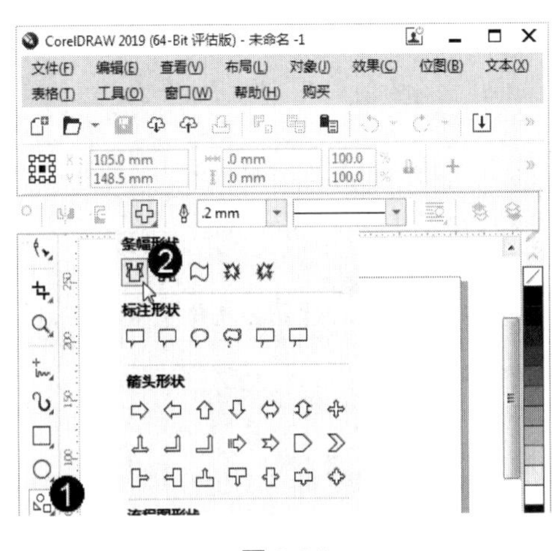


图 2-93

step 2 在画面中按住鼠标左键拖曳，即可绘制出彩带图形，在调色板中单击桃黄(C：0，M：40，Y：60，K：0)色块，为其填充颜色，如图 2-94 所示。

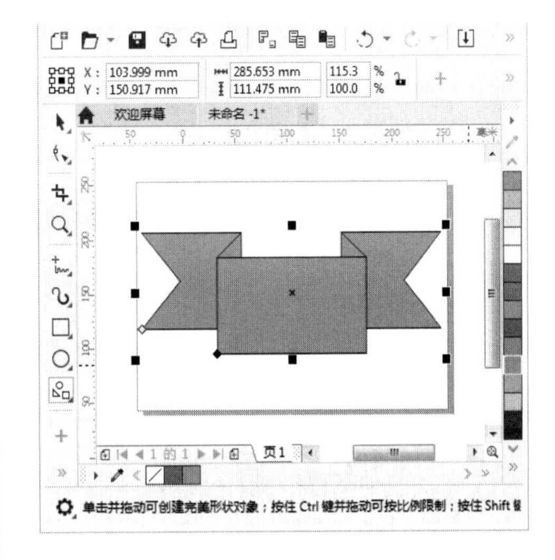


图 2-94

step 3 单击工具箱中的【智能填充】按钮，在属性栏中设置填充色为同色系稍深一些的颜色，如图 2-95 所示。

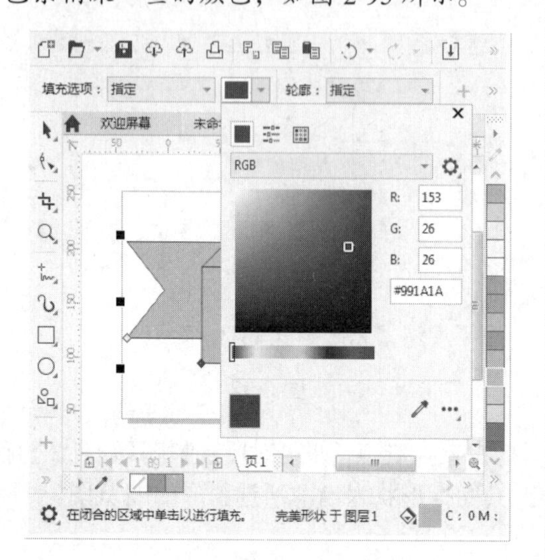

图 2-95

step 4 在彩带的转折位置单击，如图 2-96 所示。

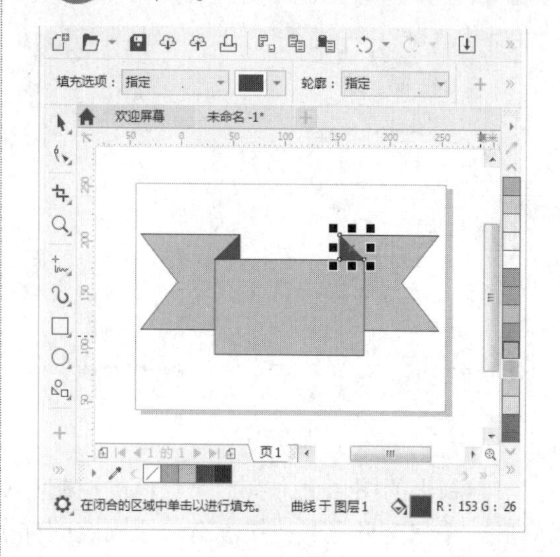

图 2-96

step 5 重新设置一个颜色，如图 2-97 所示。

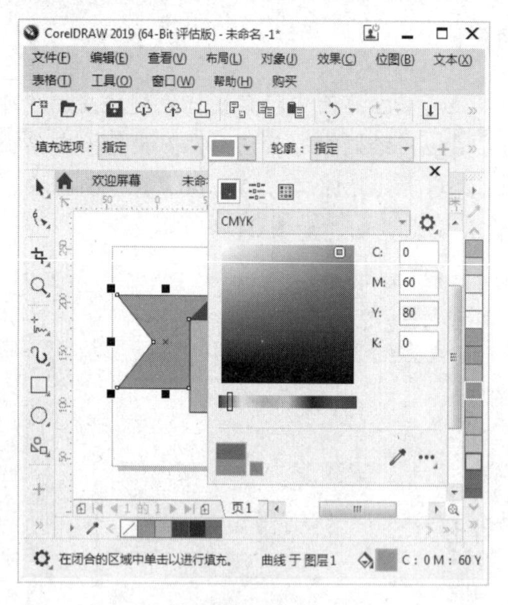

图 2-97

step 6 填充左右两侧的图形，通过以上方法即可完成绘制彩带图形的操作，如图 2-98 所示。

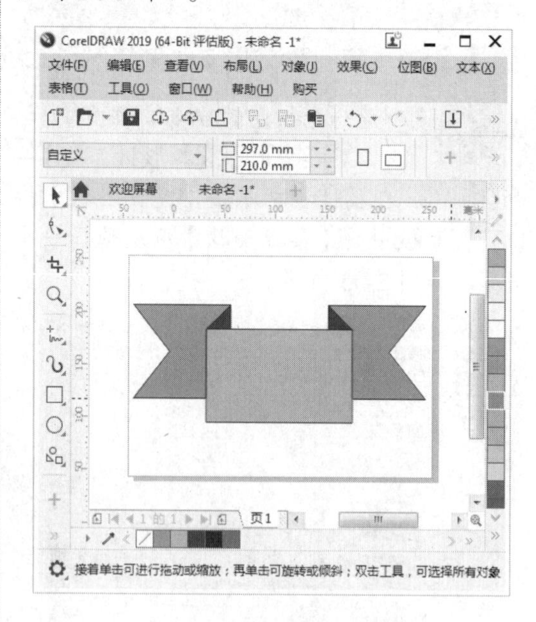

图 2-98

## 2.5.3 制作相机 App 图标

用户可以使用矩形工具和椭圆形工具制作 App 图标，下面详细介绍制作 App 图标的方法。

素材文件 无
效果文件 第2章\效果文件\App图形.cdr

step 1 创建一个横向的A4文档，双击工具箱中的【矩形工具】按钮，即可快速绘制一个与画板等大的矩形，单击调色板中的灰色(C：20，M：0，Y：0，K：20)色块为其填色，并去掉轮廓色，如图2-99所示。

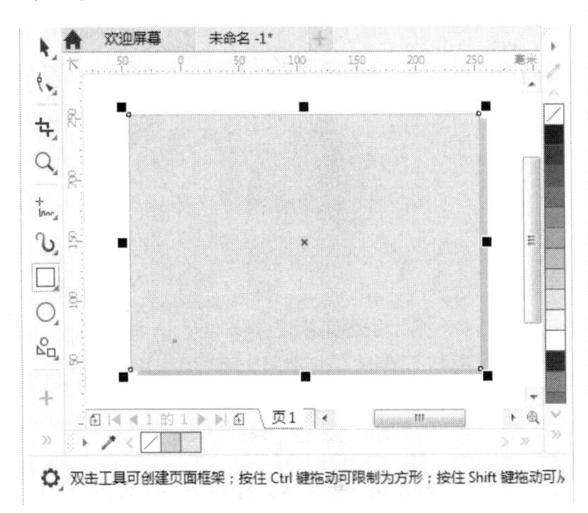

图2-99

step 2 再绘制一个矩形，在属性栏中单击【圆角】按钮，设置【转角半径】为30，并为其填充绿色(C：0，M：0，Y：0，K：100)，去除轮廓色，如图2-100所示。

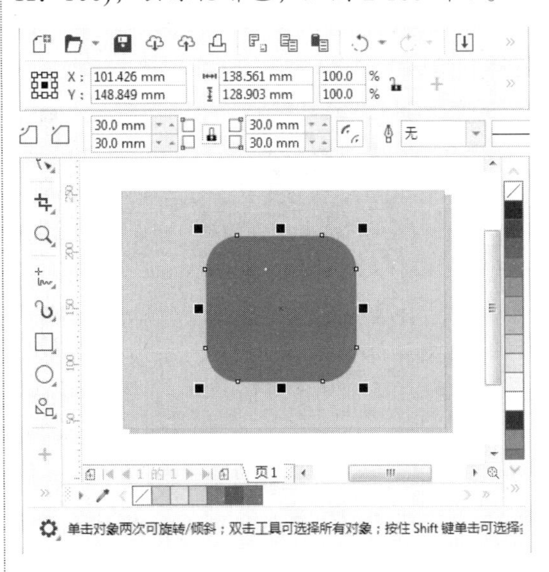

图2-100

step 3 复制矩形，并为其填充颜色(C：20，M：0，Y：0，K：80)，如图2-101所示。

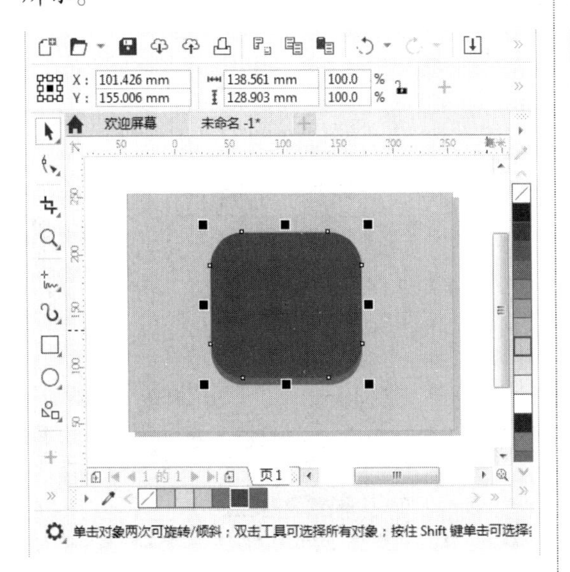

图2-101

step 4 再绘制一个矩形，为其填充颜色(C：60，M：0，Y：20，K：20)，如图2-102所示。

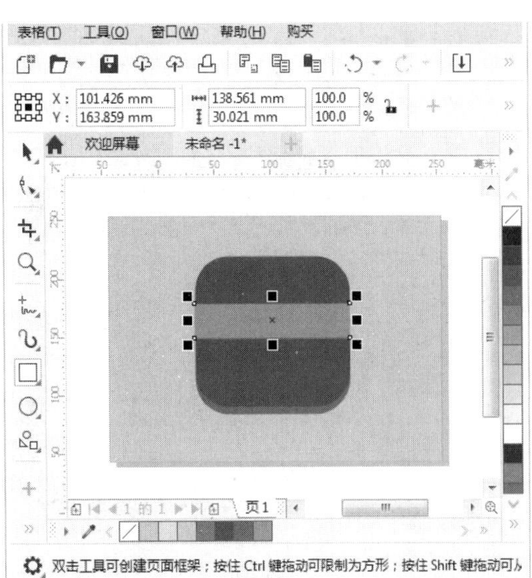

图2-102

step 5 复制矩形，为其填充颜色(C：88，M：44，Y：45，K：0)，如图 2-103 所示。

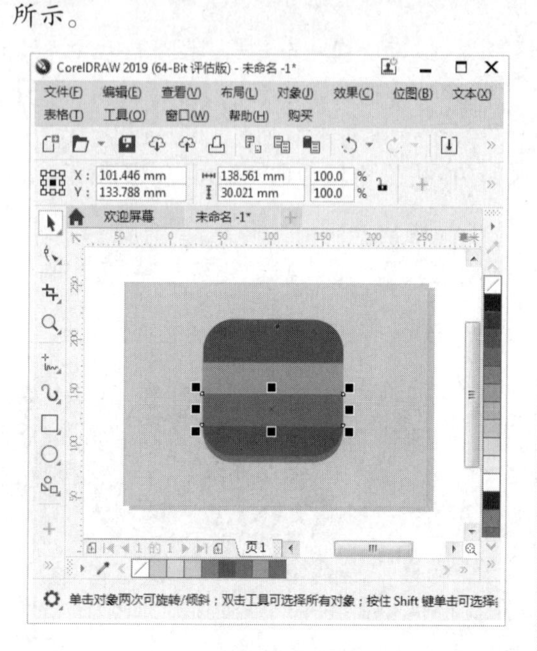

图 2-103

step 6 使用椭圆形工具绘制正圆，为其填充颜色(C：0，M：0，Y：20，K：80)，如图 2-104 所示。

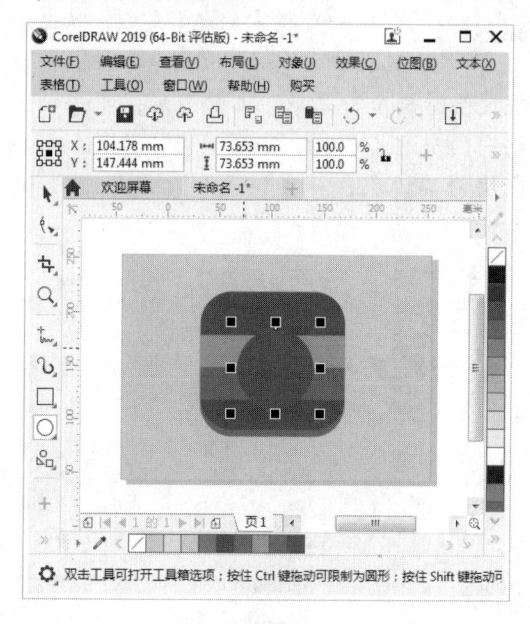

图 2-104

step 7 复制圆形，为其填充颜色(C：20，M：0，Y：0，K：20)。再绘制一个稍小一些的圆，为其填充颜色(C：0，M：0，Y：20，K：80)，如图 2-105 所示。

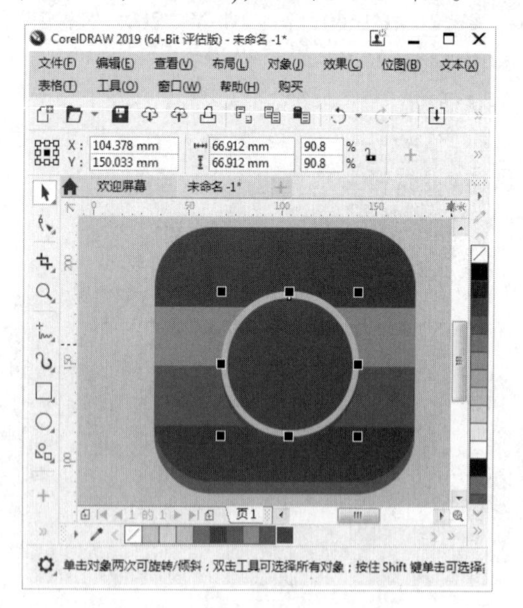

图 2-105

step 8 继续在中间的圆形中创建两个小一些的正圆，分别填充(C：20，M：0，Y：0，K：60)和(C：0，M：0，Y：20，K：80)，并将最小的圆形移至右上角，使其遮盖住下方圆形的一部分，并在左上角绘制一个红色正圆形，如图 2-106 所示。

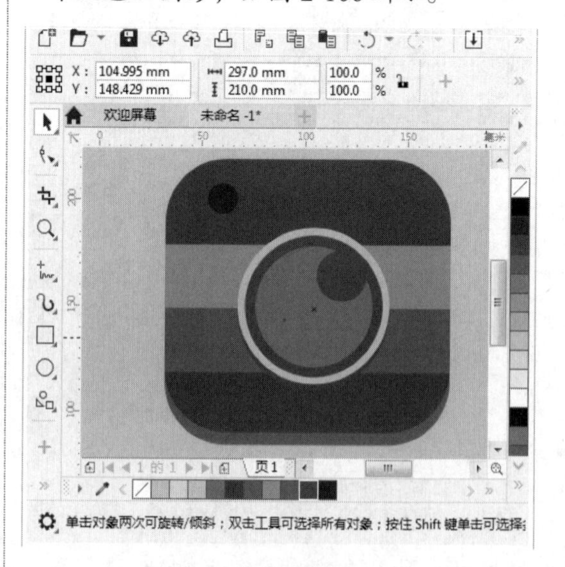

图 2-106

step 9 单击椭圆形工具属性栏中的【饼形】按钮，设置【起始】和【结束】角度分别为 360 和−210，按住鼠标左键拖曳进行绘制，并为其填充 40%黑色，如图 2-107 所示。

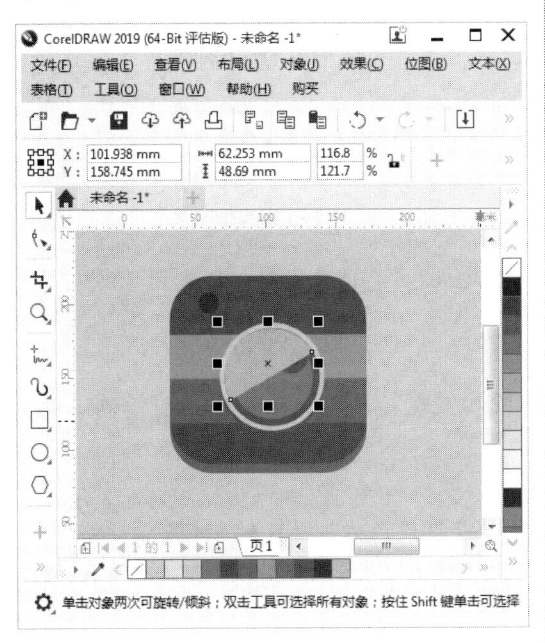


图 2-107

step 10 选中半圆形，单击工具箱中的【透明度工具】按钮，单击属性栏中的【均匀透明度】按钮，设置透明度为 50，如图 2-108 所示。

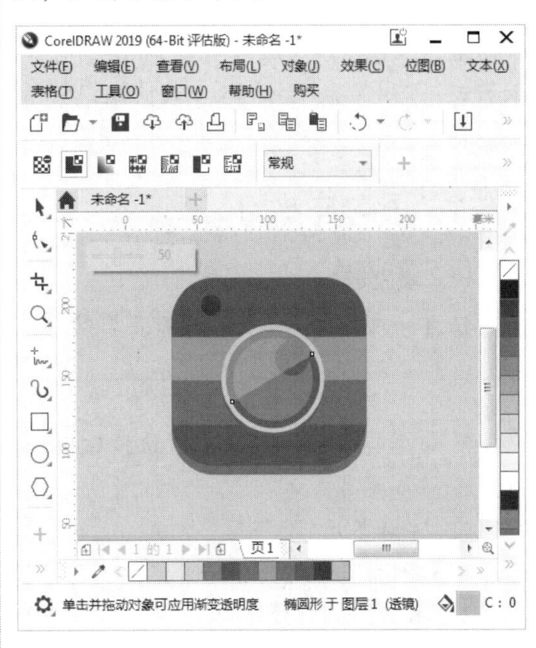


图 2-108

step 11 使用矩形工具绘制矩形，在属性栏中单击【圆角】按钮，设置【转角半径】为 16，为其填充颜色(C：20，M：0，Y：0， K：60)，如图 2-109 所示。

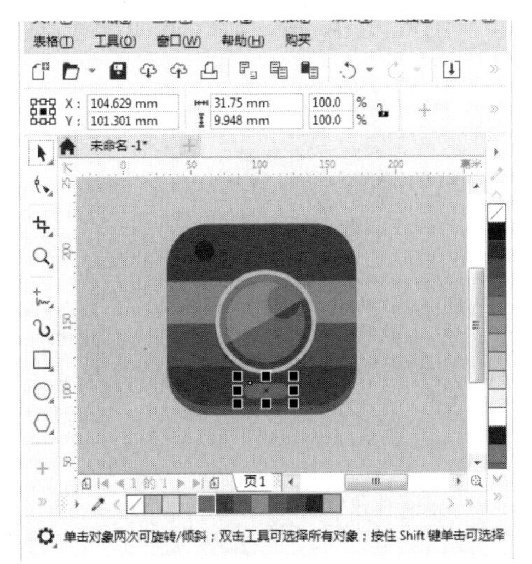


图 2-109

step 12 使用文本工具在矩形上输入文字，通过以上步骤即可完成 App 图标的制作，如图 2-110 所示。

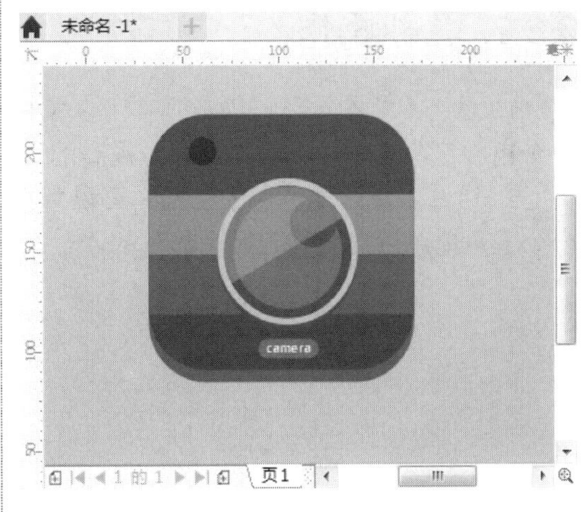


图 2-110

## Section 2.6 本章小结与课后练习

本章主要介绍了绘图工具、矩形工具、椭圆形工具、多边形和星形工具等内容。学习本章后，用户可以基本了解绘制简单图形的方法，为进一步使用软件制作图像奠定坚实的基础。

### 2.6.1 思考与练习

一、填空题

1. 单击【矩形工具】按钮右下角的按钮，在弹出的工具列表中可以看到用于绘制矩形的________、3点矩形工具、________、3点椭圆工具、________、冲击效果工具、图纸工具和________等。

2. 属性栏中的________下拉按钮用于更改轮廓宽度，可以在文本框中输入数值进行设置。

二、判断题

1. 绘图工具虽然绘制的是不同类型的图形，但是其使用方法是比较相似的。 ( )

2. 刚刚绘制的图形没有颜色，只有一个黑色的细框，这是 CorelDRAW 的默认设置。 ( )

三、思考题

1. 如何使用矩形工具制作美食宣传页？

2. 如何使用椭圆形工具制作圆形标志？

### 2.6.2 上机操作

1. 通过本章的学习，读者基本可以掌握绘制简单图形方面的知识，下面通过练习创建一个矩形并填充颜色，达到巩固与提高的目的。

2. 通过本章的学习，读者基本可以掌握绘制简单图形方面的知识，下面通过练习创建一个五角星，达到巩固与提高的目的。

# 第 3 章

# 绘制复杂的图形

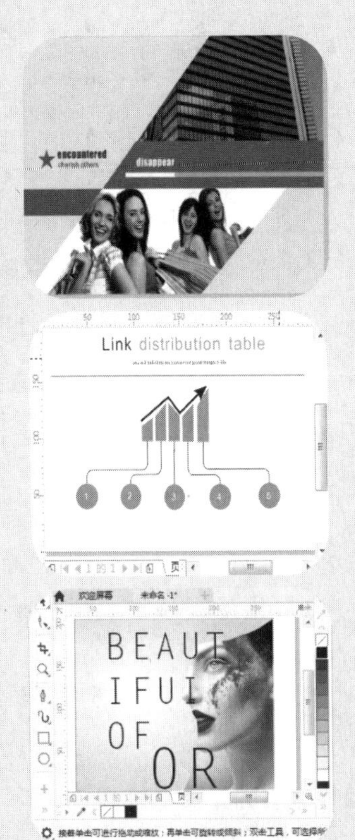


本章主要介绍手绘工具、贝塞尔工具、艺术笔工具、绘图工具、连接器工具以及度量工具方面的知识与技巧，同时还讲解了使用连接器工具制作数据图、使用贝塞尔工具制作海报以及使用钢笔工具制作画册封面的方法。通过本章的学习，读者可以掌握绘制复杂图形方面的知识，为深入学习 CorelDRAW 知识奠定基础。

## 本 章 要 点

1. 手绘工具
2. 贝塞尔工具
3. 艺术笔工具
4. 绘图工具
5. 连接器工具
6. 度量工具

## Section 3.1 手绘工具

手机扫描下方二维码，观看本节视频课程

在 CorelDRAW 2019 中，绘制出的作品都是由几何对象构成的，而几何对象的构成元素是直线和曲线。手绘工具是 CorelDRAW 2019 中用于绘制曲线、直线以及折线的工具。本节将介绍使用手绘工具的方法。

### 3.1.1 基本绘制方法

在工具箱中单击【手绘工具】按钮，在画面中单击鼠标定位起点，将光标移至适当的位置单击，即可完成直线的绘制，如图 3-1 所示。

在工具箱中单击【手绘工具】按钮，在画面中按住鼠标左键拖动，然后释放鼠标左键，即可完成曲线的绘制，如图 3-2 所示。

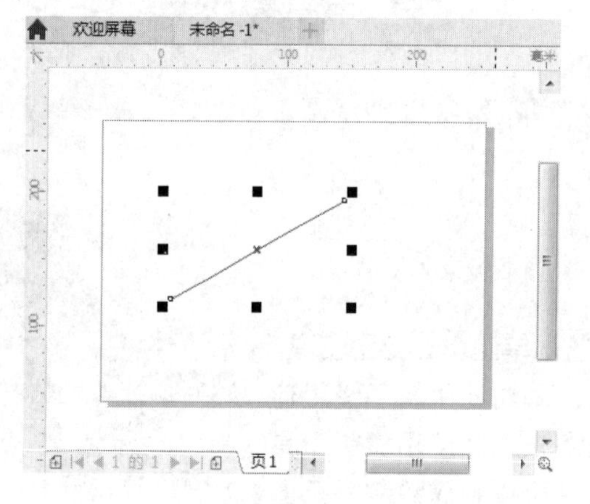


图 3-1

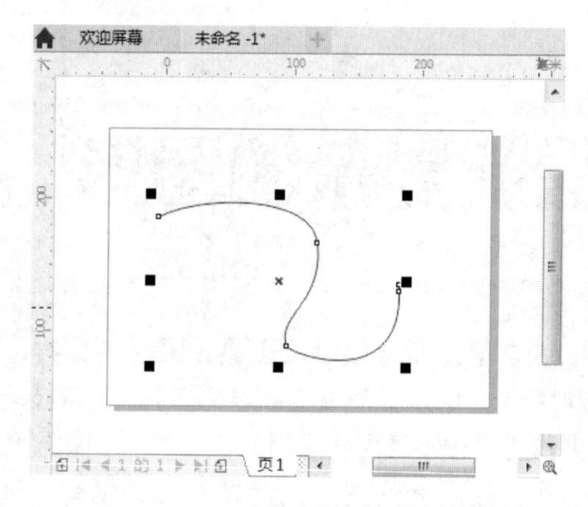


图 3-2

首先绘制一条直线，在已完成的直线端点上单击，然后拖曳光标到直线以外的地方再次单击鼠标，即可绘制一条折线，如图 3-3 和图 3-4 所示。

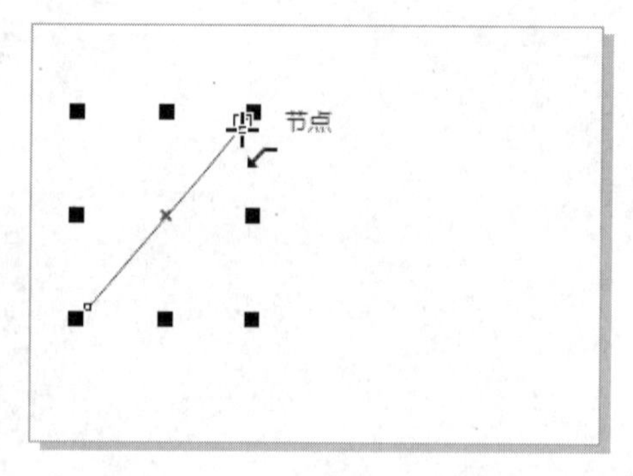


图 3-3

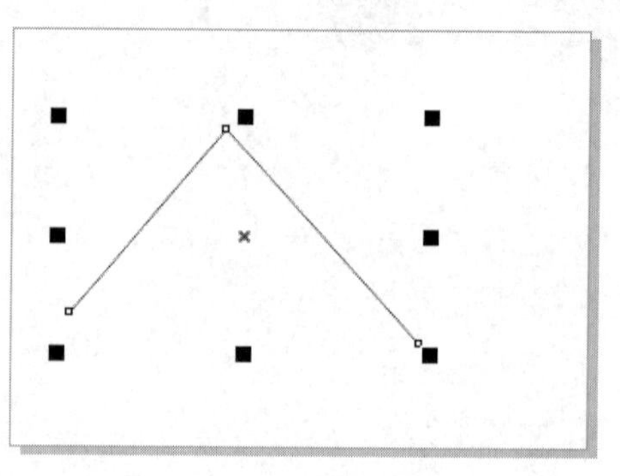

图 3-4

使用手绘工具也可以绘制封闭图形，当曲线的终点回到起点位置时，单击鼠标左键，即可绘制出封闭图形，如图 3-5 所示。

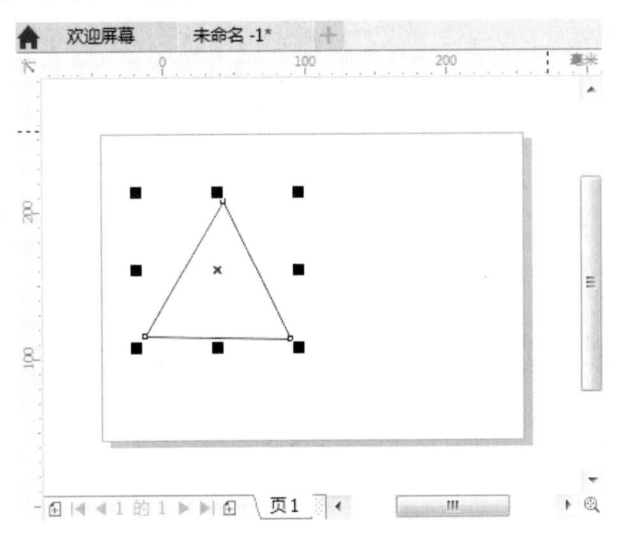


图 3-5

知识精讲

使用手绘工具绘制曲线，然后单击属性栏中的【闭合曲线】按钮，系统会自动将开放的曲线节点闭合，使其成为封闭图形；单击属性工具栏中的【装订框】按钮，可以显示或隐藏边框。

## 3.1.2 线条的设置

手绘工具除了可以绘制简单的直线外，还可以配合属性栏绘制出不同粗细、线型的直线或箭头符号。在工具箱中单击【手绘工具】按钮，在属性栏的【轮廓宽度】列表中 2.0 mm 选择 2.0mm，在【起始箭头】和【终止箭头】列表中选择箭头样式，然后在画面中进行绘制，如图 3-6 所示。

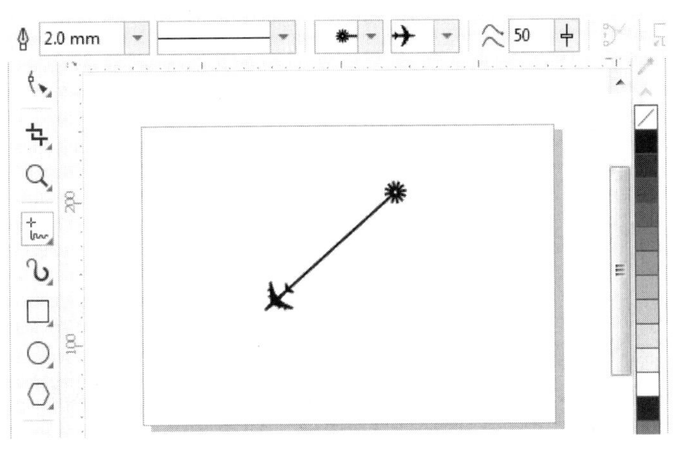


图 3-6

# Section 3.2 贝塞尔工具

手机扫描下方二维码，观看本节视频课程

贝塞尔工具主要用于绘制平滑和精确的曲线，通过改变节点和控制点的位置来控制曲线的弯曲度。绘制完曲线后，通过调整节点，可以改变直线和曲线的形状。使用该工具可以快速绘制包含曲线段和直线段的复杂线条。

## 3.2.1 直线绘制方法

在工具箱中单击【贝塞尔工具】按钮，在画面中单击确定第 1 个节点，将光标移到下一处，单击创建第 2 个节点，在两个节点之间就会出现一条直线，如图 3-7 所示。

## 3.2.2 折线绘制方法

使用贝塞尔工具绘制一条直线，继续在下一个节点处单击，得到下一条线段，即可得到需要的折线，如图 3-8 所示。

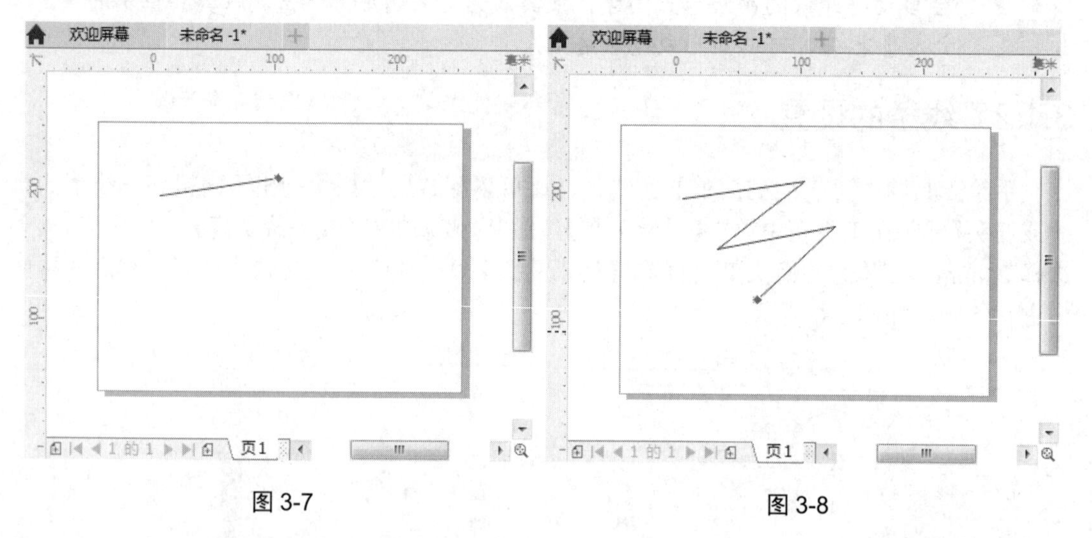


图 3-7　　图 3-8

## 3.2.3 曲线绘制方法

在工具箱中单击【贝塞尔工具】按钮，在画面中按住鼠标左键并拖动，确定起始节点，此时节点两边将出现两个控制点，连接控制点的是一条蓝色的控制线，如图 3-9 所示。将光标移至下一处，按住鼠标左键并拖曳，这时第 2 个节点的控制线长度和角度都将随光标的移动而改变，同时曲线的弯曲度也发生变化。调整好曲线形状后，释放鼠标，即可绘制出一条曲线，如图 3-10 所示。

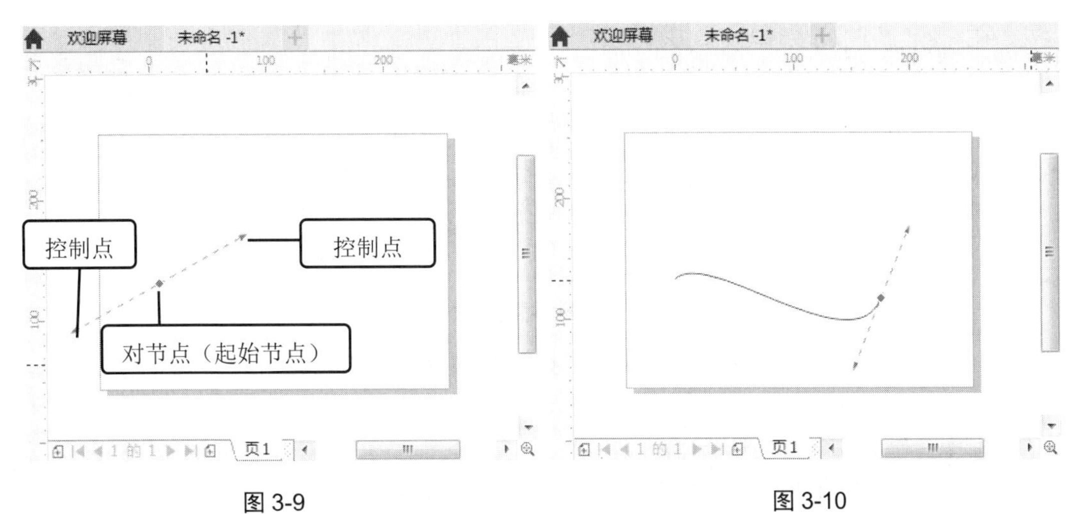


图 3-9　　　　图 3-10

## Section 3.3 艺术笔工具

手机扫描下方二维码，观看本节视频课程

使用艺术笔工具可一次性创造出系统提供的各种图案、笔触效果。艺术笔工具在属性栏中分为 5 种样式：预设、笔刷、喷涂、书法和表达式。通过属性栏参数的设置，可以绘制喷涂列表中的各种图形，还可以对绘制的封闭图形进行颜色调整。

### 3.3.1 预设

在工具箱中单击【艺术笔工具】按钮，在属性栏中单击【预设】按钮，各项参数如图 3-11 所示。

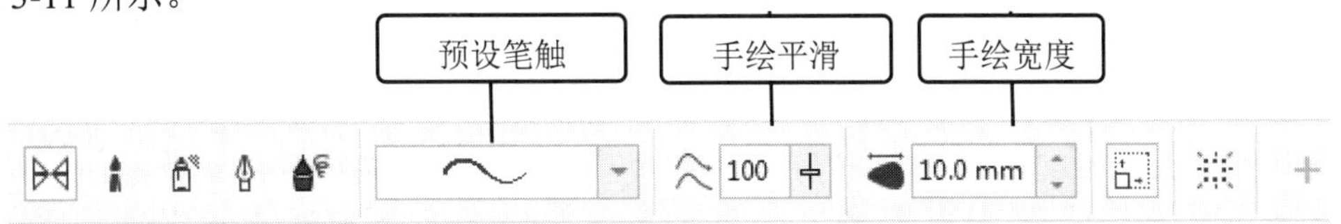


图 3-11

预设模式提供了多种线条样式，从中选择所需线条样式，可以轻松绘制出像毛笔笔触一样的效果，如图 3-12 所示。

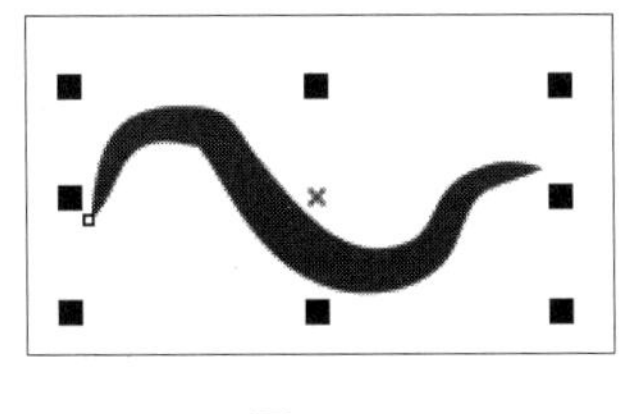

图 3-12

## 3.3.2 笔刷

在工具箱中单击【艺术笔工具】按钮，在属性栏中单击【笔刷】按钮，可以进入笔刷模式，笔刷模式主要用于模拟笔刷绘制的效果，如图 3-13 所示。

图 3-13

- 【浏览】按钮：单击该按钮，可以载入其他自定义毛刷笔触。
- 【保存艺术笔触】按钮：将艺术笔触另存为自定义笔触。
- 【删除】按钮：删除自定义笔触。
- 【手绘平滑】文本框：在创建手绘曲线时，调整其平滑程度。
- 【笔触宽度】微调框：输入数值以设置所绘线条的宽度。

笔刷模式下包括艺术、书法、对象、滚动、感觉的、飞溅、符号和底纹 8 种类别，每种类别都有相应的毛刷笔触，如图 3-14 所示。

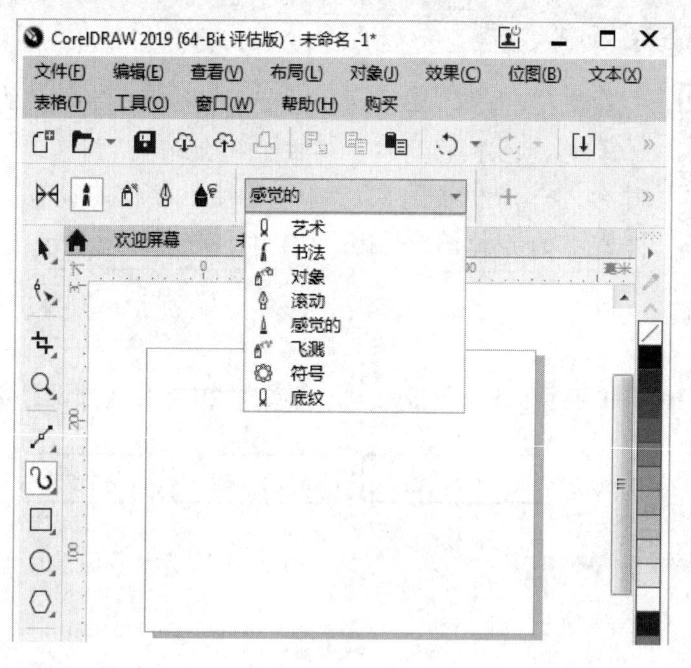


图 3-14

## 3.3.3 喷涂

在工具箱中单击【艺术笔工具】按钮，在属性栏中单击【喷涂】按钮，即可进入喷涂模式，如图 3-15 所示。

图 3-15

- 【喷涂对象大小】微调框 100 %：用于设置笔触的大小。
- 【递增按比例缩放】按钮：单击该按钮，使其处于解锁状态，该按钮左侧下方的微调框 99 %变为可编辑状态，可以在其中调整喷射对象末端图案的大小。
- 【喷涂顺序】下拉列表框 顺序：用于调整喷射对象的顺序，有随机、顺序和按方向3种方式。
- 【每个色块中的图像数】微调框 1：用来设置喷溅图案的数量，数值越高，图案数量越多。
- 【每个色块中的图像间距】微调框 25.4：用来设置两个图案之间的间距，数值越大，间距越大。

在喷涂属性栏中设置合适的类别，选择一种喷射图样，在绘图区按住鼠标左键拖曳进行绘制，效果如图 3-16 所示。

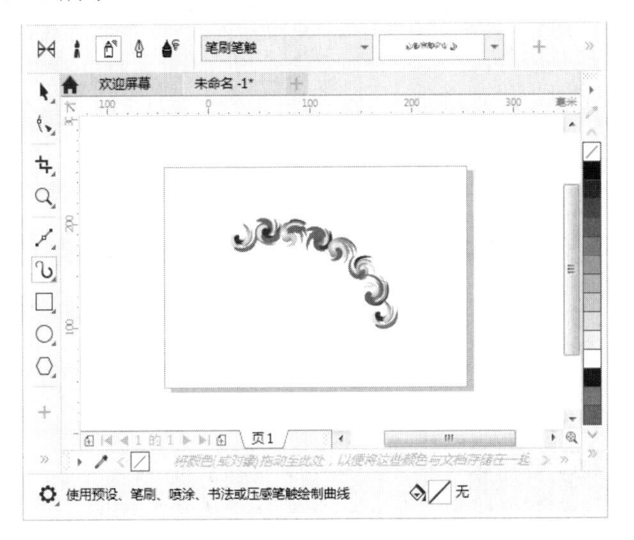


图 3-16

使用艺术笔工具绘制图样后，单击【选择工具】按钮，在图样上单击鼠标右键，在弹出的快捷菜单中选择【拆分艺术笔组】菜单项，可将路径与图案分开；鼠标右键单击其中一个图样，在弹出的快捷菜单中选择【取消群组】菜单项，图案中的各个部分即可独立地进行移动和编辑。

## 3.3.4 书法

在工具箱中单击【艺术笔工具】按钮，在属性栏中单击【书法】按钮，即可进入书法模式，如图 3-17 所示。

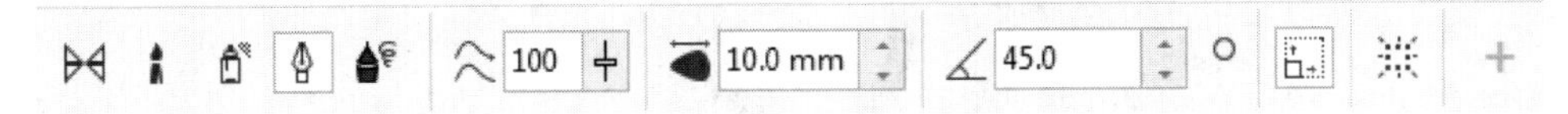


图 3-17

- 【手绘平滑】文本框 100：用来设置路径的平滑度。

- 【笔触宽度】微调框：用来设置所绘线条的宽度。
- 【书法角度】微调框：用来设置书法画笔绘制出的笔触角度。

书法模式通过计算曲线的方向和笔头的角度来更改笔触的粗细，从而模拟出书法的艺术效果，如图 3-18 所示。

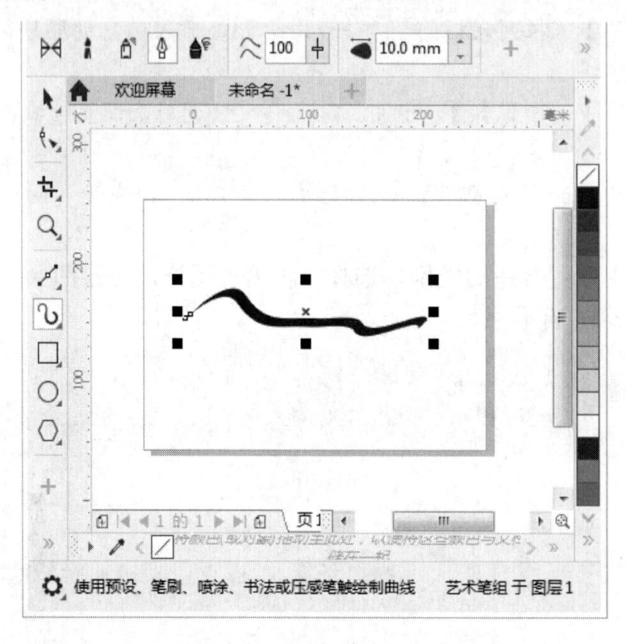


图 3-18

## 3.3.5 表达式

表达式模式是模拟实验压感笔绘画的效果。在工具箱中单击【艺术笔工具】按钮，在属性栏中单击【表达式】按钮，即可进入表达式模式，如图 3-19 所示。

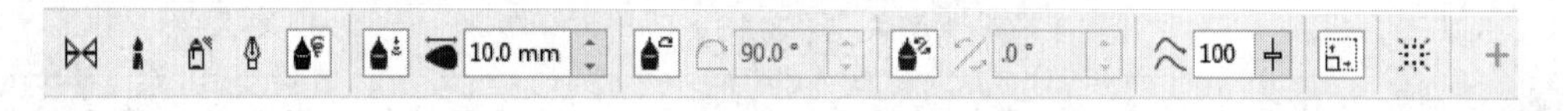


图 3-19

- 【笔触宽度】微调框：用来设置所绘线条的宽度。
- 【倾斜角】微调框：用来设置固定的笔倾斜值的平滑度。

设置完成后，在画面中按住鼠标左键拖曳，即可进行绘制，如图 3-20 所示。

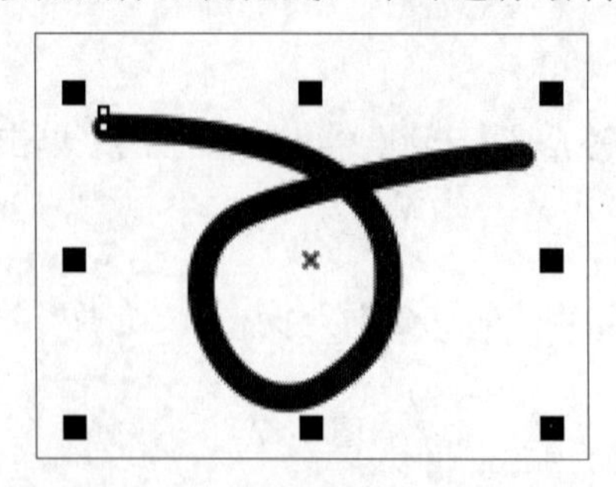

图 3-20

# Section 3.4 绘图工具

手机扫描下方二维码，观看本节视频课程

除了手绘工具和贝塞尔工具之外，用户还可以使用钢笔工具、B样条工具、2点线工具、折线工具以及智能绘图工具等绘制图形。本节将详细介绍使用这些工具绘制图形的方法。

## 3.4.1 钢笔工具

使用钢笔工具绘图的方法与贝塞尔工具相似，也是通过节点和手柄来达到绘制图形的目的。不同的是，在使用钢笔工具绘制曲线时，可以在确定下一个节点之前预览到曲线的当前状态。

单击工具箱中的【钢笔工具】按钮，其属性栏设置如图3-21所示。

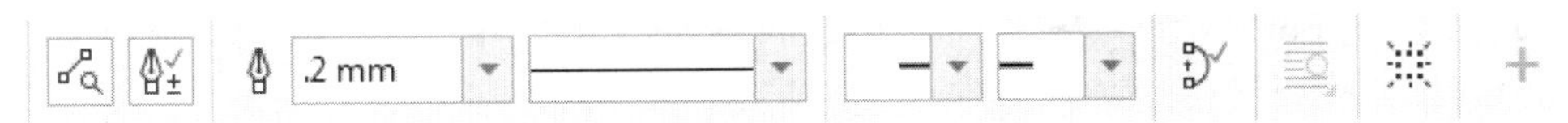


图3-21

- 【闭合曲线】按钮：绘制曲线后单击该按钮，可以在曲线开始点与结束点间自动添加一条直线，使曲线收尾闭合。
- 【预览模式】按钮：单击该按钮，将其激活。在绘制曲线时，在确定下一节点之前，可预览到曲线的当前形状，否则将不能预览。
- 【自动添加或删除节点】按钮：激活该按钮后，在曲线上单击可自动添加或删除节点。

### 1. 绘制直线

在工具箱中单击【钢笔工具】按钮，在画面中单击鼠标指定直线的起点，移动鼠标至其他位置，双击鼠标左键完成直线的绘制，如图3-22所示。

### 2. 绘制曲线

在工具箱中单击【钢笔工具】按钮，在画面中单击鼠标指定曲线的起始节点，移动光标至下一位置，按住鼠标左键并向另一方向拖曳鼠标，即可绘制出相应的曲线，如图3-23所示。

### 3. 转换平滑节点与尖突节点

使用钢笔工具绘制一条曲线，将光标移至最后绘制的节点上，按住Alt键单击该节点，即可将其转换为尖突节点，然后绘制直线。

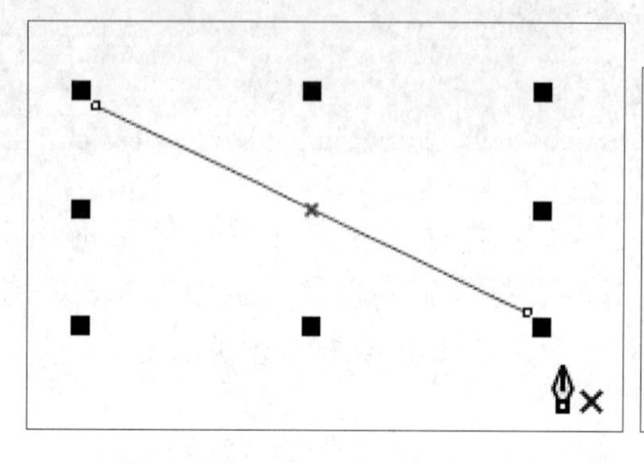

图 3-22

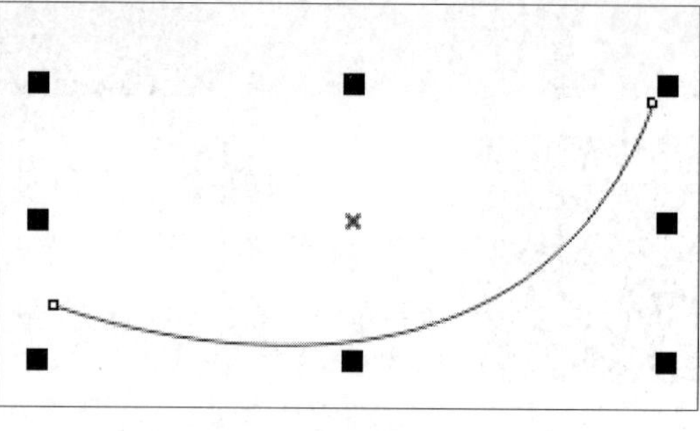

图 3-23

## 4. 添加与删除节点

在使用钢笔工具过程中若要添加节点，可以将光标移动至路径上方，在其变为+形状后单击，即可添加一个节点，如图 3-24 和图 3-25 所示。

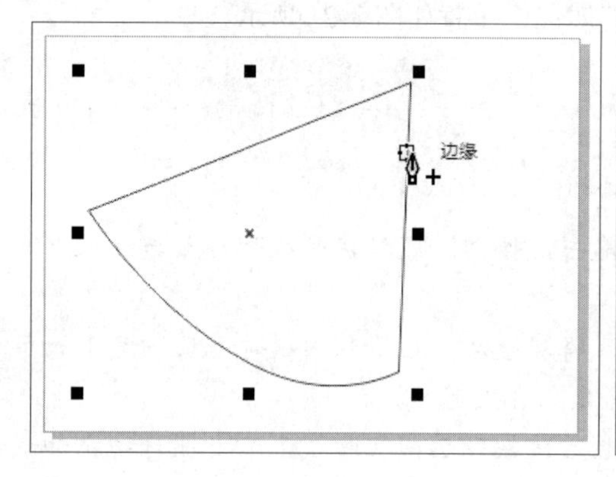


图 3-24

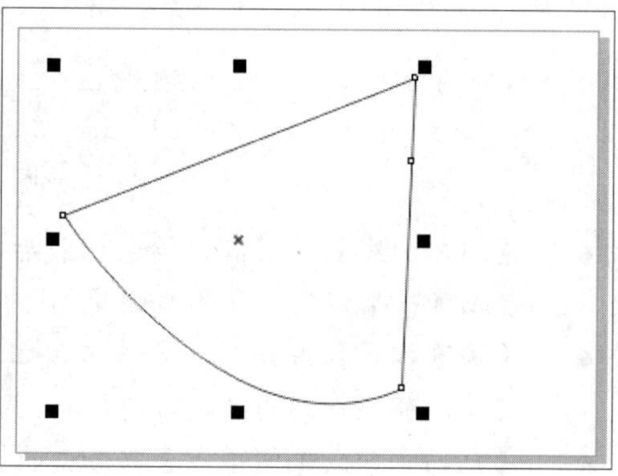

图 3-25

在使用钢笔工具过程中若要删除节点，可以将光标移动至节点上，在其变为-形状后单击，即可添加一个节点，如图 3-26 和图 3-27 所示。

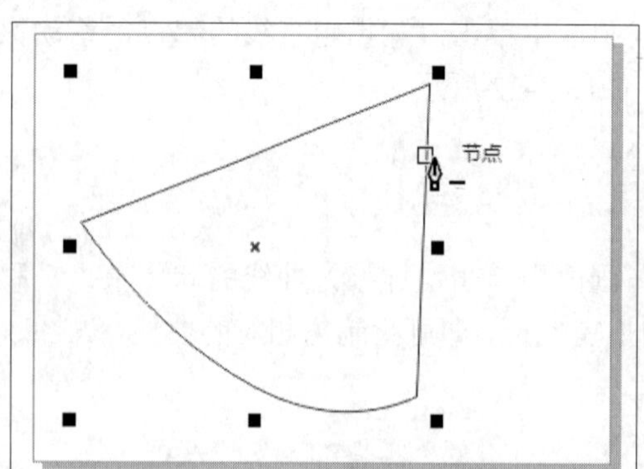


图 3-26

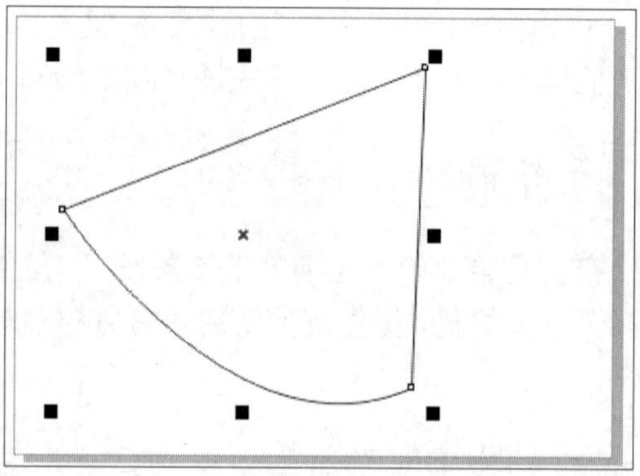

图 3-27

## 3.4.2 B 样条工具

使用 B 样条工具绘图时，可以通过调整控制点的方式绘制曲线路径，控制点和控制点间形成的夹角度数会影响曲线的弧度。

单击工具箱中的【B 样条工具】按钮，在画面中单击确定起点，移动光标至下一处单击，如图 3-28 所示，接着移动光标至下一处单击或按住鼠标左键拖动，此时 3 个点形成一条曲线，如图 3-29 所示。多次移动光标并单击，可创建多个控制点，最后按 Enter 键结束绘制。

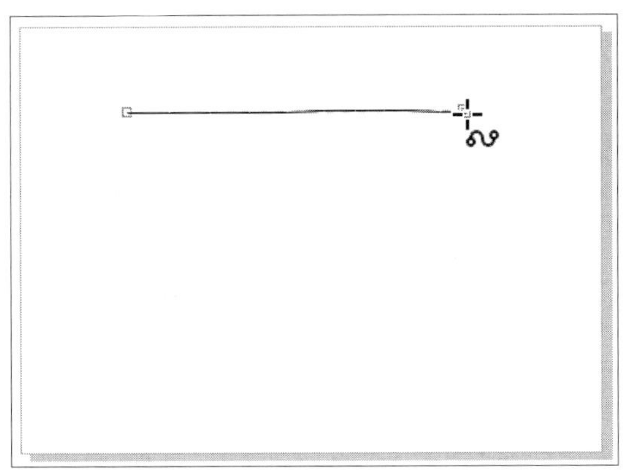

图 3-28

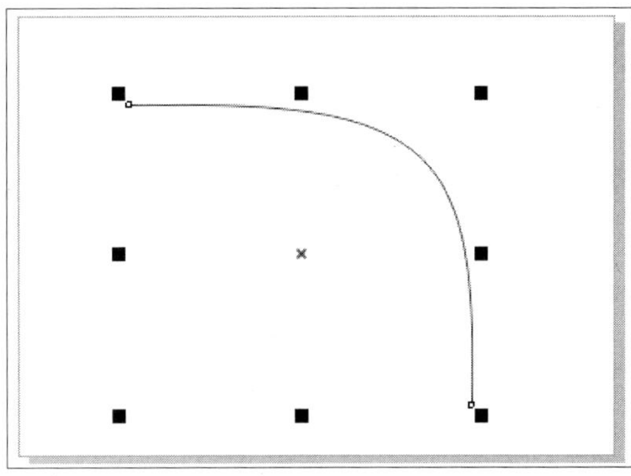

图 3-29

## 3.4.3 2 点曲线工具

使用 2 点曲线工具，可以用多种方式绘制逐条相连或与图形边缘相连的连接线，组合成需要的图形，常用于绘制流程图或结构示意图。

在工具箱中单击【2 点曲线工具】按钮，其属性栏设置如图 3-30 所示。

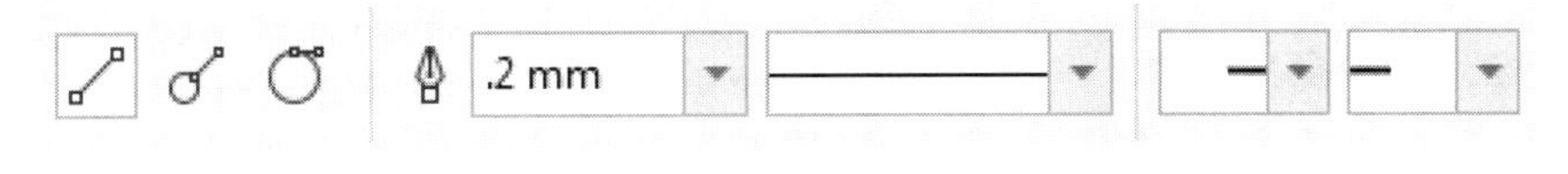


图 3-30

- 【2 点线工具】按钮：按住鼠标左键并拖动，释放鼠标左键后，可以在鼠标按下与释放的位置间创建一条直线。将光标放置在直线的一个端点上，在光标改变形状为时按住并拖动鼠标绘制直线，可以使绘制的直线与之相连，成为一个整体，如图 3-31 所示。
- 【垂直 2 点线】按钮：用于绘制一条与现有线条或对象垂直的直线，如图 3-32 所示。
- 【相切的 2 点线】按钮：用于绘制一条与现有线条或对象相切的直线，如图 3-33 所示。

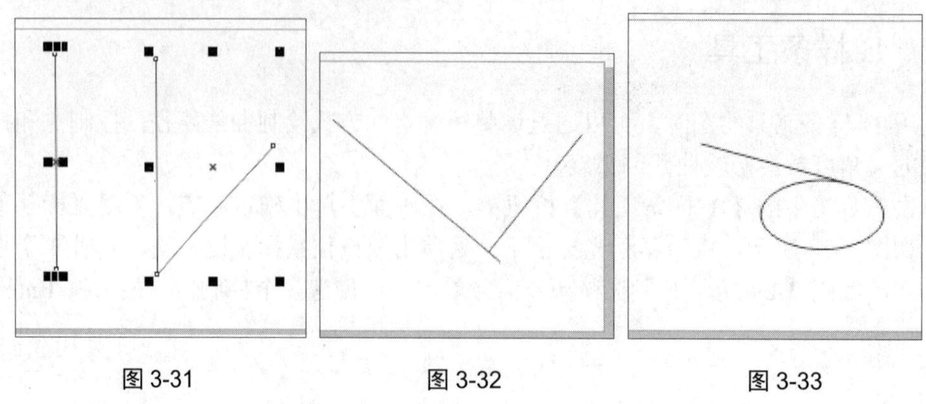

图 3-31　　图 3-32　　图 3-33

## 3.4.4　折线工具

使用折线工具，可以方便地创建出由多个节点连接成的折线。在工具箱中单击【折线工具】按钮，在画面中依次单击鼠标，即可完成折线的绘制，如图 3-34 所示。

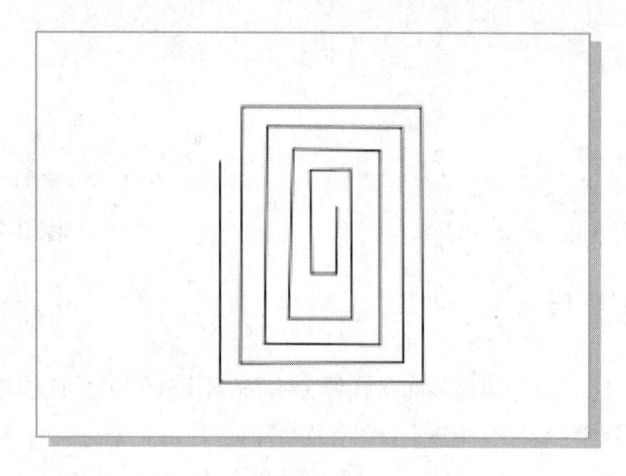

图 3-34

## 3.4.5　智能绘图工具

智能绘图工具是一种能够将用户手动绘制出的不规则、不准确的图形进行智能修整的工具。单击工具箱中的【智能绘图工具】按钮，其属性栏设置如图 3-35 所示。

图 3-35

- 【形状识别等级】下拉按钮：设置检测形状并将其转换为对象的等级，包括“无”“最低”“低”“中”“高”“最高”6 个等级。
- 【智能平滑等级】下拉按钮：设置使用智能绘图工具创建的形状轮廓平滑等级，包括“无”“最低”“低”“中”“高”“最高”6 个等级。

## Section 3.5 连接器工具

手机扫描下方二维码，观看本节视频课程

连接器工具可以将矢量图形对象通过连接节点的方式用线连接起来。连接后的两个对象中，如果移动其中一个对象，连线的长度和角度会发生相应的改变，但连线关系将保持不变。本节将详细介绍连接器工具的具体使用方法。

### 3.5.1 直线连接器工具

直线连接器工具能够在两个图形之间绘制一段直线，使两个图形形成连接的关系。

在工具箱中单击【连接器工具】按钮，然后在一个图形的边缘按住鼠标左键拖曳到另一个图形的边缘，释放鼠标后两个对象之间出现了一条连接线，此时两个图形处于连接的状态，如图 3-36 所示。移动其中一个图形，连接线的位置也会改变。如需删除连接线，可以使用选择工具选中连接线，按 Delete 键。

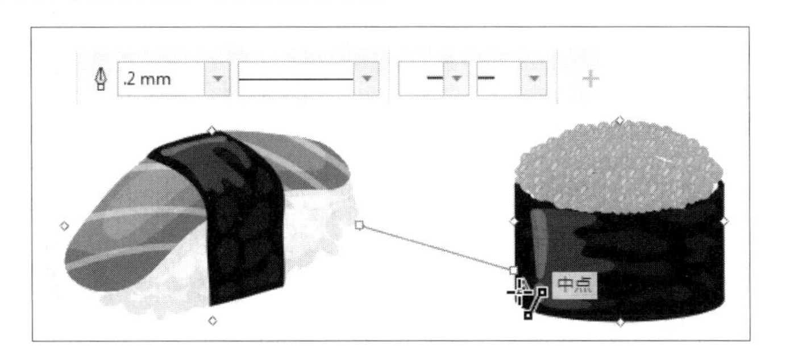


图 3-36

### 3.5.2 直角连接器工具

在工具箱中单击【连接器工具】按钮，在属性栏中单击【直角连接器工具】按钮，在其中一个对象上按住鼠标左键拖曳出连接线，光标位置偏离原有方向就会产生带有直角转角的连接线，如图 3-37 所示。

图 3-37

## 3.5.3 圆直角连接符工具

使用圆直角连接符工具能够绘制出圆角连接线。其使用方法与直角连接器工具相同，在工具箱中单击【连接器工具】按钮，在属性栏中单击【圆直角连接符】按钮，在第一个对象上按住鼠标左键拖曳到另一个对象上，释放鼠标后，两个对象以圆角连接线进行连接，如图 3-38 所示。

图 3-38

## 3.5.4 编辑锚点工具

在使用连接器工具时，对象周围会显示锚点，使用编辑锚点工具可以在对象上添加锚点、删除锚点或调整锚点位置。

在工具箱中单击【编辑锚点工具】按钮，在锚点上单击即可选中该锚点；选中锚点，单击属性栏中的【删除锚点】按钮，即可删除锚点；如果锚点数量不够，在所选位置双击，即可增加锚点。

度量工具组中的工具能够对画面中的对象进行尺寸、角度等数值的测量和标注，应用十分广泛。在创建技术图表、建筑施工图等操作中常用到度量工具。本节将详细介绍使用度量工具的方法。

## 3.6.1 平行度量工具

平行度量工具能够度量任何角度的对象。单击工具箱中的【平行度量工具】按钮，然后在要测量的对象上按住鼠标左键拖曳，拖曳的距离就是测量的距离；释放鼠标后将光标向侧面移动，此时会创建示例。光标拖曳到合适的位置后单击鼠标左键完成操作，如图 3-39 和图 3-40 所示。

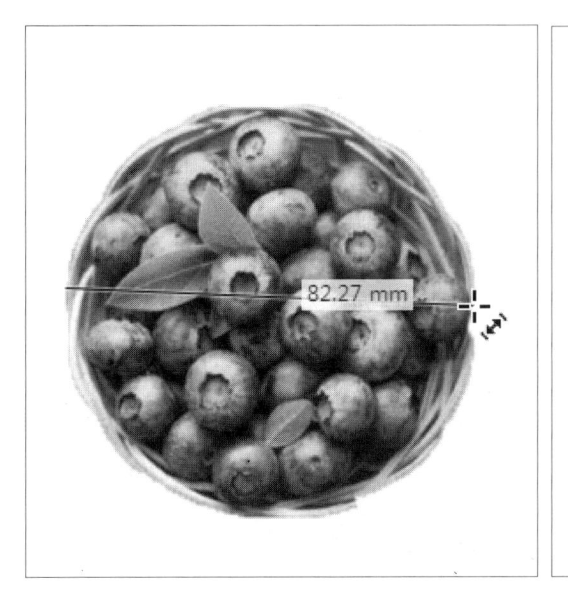

图 3-39

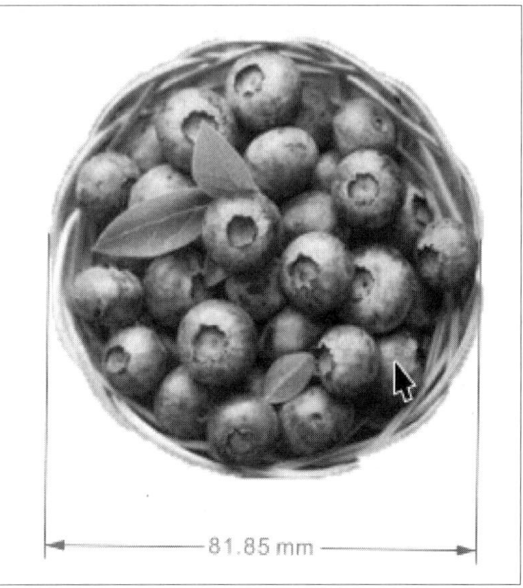

图 3-40

示例分为两部分：文字和线条。使用选择工具单击线条部分可以将其选中，在属性栏中可以调整线条的宽度，如图 3-41 所示。右击调色板中的色块，可以更改线条的颜色。

使用选择工具单击文字，在属性栏中可以更改字体、字号，单击调色板中的色块可以更改文字颜色，如图 3-42 所示。

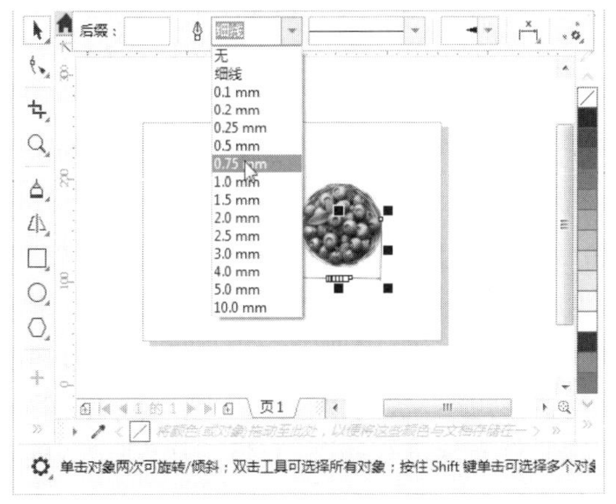

图 3-41

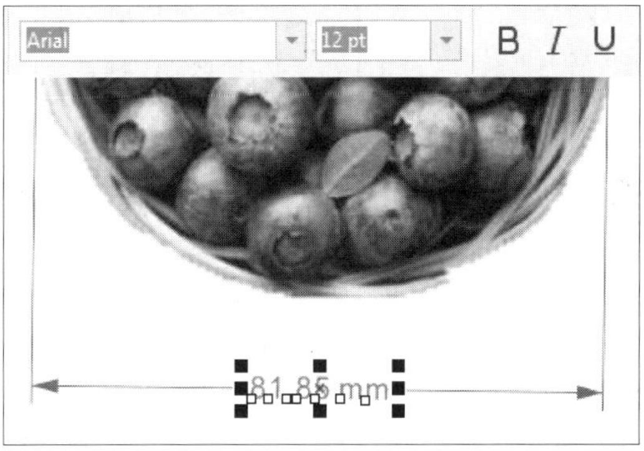

图 3-42

平行度量工具的属性栏如图 3-43 所示。

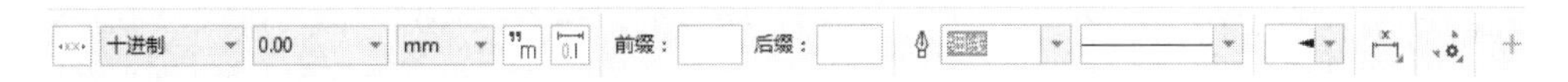

图 3-43

- 【度量样式】下拉按钮十进制：选择度量线的样式。
- 【度量精度】下拉按钮0.00：选择度量线测量的精确度。
- 【度量单位】下拉按钮mm：选择度量线的测量单位。
- 【显示单位】按钮：在度量线文本中显示测量单位。

- 【显示前导零】按钮：当值小于 1 时在度量线测量中显示前导零。
- 【度量前缀】文本框 前缀：：输入度量线文本的前缀。
- 【度量后缀】文本框 后缀：：输入度量线文本的后缀。
- 【动态度量】按钮：当度量线重新调整大小时自动更新度量线测量。
- 【文本位置】按钮：依照度量线定位度量线文本。
- 【延伸线】按钮：自定义度量线上的延伸线。
- 【轮廓宽度】下拉按钮：设置对象的轮廓宽度。
- 【双箭头】下拉按钮：在线条两端添加箭头。
- 【线条样式】下拉按钮：选择线条或轮廓样式。

有时文字是需要更改的，在更改之前需要先将示例进行拆分。选择示例，然后右击，在弹出的快捷菜单中选择【拆分尺度】菜单项，如图 3-44 所示，拆分后，在文字上方双击即可插入光标，然后按住鼠标左键拖曳选中文字，就可以对文字进行更改。

图 3-44

## 3.6.2　水平或垂直度量工具

水平或垂直度量工具能够进行水平方向或垂直方向的度量。其使用方法与平行度量工具一样，单击工具箱中的【水平或垂直度量工具】按钮，在要测量的对象上按住鼠标左键拖曳，拖曳的距离就是测量的距离；释放鼠标后将光标进行移动，此时会创建示例；光标拖曳到合适的位置后单击鼠标左键完成操作，如图 3-45 所示。

## 3.6.3　角度量工具

角度量工具用于度量对象的角度。单击工具箱中的【角度量工具】按钮，将光标移动至画面中，按住鼠标左键拖曳，释放鼠标后将光标向另一侧移动，以确定测量的角度，然后单击鼠标左键，如图 3-46 所示。

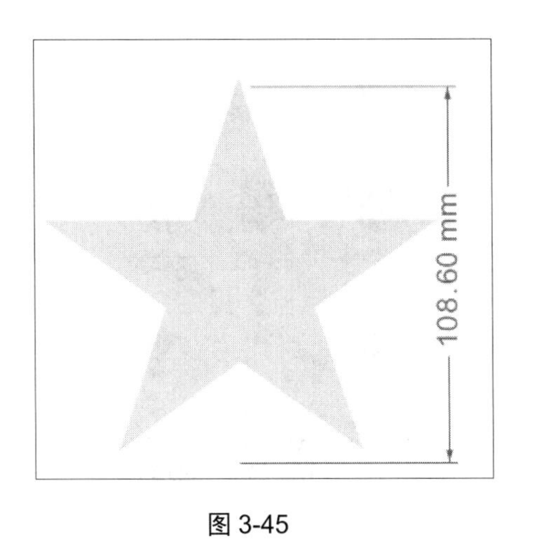


图 3-45

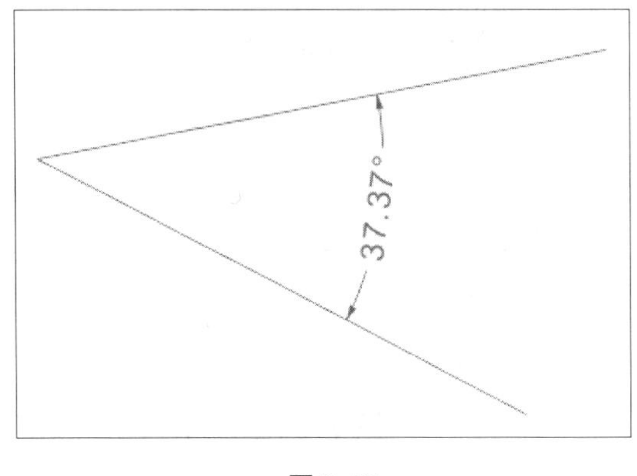


图 3-46

## 3.6.4 线段度量工具

线段度量工具用于度量单条线段或多条线段上结束节点间的距离。单击工具箱中的【线段度量工具】按钮，按住鼠标左键拖曳出能够覆盖需要测量对象的虚线框，如图 3-47 所示，释放鼠标后向侧面拖曳，如图 3-48 所示，单击鼠标，即可得到度量结果，如图 3-49 所示。

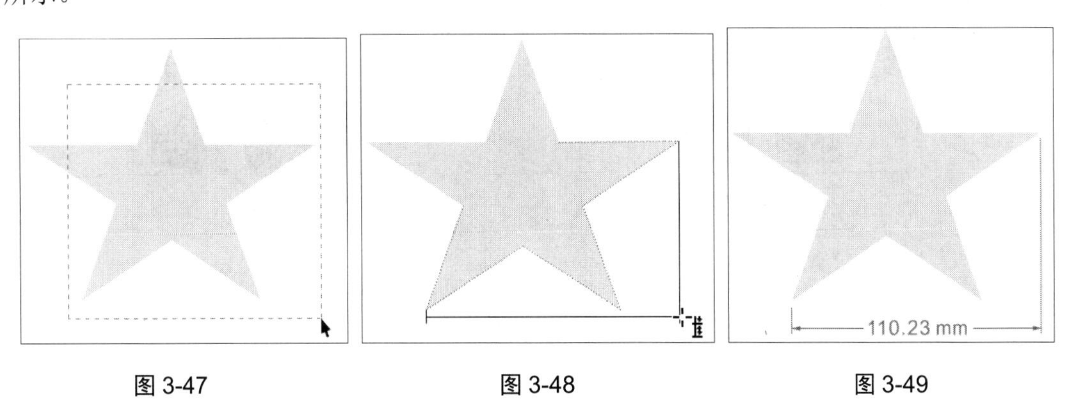


图 3-47　　图 3-48　　图 3-49

## 3.6.5 3 点标注工具

使用 3 点标注工具可以绘制标注线，在制作一些带有图表、提示的图形时常会用到该工具。

单击工具箱中的【3 点标注工具】按钮，在画面中按住鼠标左键拖曳，如图 3-50 所示；释放鼠标将光标移至下一位置单击，如图 3-51 所示；此时标注线末端变为文本输入状态，可以输入文字，如图 3-52 所示；输入完成后可单击【选择工具】按钮退出文字编辑状态，如图 3-53 所示。可以在属性栏更改字体和字号。

使用选择工具在标注线上单击，可以在属性栏更改标注形状。选中标注线，单击属性栏中的【标注形状】下拉按钮，在下拉列表中可以选择合适的标注形状，如图 3-54 所示。另外，通过【间隙】选项可以设置文本和标注形状之间的间距。

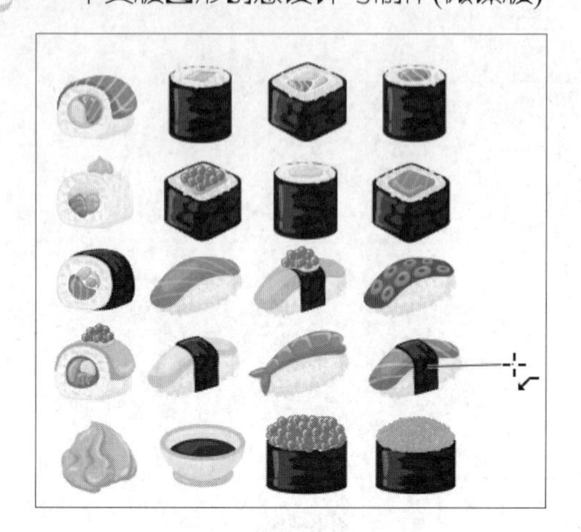
图 3-50

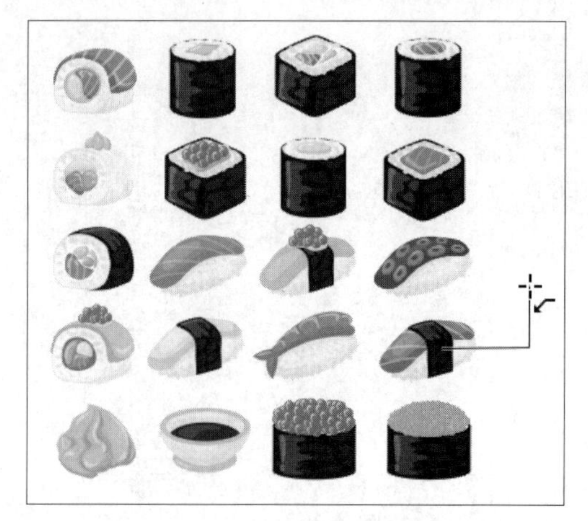
图 3-51

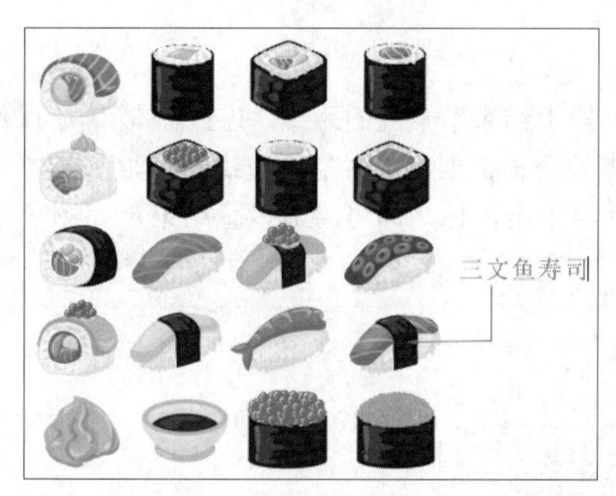

图 3-52

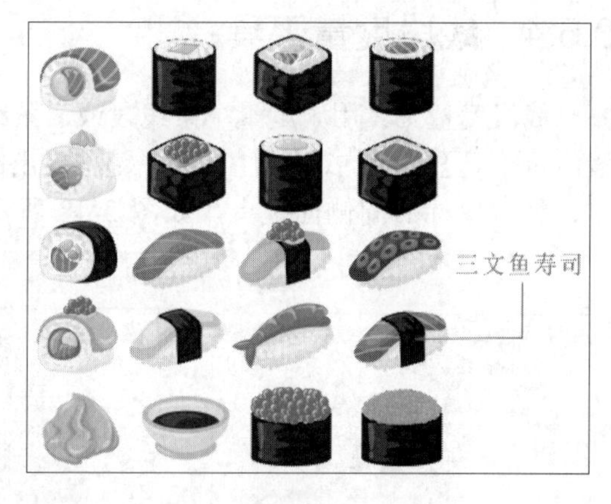

图 3-53

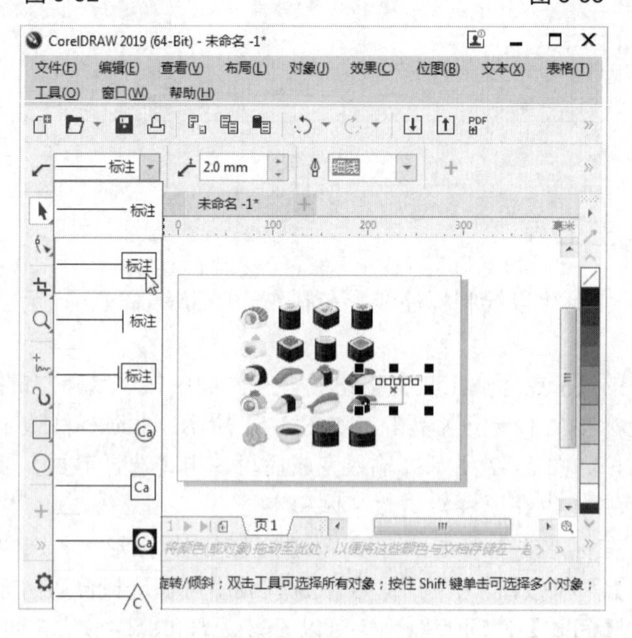

图 3-54

## Section 3.7 范例应用与上机操作

手机扫描下方二维码，观看本节视频课程

在本节的学习过程中，将侧重介绍和讲解与本章知识点有关的范例应用与技巧，主要内容将包括使用连接器工具制作数据图、使用贝塞尔工具制作海报、使用钢笔工具制作画册封面等方面的知识与操作技巧。

### 3.7.1 使用连接器工具制作数据图

本案例将介绍使用连接器工具制作数据图的方法。

素材文件 无

效果文件 第3章\效果文件\数据图.cdr

step 1 创建一个横向A4文档，使用文本工具输入内容，设置字体和字号，如图3-55所示。

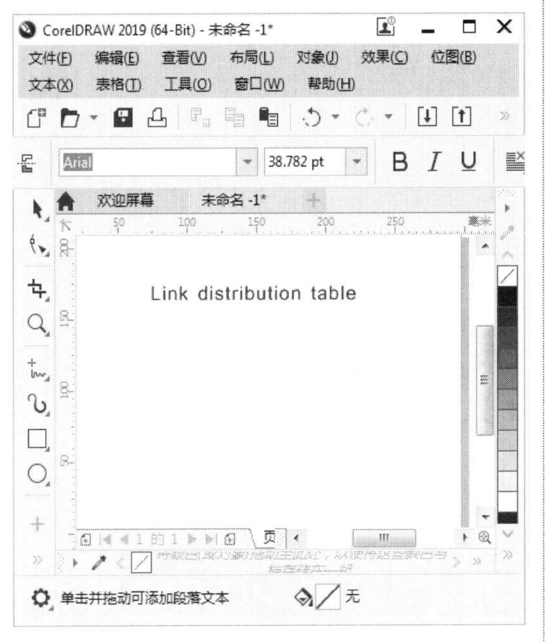


图 3-55

step 2 选中部分文本，为其填充橘黄色(R：238，G：129，B：41)，如图3-56所示。

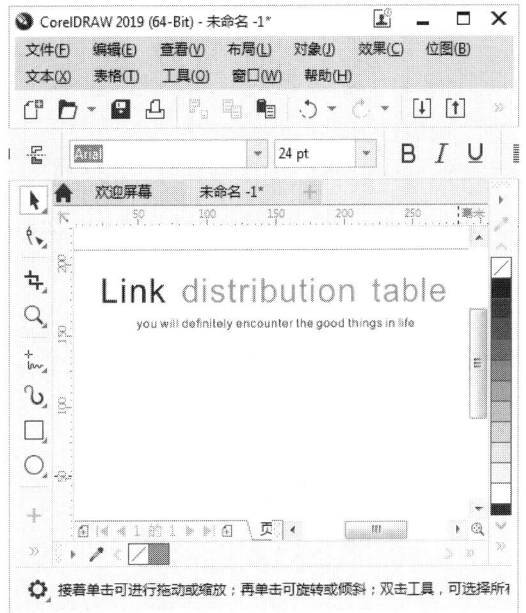


图 3-56

step 3 使用文本工具输入内容，设置字体和字号，如图3-57所示。

step 4 按住Shift键，使用2点线工具在文字下方绘制一段直线，设置轮廓宽度为0.75mm，如图3-58所示。

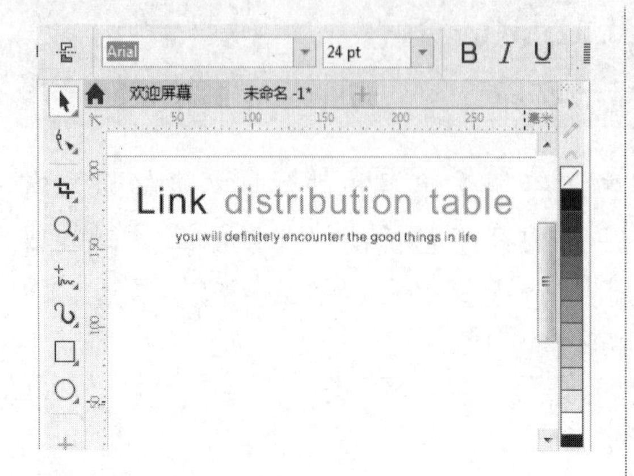


图 3-57

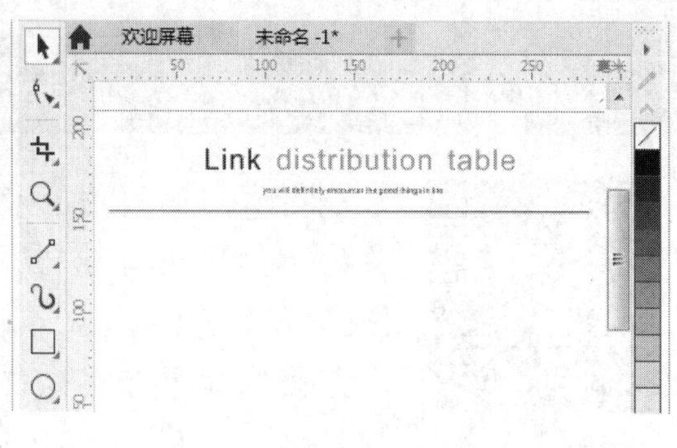


图 3-58

step 5 使用矩形工具绘制一个矩形，如图 3-59 所示。

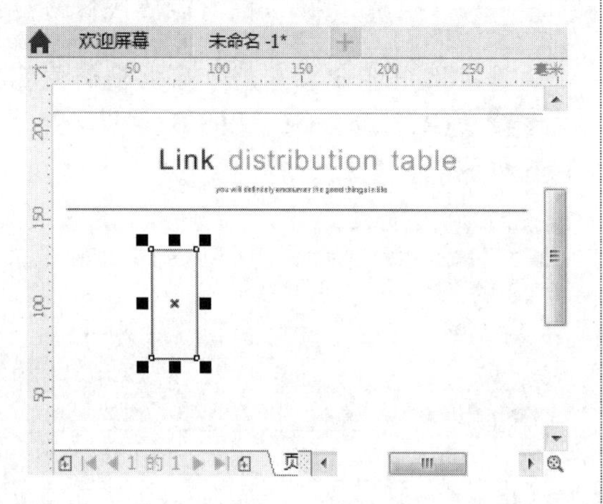


图 3-59

step 6 执行【对象】→【转换为曲线】命令，单击【形状工具】按钮，向下拖曳矩形左上角的节点，如图 3-60 所示。

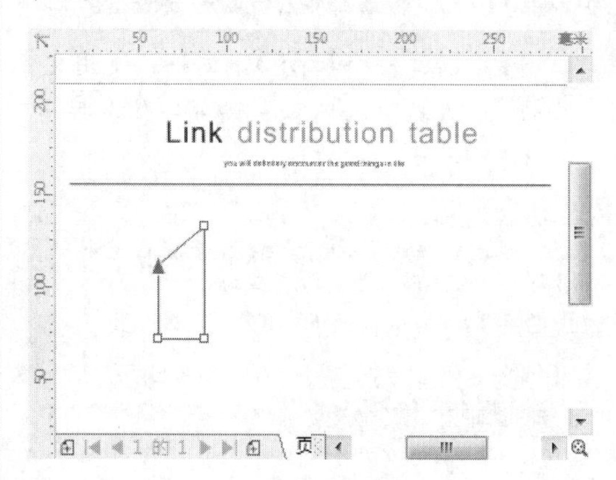


图 3-60

step 7 使用相同方法制作其他矩形，如图 3-61 所示。

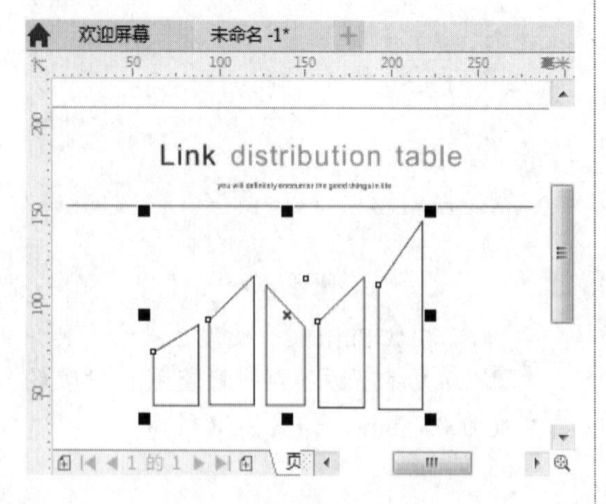


图 3-61

step 8 单击工具箱中的【交互式填充】按钮，在属性栏单击【均匀填充】按钮，为图形填充橘黄色(R：238，G：129，B：41)，去掉轮廓色，如图 3-62 所示。

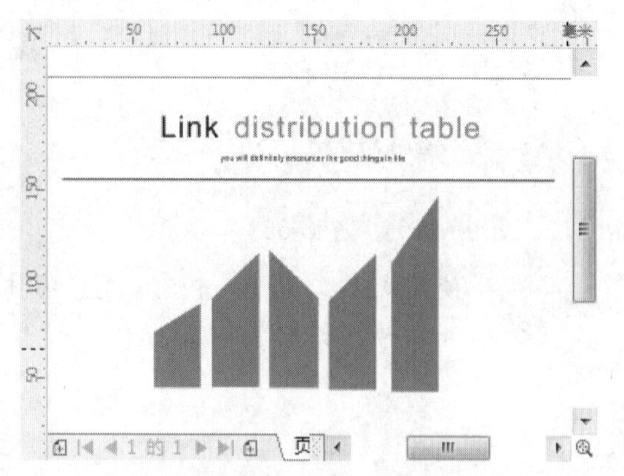


图 3-62

step 9 使用2点线工具，在图形上方绘制一段折线，设置【轮廓宽度】和【终止箭头】参数，如图3-63所示。

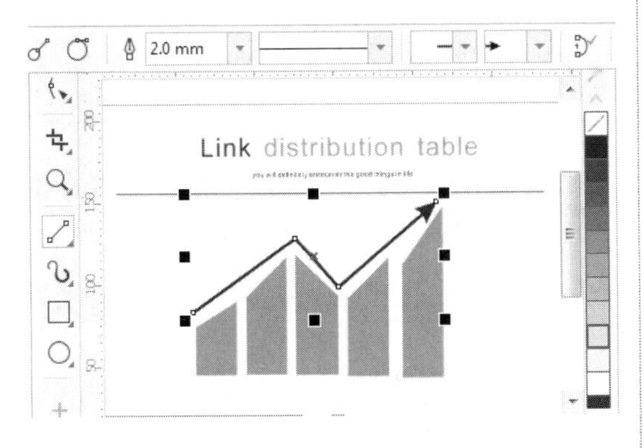


图 3-63

step 10 按住Ctrl键，使用椭圆形工具绘制正圆，并为其填充与图形一样的橘黄色，如图3-64所示。

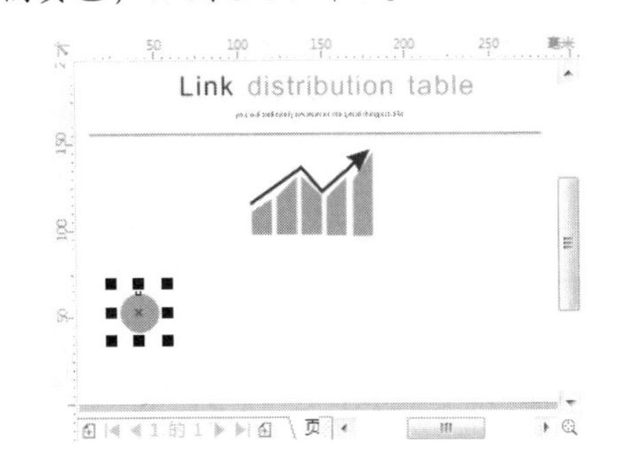


图 3-64

step 11 复制圆形并调整相应位置，如图3-65所示。

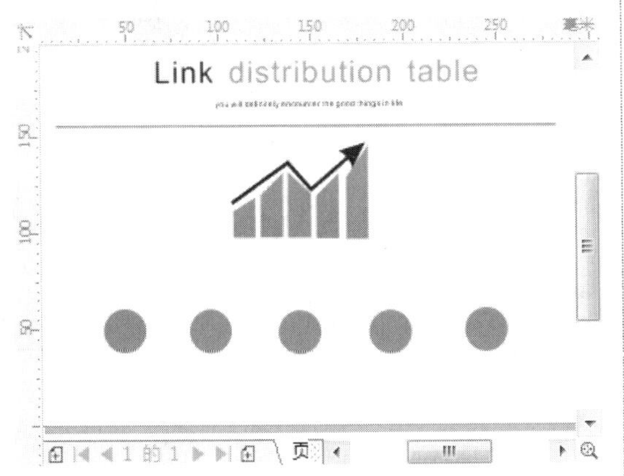


图 3-65

step 12 单击工具箱中的【连接器工具】按钮，在属性栏中单击【圆角连接符】按钮，在最左侧的圆形与上方图形左下角之间单击并拖曳鼠标，绘制连接线，如图3-66所示。

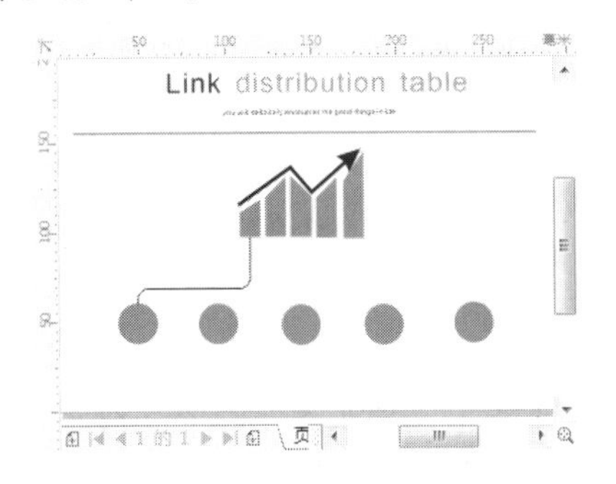


图 3-66

step 13 使用相同方法绘制其他几条连接线，如图3-67所示。

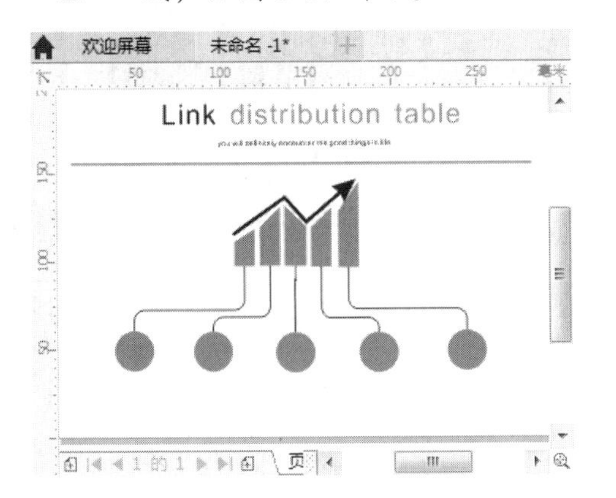


图 3-67

step 14 在圆形中添加数字，通过以上步骤即可完成使用连接器工具制作数据图的操作，如图3-68所示。

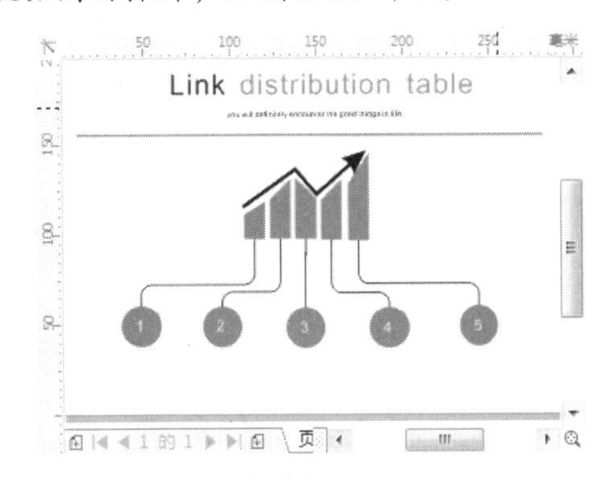


图 3-68

## 3.7.2 使用贝塞尔工具制作海报

本案例将详细介绍使用贝塞尔工具制作电影海报的方法。

素材文件 第3章\素材文件\1.jpg

效果文件 第3章\效果文件\海报.cdr

step 1 新建一个横向的A4文档，执行【文件】→【导入】命令，将"1.jpg"素材文件导入到文档中，如图3-69所示。

图 3-69

step 2 单击工具箱中的【贝塞尔工具】按钮，绘制图形，如图3-70所示。

图 3-70

step 3 单击工具箱中的【交互式填充】按钮，在属性栏单击【渐变填充】按钮，单击【椭圆形渐变填充】按钮，填充一种白色到灰色的渐变色，并去掉轮廓色，如图3-71所示。

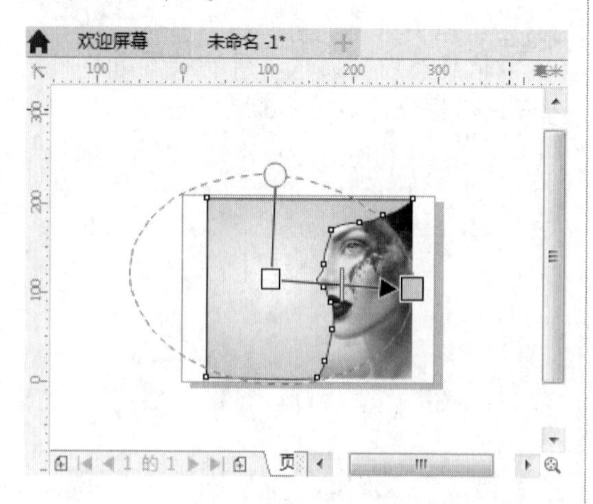


图 3-71

step 4 使用文本工具在画面中输入内容，设置字体、字号和颜色，如图3-72所示。

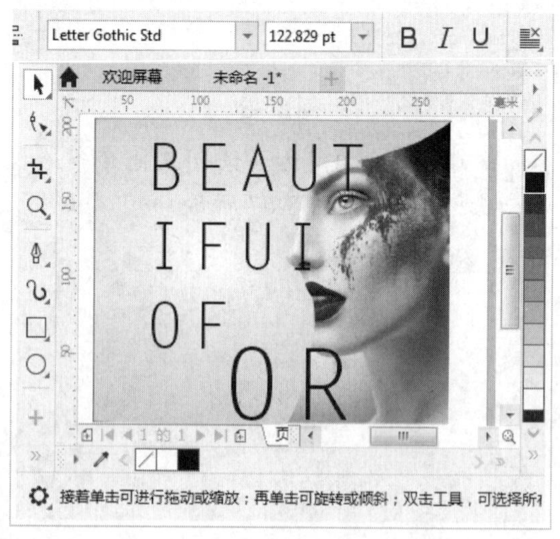


图 3-72

### 3.7.3 使用钢笔工具制作画册封面

本案例将详细介绍使用钢笔工具制作画册封面的方法。

素材文件 第3章\素材文件\2.jpg

效果文件 第3章\效果文件\画册封面.cdr

step 1 新建一个横向的A4文档，双击【矩形工具】按钮，创建一个与画面等大的矩形，并为其填充20%黑色，去掉轮廓线，如图3-73所示。

图 3-73

step 2 执行【文件】→【导入】命令，将“2.jpg”素材文件导入到文档中，如图3-74所示。

图 3-74

step 3 使用钢笔工具在导入的素材旁绘制一个四边形，如图3-75所示。

图 3-75

step 4 使用钢笔工具绘制另一个四边形，如图3-76所示。

图 3-76

step 5 为两个四边形填充红色(R：245，G：41，B：41)，去掉轮廓色，如图3-77所示。

step 6 使用星形工具，在属性栏中设置【点数或边数】为5，【锐度】为53，在画面上绘制星形，如图3-78所示。

图 3-77

为星形填充和四边形一样的红色，去掉轮廓色，如图 3-79 所示。

图 3-79

step 9 再绘制一个矩形，填充白色，并在矩形上方使用文本工具输入内容，设置字体、字号，填充白色，如图 3-81 所示。

图 3-81

图 3-78

step 8 使用矩形工具在四边形上绘制矩形，并填充白色，单击【透明度】按钮，单击属性栏中的【均匀透明度】按钮，设置【透明度】为 50，如图 3-80 所示。

图 3-80

step 10 在星形旁边输入文字，设置一样的字体、字号和颜色。通过以上步骤即可完成制作画册封面的操作，如图 3-82 所示。

图 3-82

# Section 3.8 本章小结与课后练习

本章主要介绍了手绘工具、贝塞尔工具、艺术笔工具、绘图工具、连接器工具以及度量工具等内容。学习本章后，用户可以基本了解绘制复杂图形的方法，为进一步使用软件制作图像奠定坚实的基础。

## 3.8.1 思考与练习

一、填空题

1. 使用手绘工具绘制曲线，然后单击属性栏中的________按钮，系统会自动将开放的曲线节点闭合，使其成为封闭图形。

2. 艺术笔工具在属性栏中分为 5 种样式：________、笔刷、________、________和表达式。

3. 智能绘图工具属性栏中的【形状识别等级】下拉列表中包括________“最低”“低”________“高”“最高”6 个等级。

4. 在使用连接器工具时，对象周围会显示锚点，使用________可以在对象上添加锚点、删除锚点或调整锚点位置。

二、判断题

1. 喷涂模式下包括艺术、书法、对象、滚动、感觉的、飞溅、符号和底纹 8 种类别。（ ）

2. 使用钢笔工具绘图的方法与贝塞尔工具相似，也是通过节点和手柄来达到绘制图形的目的。不同的是，在使用钢笔工具绘制曲线时，可以在确定下一个节点之前预览到曲线的当前状态。（ ）

3. 在工具箱中单击【钢笔工具】按钮，在画面中单击鼠标指定直线的起点，移动鼠标至其他位置，双击鼠标左键完成直线的绘制。（ ）

4. 使用 3 点标注工具可以绘制标注线，在制作一些带有图表、提示的图形时常会用到该工具。

三、思考题

1. 如何使用 B 样条工具绘制曲线？

2. 如何使用直角连接器工具连接对象？

3. 如何使用平行度量工具？

## 3.8.2 上机操作

1. 通过本章的学习，读者基本可以掌握绘制复杂图形方面的知识，下面通过练习使用贝塞尔工具绘制折线，达到巩固与提高的目的。

2. 通过本章的学习，读者基本可以掌握绘制复杂图形方面的知识，下面通过练习使用角度量工具，达到巩固与提高的目的。

第4章

# 对象的变换与管理

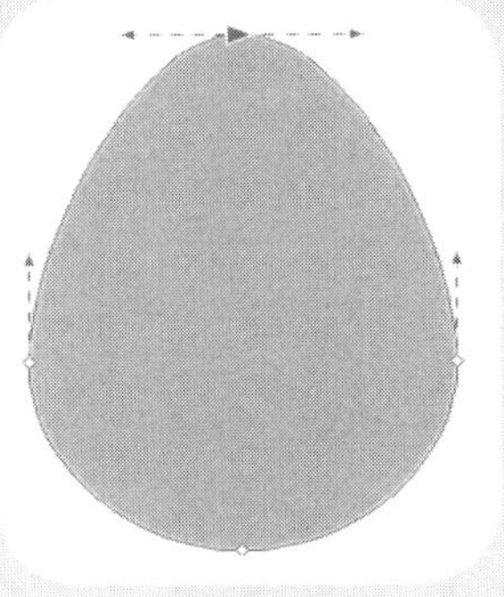

本章主要介绍选择对象、变换对象、对象的复制与再制、控制对象、使用图层管理对象方面的知识与技巧，同时还讲解了修剪图形、将轮廓转换为对象以及转换为曲线的方法。通过本章的学习，读者可以掌握对象的变换与管理方面的知识，为深入学习CorelDRAW 2019知识奠定基础。

## 本章要点

1. 选择对象
2. 变换对象
3. 对象的复制与再制
4. 控制对象
5. 使用图层管理对象

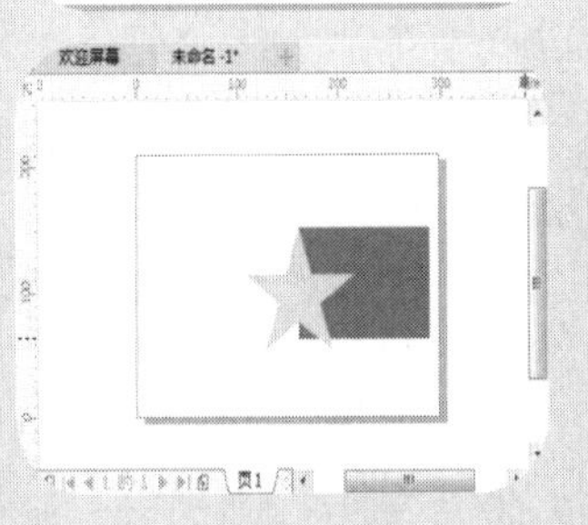

## Section 4.1 选择对象

手机扫描下方二维码，观看本节视频课程

对图形进行编辑，首先要做的就是将其选中。使用选择工具可以选择一个图形对象，也可以一起选中多个图形对象。此外，还可以使用手绘选择工具，通过绘制一个不规则的区域来选择多个对象。

### 4.1.1 选择单一对象

单击工具箱中的【选择工具】按钮，将光标移动至需要选择的对象上方，单击鼠标即可将其选中，此时对象周围会出现 8 个黑色正方形控制点，如图 4-1 所示。

### 4.1.2 选择多个对象

如果要想加选画面中的其他对象，可以按住 Shift 键并单击要选择的对象，如图 4-2 所示。

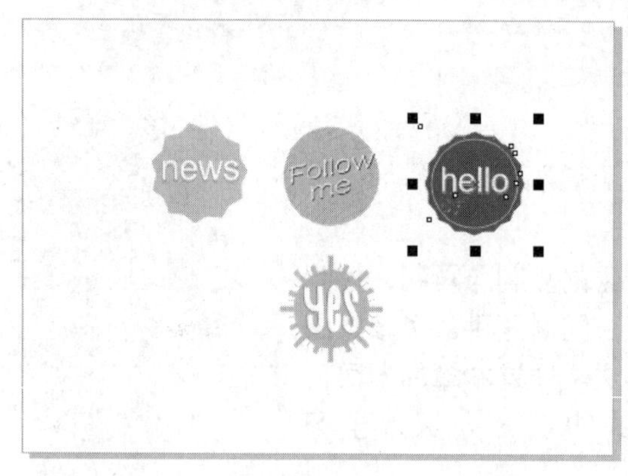


图 4-1

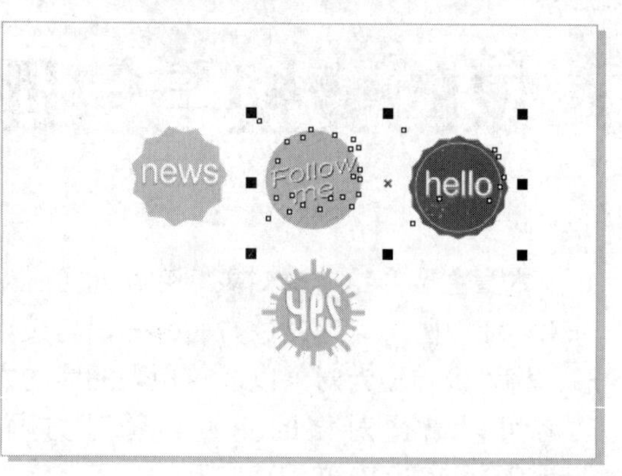


图 4-2

### 4.1.3 选择全部对象

按 Ctrl+A 组合键可选中画面中未锁定的图形对象，如图 4-3 所示。

还可以执行【编辑】→【全选】命令，在弹出的子菜单中可以看到 4 种可供选择的类型，执行其中某项命令即可选中文档中所有该类型的对象，如图 4-4 所示。

### 4.1.4 选择被覆盖的对象

如果有多个对象重叠在一起，需要用户选择放在下面的被覆盖对象时，按住 Alt 键单击对象的重叠处，即可选取被覆盖在下一层的对象；按住 Alt 键不放，再次单击鼠标，可以选取再下一层的对象；依次类推，重叠在后面的对象都可以被选中。

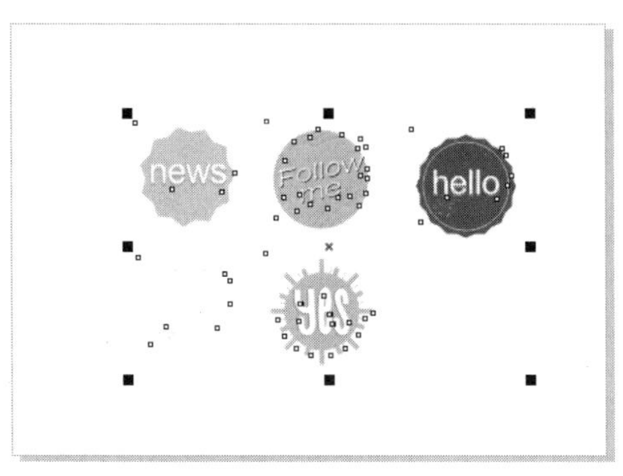


图 4-3

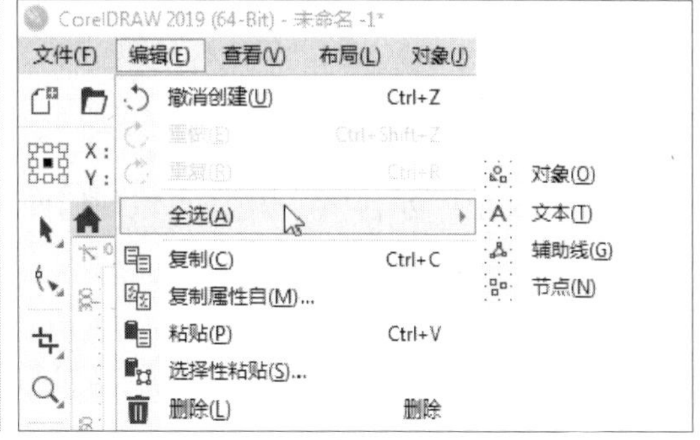


图 4-4

## 4.1.5 隐藏或显示对象

如果想要隐藏对象，鼠标右键单击选中的对象，在弹出的快捷菜单中选择【隐藏】菜单项，如图 4-5 所示，即可将对象隐藏，如图 4-6 所示。执行【对象】→【隐藏】→【显示】命令即可将隐藏的对象显示。

图 4-5　　图 4-6

## Section 4.2 变换对象

手机扫描下方二维码，观看本节视频课程

在 CorelDRAW 2019 中，用户可以使用强大的图形对象编辑功能对图形对象进行变换。变换对象的操作包括移动对象、旋转对象、缩放对象、镜像对象、倾斜对象等，本节还会介绍清除变换的方法。

## 4.2.1 移动对象

使用选择工具选中对象，当光标变为十字箭头形状时，按住鼠标左键移动对象至其他位置，释放鼠标即可完成移动操作。在移动对象的过程中，按住 Ctrl 键不放，可以限制对象按90°的角度垂直或平行移动。

## 4.2.2 旋转对象

在 CorelDRAW 2019 中，用户可以使用两种方法旋转对象，分别是手动旋转对象和精确旋转对象。

### 1. 手动旋转

使用选择工具在对象上单击两次，对象四周的控制点变为双箭头形状，移动光标至对象右上角的控制点上，如图 4-7 所示，按住鼠标左键移动鼠标，即可使对象围绕中心点旋转，如图 4-8 所示。

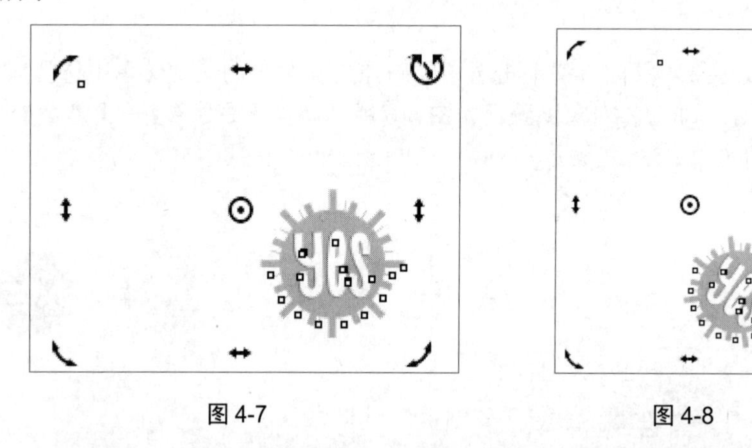

图 4-7　　图 4-8

### 2. 精确旋转

选中对象，在属性栏的【旋转角度】文本框中输入数值，如图 4-9 所示，按 Enter 键完成输入，可以看到对象已经被旋转，如图 4-10 所示。

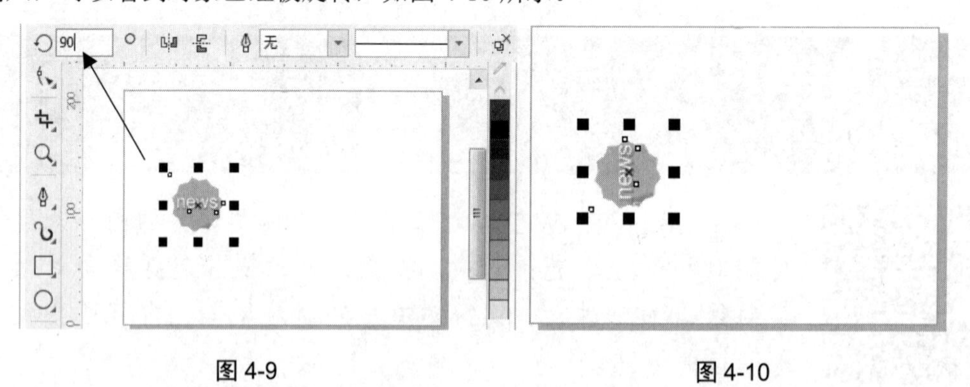


图 4-9　　图 4-10

## 4.2.3 缩放对象

使用选择工具单击对象，此时对象周围会出现 8 个黑色正方形控制点。将光标移至对象任意一角的控制点上，按住鼠标左键拖动，即可调整对象的大小，如图 4-11 和图 4-12 所示。

图 4-11

图 4-12

## 4.2.4 镜像对象

选中对象，在属性栏中单击【垂直镜像】按钮，即可垂直镜像对象，如图 4-13 和图 4-14 所示。

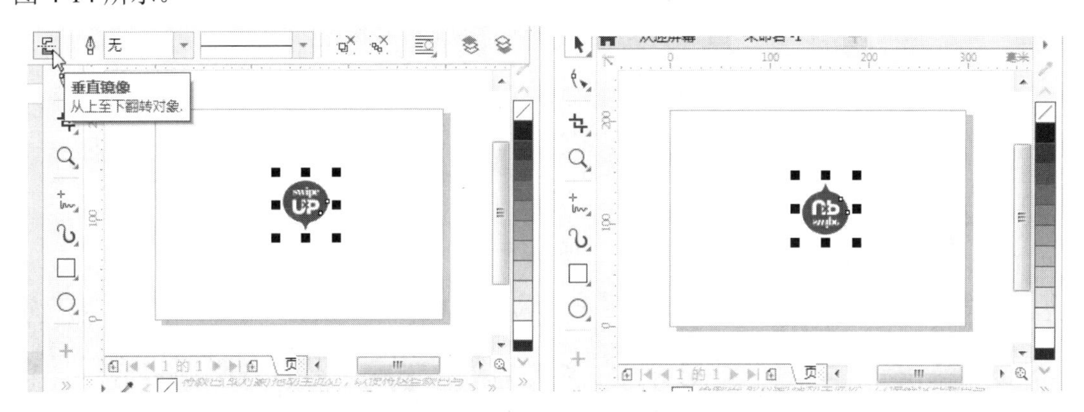


图 4-13　　图 4-14

单击属性栏中的【水平镜像】按钮，即可将对象水平镜像。

用户还可以使用鼠标完成镜像操作。选中对象，按住鼠标左键直接拖曳控制柄到相对的边，直到显示对象的蓝色虚线框，松开鼠标左键就可以得到不规则的镜像图像；按住 Ctrl 键，直接拖曳左边或右边中的控制手柄到相对的边，可以完成保持原对象比例的水平镜像。垂直镜像与水平镜像同理。

## 4.2.5 倾斜对象

使用选择工具单击对象两次，当对象四周出现双箭头形状的控制点时，移动光标至上方居中的控制点上，鼠标指针变为⇌形状，按住鼠标左键并拖曳，当对象倾斜至适当的角度后释放鼠标左键，即可完成倾斜对象的操作，如图 4-15 和图 4-16 所示。

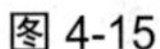
图 4-15

图 4-16

### 4.2.6 清除变换

如果想要清除所有对对象实施的变换操作，用户可以选择【对象】→【清除变换】菜单项，如图 4-17 所示。

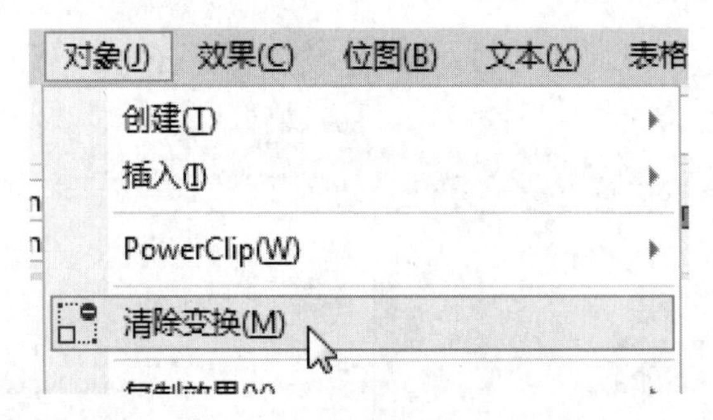


图 4-17

## Section 4.3 对象的复制与再制

手机扫描下方二维码，观看本节视频课程

执行【编辑】→【复制】命令，再执行【编辑】→【粘贴】命令即可完成使用菜单命令进行复制的操作，或者选中准备复制的对象，将光标移至对象的中心点上，按住鼠标左键拖曳对象到需要的位置，单击鼠标右键，即可完成复制。

### 4.3.1 对象的基本复制

选中要复制的对象，执行【编辑】→【复制】命令，对象的副本将放置在剪贴板中；再执行【编辑】→【粘贴】命令，对象的副本被粘贴到原对象的下面，位置和源对象是相同的，移动对象，可以显示复制的对象，如图 4-18 和图 4-19 所示。

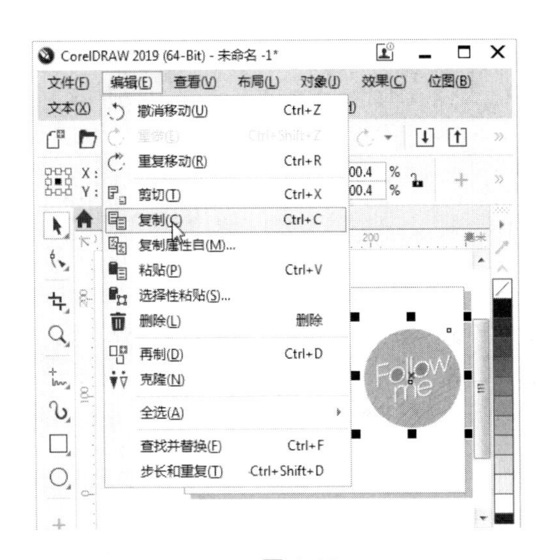


图 4-18

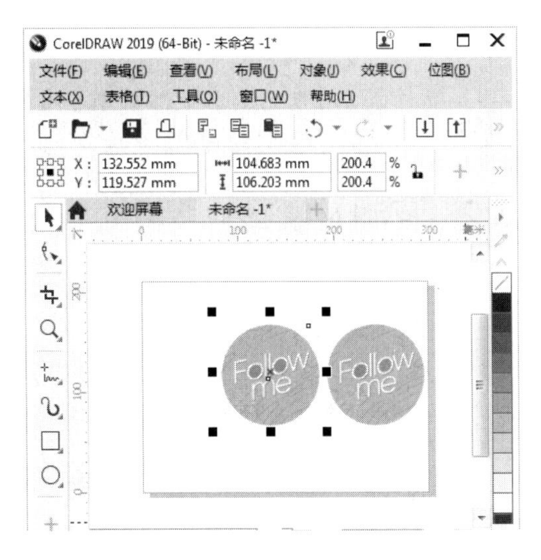


图 4-19

选中准备复制的对象，将光标移至对象的中心点上，光标变为形状，按住鼠标左键拖曳对象到需要的位置，单击鼠标右键，即可完成复制，如图 4-20 和图 4-21 所示。

图 4-20

图 4-21

选中准备复制的对象，用鼠标右键拖曳对象到合适的位置，释放鼠标后弹出如图 4-22 所示的快捷菜单，选择【复制】菜单项即可对选项进行复制。

选中准备复制的对象，在数字键盘上按+键，可以快速复制对象。

图 4-22

知识精讲

选中准备复制的对象，按 Ctrl+C 组合键复制对象，按 Ctrl+V 组合键粘贴对象，对象的副本被粘贴到原对象的下面，位置和源对象是相同的，移动对象，可以显示复制的对象。

### 4.3.2 复制对象属性

用户还可以只复制对象的某一属性，下面介绍复制对象属性的操作方法。

step 1 选中对象，① 单击【编辑】菜单，② 在弹出的菜单中选择【复制属性自】菜单项，如图 4-23 所示。

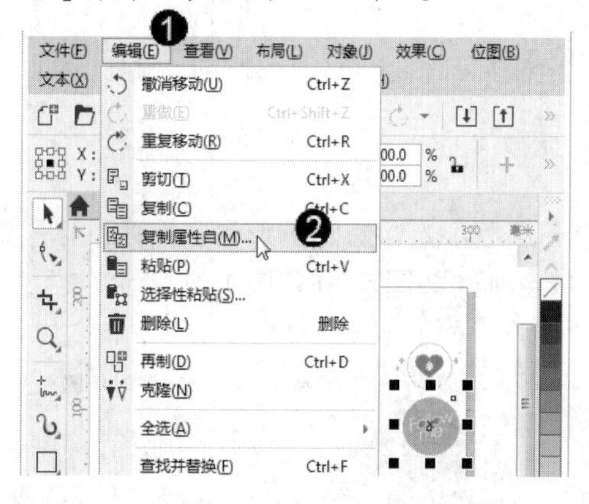


图 4-23

step 2 弹出【复制属性】对话框，① 勾选【填充】复选框，② 单击 OK 按钮，如图 4-24 所示。

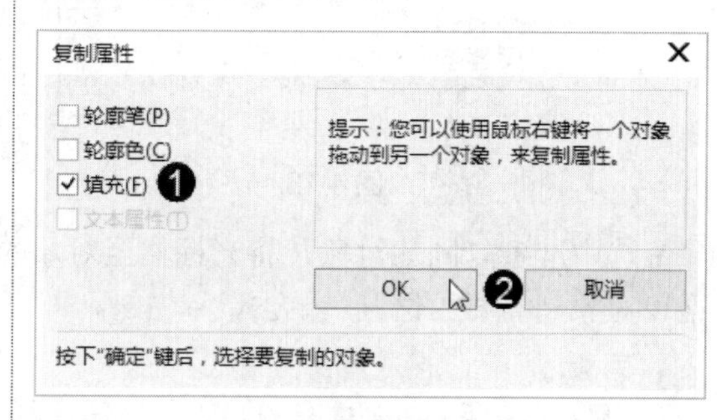


图 4-24

step 3 光标显示为黑色箭头，单击要复制属性的对象，如图 4-25 所示。

图 4-25

step 4 对象的属性复制完成，两个对象填充为同一种颜色，如图 4-26 所示。

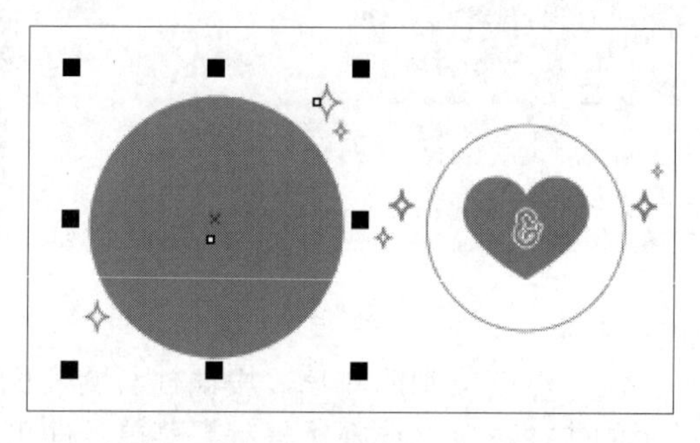

图 4-26

## Section 4.4 控制对象

手机扫描下方二维码，观看本节视频课程

CorelDRAW 2019 提供了多个命令和工具来排列和组合图形对象。本节将主要介绍排列和组合对象的功能以及相关的技巧。通过学习本节的内容，用户可以自如地排列和组合绘图中的图形对象，轻松完成制作任务。

## 4.4.1　更改对象叠放效果

在 CorelDRAW 2019 中，一个单独的或群组的对象被安排在一个层中。在复杂的绘图中，通常需要大量的图形组合出需要的效果，这时就需要通过合理的顺序排列来表现出层次关系了。执行【对象】→【顺序】命令，在弹出的子菜单中显示了所有菜单命令及其操作快捷键，如图 4-27 所示。

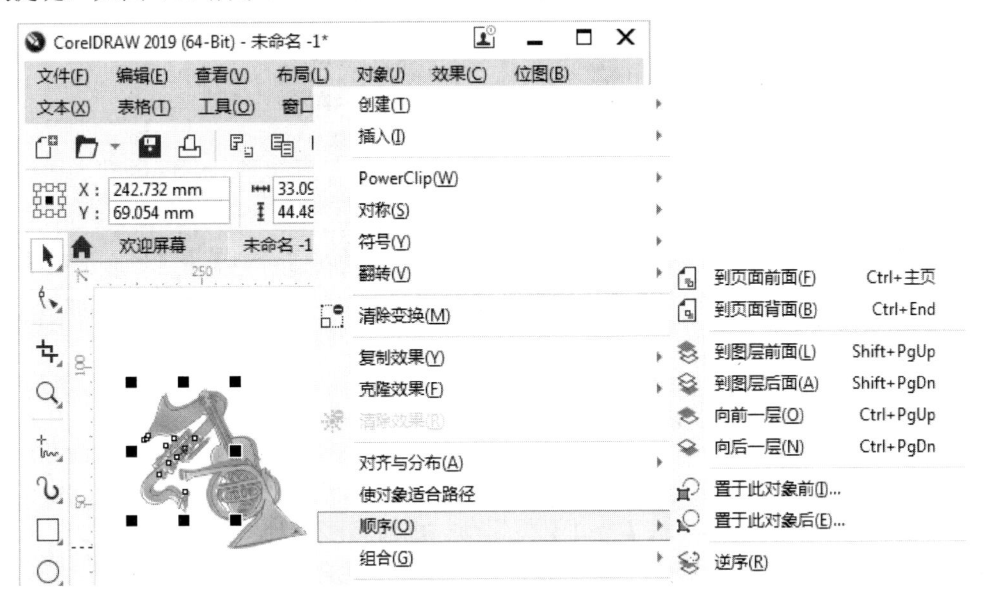


图 4-27

## 4.4.2　组合与取消群组

在 CorelDRAW 2019 中，对象的组合也是比较重要的一个功能。将对象组合后，对组合内的所有对象可以同时进行缩放、旋转等操作。在 CorelDRAW 2019 中，可以组合多个已经组合的对象以创建嵌套组合，也可以将对象添加到组合、从组合移除对象以及删除组合中的单个对象。

使用选择工具选中所有需要组合的对象，用鼠标右键单击对象，在弹出的快捷菜单中选择【组合】菜单项，即可完成组合对象的操作，如图 4-28 所示。

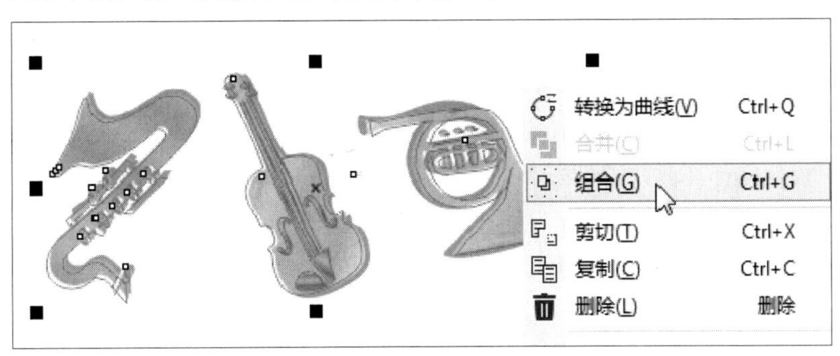


图 4-28

选择需要解组的群组对象，用鼠标右键单击对象，在弹出的快捷菜单中选择【取消群组】菜单项，即可完成组合对象的操作，如图 4-29 所示。

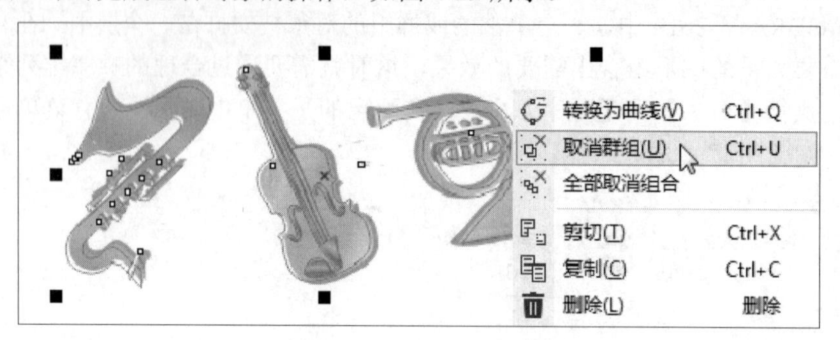


图 4-29

使用选择工具选中所有需要组合的对象，选择【对象】→【组合】菜单项，在弹出的子菜单中选择【组合】或【取消群组】菜单项，也可以完成组合或取消群组的操作。

## 4.4.3 合并与拆分对象

合并是指把多个不同对象合并成一个新的对象，其属性也随之发生改变。选中需要合并的多个对象，在属性栏中单击【合并】按钮，即可将多个对象进行合并，如图 4-30 和图 4-31 所示。执行【对象】→【合并】命令，也可以实现合并操作。

对于合并后的对象，用户可以单击属性栏中的【拆分】按钮来进行拆分。

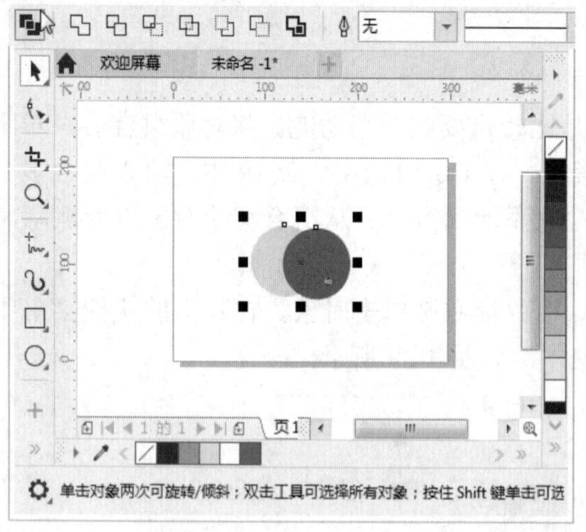


图 4-30

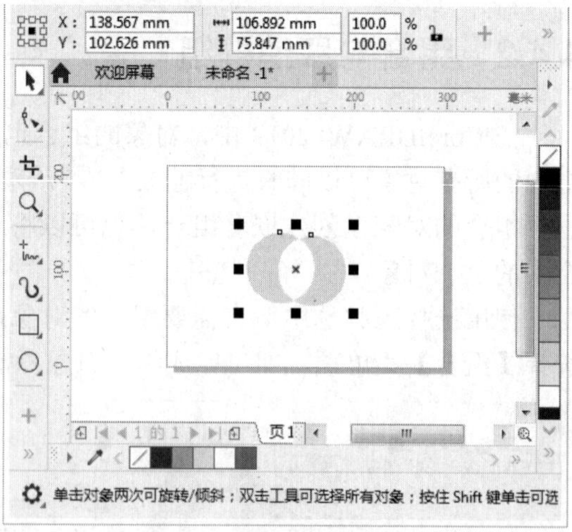

图 4-31

## 4.4.4 锁定与解锁对象

在编辑复杂的图形时，有时为了避免对象受到操作的影响，可以对已经编辑好的对象进行锁定。被锁定的对象不能被执行任何操作。

使用选择工具选中对象，执行【对象】→【锁定】→【锁定】命令，即可将对象锁定，锁定后对象的控制节点变为🔒状态，如图 4-32 和图 4-33 所示。

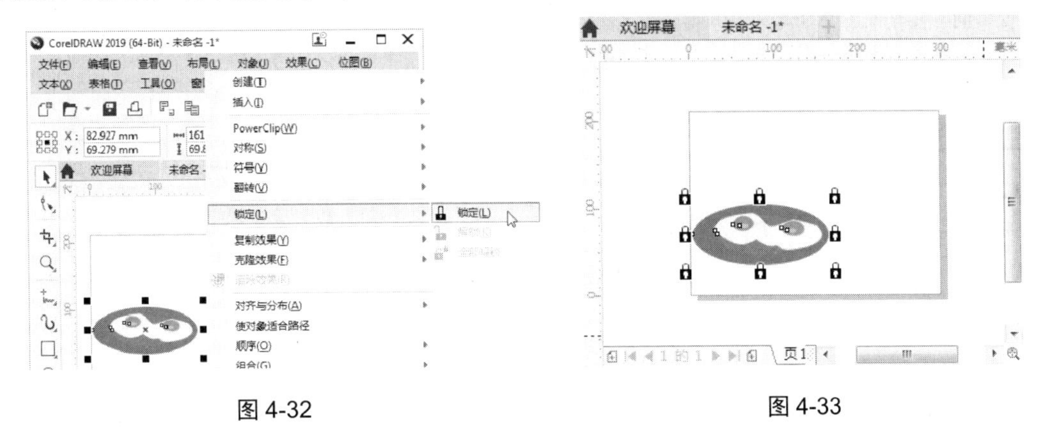


图 4-32　　图 4-33

用鼠标右键单击锁定的对象，在弹出的快捷菜单中选择【解锁】菜单项，即可解锁对象，如图 4-34 所示。

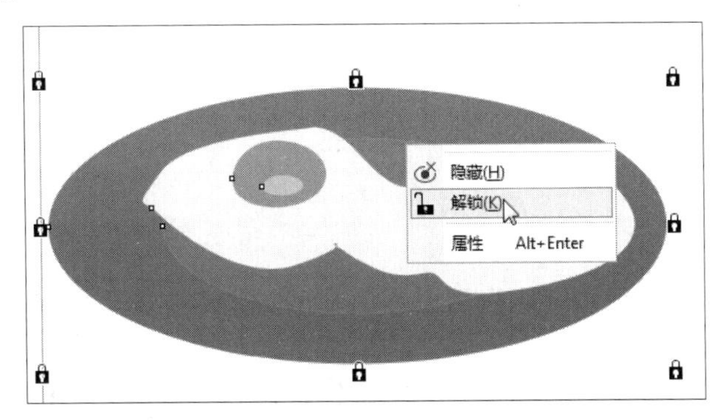


图 4-34

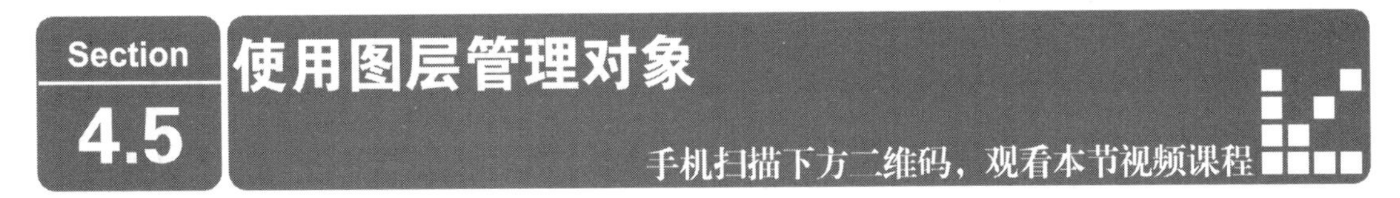

## Section 4.5 使用图层管理对象

手机扫描下方二维码，观看本节视频课程

当画面内容特别复杂的时候，用户需要对画面内容进行管理，以方便对每一个对象进行不同的操作。用户可以使用对象管理器管理对象，本节将详细介绍有关对象管理器的知识，包括认识对象管理器、新建图层以及复制与移动对象等。

### 4.5.1 使用对象管理器编辑图层

当画面内容特别复杂的时候，要选择某一图形有时非常困难。此时可以利用【对象】泊坞窗进行选择。此外，【对象】泊坞窗还可以用来管理和控制图形对象。执行【窗口】→【泊坞窗】→【对象】命令，即可打开【对象】泊坞窗，如图 4-35 所示。

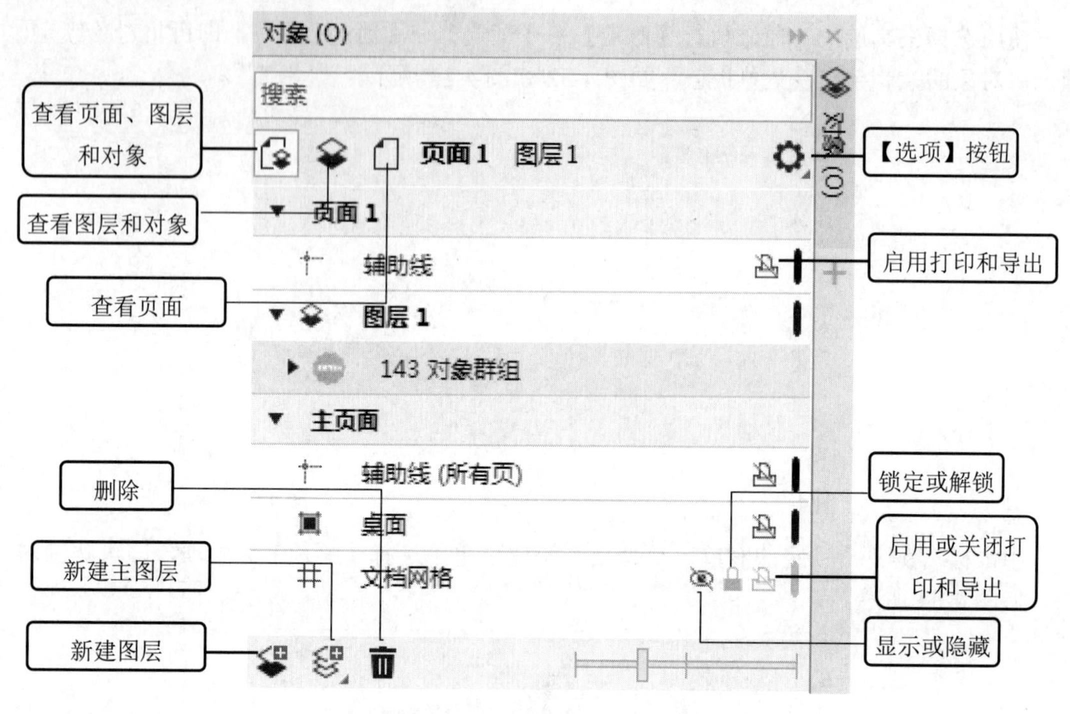


图 4-35

## 4.5.2 新建图层

在页面中新建图层，可以使用户更方便地管理对象，在图形较多的情况下会发挥很大的作用。

默认情况下，在【对象】泊坞窗中只有一个图层，名为“图层 1”，如图 4-36 所示。单击【新建图层】按钮，即可新建图层，如图 4-37 所示。选择“图层 2”后，所绘制的图形都将位于“图层 2”中。

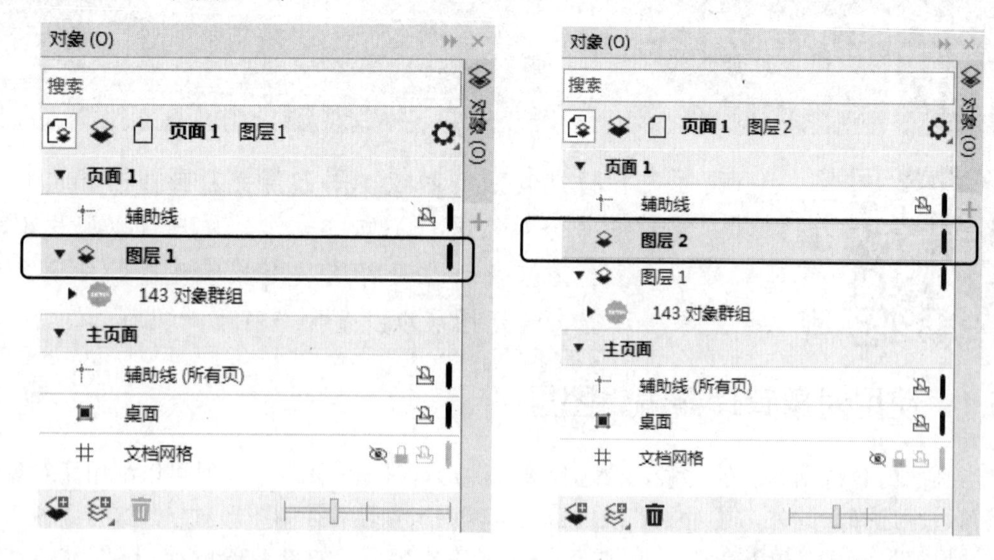


图 4-36　　图 4-37

## 4.5.3 在图层间复制与移动对象

图形可以在图层之间来回移动。选中一个图形，在【对象】泊坞窗中单击【选项】按钮，在弹出的菜单中选择【复制至图层】菜单项，如图 4-38 所示；接着在另一个图层名称上单击，选中的图形将复制到另外一个图层中，如图 4-39 所示。

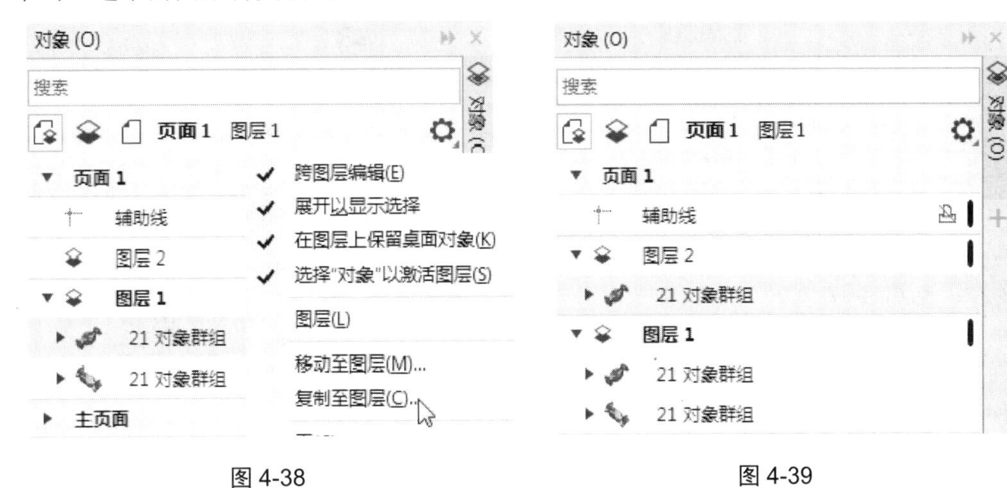


图 4-38　　　　图 4-39

移动对象与复制对象的方法类似，在选项菜单中选择【移动至图层】菜单项即可。

## Section 4.6 范例应用与上机操作

手机扫描下方二维码，观看本节视频课程

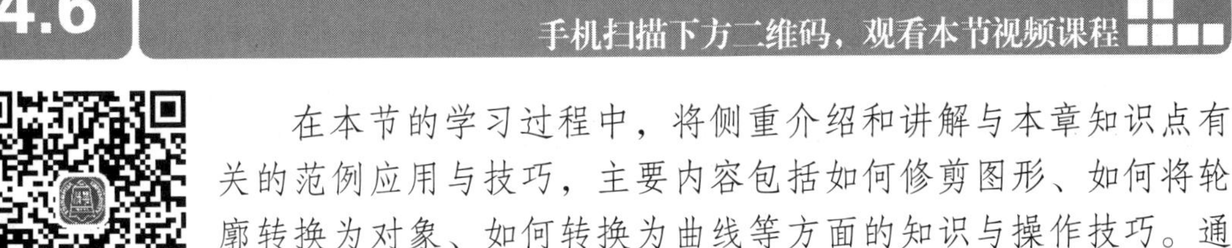

在本节的学习过程中，将侧重介绍和讲解与本章知识点有关的范例应用与技巧，主要内容包括如何修剪图形、如何将轮廓转换为对象、如何转换为曲线等方面的知识与操作技巧。通过本节的练习，用户可以达到举一反三的目的。

### 4.6.1 修剪图形

使用修剪功能，可以从目标对象上修剪掉与其他对象之间的部分，目标对象仍保留原有的填充和轮廓属性。

素材文件 无
效果文件 第 4 章\效果文件\修剪图形.cdr

step 1 创建一个横向的 A4 文档，使用矩形工具和星形工具分别绘制一个矩形和一个星形，并填充幼蓝(C：60，M：40，Y：0，K：0)和黄色(C：0，M：0，Y：100，K：0)，如图 4-40 所示。

step 2 先选中矩形，再选中星形，① 单击【对象】菜单，② 在弹出的菜单中选择【造型】菜单项，③ 选择【修剪】子菜单项，如图 4-41 所示。

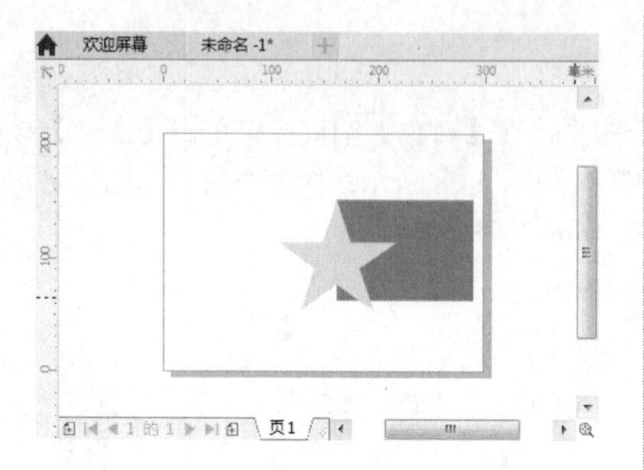

图 4-40

通过以上步骤即可完成修剪操作，如图 4-42 所示。

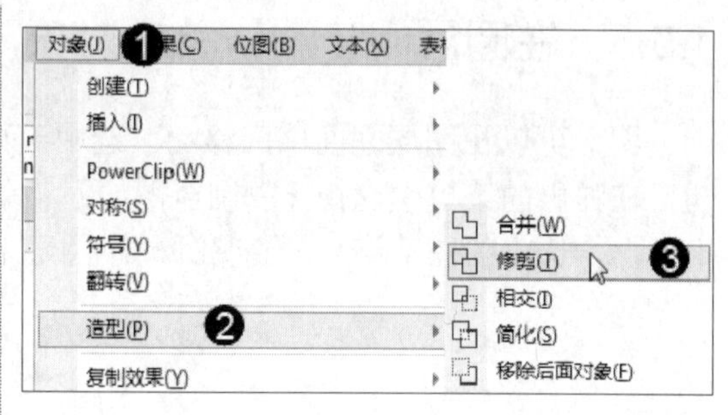


图 4-41

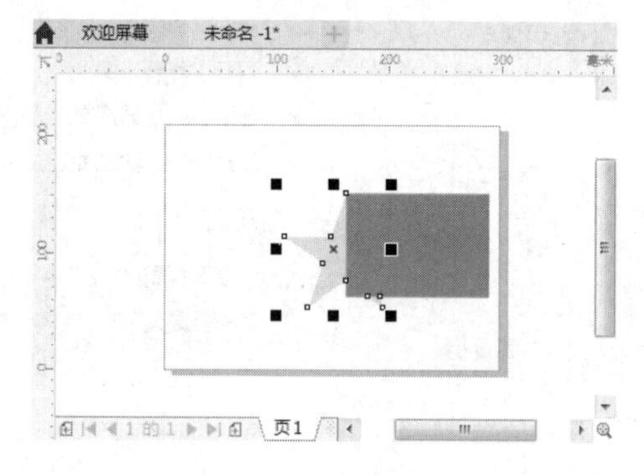

图 4-42

## 4.6.2 将轮廓转换为对象

执行【对象】→【将轮廓转换为对象】命令，可以将选中的轮廓转换为对象。

素材文件 无
效果文件 第 4 章\效果文件\将轮廓转换为对象.cdr

step 1 新建一个横向的A4文档，按住Ctrl键，使用椭圆形工具绘制一个正圆，在调色板中右键单击深蓝色块(C：60，M：80，Y：0，K：20)，为其填充描边色，并设置【轮廓宽度】为 5mm，如图 4-43 所示。

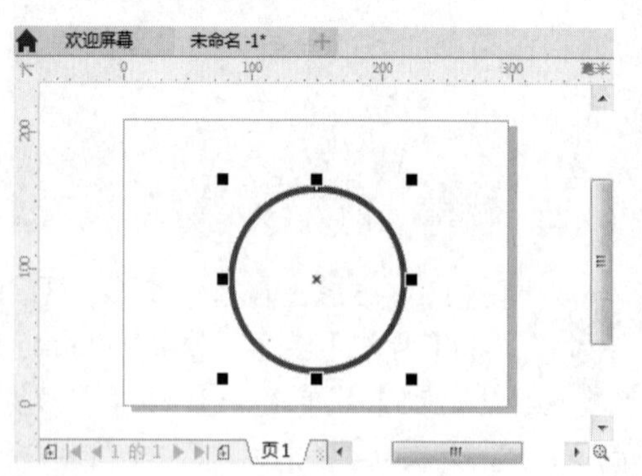

图 4-43

① 单击【对象】菜单，② 在弹出的菜单中选择【将轮廓转换为对象】菜单项，如图 4-44 所示。

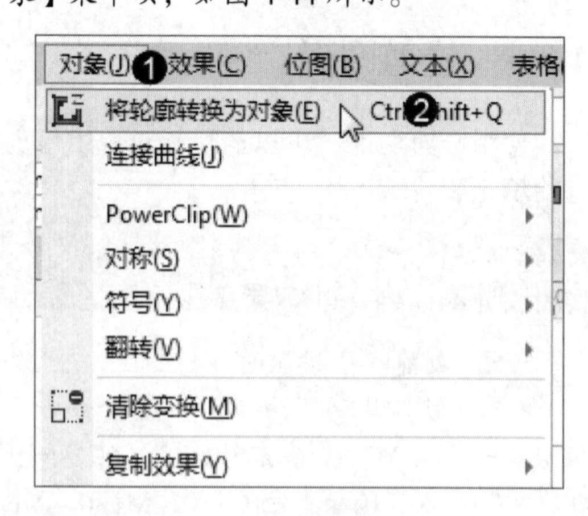


图 4-44

按 F10 键切换到形状工具，在对象上拖曳出一个选取框，如图 4-45 所示。

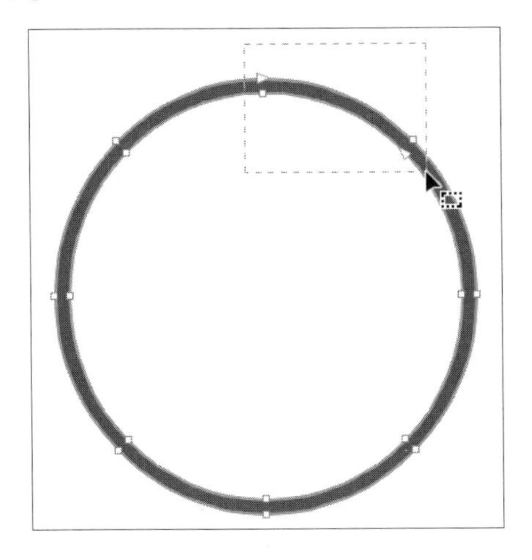

图 4-45

单击鼠标右键，在弹出的快捷菜单中选择【到直线】菜单项，将曲线转换为直线，如图 4-46 所示。

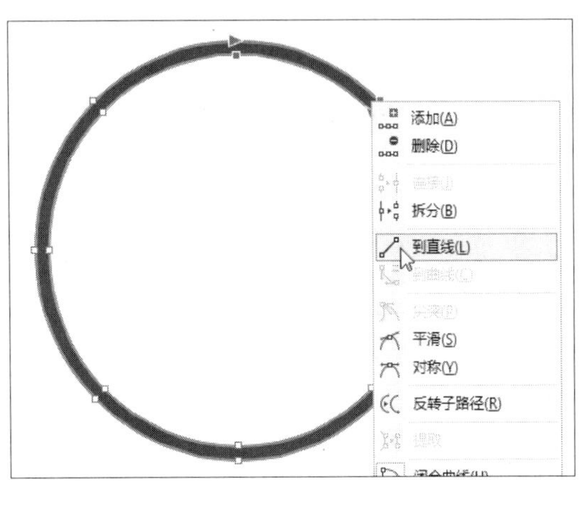


图 4-46

效果如图 4-47 所示。

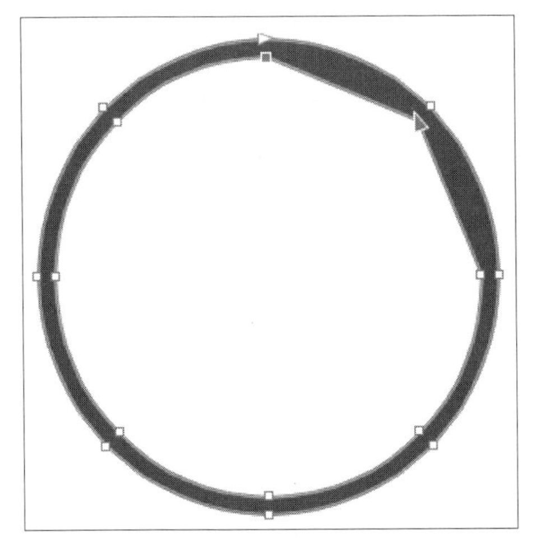

图 4-47

鼠标单击空白处，取消所有对象的选中状态。选中一个节点并将其拖曳至适当的位置，释放鼠标后的对象编辑效果如图 4-48 所示。

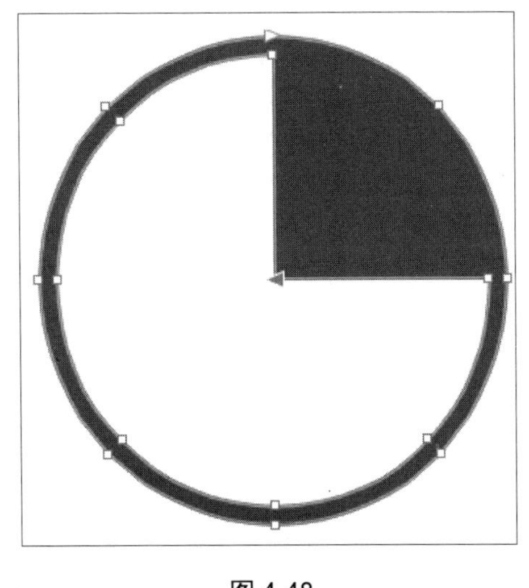

图 4-48

### 4.6.3 转换为曲线

将对象轮廓转换为曲线后，可以按照编辑曲线的方法对外形进行编辑。

素材文件 无

效果文件 第 4 章\效果文件\转换为曲线.cdr

step 1 新建一个横向的 A4 文档，按住 Ctrl 键，使用椭圆形工具绘制一个正圆，在调色板中单击桃黄色块(C：0，M：40，Y：60，K：0)，并去掉轮廓色，如图 4-49 所示。

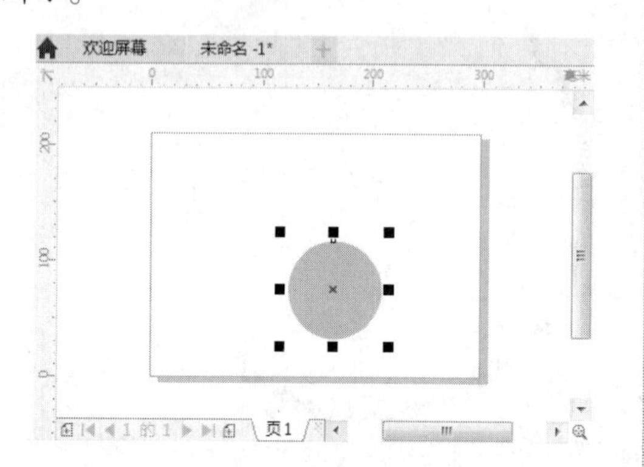


图 4-49

执行【对象】→【转换为曲线】命令，将对象转换为曲线的效果如图 4-50 所示。

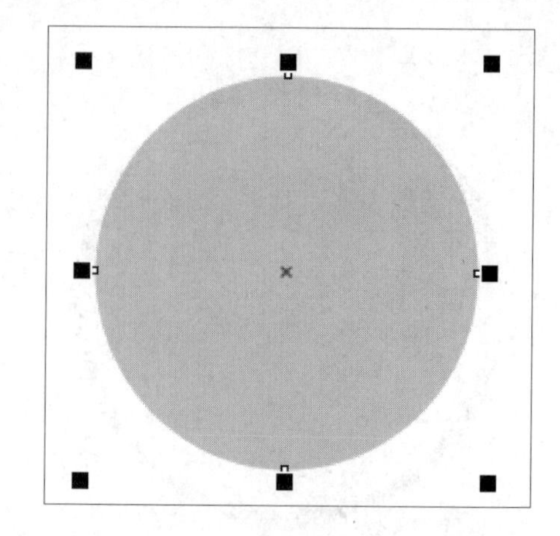

图 4-50

按 F10 键切换到形状工具，拖动节点至适当位置，如图 4-51 所示。

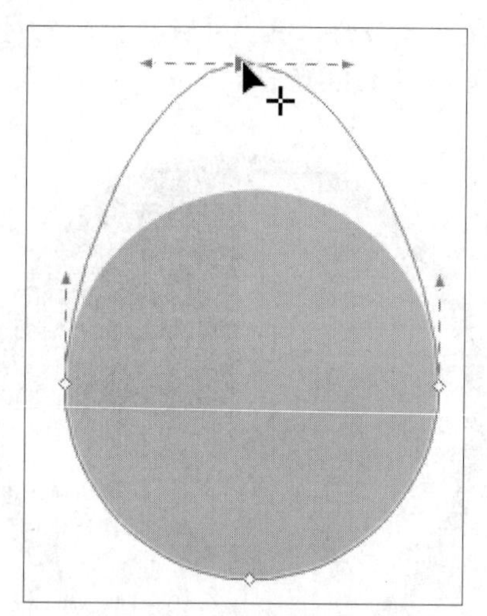

图 4-51

释放鼠标，完成效果如图 4-52 所示。

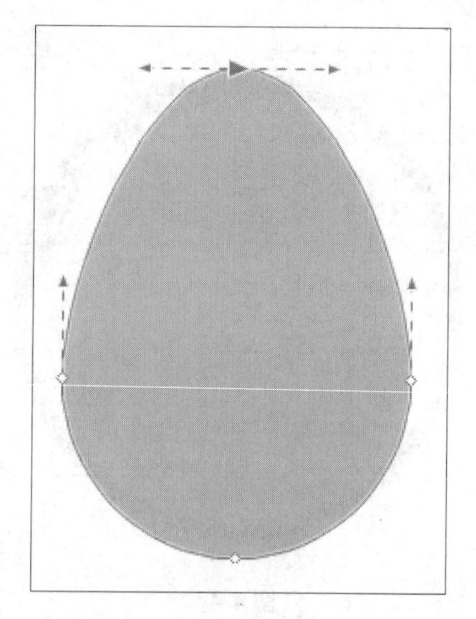

图 4-52

## Section 4.7 本章小结与课后练习

本节内容无视频课程

本章主要介绍了选择对象、变换对象、控制对象、使用图层管理对象等内容。学习本章后，用户可以基本了解绘制复杂图形的方法，为进一步使用软件制作图像奠定坚实的基础。

### 4.7.1 思考与练习

一、填空题

1. 如果要想加选画面中的其他对象，可以按住________键并单击要选择的对象。

2. 执行________→________命令，在弹出的子菜单中可以看到 4 种可供选择的类型，执行其中某项命令即可选中文档中所有该类型的对象。

二、判断题

1. 如果有多个对象重叠在一起，需要用户选择放在下面的被覆盖对象时，按住 Alt 键单击对象的重叠处，即可选取被覆盖在下一层的对象；按住 Alt 键不放，再次单击鼠标，可以选取再下一层的对象；依次类推，重叠在后面的对象都可以被选中。（ ）

2. 在 CorelDRAW 2019 中，用户可以使用两种方法旋转对象，分别是手动旋转对象和精确旋转对象。（ ）

三、思考题

1. 如何倾斜对象？

2. 如何复制对象属性？

### 4.7.2 上机操作

1. 通过本章的学习，读者基本可以掌握对象的变换与管理方面的知识，下面通过练习旋转对象，达到巩固与提高的目的。

2. 通过本章的学习，读者基本可以掌握对象的变换与管理方面的知识，下面通过练习合并对象，达到巩固与提高的目的。

# 第5章

# 填充与轮廓

本章主要介绍交互式填充、使用调色板以及其他填充工具、编辑轮廓线方面的知识与技巧，同时还讲解了如何使用网状填充工具制作腮红效果等案例。通过本章的学习，读者可以掌握填充与轮廓方面的知识，为深入学习 CorelDRAW 2019 知识奠定基础。

## 本章要点

1. 交互式填充
2. 使用调色板
3. 其他填充工具
4. 编辑轮廓线

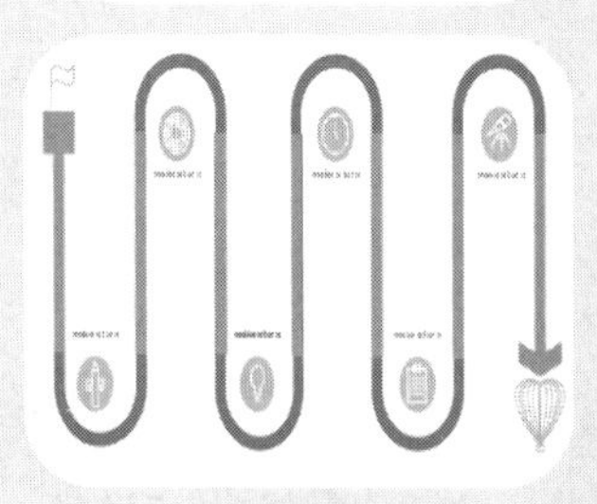

## Section 5.1 交互式填充

手机扫描下方二维码，观看本节视频课程

使用交互式填充工具，可以直接在对象上设置填充的参数并进行颜色的调整，其填充方式包括均匀填充、渐变填充、向量图样填充、位图图样填充、双色图样填充和底纹填充。

### 5.1.1 均匀填充

均匀填充就是在封闭图形对象内填充单一的纯色。选择准备填充的图形，单击工具箱中的【交互式填充工具】按钮，单击属性栏中的【均匀填充】按钮，就会在属性栏中显示用于设置均匀填充的相关选项，单击【填充色】下拉按钮，在 CMYK 文本框中输入数值，即可对图形进行填充，如图 5-1 所示。

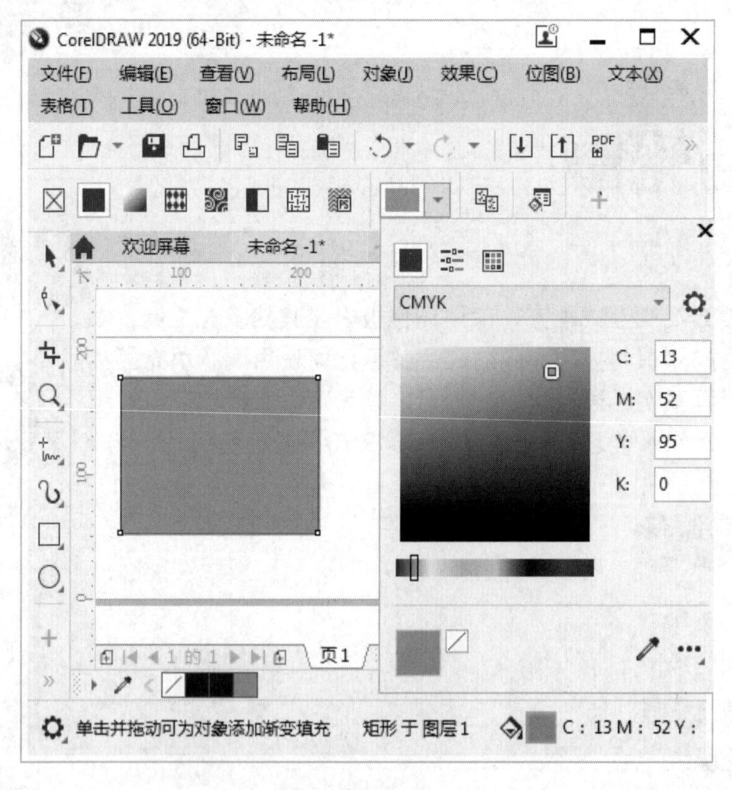


图 5-1

在【填充色】列表中有多种选择纯色的方式，单击【颜色滑块】按钮，可以通过拖曳滑块调整颜色，如图 5-2 所示；或者单击【显示调色板】按钮，可以通过单击色块的方式设置颜色，如图 5-3 所示。

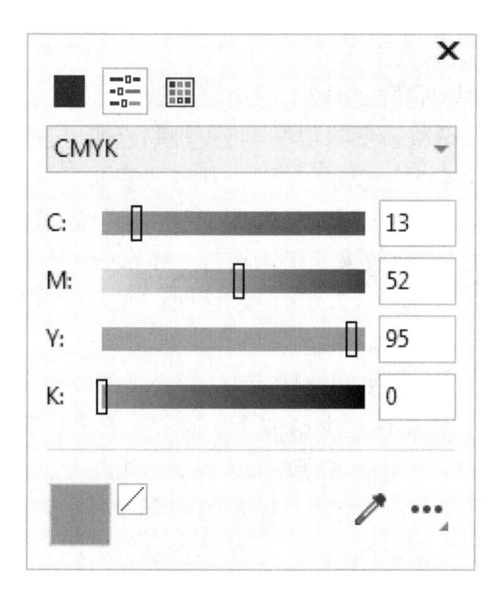


图 5-2

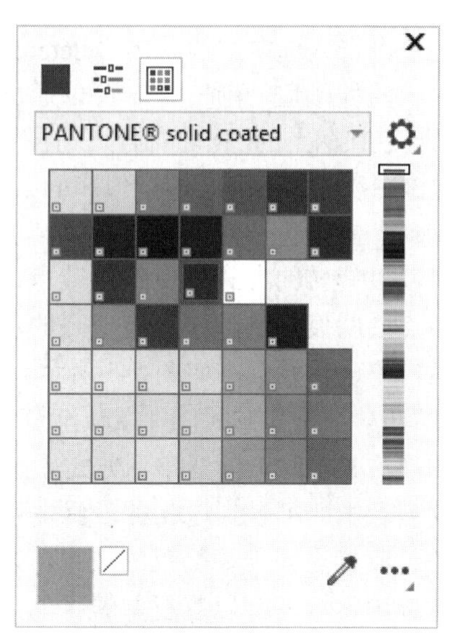


图 5-3

## 5.1.2 渐变填充

渐变是设计中常用的一种颜色表现方式，既增强了对象的可视效果，又丰富了信息的传达。

选择准备填充的图形，单击工具箱中的【交互式填充工具】按钮，单击属性栏中的【渐变填充】按钮，在属性栏中会显示 4 种渐变类型，分别是线性渐变填充、椭圆形渐变填充、圆锥形渐变填充和矩形渐变填充。单击渐变控制柄上的节点，在其下方出现的浮动工具栏中单击【节点颜色】下拉按钮，在弹出的下拉面板中可以设置渐变颜色，如图 5-4 所示。

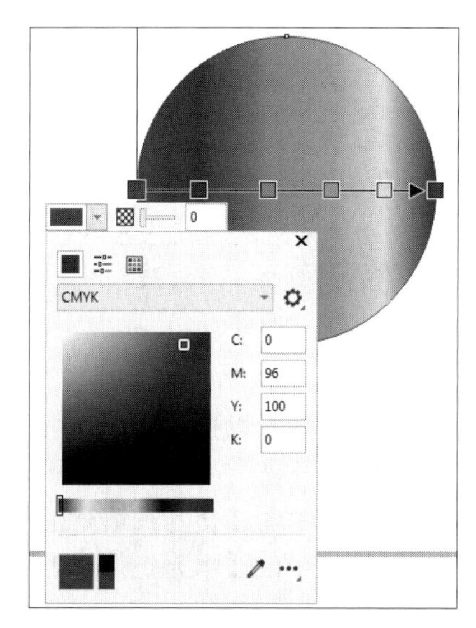


图 5-4

如果要添加节点，可以将光标放置在渐变控制柄上，双击鼠标左键；如果要删除节点，在节点上单击将其选中，然后按 Delete 键，或者直接在节点上双击。

在只有两种颜色的渐变中，可以通过拖曳渐变控制柄上的滑块来调整两种颜色的过渡效果。渐变控制柄上的圆形控制点○主要用来调整渐变的角度，拖曳控制点即可查看渐变效果。拖曳渐变控制柄上的箭头▶，可以移动渐变控制柄的位置，从而改变渐变效果。拖曳渐变控制柄上的颜色节点，可以调整渐变控制柄的距离，从而调整渐变颜色之间的过渡效果；还可以以旋转的方式拖曳颜色节点，调整渐变效果。单击选择一个节点，然后在属性栏中【节点透明度】选项中设置节点的透明度，数值越大节点越透明；或者单击节点后在浮动工具栏中进行设置，如图 5-5 所示。

渐变有 3 种排列方式，“默认渐变填充”“重复和镜像”以及“重复”。当渐变控制柄小于图形的大小时，渐变排列方式才有效。在属性栏中单击【默认渐变填充】下拉按钮，在弹出的列表中即可看到这 3 种渐变排列方式，如图 5-6 所示。“默认渐变填充”将产生从一种颜色过渡到另外一种颜色的效果，末端节点颜色会填充图形的剩余部分；选择“重复和镜像”选项，渐变会以重复并镜像的方式填充整个图形；选择“重复”选项，渐变会以重复的方式填充整个图形。

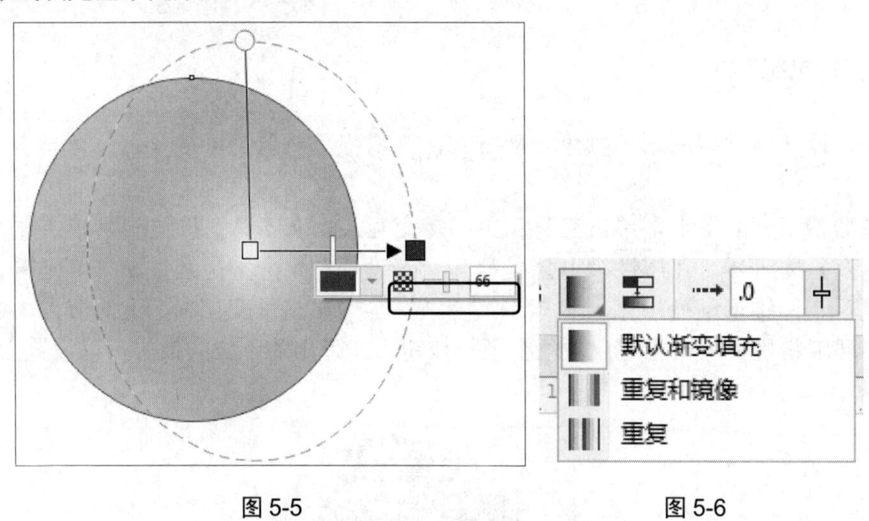


图 5-5　　图 5-6

知识精讲

【平滑】按钮用来在渐变填充节点间创建更加平滑的颜色过渡。【加速】选项 .0 用来指定渐变填充从一种颜色色调到另一种颜色的速度。

## 5.1.3　向量图样填充

向量图样填充可以运用大量重复的图片以拼贴的方式填入对象中，使对象呈现更丰富的视觉效果，也常用于材质以及质感的表现。

选择准备填充的图形，单击工具箱中的【交互式填充工具】按钮，单击属性栏中的【向量图样填充】按钮，单击属性栏中的【填充挑选器】下拉按钮，在弹出的下拉面板中可以选择向量图样，如图 5-7 所示。

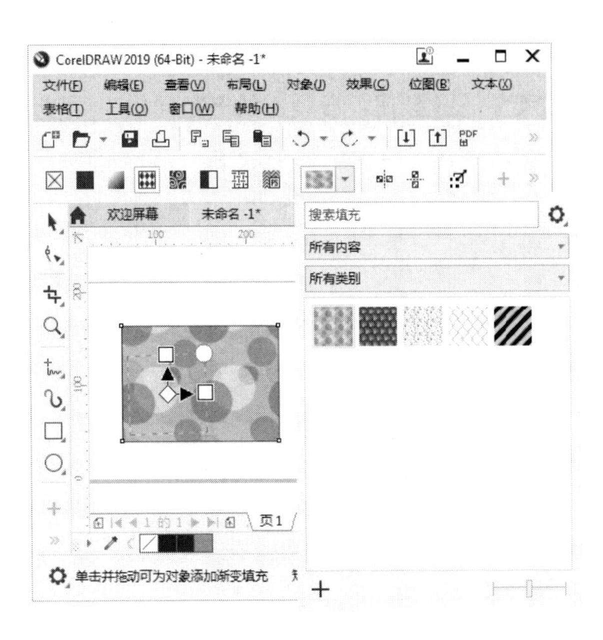


图 5-7

图形被填充图样后会显示控制柄，拖曳圆形控制点○可以等比例缩放图样，还可以旋转图样；拖曳方形控制点□可以非等比例缩放图样。

## 5.1.4 位图图样填充

位图图样填充可以将位图添加到选择的图形中。选择准备填充的图形，单击工具箱中的【交互式填充工具】按钮，单击属性栏中的【位图图样填充】按钮，单击属性栏中的【填充挑选器】下拉按钮，在弹出的下拉面板中可以选择位图图样，如图 5-8 所示。

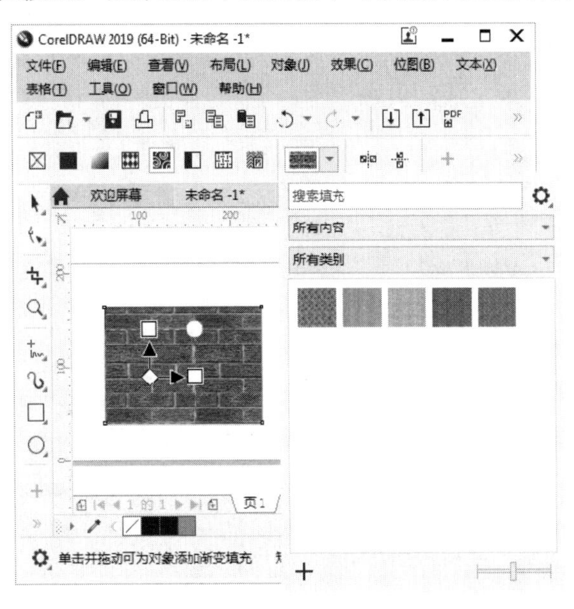


图 5-8

【调和过渡】选项用来调整图样平铺的颜色和边缘过渡。选择以位图图样填充的图形，在属性栏中单击【调和过渡】下拉按钮，在弹出的下拉面板中可以进行相应的设置，如图 5-9 所示。

图 5-9

- 【径向调和】按钮：在每个图样平铺中，在对角线方向调和图像的一部分。
- 【线性调和】按钮：调和图样平铺边缘和相对边缘。
- 【边缘匹配】复选框：使图样平铺边缘与相对边缘的颜色过渡平滑。
- 【亮度(B)】复选框：提高或降低位图图样的亮度。
- 【亮度】复选框：增强或降低图样的灰阶对比度。
- Color 复选框：增强或降低图样的颜色对比度。

在 CorelDRAW 2019 中，用户还可以将图像素材作为位图图样进行填充。单击属性栏中的【编辑填充】按钮，弹出【编辑填充】对话框，单击【选择】按钮，弹出【导入】对话框，选择准备使用的位图图样文件，单击【导入】按钮即可将图像素材作为位图图样进行填充，如图 5-10 和图 5-11 所示。

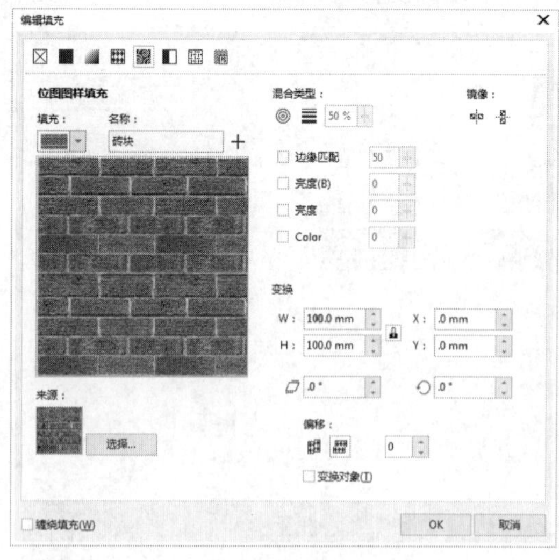


图 5-10

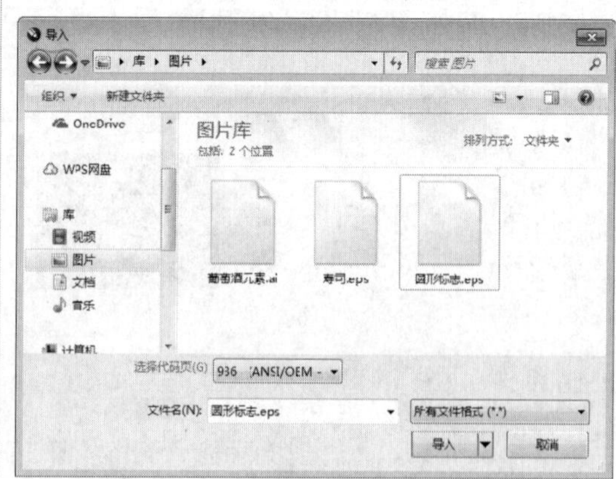


图 5-11

## 5.1.5 双色图样填充

双色图样填充可以在预设下拉列表中选择一种黑白双色图样，然后通过分别设置前景色区域和背景色区域的颜色来改变图样效果。双色图样填充特别适合制作背景。

选择准备填充的图形，单击工具箱中的【交互式填充工具】按钮，单击属性栏中的【双色图样填充】按钮，在属性栏中显示用于设置双色图样填充的相关选项。如果要选择图样，可以单击【第一种填充色或图样】下拉按钮，在弹出的列表中进行选择，如图 5-12 所示。

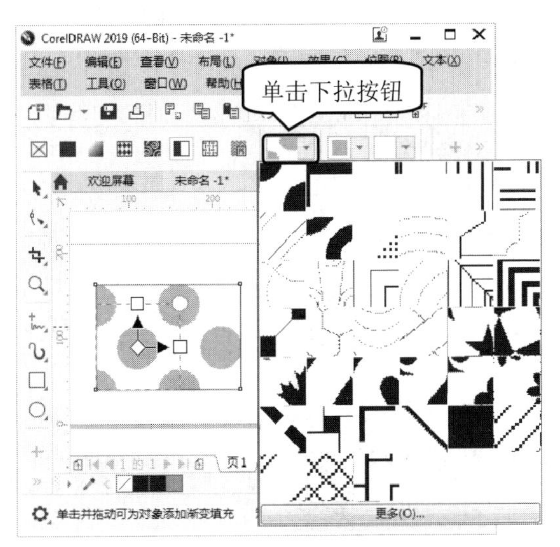


图 5-12

在属性栏中，【前景颜色】选项主要用来设置图样的颜色，【背景颜色】选项则用来设置背景的颜色。

单击属性栏中的【第一种填充色或图样】下拉按钮，在弹出的下拉列表中选择【更多】选项，弹出【双色图案编辑器】对话框，进行设置，单击【确定】按钮即可完成自定义双色图样的操作，如图 5-13 所示。

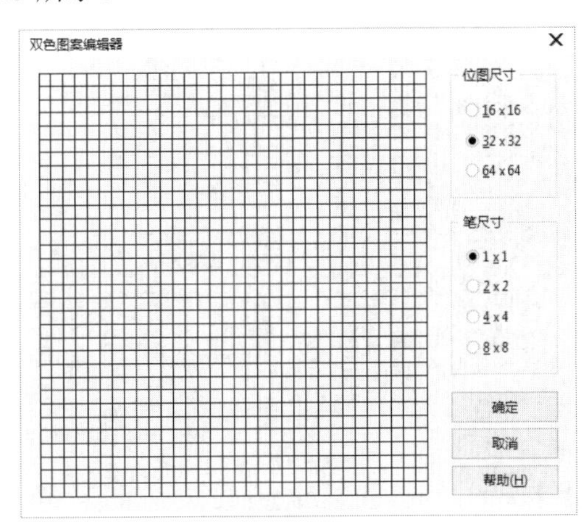


图 5-13

### 5.1.6 底纹填充

底纹填充可以使用预设的一系列自然纹理填充图形，而且还可以更改底纹各个部分的颜色。

选择准备填充的图形，单击工具箱中的【交互式填充工具】按钮，单击属性栏中的【底纹填充】按钮，在属性栏中单击【样品】下拉按钮，在弹出的下拉列表中选择一个合适的底纹库，然后单击【填充挑选器】下拉按钮，在弹出的下拉列表中选择合适的底纹，如图 5-14 所示。

单击属性栏中的【底纹选项】按钮，在弹出的【底纹选项】对话框中可以对底纹的【位图分辨率】和【最大拼贴宽度】进行设置，如图 5-15 所示。

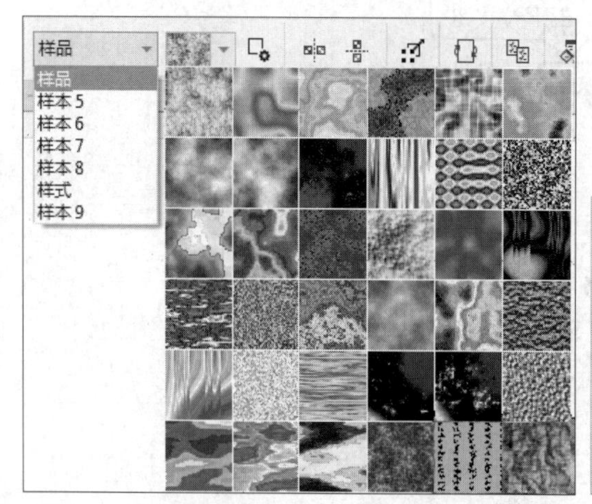


图 5-14

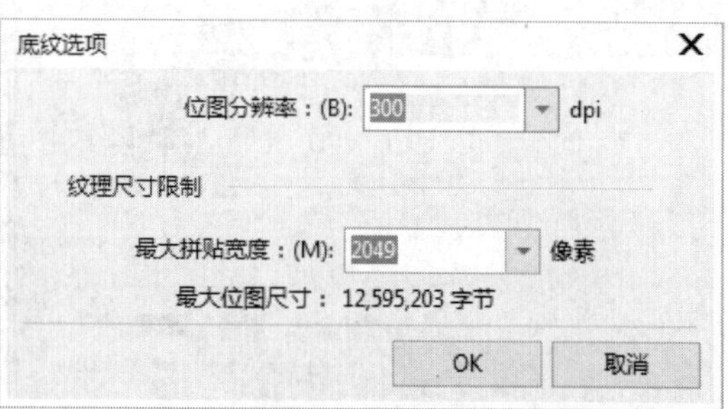


图 5-15

预设底纹各个部分的颜色都可以更改。单击属性栏中的【编辑填充】按钮，弹出【编辑填充】对话框，可以对底纹属性进行编辑，如图 5-16 所示。

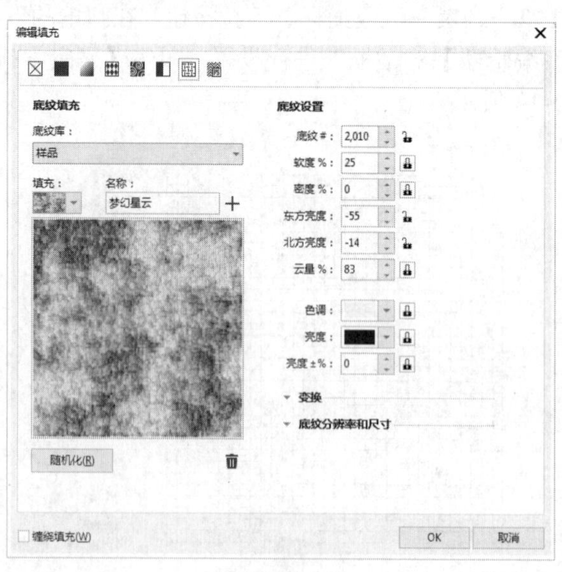


图 5-16

## Section 5.2 使用调色板

手机扫描下方二维码，观看本节视频课程

调色板是给图形对象填充颜色的最快途径。调色板位于CorelDRAW 2019界面的右侧，由一个个颜色色块组成。在这里，可以通过选择一种颜色并单击的方式，为所选图形设置填充色和轮廓色。

### 5.2.1 填充对象

选择一个图形，接着单击调色板中的色块，即可为图形填充颜色，如图5-17和图5-18所示。

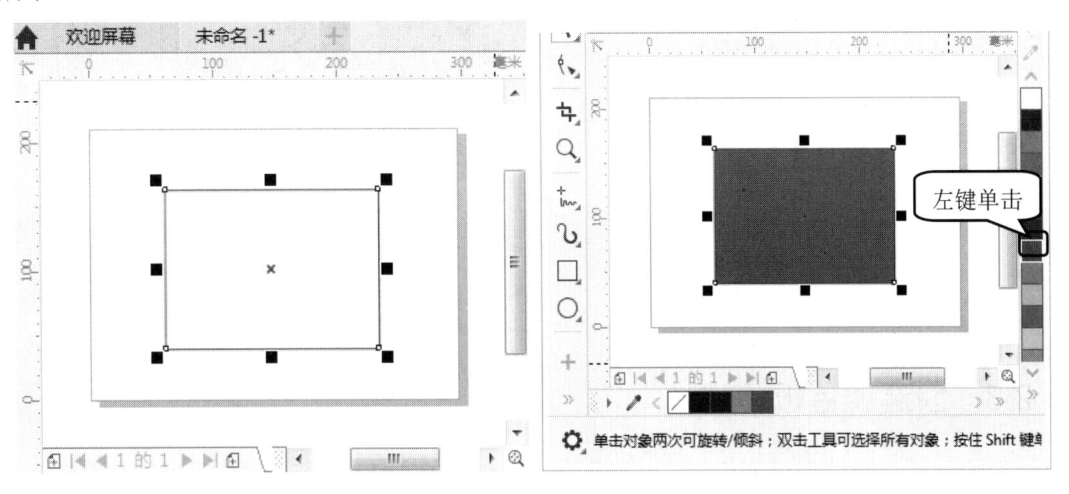


图5-17　　图5-18

选择一个带有填充的图形，然后单击调色板顶部的⧄按钮，即可去除填充色，如图5-19和图5-20所示。

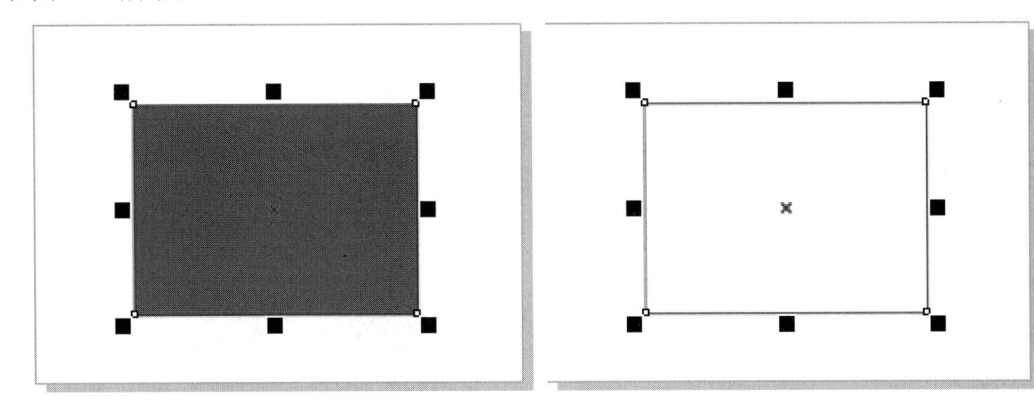

图5-19　　图5-20

## 5.2.2 添加颜色到调色板

用户可以添加颜色到调色板中。添加颜色到调色板的方法非常简单，下面详细介绍添加颜色到调色板的方法。

step 1 ① 单击【窗口】菜单，② 选择【调色板】菜单项，③ 选择【从文档中添加颜色】子菜单项，如图 5-21 所示。

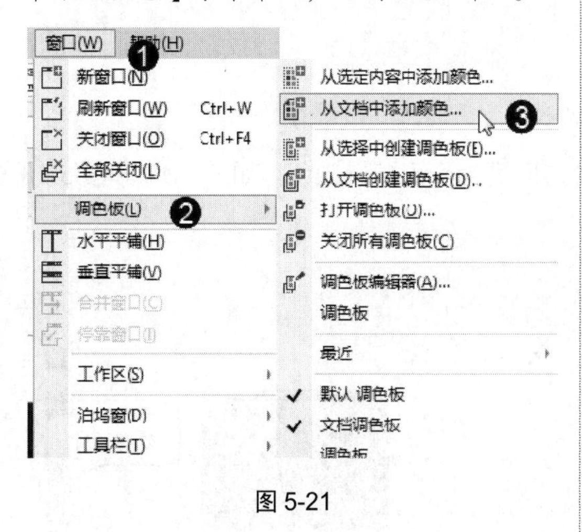


图 5-21

step 2 弹出【从位图添加颜色】对话框，① 设置参数，② 单击 OK 按钮，即可完成操作，如图 5-22 所示。

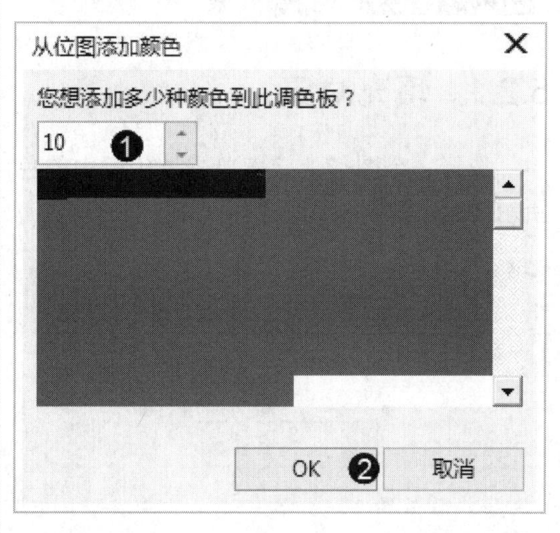


图 5-22

## 5.2.3 创建调色板

用户还可以自己创建调色板。创建调色板的方法非常简单，下面详细介绍创建调色板的方法。

step 1 ① 单击【窗口】菜单，② 选择【调色板】菜单项，③ 选择【调色板编辑器】子菜单项，如图 5-23 所示。

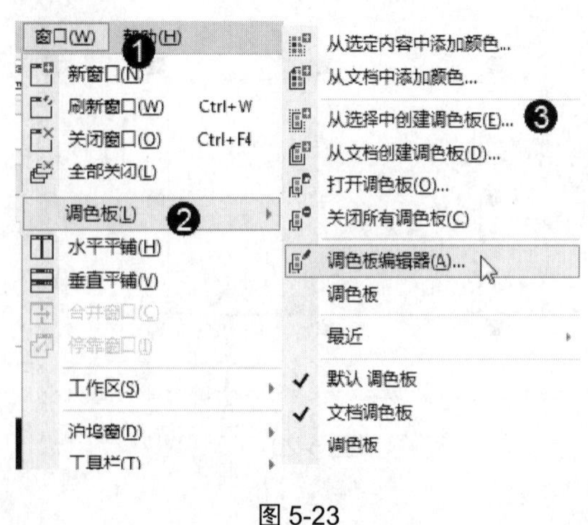


图 5-23

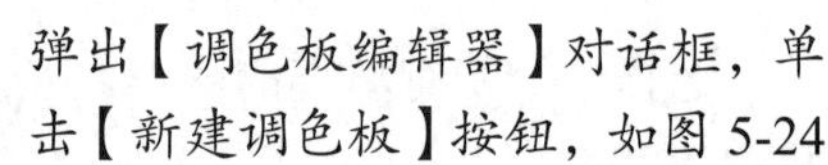

step 2 弹出【调色板编辑器】对话框，单击【新建调色板】按钮，如图 5-24 所示。

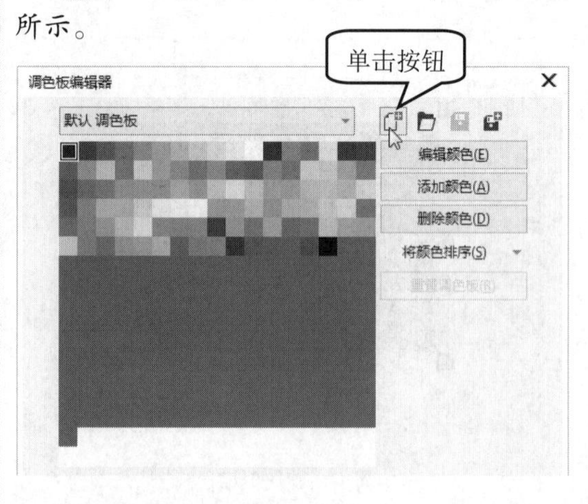


图 5-24

step 3 弹出【新建调色板】对话框，① 在【文件名】文本框中输入名称，② 单击【保存】按钮，如图 5-25 所示。

图 5-25

返回【调色板编辑器】对话框，可以看到新建的调色板已经存在于编辑器中，单击 OK 按钮即可完成操作，如图 5-26 所示。

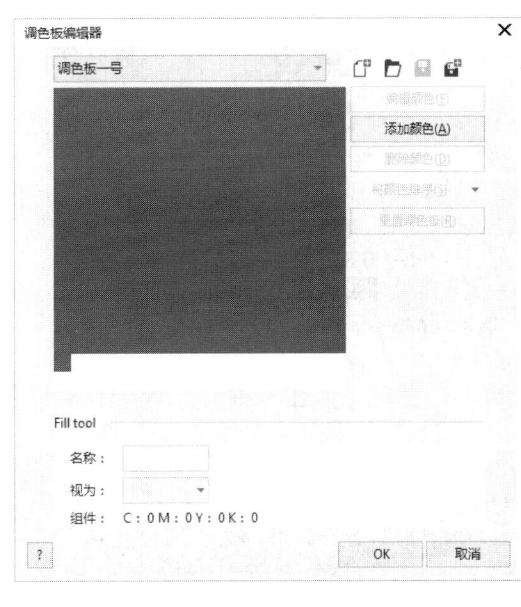


图 5-26

## 5.2.4 打开创建的调色板

用户可以将创建的调色板打开，下面介绍打开创建的调色板的方法。

step 1 ① 单击【窗口】菜单，② 选择【调色板】菜单项，③ 选择【打开调色板】子菜单项，如图 5-27 所示。

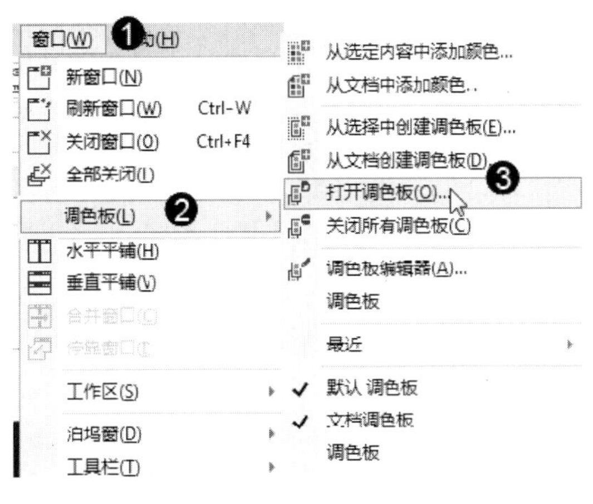


图 5-27

step 2 弹出【打开调色板】对话框，① 选择准备打开的调色板，② 单击【打开】按钮，如图 5-28 所示。

图 5-28

step 3 调色板被打开，位于默认调色板的右侧。通过以上步骤即可完成打开调色板的操作，如图 5-29 所示。

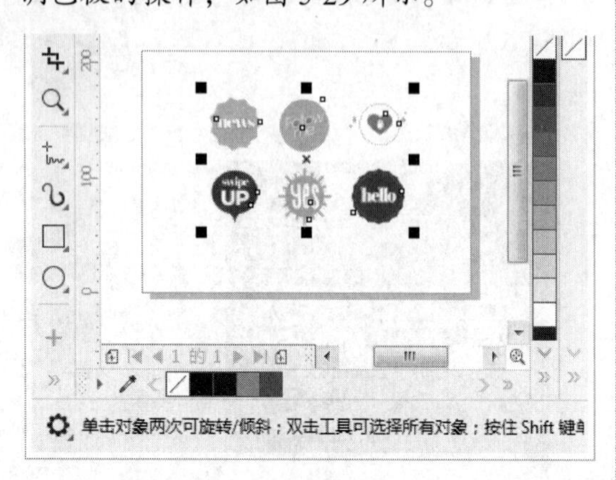


图 5-29

请您根据上述方法打开一个调色板文件，测试一下您的学习效果。

## Section 5.3 其他填充工具

手机扫描下方二维码，观看本节视频课程

网状填充工具可以为对象应用复杂多变的网状填充效果，同时在不同的网格点上可填充不同的颜色并定义颜色的扭曲方向，从而产生各异的效果。滴管工具是系统提供给用户的取色和填充辅助工具。

### 5.3.1 网状填充工具

网状填充工具可用于在图形上以不规则的形式填充多种颜色，且多种颜色之间还会自动产生过渡效果。选择一个图形，在工具箱中单击【网状填充工具】按钮，此时图形中央位置有一个网格点。网格点是用来添加颜色的，每个网格点可以添加一种颜色，将光标移动到图形上双击，即可添加一个网格点，如图 5-30 和图 5-31 所示。

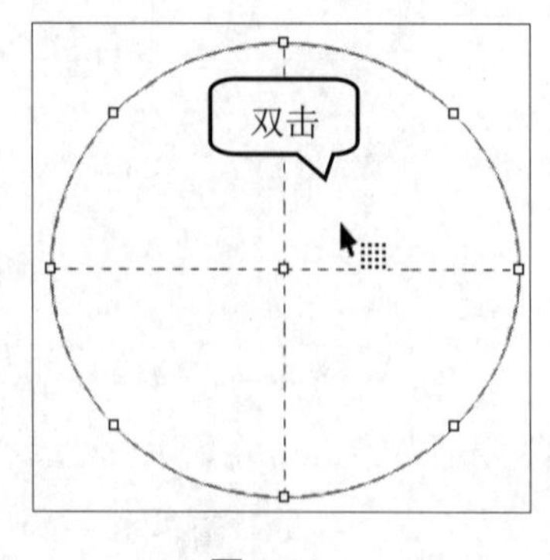


图 5-30

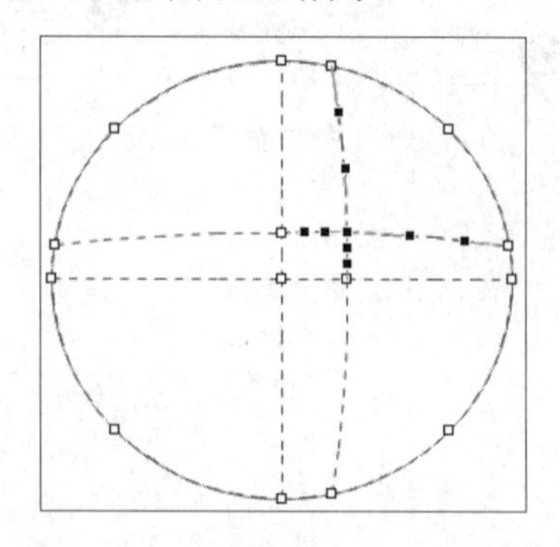

图 5-31

属性栏中的【网格数量】选项用来设置对象上网格点的数量，其中 3 用来设置横向网格点的数量， 3 用来设置纵向网格点的数量。

使用网状填充工具在网格点上单击将其选中，然后按 Delete 键或者双击网格点，即可删除该点。选中所有带网格点的图形，在属性栏中单击【清除网状】按钮，即可清除所有网格点。

使用网状填充工具在网格点上单击，选中网格点，单击【网状填充颜色】下拉按钮，在弹出的下拉面板中选择一种颜色，即可为单个网格点添加颜色，如图 5-32 所示。

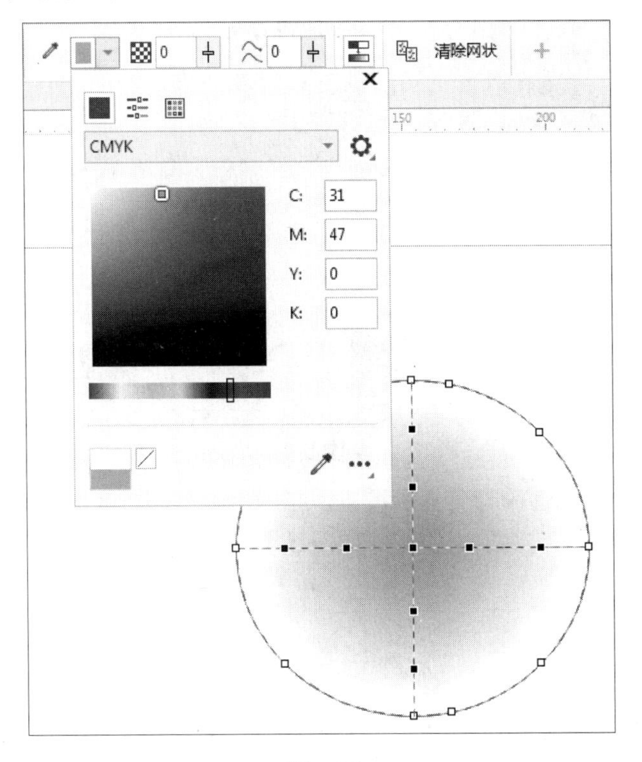


图 5-32

按住 Shift 键的同时使用网状填充工具单击网格点，即可进行加选，加选网格点以后可以同时为选中的网格点添加颜色。

单击选择一个网格点，按住鼠标左键拖动即可调整网格点的位置，使网状填充效果发生变化；拖曳网格点之间的连线可以改变网格线的走向，从而改变网状填充效果。

## 5.3.2 滴管工具

滴管工具分为颜色滴管工具和属性滴管工具。使用颜色滴管工具可以复制图形对象的填充色和轮廓色，填充到另一个指定对象中；使用属性滴管工具可以复制对象的填充、轮廓、渐变、效果、封套、混合等属性，并应用到指定的对象中。

使用颜色滴管工具可以快速将画面中制定对象的颜色填充到另一个指定对象中。单击工具箱中的【颜色滴管工具】按钮，将光标移至要拾取颜色的图形上单击，如图 5-33 所示；将光标移至要填充颜色的图形上单击，如图 5-34 所示，即可将拾取的颜色填充到指定的图形中，如图 5-35 所示。

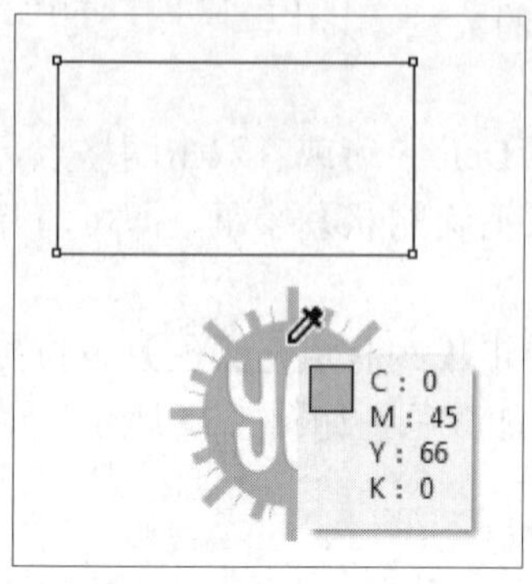


图 5-33

图 5-34

图 5-35

使用颜色滴管工具拾取颜色，如图 5-36 所示；然后将光标移动至图形的边缘单击，即可将拾取的颜色作为轮廓色，如图 5-37 和图 5-38 所示。

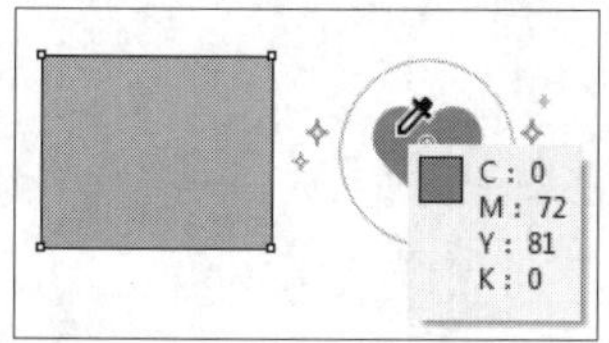


图 5-36

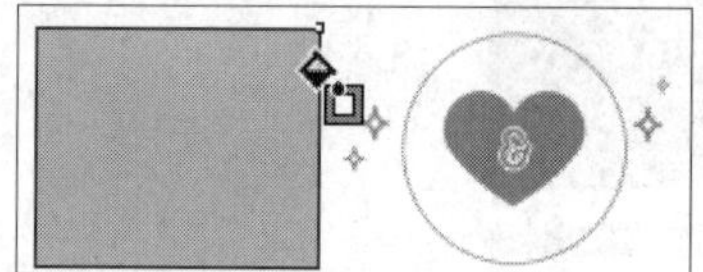

图 5-37

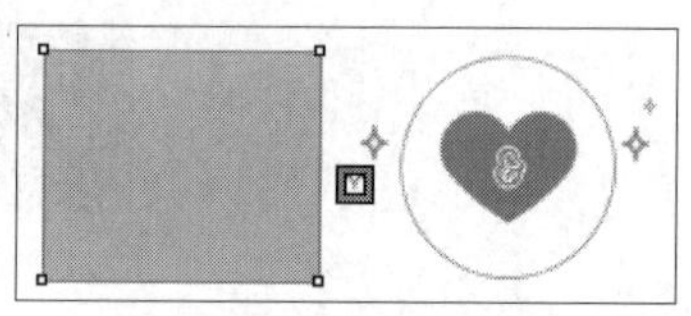

图 5-38

单击工具箱中的【属性滴管工具】按钮，在图形上单击拾取属性，如图 5-39 所示；将光标移动至需要填充属性的对象上单击，如图 5-40 所示；拾取的属性已经应用到对象上，如图 5-41 所示。

cat
dog

图 5-39

cat
dog

图 5-40

图 5-41

在使用滴管工具或颜料桶工具时，按 Shift 键可以快速地在两个工具间相互切换。

知识精讲

属性滴管工具可以复制的属性较多，在属性栏中分别单击【属性】、【变换】和【效果】下拉按钮，在弹出的下拉面板中进行相应的设置，即可根据用户的绘制需要更改填充对象效果。

# Section 5.4 编辑轮廓线

手机扫描下方二维码，观看本节视频课程

轮廓线是矢量图形重要的组成部分，用户可以根据需要调整其颜色、粗细、样式等属性。CorelDRAW 2019 提供了丰富的轮廓线设置，可以制作出精美的轮廓线效果。本节将详细介绍轮廓线的相关操作。

## 5.4.1 改变轮廓线的颜色

如果要更改轮廓线的颜色，右击调色板中的色块即可。还可以按 F12 键，弹出【轮廓笔】对话框，单击【颜色】下拉按钮，在弹出的下拉面板中选择所需颜色，最后单击 OK 按钮，完成轮廓线的设置，如图 5-42 所示。

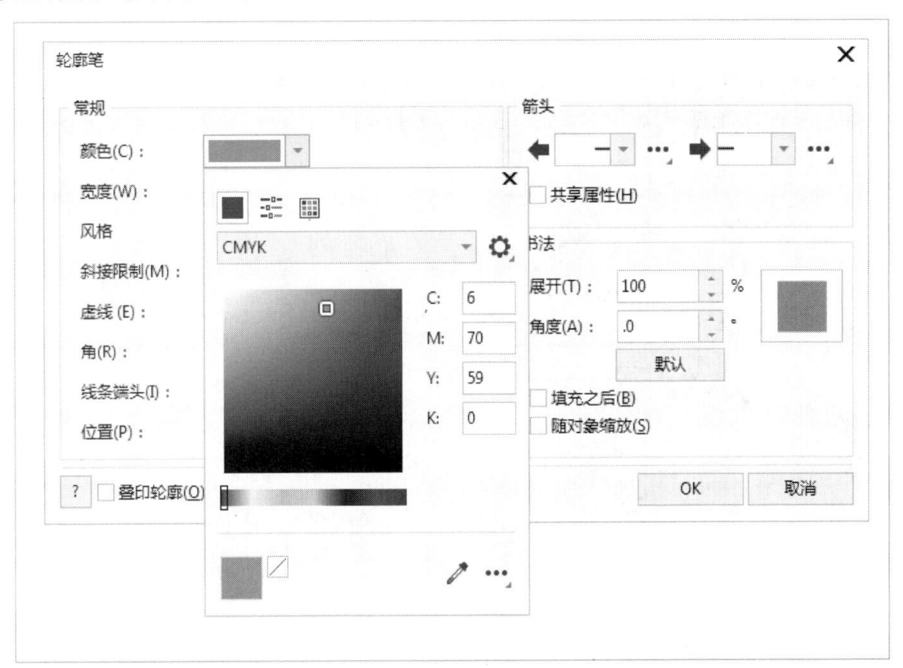


图 5-42

## 5.4.2 改变轮廓线的宽度

如果当前图形没有轮廓线，那么可以选择该图形，右击调色板中的色块，即可为其添加轮廓线。默认情况下，轮廓线宽度为“细线”；如果要调整轮廓线宽度，可以选择图形，单击属性栏中的【轮廓线宽度】下拉按钮，在弹出的下拉列表中选择一种预设的轮廓线宽度，如图 5-43 所示；也可以直接在数值框中输入数值，然后按 Enter 键确认。

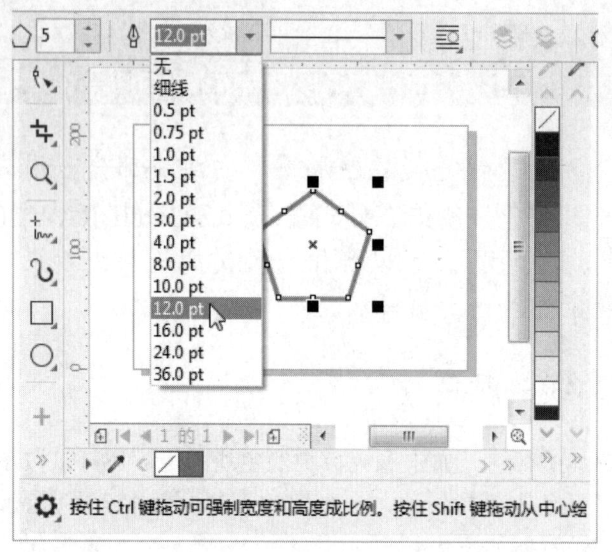


图 5-43

或者选中图形，双击界面下方的【轮廓笔】按钮，弹出【轮廓笔】对话框，通过【宽度】下拉列表来设置轮廓线宽度，在其右侧的下拉列表中可以设置轮廓线宽度的单位，如图 5-44 所示。

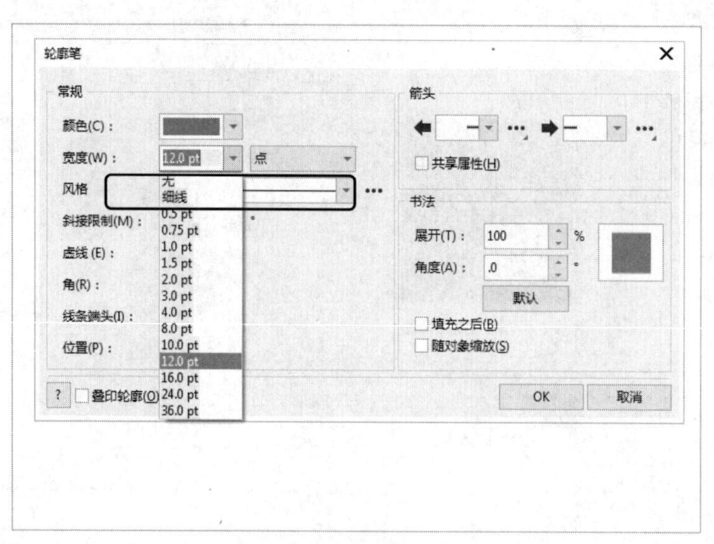


图 5-44

## 5.4.3 改变轮廓线的样式

默认情况下，轮廓线的样式为实线，用户可以根据需要将其更改为不同效果的虚线。

选择一个带有轮廓线的图形，在属性栏中单击【线条样式】下拉按钮，在弹出的下拉列表中可以看到多种轮廓线样式，从中选择一种选线样式，即可将轮廓线变为虚线，如图 5-45 和图 5-46 所示。

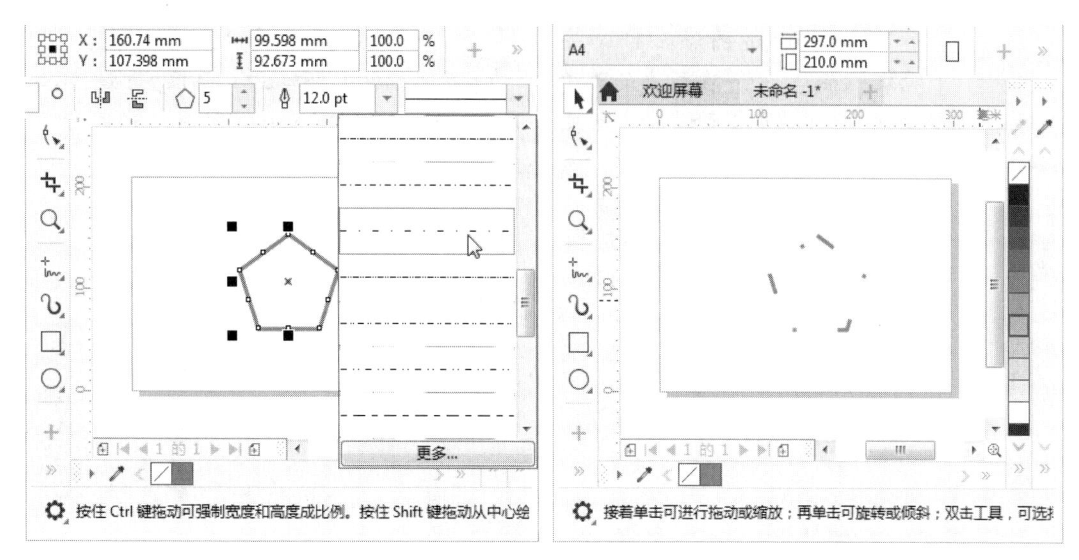


图 5-45　　　　图 5-46

在【线条样式】下拉列表中单击【更多】按钮，或者在【轮廓笔】对话框中单击【编辑样式】按钮•••，打开【编辑线条样式】对话框，拖动滑块自定义一种虚线样式，然后单击【添加】按钮，即可完成自定义线条样式的操作。

## 5.4.4　清除轮廓线

如果想要清除轮廓线，选中带有轮廓线的图形，在右侧的调色板中右击☒按钮，即可清除轮廓线，如图 5-47 和图 5-48 所示。

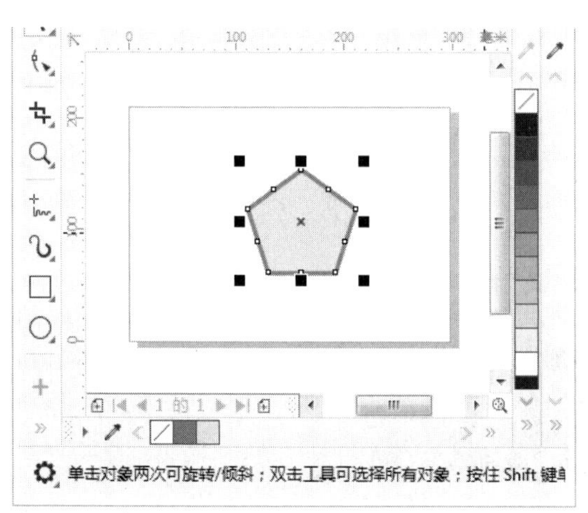


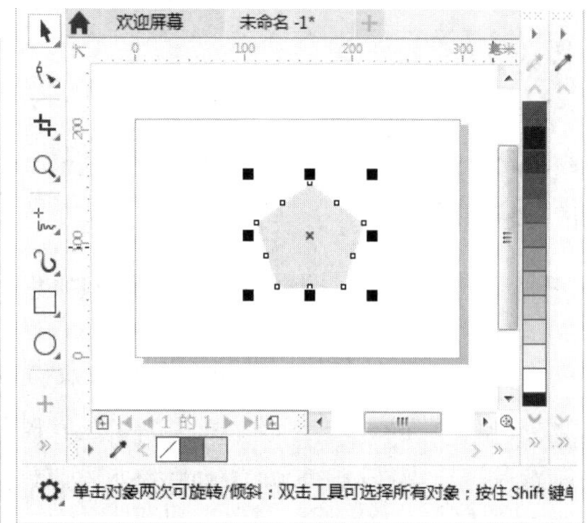


图 5-47　　　　图 5-48

## 5.4.5　转换轮廓线

用户还可以将轮廓线转换为形状，这样就可以将其单独作为一个对象进行编辑，例如填充纯色以外的内容，从而打造更丰富的描边效果。

step 1 选中带有轮廓线的图形，① 单击【对象】菜单，② 在弹出的菜单中选择【将轮廓转换为对象】菜单项，如图 5-49 所示。

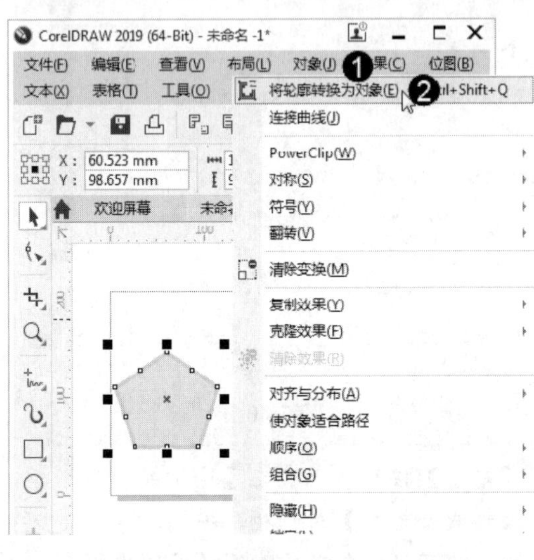


图 5-49

step 2 轮廓线转换为独立的轮廓图形，可以将其移动到其他位置，还可以为其添加渐变或图形填充，如图 5-50 所示。

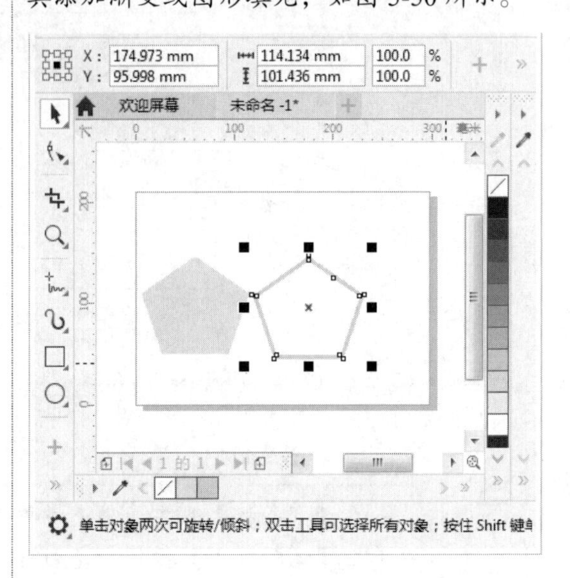


图 5-50

## Section 5.5 范例应用与上机操作

手机扫描下方二维码，观看本节视频课程

在本节的学习过程中，将侧重介绍和讲解与本章知识点有关的范例应用与技巧，主要内容包括使用网状填充工具制作腮红效果、设置轮廓线的起始和终止箭头、设置轮廓线的书法样式、设置轮廓线的位置等方面的知识与操作技巧。

### 5.5.1 使用网状填充工具制作腮红效果

本案例将介绍使用网状填充工具为人物添加腮红效果的方法。

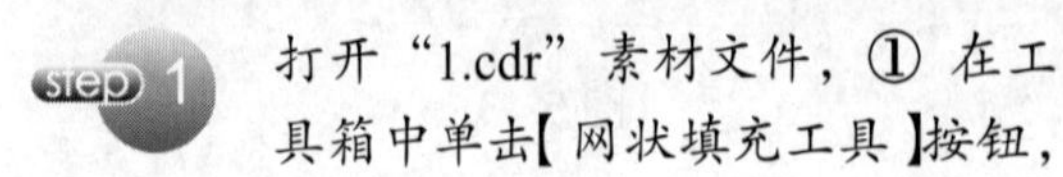

素材文件 第 5 章\素材文件\1.cdr

效果文件 第 5 章\效果文件\腮红效果.cdr

step 1 打开“1.cdr”素材文件，① 在工具箱中单击【网状填充工具】按钮，② 在属性栏中设置合适的网格数，如图 5-51 所示。

step 2 ① 单击脸部的网格点将其选中，② 然后在属性栏中设置颜色，如图 5-52 所示。

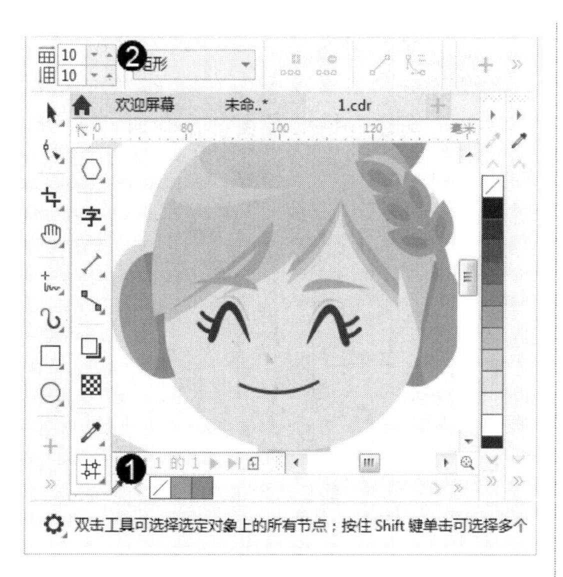


图 5-51

step 3 选择脸部另一侧的网格点，在属性栏中单击【对网状填充颜色进行取样】按钮，在红脸蛋的位置单击拾取颜色，如图 5-53 所示。

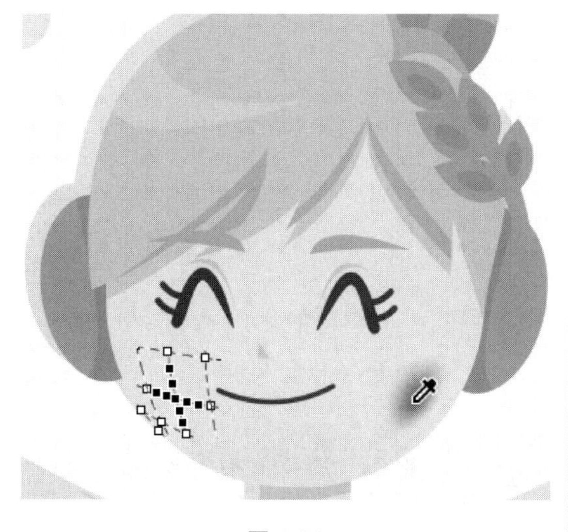

图 5-53

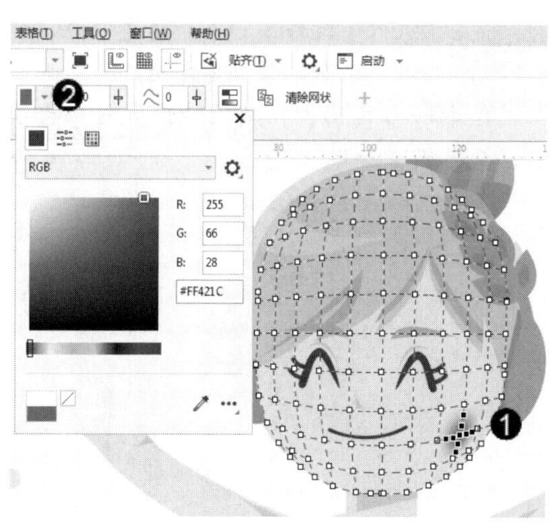


图 5-52

step 4 通过以上步骤即可完成使用网状填充工具制作腮红的操作，如图 5-54 所示。

图 5-54

## 5.5.2 设置轮廓线的起始和终止箭头

本案例将详细介绍设置轮廓线的起始和终止箭头的操作方法。

素材文件 第 5 章\素材文件\2.cdr

效果文件 第 5 章\效果文件\轮廓线的起始和终止箭头.cdr

step 1 执行【文件】→【新建】命令，创建一个横向的 A4 文档，使用矩形工具绘制一个矩形，在属性栏设置矩形大小和转角参数，如图 5-55 所示。

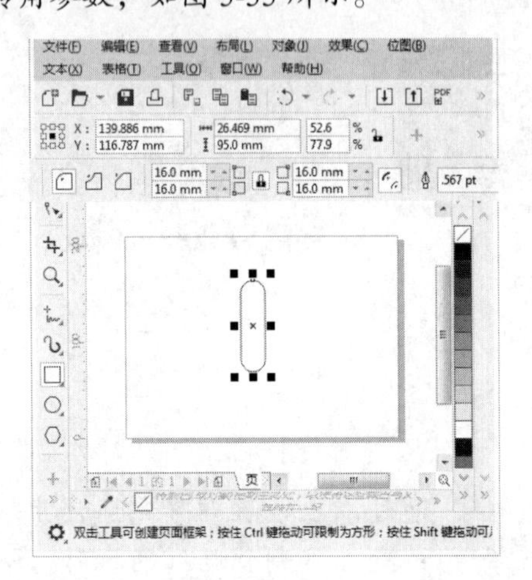


图 5-55

step 3 选中所有圆角矩形，单击工具箱中的【刻刀工具】按钮，在圆角矩形的上半部分按住鼠标左键拖曳，如图 5-57 所示。

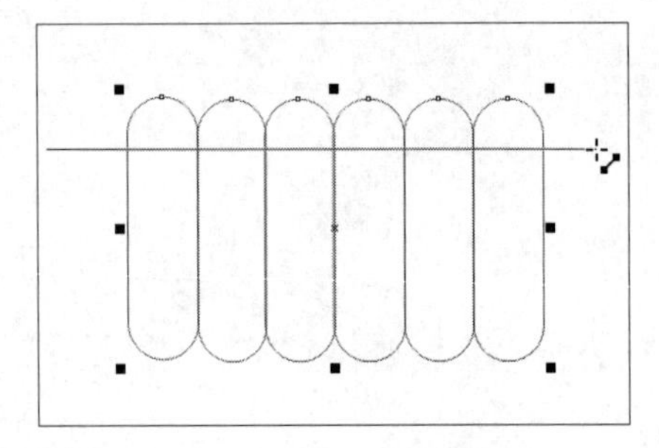

图 5-57

step 5 使用选择工具选中不需要的线段，按 Delete 键删除，如图 5-59 所示。

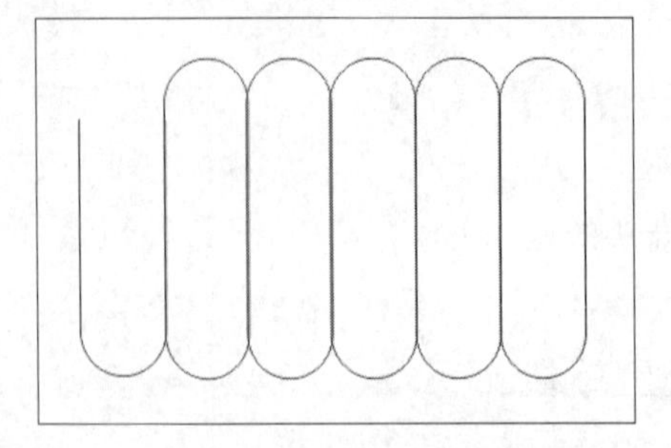

图 5-59

step 2 选择该圆角矩形，按住 Shift 键，按住鼠标左键向右拖曳，至合适位置后单击鼠标右键进行复制，如图 5-56 所示。

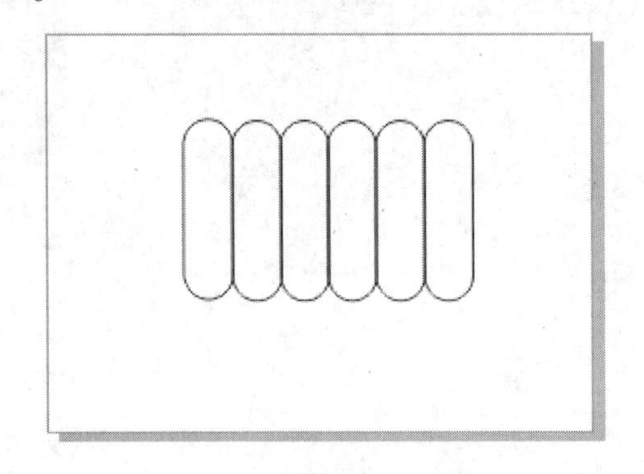

图 5-56

step 4 继续在圆角矩形的下半部分按住鼠标左键拖曳，如图 5-58 所示。

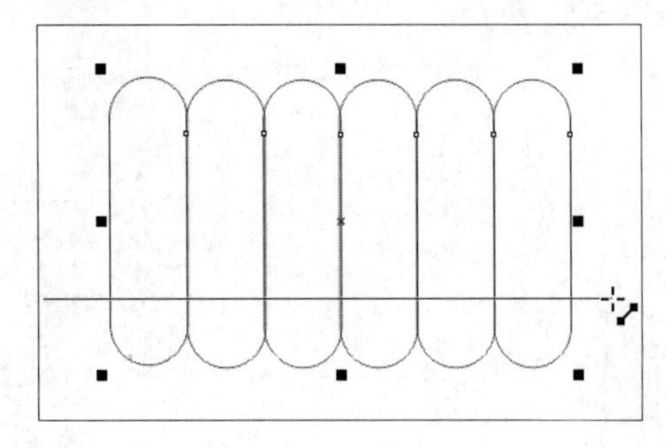

图 5-58

step 6 以同样的方式删除其他不需要的线段，如图 5-60 所示。

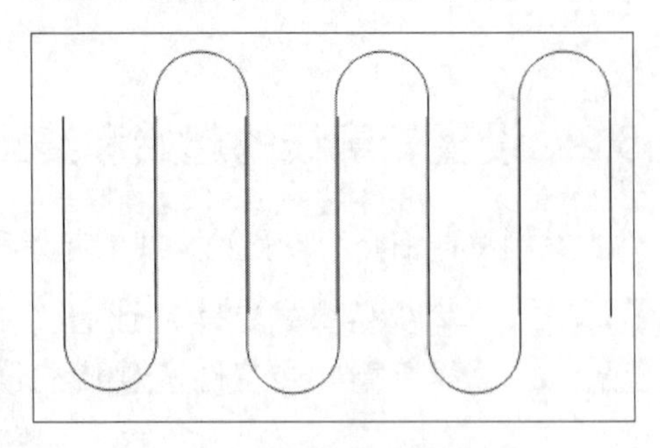

图 5-60

step 7 按 Ctrl+A 组合键进行全选，按 Ctrl+K 组合键拆分，在属性栏中设置【轮廓线宽度】为 10mm，轮廓色为 70% 黑色，如图 5-61 所示。

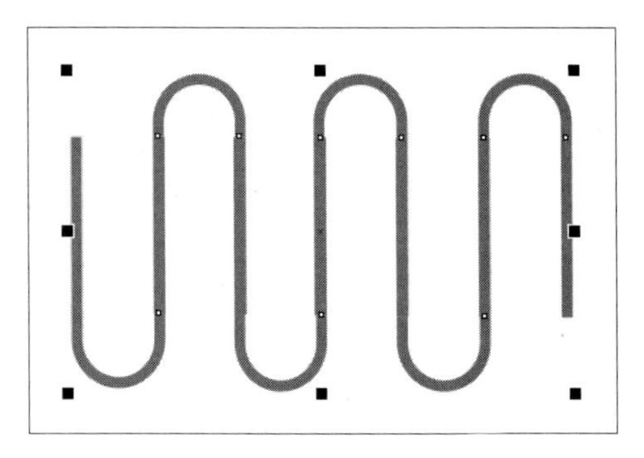

图 5-61

step 8 按住 Shift 键加选中间位置的线段，在调色板中右击橘黄色色块，如图 5-62 所示。

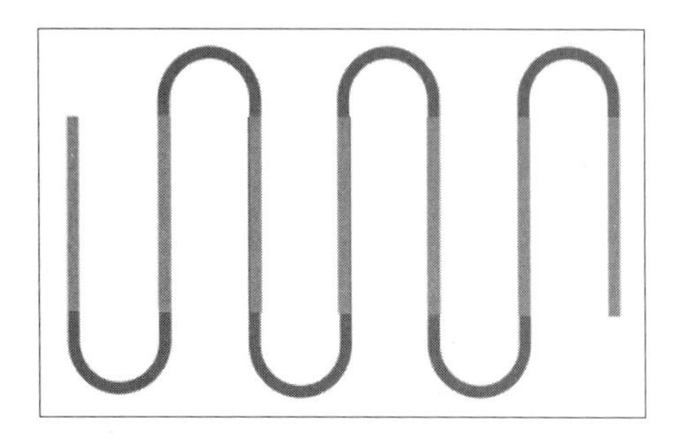

图 5-62

step 9 选择最左侧的橘黄色线段，在属性栏中单击【终止箭头】下拉按钮，在弹出的下拉列表中选择一个合适的终止箭头，如图 5-63 所示。

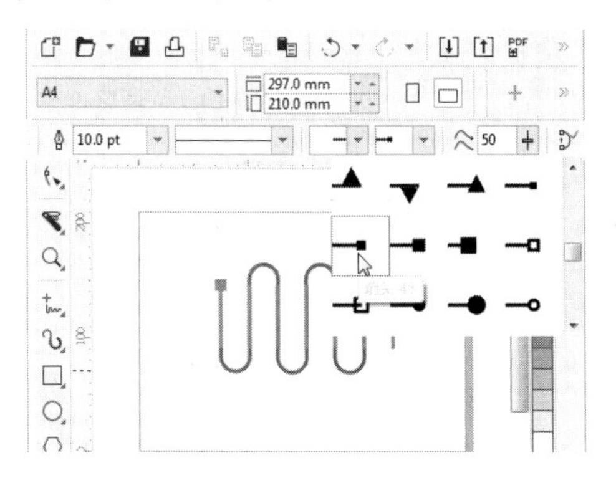

图 5-63

step 10 使用同样的方法制作最右侧的箭头，如图 5-64 所示。

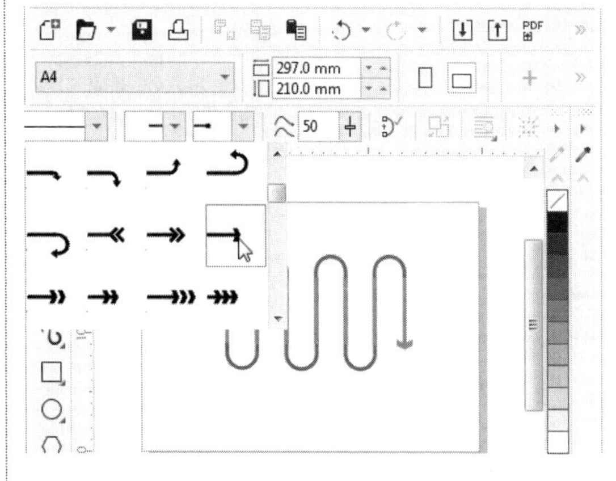

图 5-64

step 11 导入素材，适当调整其位置，如图 5-65 所示。

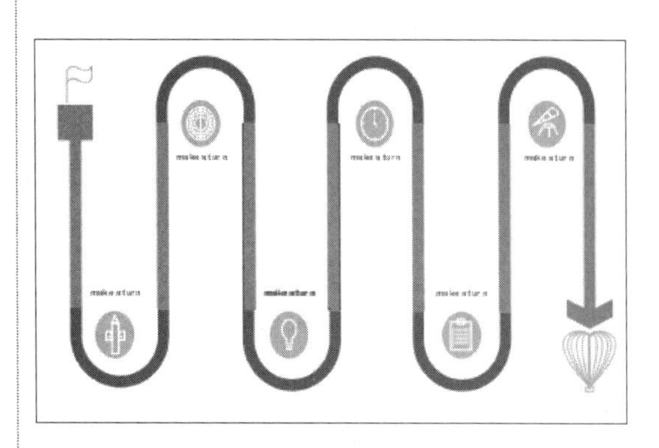

图 5-65

## 5.5.3 设置轮廓线的书法样式

在【轮廓笔】对话框下的【书法】选项组中，用户可以通过【展开】、【角度】的设置调整笔尖形状，笔尖形状改变后能够模拟书法效果。

素材文件 无
效果文件 第5章\效果文件\轮廓线的书法样式.cdr

step 1 新建一个横向的 A4 文档，使用多边形工具绘制一个五边形，并为其添加 10mm 的轮廓色(R：235，G：184，B：89)，如图 5-66 所示。

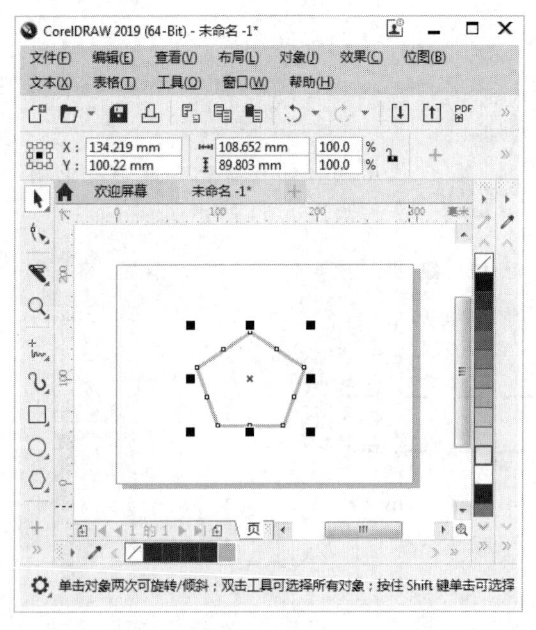


图 5-66

step 2 选中图形，按 F12 键，弹出【轮廓笔】对话框，① 在【书法】区域下设置参数，② 设置完成后单击 OK 按钮，如图 5-67 所示。

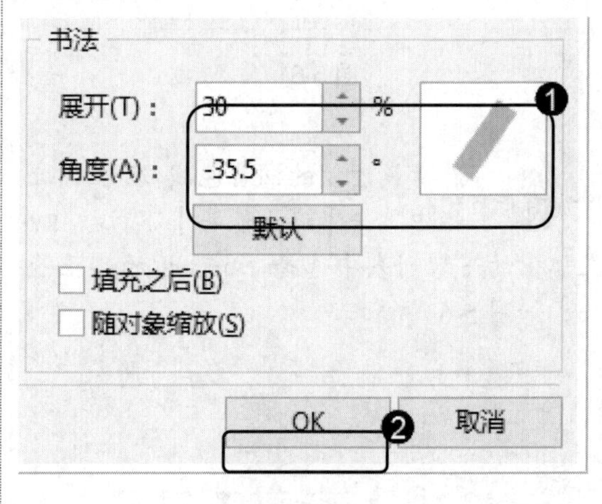


图 5-67

可以看到轮廓线的书法样式已经发生改变，如图 5-68 所示。

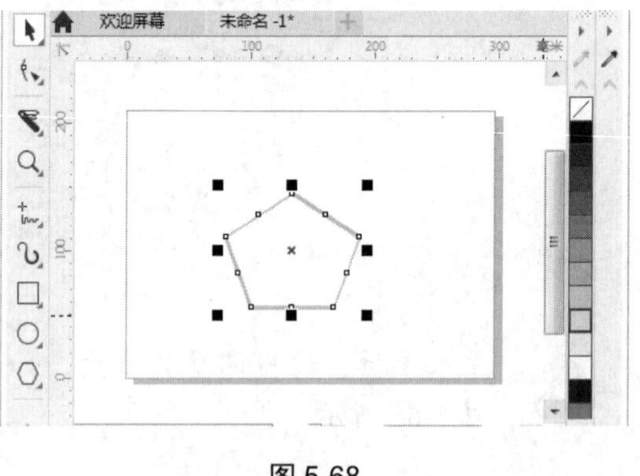


图 5-68

在【轮廓笔】对话框中，默认情况下【展开】为 100%，【角度】为 0°，【笔尖形状】缩览图中的笔尖效果为正方形。

【展开】选项用来设置笔尖的宽度，【角度】选项用来调整笔尖旋转的角度。在这两个数值框内输入相应的数值，然后在【笔尖形状】缩览图中查看笔尖效果；或者直接在【笔尖形状】缩览图上按住鼠标左键拖曳调整笔尖形状。

## 5.5.4 设置轮廓线的位置

用户还可以设置轮廓线的位置。轮廓线的位置分为 3 种：外部轮廓、居中和内部。

素材文件 无

效果文件 第 5 章\效果文件\轮廓线的位置.cdr

step 1 新建一个横向的 A4 文档，使用多边形工具绘制一个矩形，并为其添加 10mm 的轮廓色(C：0，M：60，Y：100，K：0)和填充色(C：0，M：40，Y：20，K：0)，如图 5-69 所示。

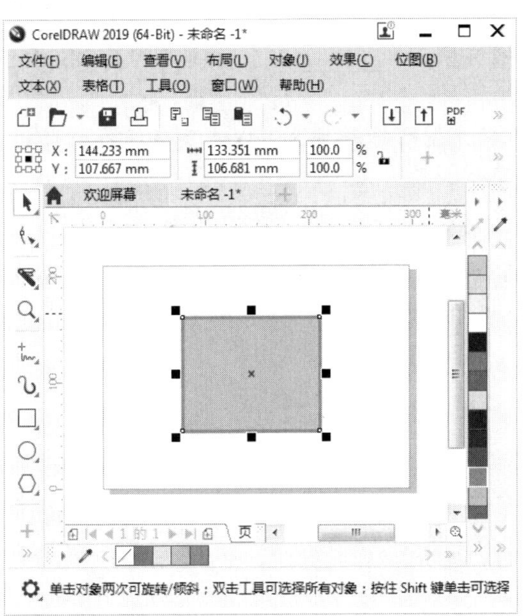

图 5-69

step 2 选中图形，按 F12 键，弹出【轮廓笔】对话框，① 在【位置】区域单击【内部轮廓】按钮，② 单击 OK 按钮，如图 5-70 所示。

图 5-70

step 3 可以看到轮廓线的位置已经发生改变，如图 5-71 所示。

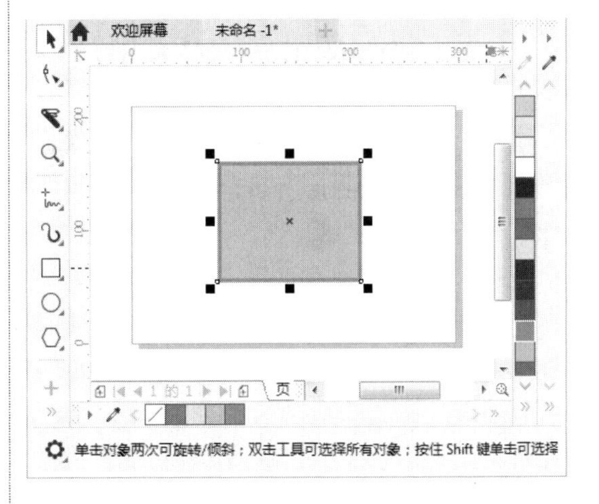

图 5-71

# Section 5.6 本章小结与课后练习

本节内容无视频课程

本章主要介绍了交互式填充、使用调色板以及其他填充工具、编辑轮廓线等内容。学习本章后，用户可以基本了解填充与轮廓编辑的方法，为进一步使用软件制作图像奠定坚实的基础。

## 5.6.1 思考与练习

**一、填空题**

1. 使用交互式填充工具，可以直接在对象上设置填充的参数并进行颜色的调整，其填充方式包括________、渐变填充、________、位图图样填充、________、底纹填充和PostScript填充。

2. ________可以使用预设的一系列自然纹理填充图形，而且还可以更改底纹各个部分的颜色。

**二、判断题**

1. 渐变填充就是在封闭图形对象内填充单一的纯色。 (　　)

2. 向量图样填充可以运用大量重复的图片以拼贴的方式填入对象中，使对象呈现更丰富的视觉效果，也常用于材质以及质感的表现。 (　　)

**三、思考题**

1. 如何使用调色板填充对象？

2. 如何清除轮廓线？

## 5.6.2 上机操作

1. 通过本章的学习，读者基本可以掌握填充与轮廓方面的知识，下面通过练习改变轮廓线的颜色，达到巩固与提高的目的。

2. 通过本章的学习，读者基本可以掌握填充与轮廓方面的知识，下面通过练习改变轮廓线的宽度，达到巩固与提高的目的。

范例导航
系列丛书

# 文字的创建与编辑

本章主要介绍创建文字、文字的基本编辑以及文本排版的知识与技巧，同时还讲解了如何将文字转换为曲线、如何转换文字方向制作菜谱以及如何制作带有沿路径排列文字的杂志封面。通过本章的学习，读者可以掌握文字的创建与编辑方面的知识，为深入学习 CorelDRAW 2019 知识奠定基础。

## 本 章 要 点

1. 创建文字
2. 文字的基本编辑
3. 文本排版

## Section 6.1 创建文字

手机扫描下方二维码，观看本节视频课程

在设计作品中，文字一直是不可或缺的重要组成部分。它不仅肩负着传达信息的职能，更能起到装饰画面的作用。使用文字工具能够创建多种类型的文字，用户可以根据需要做出合适的选择。

### 6.1.1 认识文本工具

与其他工具相同，单击工具箱中的【文本工具】按钮字，在属性栏中就可以对文字的字体、字号、样式、对齐方式等进行设置，如图 6-1 所示。

图 6-1

- 【字体】下拉按钮 Arial：在该下拉列表中选择一种字体，即可为新文本或所选文本设置字体。
- 【字体大小】下拉按钮 12 pt：在该下拉列表中选择一种字号或输入数值，即可为新文本或所选文本指定字体大小。
- 【粗体】B、【斜体】I、【下划线】U按钮：单击【粗体】按钮，可以将文本设置为粗体；单击【斜体】按钮，可以将文本设置为斜体；单击【下划线】按钮，可以为文字添加下划线。
- 【文本对齐】按钮：单击该按钮，在弹出的下拉列表中包括“无”“左”“居中”

“右”“全部调整”以及“强制调整”等多种对齐方式可供选择。

- 【项目符号列表】按钮☰：添加或移除项目符号列表格式。
- 【首字下沉】按钮：首字下沉是指段落文字的第一个字母尺寸变大并且位置下移至段落中。单击该按钮，即可为段落文字添加或去除首字下沉效果。
- 【编辑文本】按钮ab|：选择要编辑的文字，单击该按钮，在弹出的【编辑文本】对话框中可以修改文字及其字体、字号和颜色。
- 【将文本更改为水平方向】按钮：选择文字，单击该按钮，可以将文字转换为水平方向。
- 【将文本更改为垂直方向】按钮：选择文字，单击该按钮，可以将文字转换为垂直方向。
- 【交互式 OpenType】按钮O：该按钮用于选定文本时，在屏幕上显示指示。

## 6.1.2 创建段落文本

使用文本工具可以创建段落文本，下面介绍创建段落文本的操作方法。

step 1 在工具箱中单击【文本工具】按钮，在画面中按住鼠标左键拖曳出一个矩形的段落文本框，如图 6-2 所示。

step 2 释放鼠标后，在文本框中将出现光标，使用输入法输入内容，如图 6-3 所示。

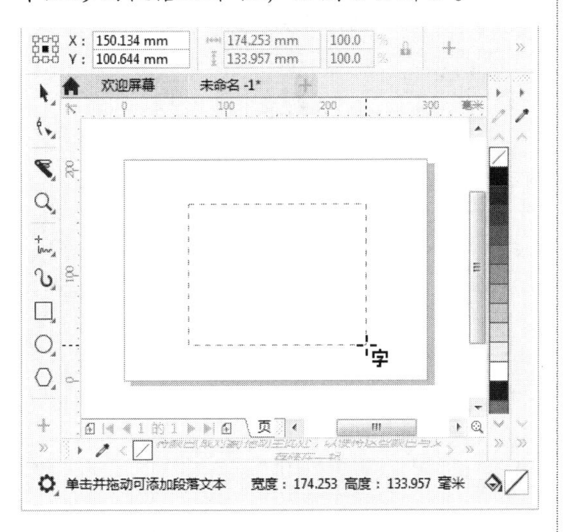


图 6-2

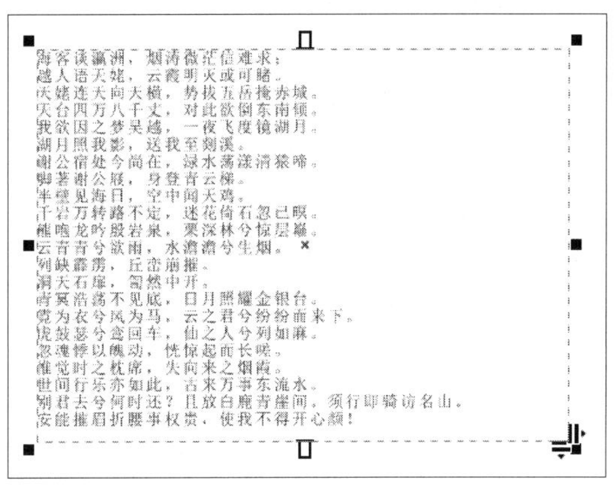

图 6-3

## 6.1.3 向文档中导入文本文件

如果需要在 CorelDRAW 2019 中加入其他文字处理程序中的文字时，可以采用导入的方式来完成。

step 1 新建一个横向的 A4 文档，① 单击【文件】菜单，② 在弹出的菜单中选择【导入】菜单项，如图 6-4 所示。

step 2 弹出【导入】对话框，① 选择准备导入的文件，② 单击【导入】按钮，如图 6-5 所示。

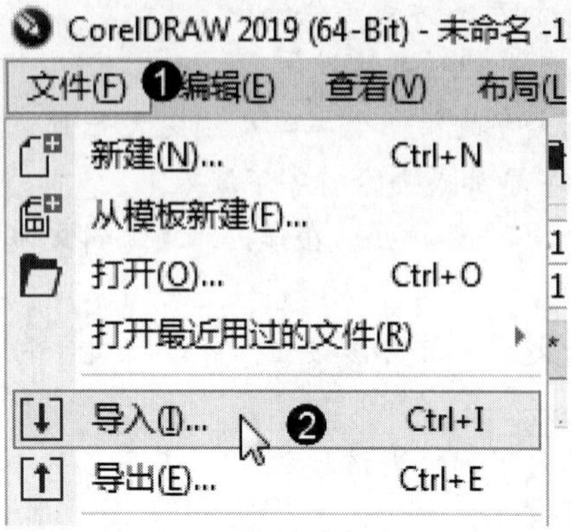

图 6-4

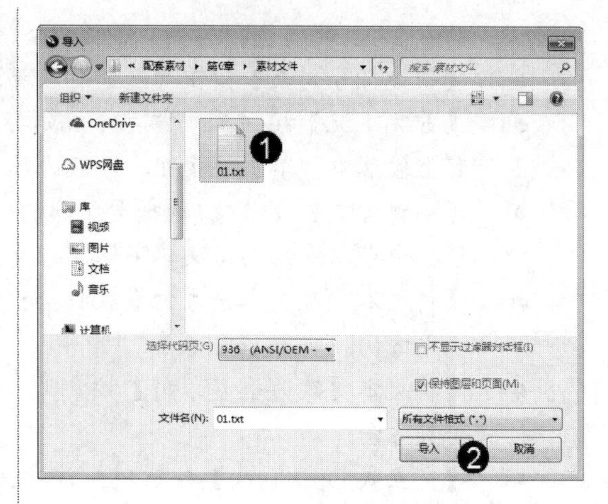


图 6-5

step 3 弹出【导入/粘贴文本】对话框，进行设置，单击 OK 按钮，如图 6-6 所示。

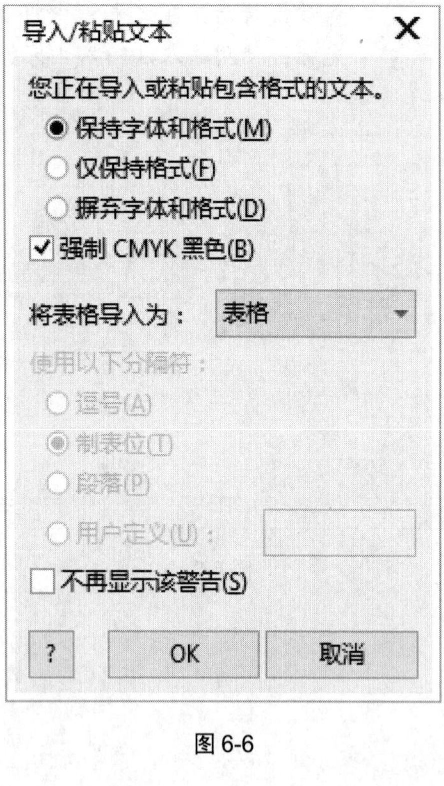

图 6-6

step 4 光标变为标尺状态时，在画面中单击并拖动鼠标绘制段落文本框，释放鼠标即可将文件中的所有文字内容以段落文本的形式导入到当前文档中，如图 6-7 所示。

图 6-7

## 6.1.4 创建沿路径排列的文本

路径文字是沿着路径排列的一种文字形式，其特点是路径改变后文字的排列方式也会随之变化。路径文字是路径与文字的结合体，所以在建立路径文字之前，需要先绘制一段路径。

step 1 按住 Ctrl 键，使用椭圆形工具绘制出一个正圆，如图 6-8 所示。

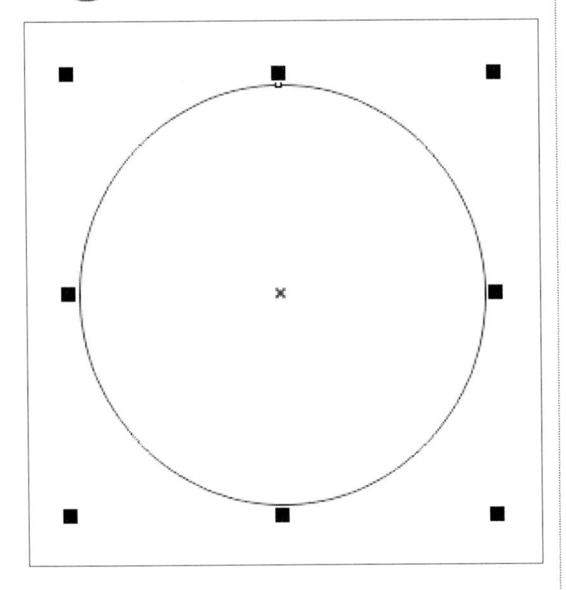

图 6-8

step 2 单击工具箱中的【文本工具】按钮，将光标移至圆形上单击鼠标确定光标，如图 6-9 所示。

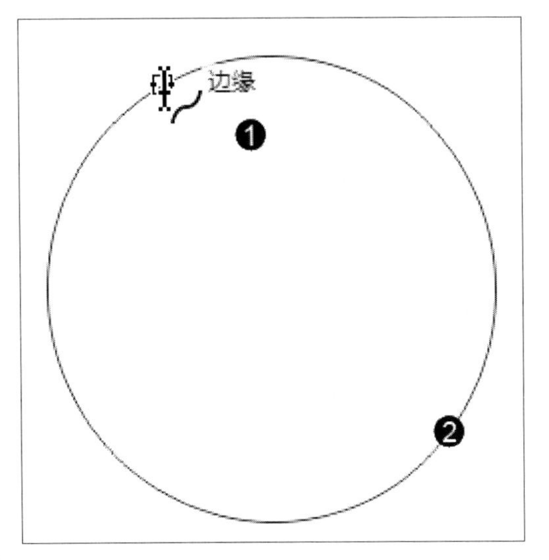


图 6-9

step 3 使用输入法输入内容，即可完成创建沿路径排列文字的操作，如图 6-10 所示。

图 6-10

**智慧锦囊**

用户还可以使用形状工具对路径进行调整，调整后文字的排列也会发生变化。如果想让路径消失，可以选择路径文字，然后右击调色板顶部的【无】按钮即可去除轮廓色。

**考考您**

请您根据上述方法创建一个路径文字，测试一下您的学习效果。

创建路径文字后，在属性栏中可以对其进行编辑，如图 6-11 所示。

- 【文本方向】下拉按钮：用于指定文字的总体朝向，包含 5 种效果。
- 【与路径的距离】微调框：用于设置文本与路径的距离。
- 【偏移】微调框：设置文字在路径上的位置，当数值为正值时文字靠近路径的起始点，当数值为负值时文字靠近路径的终点。
- 【水平镜像】按钮：从左向右翻转文本字符。
- 【垂直镜像】按钮：从上向下翻转文本字符。
- 【贴齐标记】下拉按钮：指定贴齐文本到路径的间距增量。

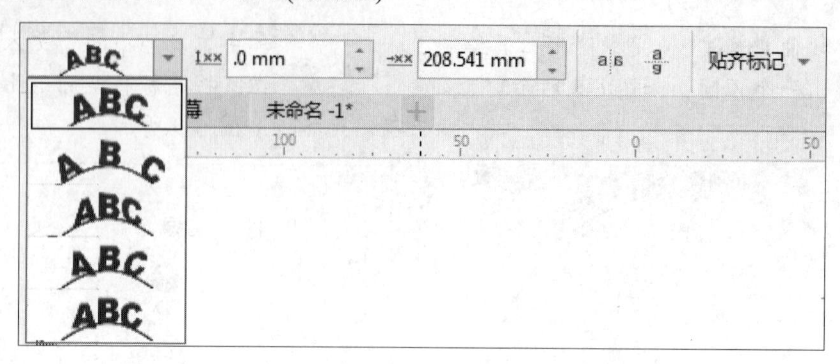


图 6-11

## 6.1.5　在图形中输入文本

在 CorelDRAW 2019 中，还可以将文本输入到图形对象中。

step 1　使用矩形工具绘制出一个矩形，单击工具箱中的【文本工具】按钮，移动光标至矩形边缘，当光标变为图中所示时单击鼠标，如图 6-12 所示。

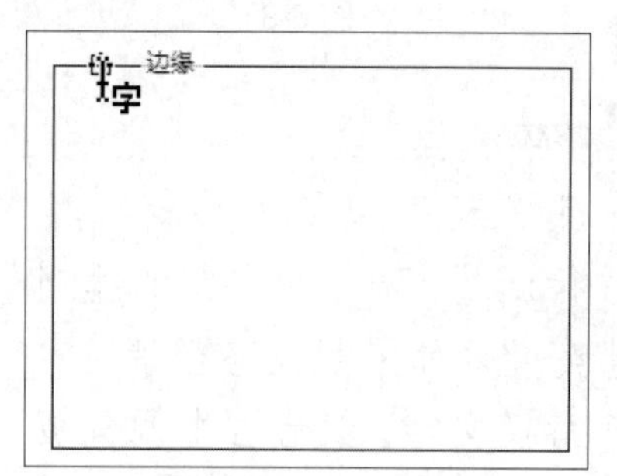


图 6-12

step 3　使用输入法输入内容，即可完成在图形中输入文本的操作，如图 6-14 所示。

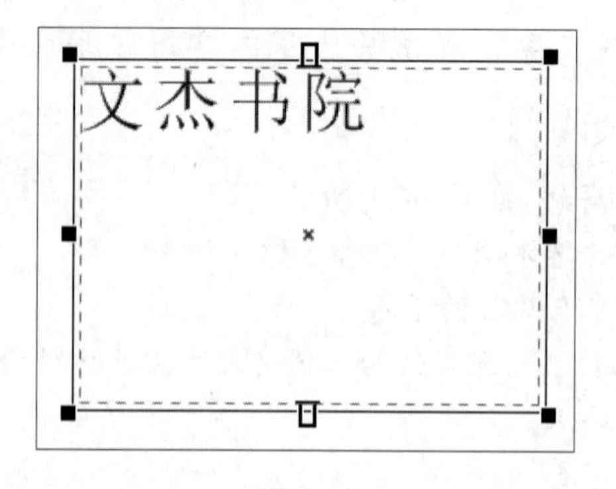


图 6-14

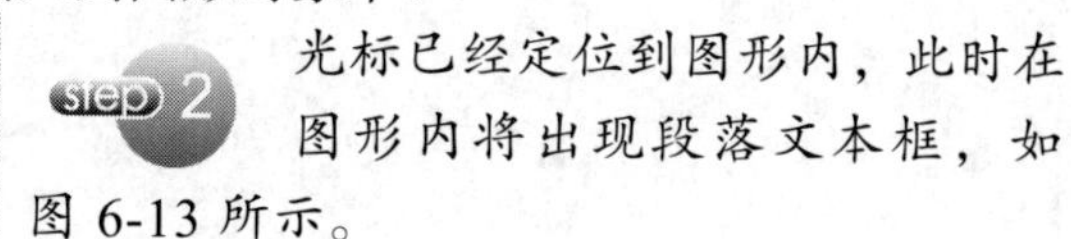

step 2　光标已经定位到图形内，此时在图形内将出现段落文本框，如图 6-13 所示。

图 6-13

请您根据上述方法创建一个图形文本，测试一下您的学习效果。

## Section 6.2 文字的基本编辑

手机扫描下方二维码，观看本节视频课程

在平面设计中，文字不仅是用来表达信息的，还有美化的用途。为了满足审美需求，就需要对文本的显示效果进行编辑。在 CorelDRAW 2019 中，用户不仅可以在属性栏中调整文本的属性，还可以通过【文本】泊坞窗进行设置。

### 6.2.1 文本属性设置

执行【文本】→【文本】命令，或者按 Ctrl+T 组合键，即可打开【文本】泊坞窗，如图 6-15 所示。在 CorelDRAW 2019 中，字符、段落、图文框的设置选项全部集成在了【文本】泊坞窗中，通过展开需要的选项组，即可为所选的文本或段落进行对应的编辑设置。

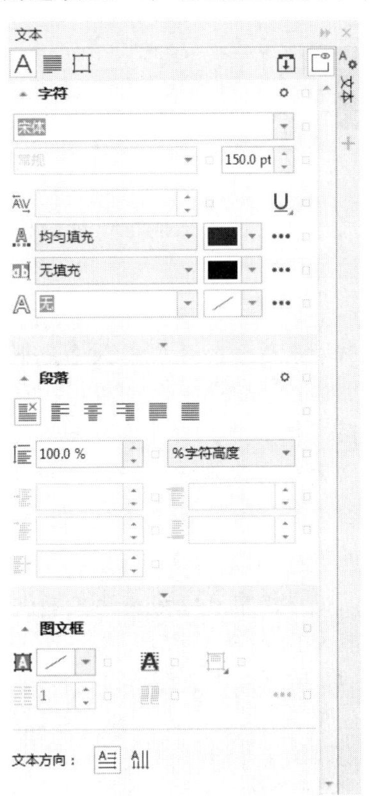


图 6-15

### 6.2.2 文本字符设置

【字符】选项组中的选项主要用于设置文本中的字符格式，例如字体、字体样式、字体大小以及字距等效果，如果输入的是英文，还需要更改其大小写，如图 6-16 所示。

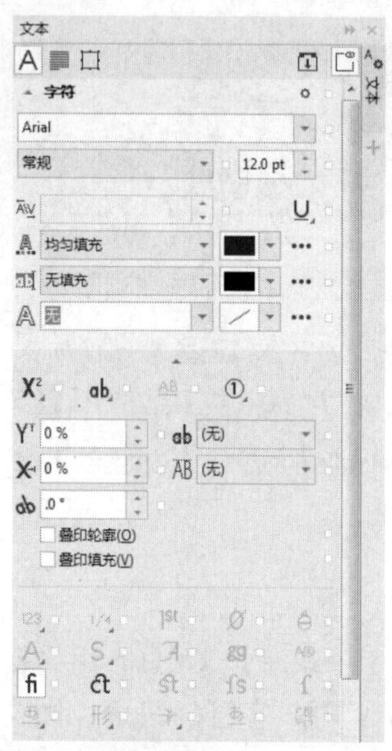


图 6-16

- 【字体】下拉按钮：显示已安装在计算机中的字体。
- 【字体样式】下拉按钮：显示预设的字体样式。
- 【下划线】按钮：单击该按钮，可以在弹出的下拉列表中为所选的文本设置需要的下划线样式。
- 【字体大小】微调框：在该微调框中可以设置字体的大小。
- 【字距调整范围】下拉按钮：设置字距调整百分比。
- 【填充类型】下拉按钮：为所选文本设置填充类型。在选择了一种填充类型后，可以单击后面的【文本颜色】下拉按钮，选择颜色。
- 【背景填充类型】下拉按钮：为所选的文本设置背景填充类型。
- 【轮廓宽度】下拉按钮：为所选文本选择需要的轮廓线宽度。
- 其他样式选项按钮组：在下方的样式选项中，单击一个样式按钮，可以在弹出的列表中为所选文本选择需要的样式效果并应用，包括大写字母、上下标位置、替代注释格式、数字样式等，如图 6-17 所示。
- 文本样式扩展选项组：在该组中可以为所选文本设置删除线、上划线、字符偏移、字符角度等效果，如图 6-18 所示。

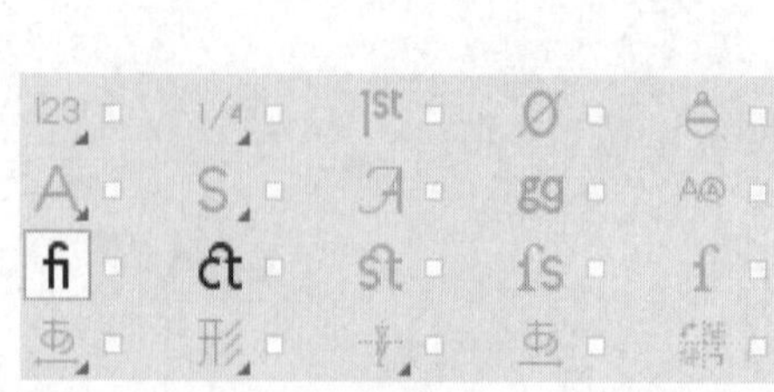

图 6-17

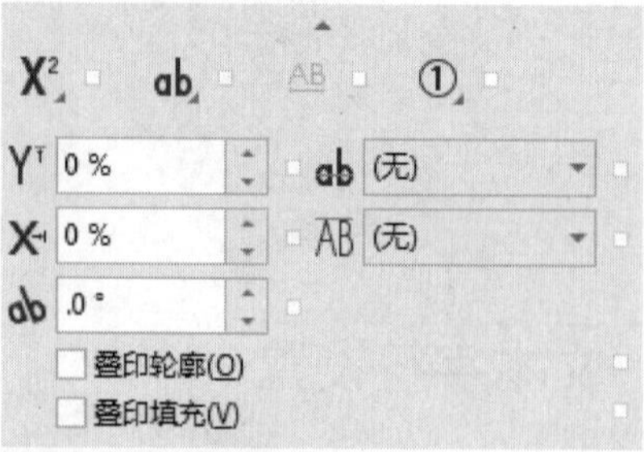

图 6-18

## 6.2.3 段落文本设置

在作品的制作过程中，大量的文字编排就需要使用段落文字。段落文字的属性可以在【文本】泊坞窗的【段落】选项组中进行设置，如图 6-19 所示。

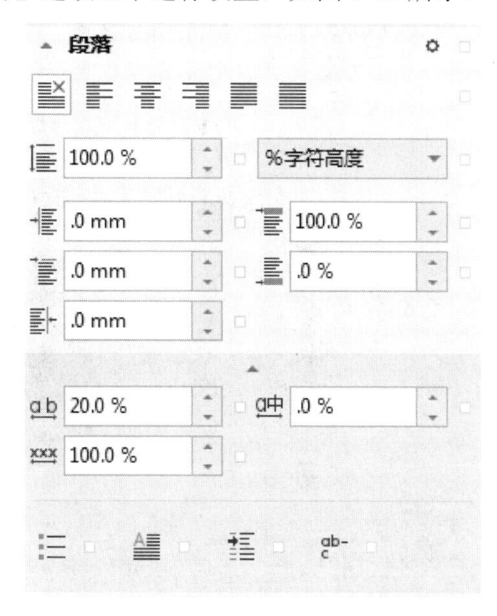


图 6-19

- 【无水平对齐】按钮：不要将文本与文本框对齐。
- 【左对齐】按钮：将文本与文本框左侧对齐。
- 【中】按钮：将文本置于文本框左侧与右侧的中间位置。
- 【右对齐】按钮：将文本与文本框右侧对齐。
- 【两端对齐】按钮：将文本(最后一行除外)与文本框左右两侧对齐。
- 【强制两端对齐】按钮：将文本与文本框左右两侧同时对齐。
- 【行间距】微调框：调整文本的行间距。
- 【垂直间距单位】微调框：设置文本间距的度量单位。
- 【左行缩进】微调框：可以将选中的文本左侧向右缩进，但是首行不会发生变化。
- 【段前间距】微调框：指定在段落上方插入的间距值。
- 【首行缩进】微调框：设置该选项可以快速地将段落第一行缩进。
- 【段后间距】微调框：指定在段落下方插入的间距值。
- 【右行缩进】微调框：用于设置文本相对于文本框右侧的缩进距离。
- 【字符间距】微调框：用于设置字符之间的距离。
- 【语言间距】微调框：用于设置不同语言之间的距离。
- 【字间距】微调框：指定单个字之间的间距。

## 6.2.4 艺术文本设计

文字整齐排列给人的感觉是稳重、严肃，而不规则的文字则给人一种很活泼的感觉，用户可以根据作品诉求选择文字的排版方式。下面尝试制作一组不规则排列的艺术字。

step 1 使用文本工具输入文字，设置字体和字号，如图 6-20 所示。

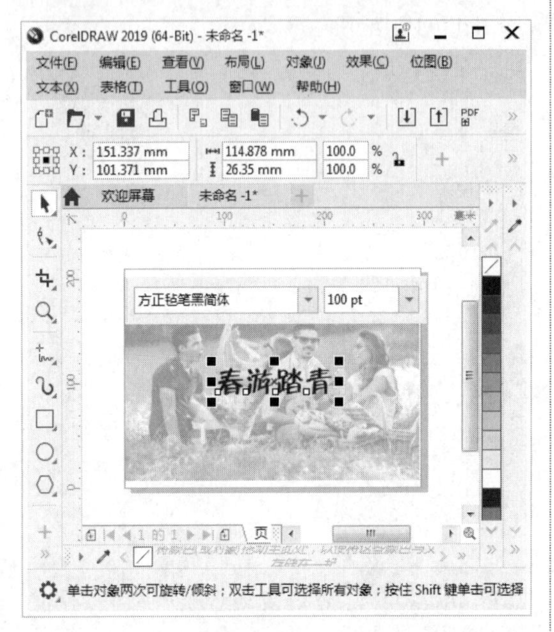

图 6-20

step 2 单击工具箱中的【形状工具】按钮，每个文字下方会出现白色控制点，单击“春”字左下方的控制点，控制点变为黑色，表示选中该文字，在属性栏中设置字体大小，如图 6-21 所示。

图 6-21

step 3 依次单击文字右下角的控制点，移动其他三个字的位置，并设置“青”字的字号为 120pt，如图 6-22 所示。

图 6-22

step 4 使用选择工具选中所有文字，单击【阴影工具】按钮，在属性栏设置阴影参数，最后效果如图 6-23 所示。

图 6-23

### 6.2.5 插入特殊字符

使用键盘输入的字符是有限的，用户可以通过【字形】命令在文本中插入特殊字符。

step 1 使用文本工具输入文字，设置字体和字号，如图 6-24 所示。

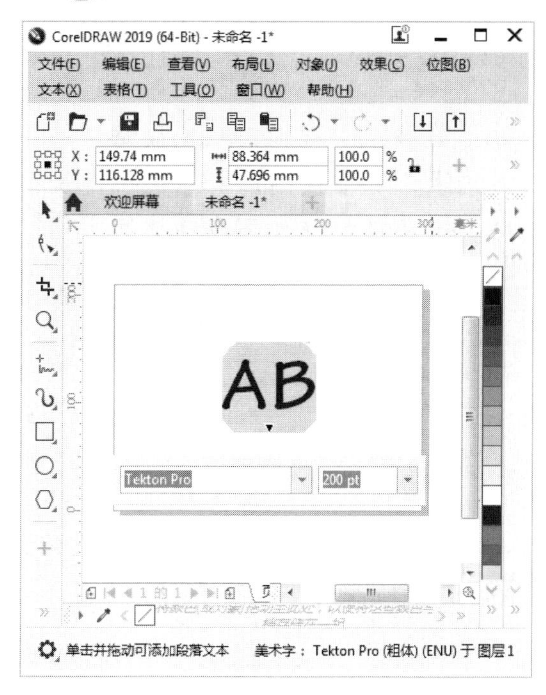


图 6-24

step 2 执行【文本】→【字形】命令，打开【字形】泊坞窗，① 选择一种字体，② 选择一个字符，③ 单击【复制】按钮，如图 6-25 所示。

图 6-25

step 3 在文本中要添加字符的位置单击鼠标右键，在弹出的快捷菜单中选择【粘贴】菜单项，如图 6-26 所示。

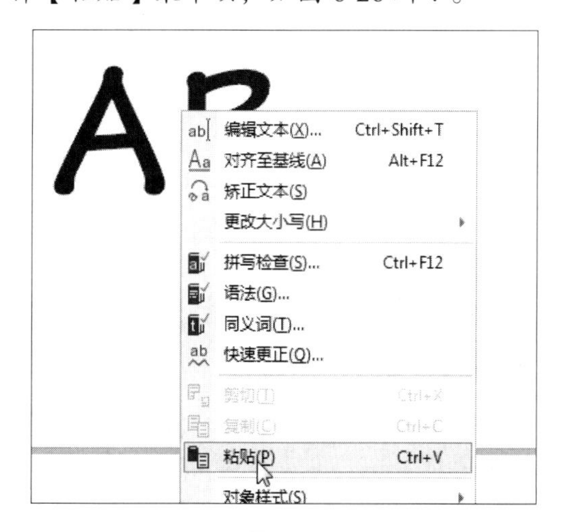


图 6-26

step 4 可以看到文本中已经添加了准备复制的符号，通过以上步骤即可完成插入特殊字符的操作，如图 6-27 所示。

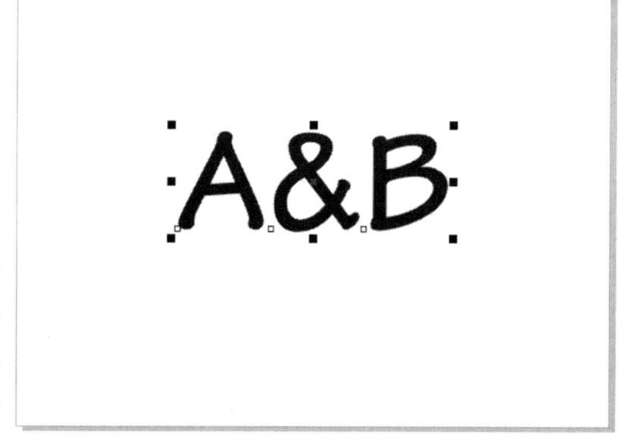


图 6-27

# Section 6.3 文本排版

手机扫描下方二维码，观看本节视频课程

在进行平面设计创作时，图形、色彩和文字是最基本的三大要素。文字的作用是任何元素不可替代的，它能直观地反映出诉求信息，让人一目了然。本节将详细介绍文字排版方面的知识。

## 6.3.1 设置断字规则

断字功能主要应用于英文单词，可以将不能排入一行的某个单词自动进行拆分并添加断字符。

选中选段文本，在【文本】泊坞窗的【段落】选项组中单击【设置】按钮⚙，在弹出的菜单中选择【断字设置】菜单项，如图 6-28 所示。

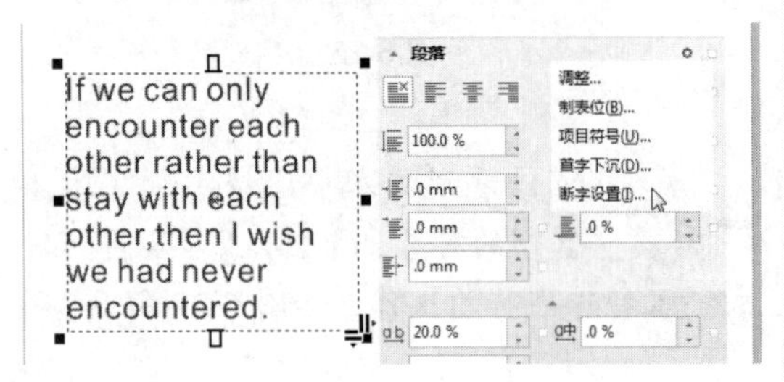


图 6-28

弹出【断字】对话框，① 设置参数，② 单击 OK 按钮，如图 6-29 所示。

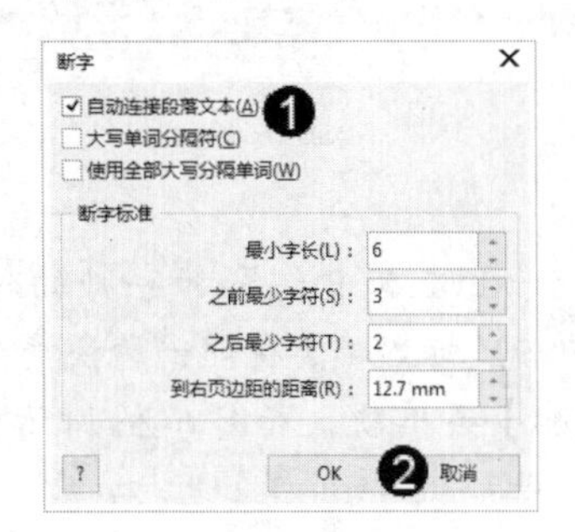


图 6-29

可以看到文本中的单词添加了断字符，通过以上步骤即可完成设置断字规则的操作，如图 6-30 所示。

If we can only
encounter each
other rather than
stay with each
other,then I wish we
had never encoun-
tered.

图 6-30

## 6.3.2 添加制表位

通过制表位可以设置对齐段落内文字的间隔距离。下面详细介绍添加与使用制表位的操作方法。

step 1 输入段落文字，在文本框内插入光标，标尺中会显示默认制表位，如图 6-31 所示。

图 6-31

step 2 执行【文本】→【制表位】命令，弹出【制表位设置】对话框，① 单击【全部移除】按钮，② 单击 OK 按钮，如图 6-32 所示。

图 6-32

step 3 再次执行【文本】→【制表位】命令，弹出【制表位设置】对话框，通过【制表位位置】选项设置第一个制表位的位置，单击【添加】按钮，如图 6-33 所示。

图 6-33

step 4 接着添加第二个制表位，单击 OK 按钮，如图 6-34 所示。

图 6-34

step 5 在文字的最左侧插入光标，按 Tab 键，此时文字被移动到第一个制表符的位置，如图 6-35 所示。

step 6 在数字前方插入光标，按 Tab 键，此时数字被移动到第二个制表符的位置。使用相同方法继续设置其他行的文字，如图 6-36 所示。

图 6-35

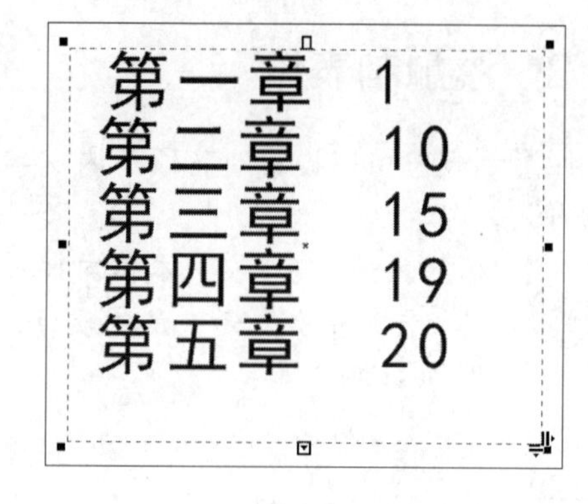


图 6-36

## 6.3.3 首字下沉

首字下沉就是对段落文字的段首文字加以放大并强化，使文本更加醒目。通过【首字下沉】对话框能够轻松制作文本的首字下沉效果，该功能常用于包含大量正文的版面中。

step 1 使用文本工具制作一个段落文字，选中段落文字，如图 6-37 所示。

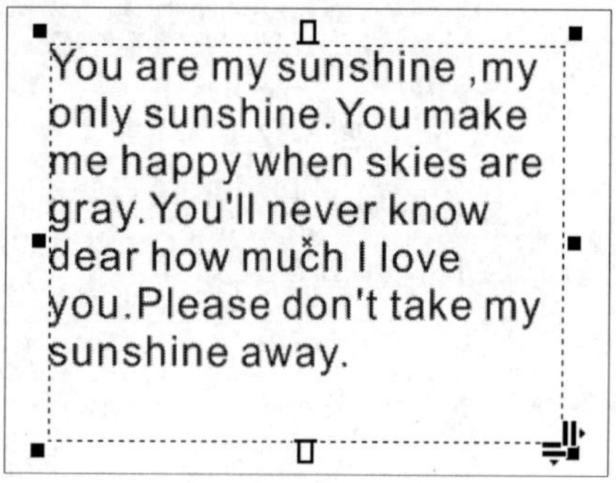

图 6-37

step 2 ① 单击【文本】菜单，② 在弹出的菜单中选择【首字下沉】菜单项，如图 6-38 所示。

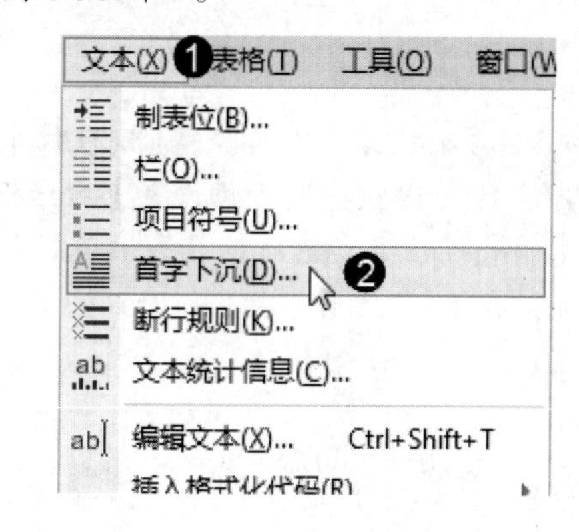


图 6-38

step 3 弹出【首字下沉】对话框，① 勾选【使用首字下沉】复选框，② 单击 OK 按钮，如图 6-39 所示。

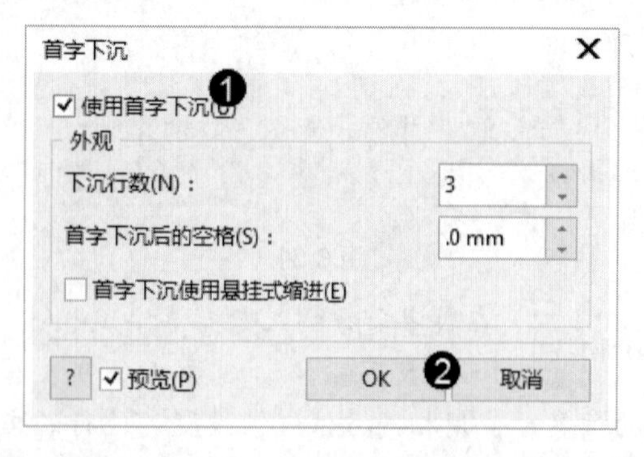


图 6-39

step 4 可以看到段落文字已经添加了首字下沉效果，如图 6-40 所示。

图 6-40

如果对首字下沉的效果不满意，可以在【首字下沉】对话框中进行设置，【下沉行数】选项设置首字的大小，行数越多字号越大；通过【首字下沉后的空格】选项设置首字与后侧正文之间的距离；勾选【首字下沉使用悬挂式缩进】复选框设置悬挂效果。

## 6.3.4 分栏

书籍、报纸、杂志、画册等包含大量文字的版面中，经常会出现大面积的文本被分隔为几个部分摆放的现象，这就是文字的分栏。分栏的排版可以使文本更加清晰明了，有助于提高文章的可读性。

选中要进行分栏的段落文本，如图 6-41 所示。

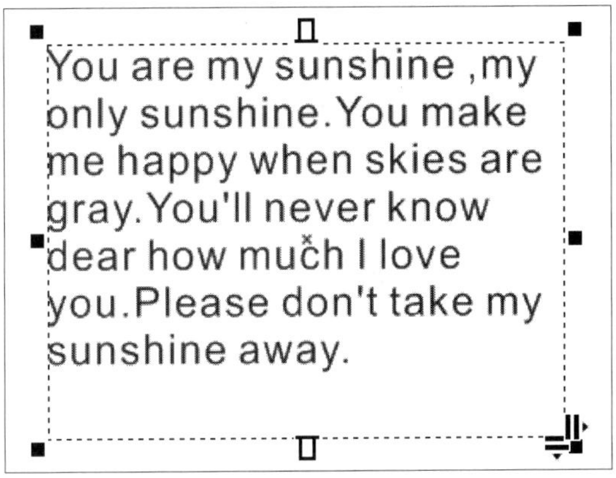

You are my sunshine ,my only sunshine.You make me happy when skies are gray.You'll never know dear how much I love you.Please don't take my sunshine away.

图 6-41

step 2 ① 单击【文本】菜单，② 在弹出的菜单中选择【栏】菜单项，如图 6-42 所示。

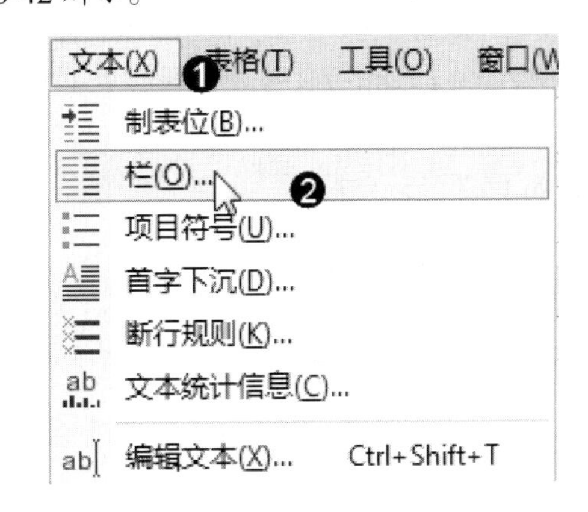



图 6-42

step 3 弹出【栏设置】对话框，①在【栏数】微调框中输入数值，②单击 OK 按钮，如图 6-43 所示。

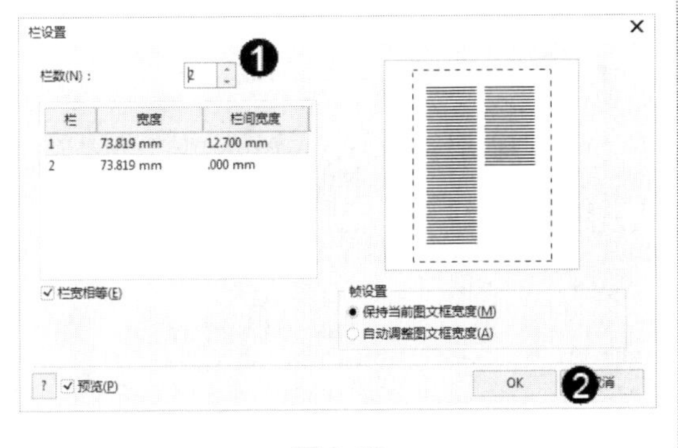



图 6-43

可以看到段落文字已经添加了分栏效果，如图 6-44 所示。

图 6-44

## 6.3.5 项目符号

用户还可以为文本添加项目符号，也可以设置项目符号的大小、位置等。

选中要添加项目符号的段落文本，如图 6-45 所示。

图 6-45

step 2 ① 单击【文本】菜单，② 在弹出的菜单中选择【项目符号】菜单项，如图 6-46 所示。

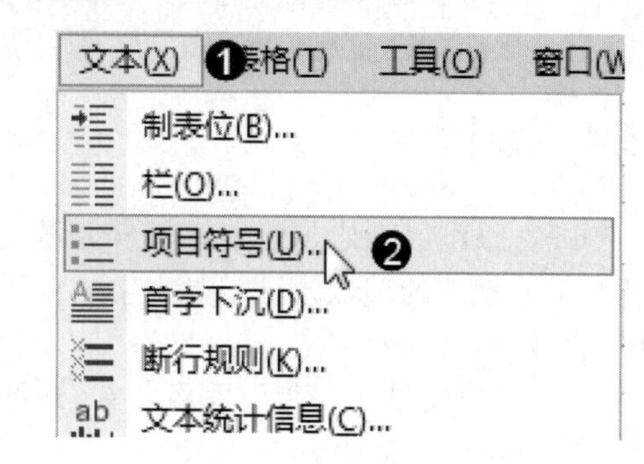


图 6-46

step 3 弹出【项目符号】对话框，① 勾选【使用项目符号】复选框，② 设置参数，③ 单击 OK 按钮，如图 6-47 所示。

图 6-47

可以看到段落文字已经添加了项目符号，如图 6-48 所示。

图 6-48

考考您

请您根据上述方法为文本添加一种项目符号，测试一下您的学习效果。

## 6.3.6 文本换行

文本换行也称为文本绕排，是指文字围绕在图形周围的一种文字混排方式，这种方式能够避免文字与图形出现相互叠加或遮挡的情况。

 用鼠标右键单击图形，在弹出的快捷菜单中选择【段落文本换行】菜单项，如图 6-49 所示。

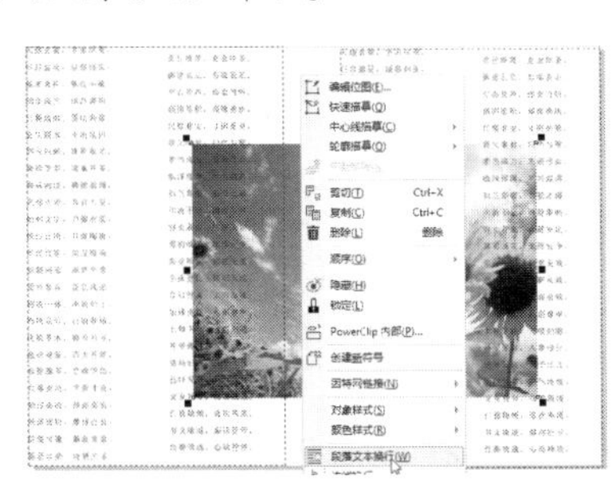

图 6-49

step 2 文本已经绕过图片排版，如图 6-50 所示。

图 6-50

## Section 6.4 范例应用与上机操作

手机扫描下方二维码，观看本节视频课程

在本节的学习过程中，将侧重介绍和讲解与本章知识点有关的范例应用与技巧，主要内容包括将文字转换为曲线、转换文字方向制作菜谱、制作带有沿路径排列文字的杂志封面等方面的知识与操作技巧。

### 6.4.1 将文字转换为曲线

在 CorelDRAW 2019 中，文字对象是一种特殊对象，无法直接进行细节的编辑。如果想要对文字的细节进行调整，则需要将文字转换为曲线对象，选择适当的工具进行调整。

素材文件 无

效果文件 第 6 章\效果文件\将文字转换为曲线.cdr

step 1 使用文本工具输入文字，选中文字，① 单击【对象】菜单，② 在弹出的菜单中选择【转换为曲线】菜单项，如图 6-51 所示。

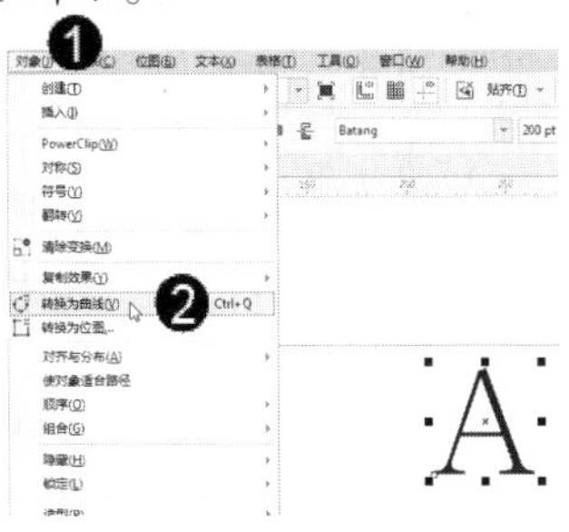

图 6-51

step 2 文本对象变为曲线对象，同时文字边缘会出现节点，如图 6-52 所示。

图 6-52

step 3 单击【形状工具】按钮，对文字节点进行单击并拖动，调整文字形态，如图 6-53 所示。

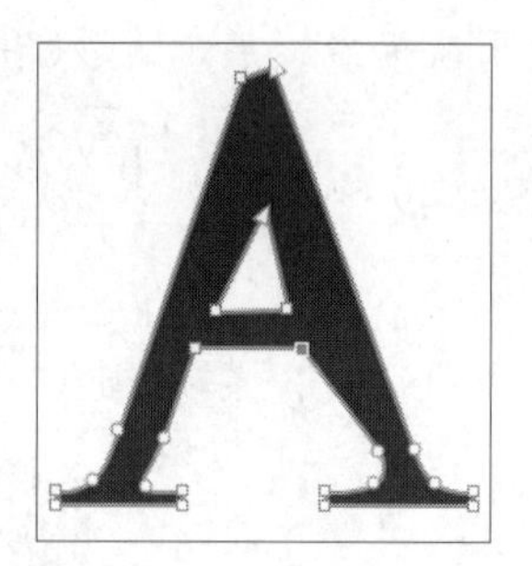

图 6-53

## 6.4.2 转换文字方向制作菜谱

CorelDRAW 2019 中的文字可以是水平方向或垂直方向的。默认情况下，文字沿水平方向排列，下面介绍转换文字方向制作菜谱的方法。

素材文件 第 6 章\素材文件\1.jpg
效果文件 第 6 章\效果文件\菜谱.cdr

step 1 创建一个纵向的 A4 文档，双击工具箱中的【矩形工具】按钮，快速绘制一个与画板等大的矩形，为其填充颜色(R：57，G：58，B：78)，并去除轮廓色，如图 6-54 所示。

图 6-54

step 2 执行【文件】→【导入】命令，弹出【导入】对话框，选中“1.jpg”文件，单击【导入】按钮，将其导入到文档中，如图 6-55 所示。

图 6-55

step 3 使用文本工具在画面中输入文字，在属性栏中设置字体和字号，如图 6-56 所示。

step 4 单击属性栏中的【将文本更改为垂直方向】按钮，文本变为竖排，效果如图 6-57 所示。

图 6-56

图 6-57

step 5 使用文本工具绘制一个文本框，输入内容，设置字体、字号，单击【将文本更改为垂直方向】按钮，效果如图 6-58 所示。

图 6-58

step 6 在【文本】泊坞窗下的【段落】选项组中，设置【行间距】为 200%，如图 6-59 所示。

图 6-59

## 6.4.3 制作带有沿路径排列文字的杂志封面

本案例将详细介绍制作带有沿路径排列文字的杂志封面的方法。

素材文件 第 6 章\素材文件\3.png，4.jpg
效果文件 第 6 章\效果文件\杂志封面.cdr

step 1 创建一个纵向的 A4 文档，双击工具箱中的【矩形工具】按钮，快速绘制一个与画板等大的矩形，为其填充 10% 黑色，并去除轮廓色，如图 6-60 所示。

step 2 执行【文件】→【导入】命令，弹出【导入】对话框，选中“3.png”文件，单击【导入】按钮，将其导入到文档中，如图 6-61 所示。

图 6-60

使用文本工具在画面中输入文字，在属性栏中设置字体和字号，如图 6-62 所示。

图 6-62

step 5 使用文本工具在路径的底端单击定位光标，输入文字，在调色板中右击╱按钮，如图 6-64 所示。

图 6-61

单击工具箱中的【钢笔工具】按钮，在人物左侧绘制一条曲线，如图 6-63 所示。

图 6-63

step 6 执行【文件】→【导入】命令，将“4.jpg”文件导入文档中，按 Shift+PageDown 组合键将图片置于底层，删除之前的背景色矩形，如图 6-65 所示。

图 6-64

图 6-65

## Section 6.5 本章小结与课后练习

本节内容无视频课程

本章主要介绍了创建文字、文字的基本编辑、文本排版等内容。学习本章后，用户可以基本了解创建与编辑文字的方法，为进一步使用软件制作图像奠定坚实的基础。

### 6.5.1 思考与练习

一、填空题

1. 与其他工具相同，单击工具箱中的【文本工具】按钮，在属性栏中就可以对文字的字体、________、________、对齐方式等进行设置。

2. 执行【文本】→【文本】命令，或者按________+________组合键，即可打开【文本】泊坞窗。在 CorelDRAW 2019 中，字符、________、图文框的设置选项全部集成在了【文本】泊坞窗中，通过展开需要的选项组，即可为所选的文本或段落进行对应的编辑设置。

二、判断题

1. 【字符】选项组中的选项主要用于设置文本中的字符格式，例如字体、字体样式、字体大小以及字距等效果，如果输入的是英文，还需要更改其大小写。 (   )

2. 路径文字是沿着路径排列的一种文字形式，其特点是路径改变后文字的排列方式也会随之变化。路径文字是路径与文字的结合体，所以在建立路径文字之前，需要先绘制一段路径。 (   )

三、思考题

1. 如何设置分栏？

2. 如何插入特殊字符？

## 6.5.2 上机操作

1. 通过本章的学习，读者基本可以掌握文字的创建与编辑方面的知识，下面通过练习创建沿路径排列的文本，达到巩固与提高的目的。

2. 通过本章的学习，读者基本可以掌握文字的创建与编辑方面的知识，下面通过练习插入项目符号，达到巩固与提高的目的。

范例导航
系列丛书

# 第 7 章

# 编辑矢量对象

本章主要介绍形状工具、修整图形、修饰图形方面的知识与技巧，同时还讲解了如何使用弄脏工具制作云朵图形、使用粗糙工具制作贺卡以及使用橡皮擦工具制作切分感背景。通过本章的学习，读者可以掌握编辑矢量对象方面的知识，为深入学习 CorelDRAW 2019 知识奠定基础。

1. 形状工具
2. 修整图形
3. 修饰图形

## Section 7.1 形状工具

手机扫描下方二维码，观看本节视频课程

在使用 CorelDRAW 2019 进行图形绘制的过程中，通常需要调整对象的外形，以获得满意的图像效果。形状工具是最常用的形状编辑工具。通过本节的学习，用户可以很熟练地掌握变换与变形工具组的使用方法。

### 7.1.1 选择和移动节点

形状工具是用来调整矢量图形外形的工具，它是通过调整节点的位置、尖突或平滑、断开或连接以及对称使图形发生相应的变化。使用星形工具在画面上绘制一个星形，单击工具箱中的【形状工具】按钮，图像上显示节点，在节点上单击即可选中节点，选中的节点为蓝色，未选中的节点为白色，按住鼠标左键拖曳可以调整节点的位置，从而使图形发生变化，如图 7-1 和图 7-2 所示。

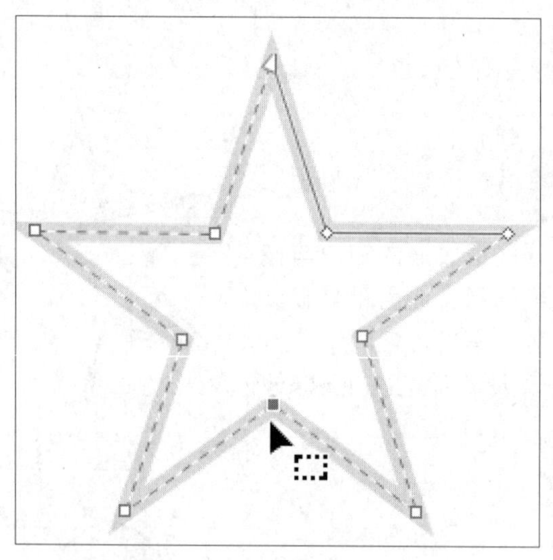

图 7-1

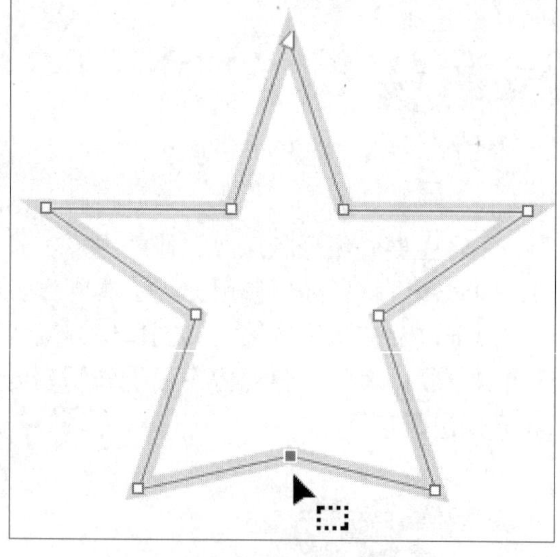

图 7-2

知识精讲

CorelDRAW 中的矢量图像主要分为“形状”与“曲线”两大类。使用矩形工具、椭圆形工具、多边形工具、星形工具等绘制出的矩形、圆形、多边形、星形等较有规律的对象被称为形状，这些形状对象无法直接利用形状工具进行节点的调整，需要将其转换为曲线对象。选择需要转换的图形，右击，在弹出的快捷菜单中选择【转换为曲线】菜单项，即可对单独的节点进行调整。而使用钢笔工具、贝塞尔工具等绘制不规则线条的工具绘制出的线条或闭合路径即为曲线对象，可以直接进行节点的调整。

## 7.1.2 添加、删除节点

在画面中使用星形工具绘制一个星形，右键单击该形状，在弹出的快捷菜单中选择【转换为曲线】菜单项，接着使用形状工具在路径上双击，即可添加一个节点，如图 7-3 和图 7-4 所示。

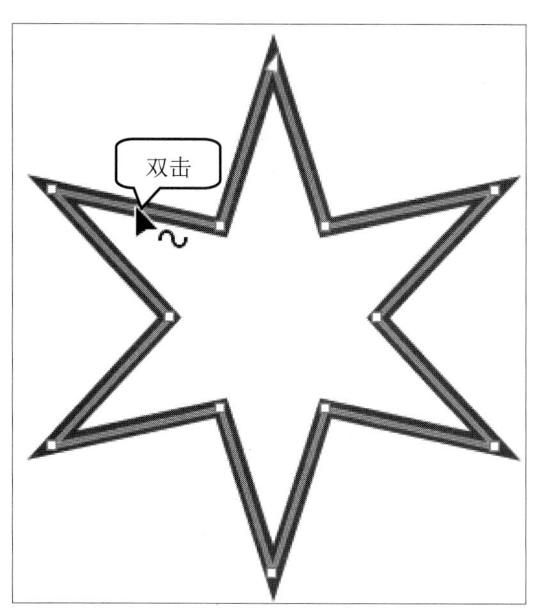


图 7-3

图 7-4

使用形状工具在节点上单击，即可选中节点；单击属性栏中的【删除节点】按钮，或按 Delete 键，即可删除选中的节点，如图 7-5 和图 7-6 所示。节点删除后，路径也会发生变化。

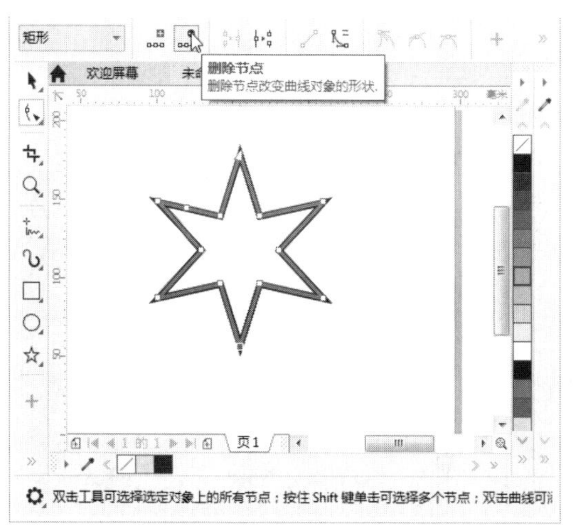


图 7-5

图 7-6

选中节点后，右击，在弹出的快捷菜单中会显示常用的编辑节点命令，也可以在菜单栏中添加或删除节点。

## 7.1.3　对齐节点

用户还可以将多个节点进行对齐，下面介绍对齐节点的方法。

step 1 ① 加选水平方向的节点，② 单击属性栏中的【对齐节点】按钮，如图 7-7 所示。

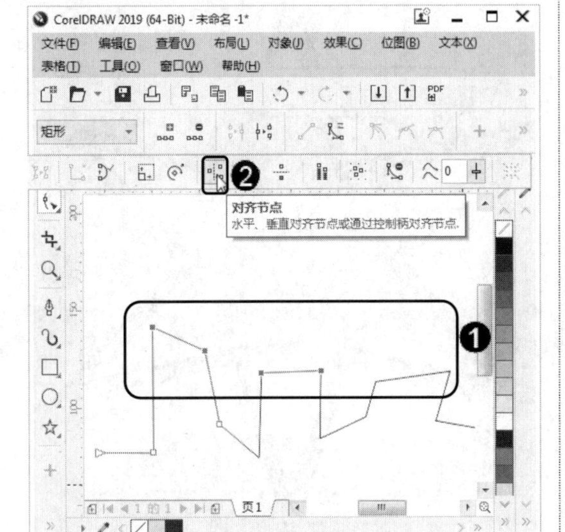


图 7-7

step 2 弹出【节点对齐】对话框，① 勾选【水平对齐】复选框，② 单击 OK 按钮，如图 7-8 所示。

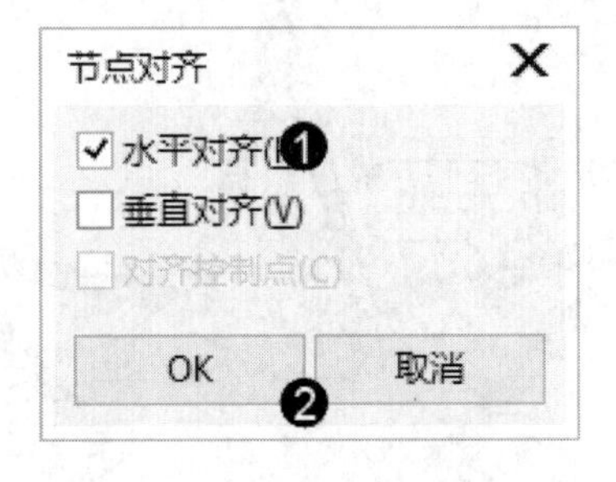


图 7-8

step 3 选中的节点在水平方向上已经对齐，如图 7-9 所示。

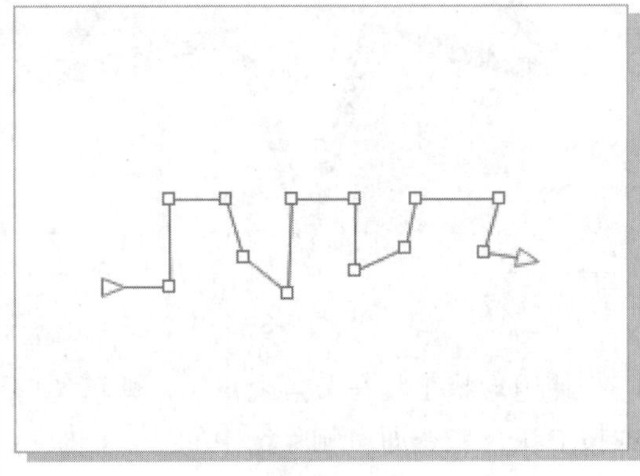

图 7-9

## 7.1.4　连接与断开节点

单击选择一个节点，单击属性栏中的【断开曲线】按钮，节点被断开。单击并拖曳断开的节点，即可看到路径被断开，如图 7-10 和图 7-11 所示。

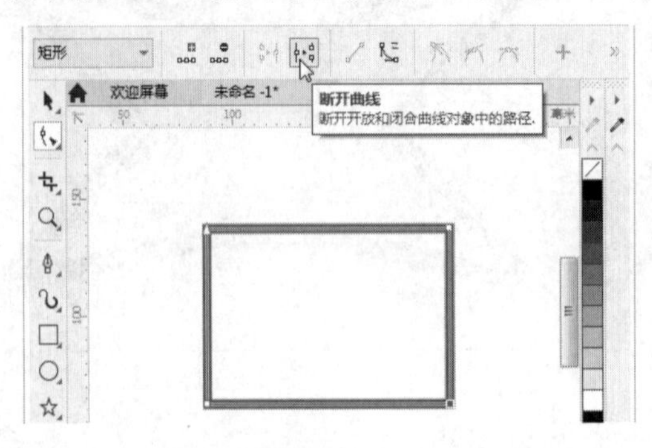


图 7-10

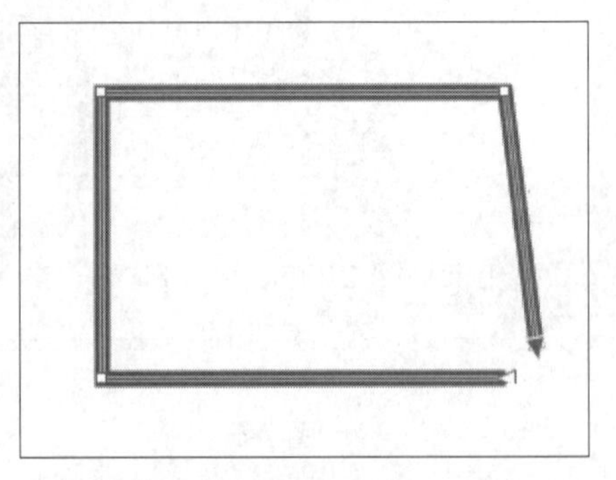

图 7-11

要连接断开的节点，首先按住 Ctrl 键加选要连接的节点，单击属性栏中的【连接两个节点】按钮，此时两个节点会连接在一起，如图 7-12 和图 7-13 所示。

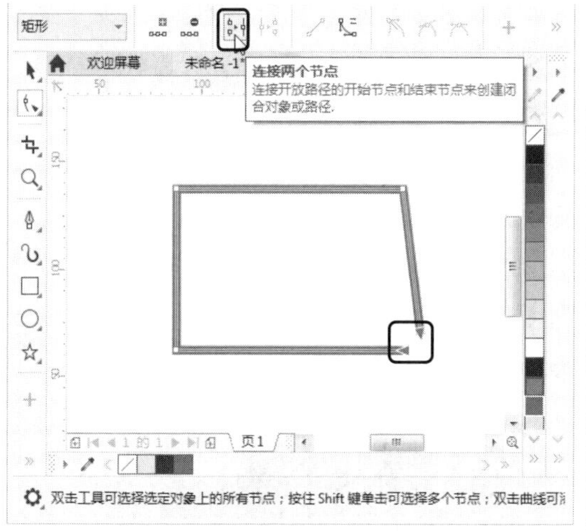


图 7-12

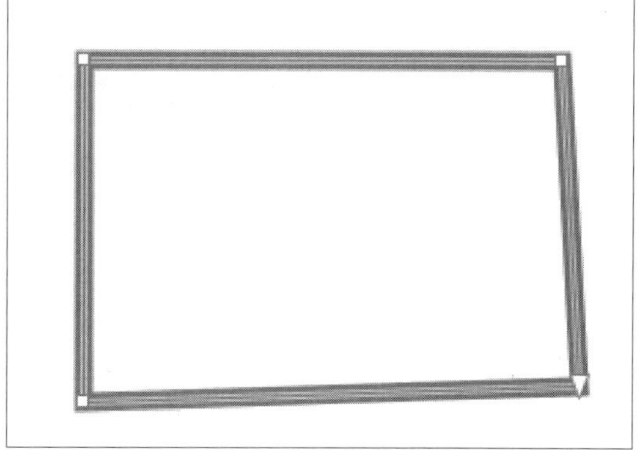

图 7-13

## Section 7.2 修整图形

手机扫描下方二维码，观看本节视频课程

利用造型功能，可以对多个矢量图形进行相加、相减、交叉等操作，从而得到新的矢量图形。该功能包括合并、修剪、相交、简化、移除后面对象、移除前面对象和边界等，常用于制作一些特殊的图形。

### 7.2.1 对象造型

对象的造型有两种方式：一种是通过单击属性栏中的造型按钮进行造型；另一种是打开【造型】泊坞窗进行造型。

#### 1. 使用属性栏中的造型按钮进行造型

先绘制两个图形，接着将两个图形进行移动，使之重叠，然后选中两个图形，在属性栏中即可看到用来造型的按钮。单击某个按钮即可进行相应的造型，如图 7-14 和图 7-15 所示为“移除前面对象”效果。

#### 2. 使用【造型】泊坞窗进行造型

选择一个图形，执行【对象】→【造型】→【形状】命令，打开【形状】泊坞窗。在上方的列表框中选择一种合适的造型如【焊接】选项，单击【焊接到】按钮，在图形上单击鼠标，即可看到造型效果，如图 7-16 和图 7-17 所示。

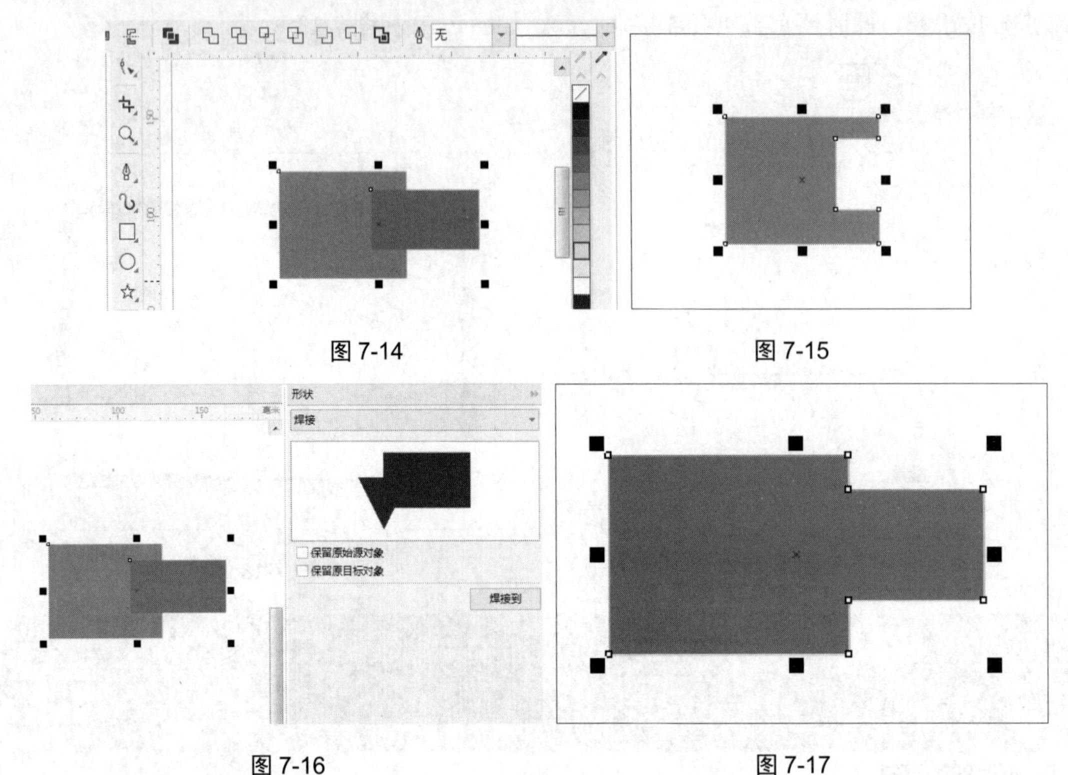


图 7-14　　图 7-15

图 7-16　　图 7-17

## 7.2.2　图形的边界

边界功能能够以一个或多个对象的整体外形创建矢量对象。选择两个图形，单击属性栏中的【边界】按钮，如图 7-18 所示，可以看到图像周围出现一个与对象外轮廓形状相同的图形，如图 7-19 所示。选择创建的边界，能够更改轮廓的宽度、颜色等属性，如图 7-20 所示。

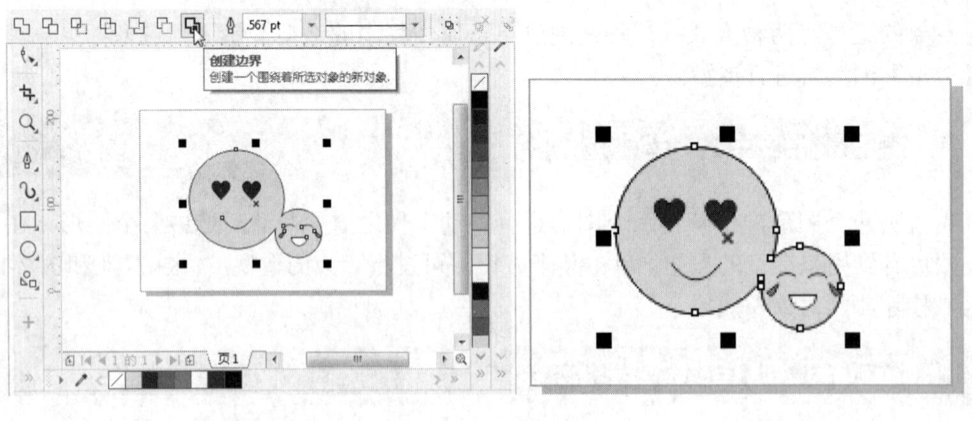


图 7-18　　图 7-19

图 7-20

## 7.2.3　图形的修剪

修剪功能可以使用一个对象的形状剪切下另一个对象形状的一部分，修剪完成后目标对象保留其填充和轮廓属性。选择两个图形，单击属性栏中的【修剪】按钮，如图 7-21 所示。移走顶部对象后，可以看到重叠区域被删除了，如图 7-22 所示。

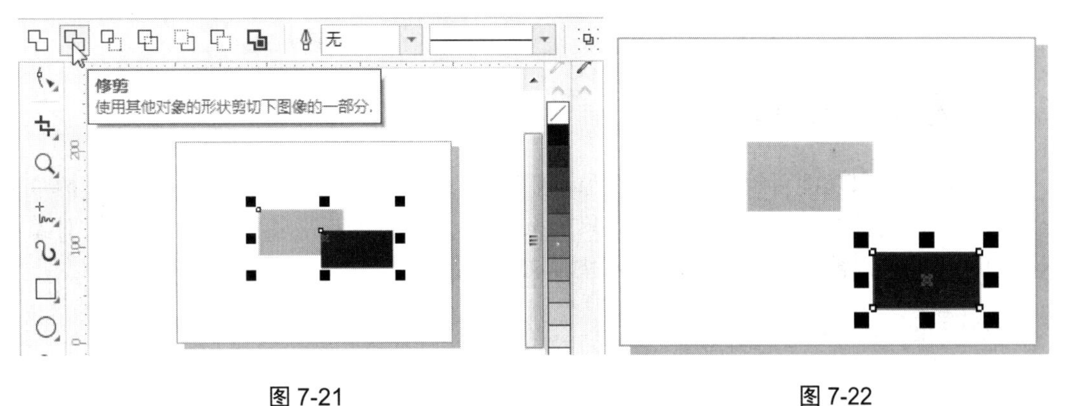


图 7-21　　图 7-22

## 7.2.4　图形的相交

相交功能可以将对象的重叠区域创建为一个新的独立对象。选择两个图形，单击属性栏中的【相交】按钮，如图 7-23 所示。移动图形后可查看相交效果，如图 7-24 所示。

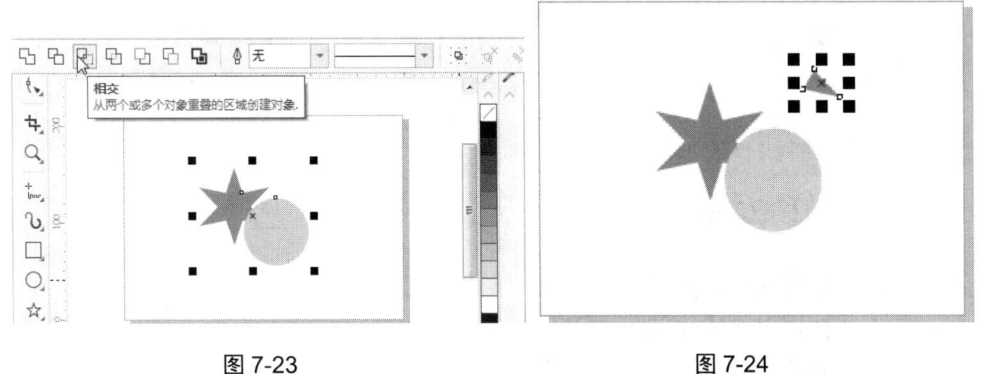


图 7-23　　图 7-24

## 7.2.5 图形的简化

简化功能可以去除对象间重叠的区域。选择两个图形，单击属性栏中的【简化】按钮，如图 7-25 所示。移动图形后可查看简化效果，如图 7-26 所示。

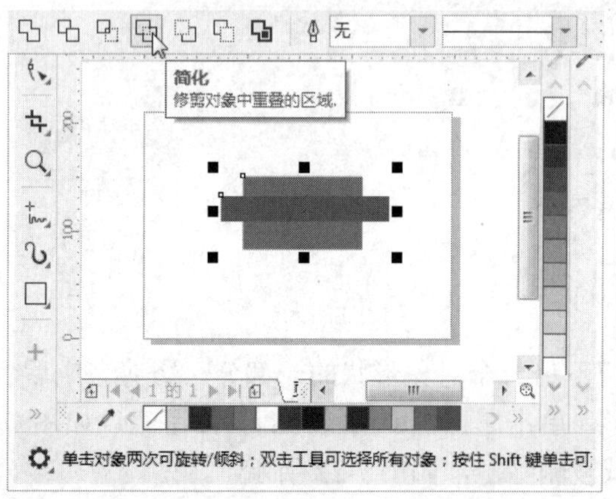


图 7-25

图 7-26

## 7.2.6 移除后面对象

移除后面对象功能可以利用下层对象的形状减去上层对象中重叠的部分。选择两个重叠图形，单击属性栏中的【移除后面对象】按钮，此时下层对象消失，同时上层对象形状范围内的部分也被删除，如图 7-27 和图 7-28 所示。

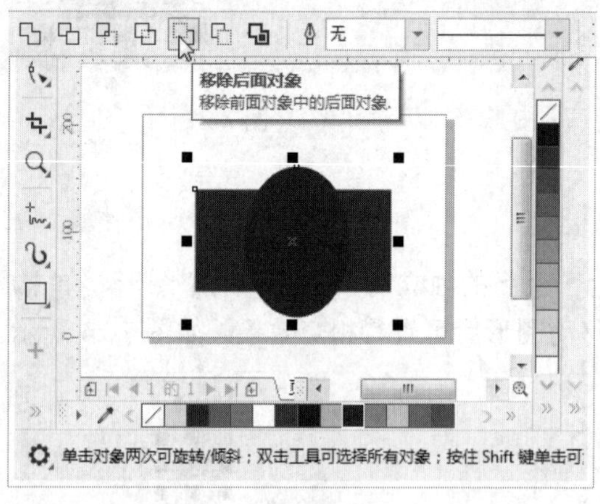


图 7-27

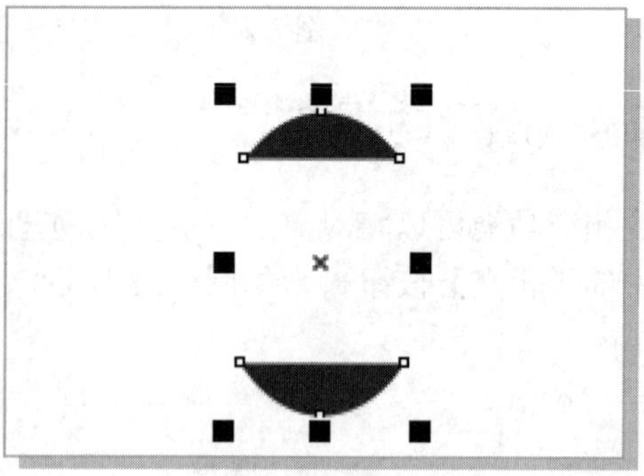

图 7-28

## 7.2.7 移除前面对象

移除前面对象功能可以利用上层对象的形状减去下层对象中重叠的部分。选择两个重叠图形，单击属性栏中的【移除前面对象】按钮，此时下层对象消失，同时上层对象形状范围内的部分也被删除，如图 7-29 和图 7-30 所示。

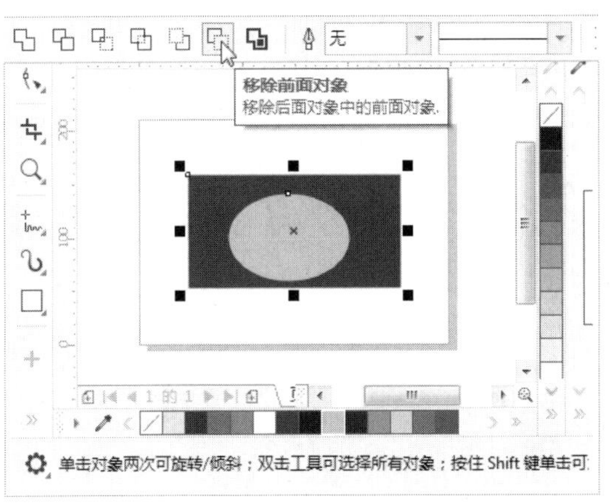


图 7-29

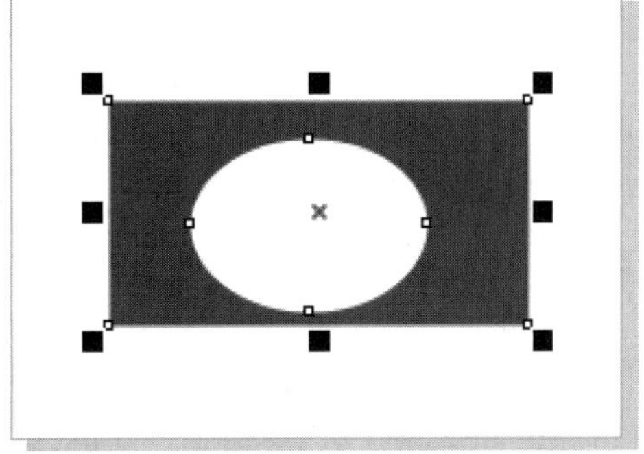

图 7-30

本节主要学习对矢量图形进行调整的相关功能。利用形状组中的 8 种工具，可以对形状进行变形处理，从而制作出很多具有创造性的图形。除此之外，对于矢量图形还可以进行裁切操作，从而改变图形的形状。

## 7.3.1 自由变换工具

在之前学习的变换操作中，旋转、倾斜等都是以对象原始的中心点位置为中心进行变换。而使用自由变换工具可以重新自定义变换的中心点，并且能够以鼠标拖动的方式进行变换，更加灵活。选中一个图形，单击工具箱中的【自由变换工具】按钮，其属性栏如图 7-31 所示。

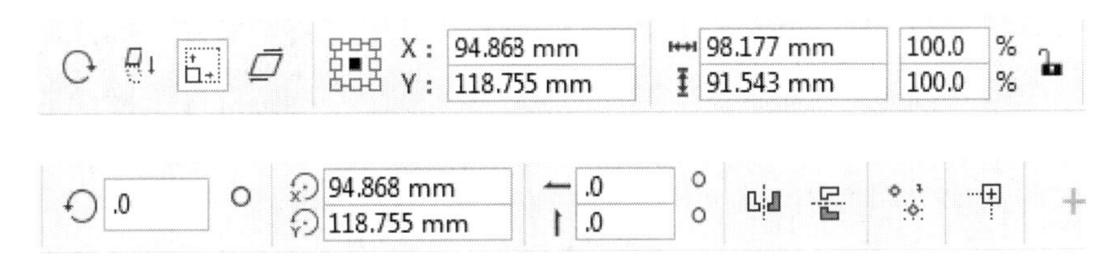


图 7-31

在属性栏中有【自由旋转】、【自由角度反射】、【自由缩放】和【自由倾斜】4 种变换方式。

在工具箱中单击【自由变换】按钮，在属性栏中单击【自由旋转】按钮，在图形上的任意位置按住鼠标左键拖动，此时会以鼠标指针位置为中心点进行旋转，如图 7-32 所示；释放鼠标后完成旋转操作，如图 7-33 所示。

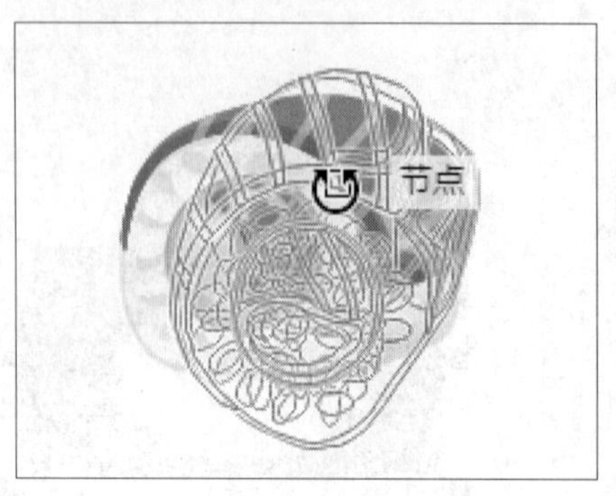


图 7-32

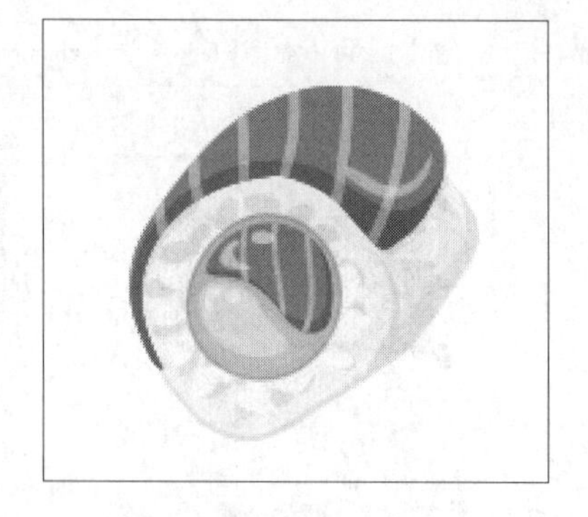

图 7-33

单击属性栏中的【自由角度反射】按钮，按住鼠标左键拖动，确定一条反射的轴线，然后拖动鼠标左键做圆周运动来反射对象，如图 7-34 和图 7-35 所示。

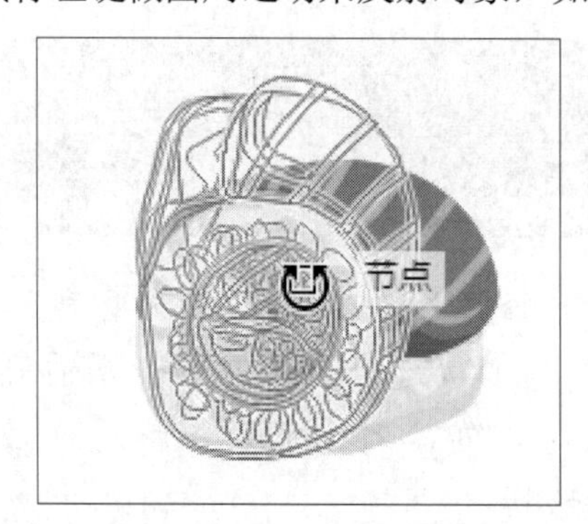


图 7-34

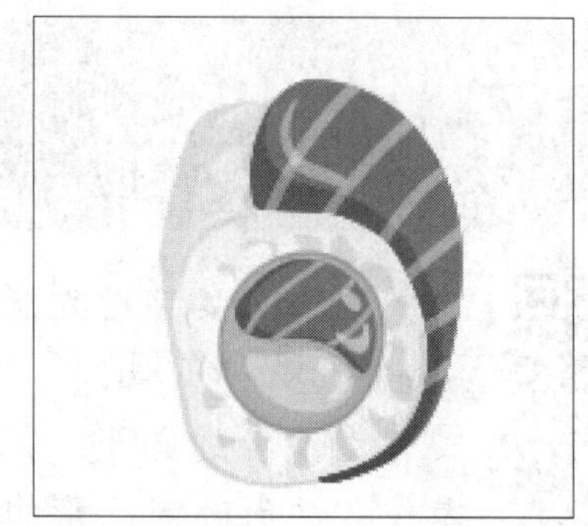

图 7-35

单击属性栏中的【自由缩放】按钮，按住鼠标左键拖动，即可以鼠标指针位置为中心点进行缩放；按住 Ctrl 键拖动，可以等比例进行自由缩放，如图 7-36 和图 7-37 所示。

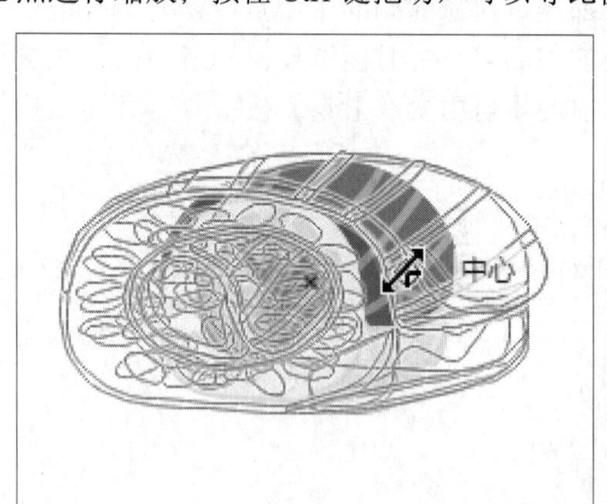


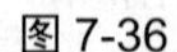
图 7-36

图 7-37

单击属性栏中的【自由倾斜】按钮，然后按住鼠标左键拖动，即可倾斜对象，如图 7-38 和图 7-39 所示。

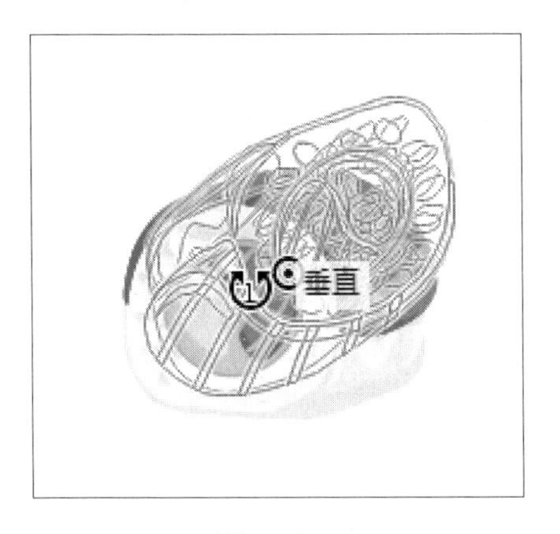

图 7-38　　　　　　　　　　　　图 7-39

用户还可以对对象进行精确自由变换的操作。选中要进行自由变换的对象，在属性栏中通过【旋转中心】选项设置精确的中心点位置，然后设置【旋转角度】，按 Enter 键确认，如图 7-40 所示；【倾斜角度】选项用来设置精准的倾斜角度，在文本框中输入数字，按 Enter 键确认，即可完成倾斜操作，如图 7-41 所示。

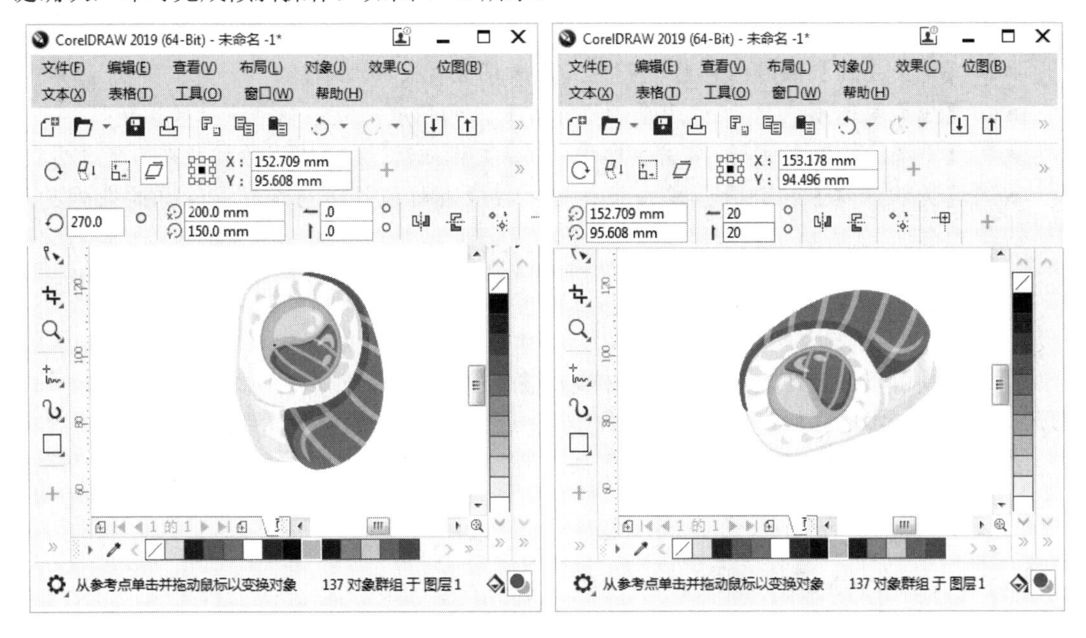


图 7-40　　　　　　　　　　　　图 7-41

## 7.3.2　涂抹工具

涂抹工具用于沿对象轮廓拖动来更改其边缘的形态。选择一个图形，单击工具箱中的【涂抹工具】按钮，在图形边缘按住鼠标左键拖动，即可进行变形，如图 7-42 和图 7-43 所示。

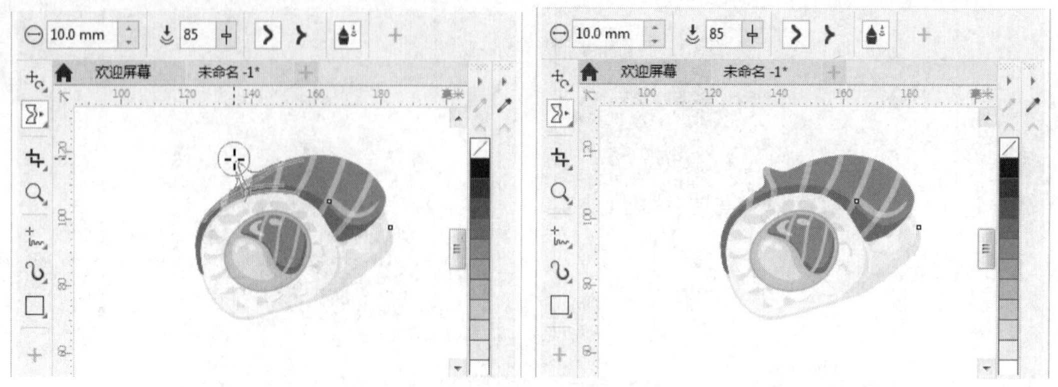

图 7-42　　　　图 7-43

在属性栏中可以对涂抹工具的参数选项进行调整，如图 7-44 所示。

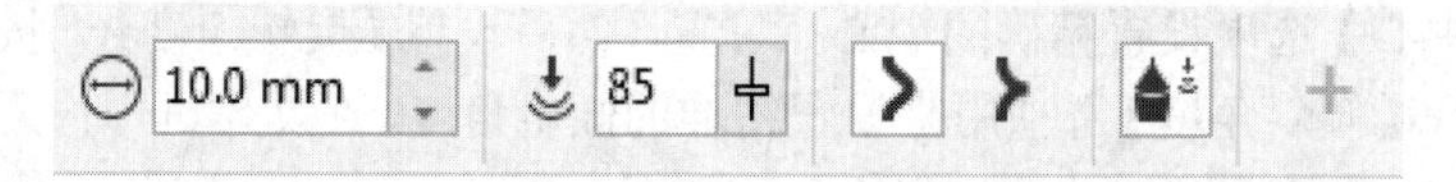

图 7-44

- 【笔尖半径】微调框：用来设置笔尖的大小。
- 【压力】选项：用来设置涂抹效果的强度，数值越大涂抹效果越强。
- 【平滑涂抹】按钮：单击该按钮，按住鼠标拖动进行涂抹，涂抹效果为平滑曲线。
- 【尖状涂抹】按钮：单击该按钮，按住鼠标拖动进行涂抹，涂抹效果为尖角曲线。

## 7.3.3　粗糙工具

粗糙工具可以通过在矢量图形上涂抹，增加路径上的细节并使路径粗糙。选择一个图形，单击工具箱中的【粗糙工具】按钮，在属性栏中设置合适的笔尖半径，然后在图形的边缘按住鼠标左键拖曳，即可看到图形边缘变得粗糙了，如图 7-45 所示。

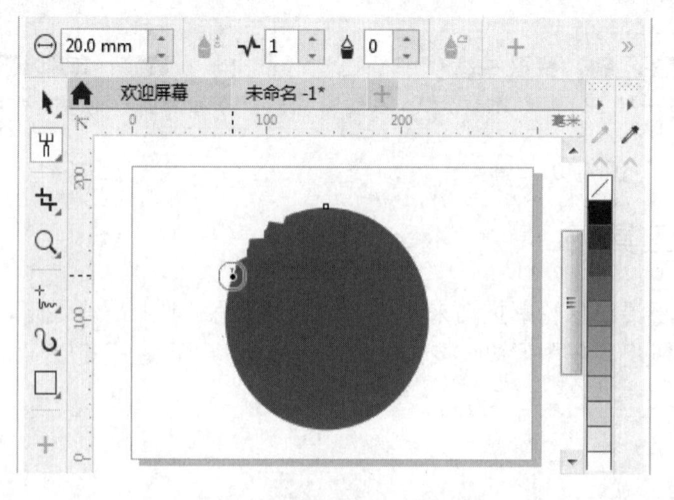

图 7-45

- 【笔尖半径】微调框：用于调整粗糙的频率，数值越高，边缘越粗糙。
- 【尖突的频率】微调框：用于更改粗糙区域的尖突数量。
- 【笔倾斜】微调框：用于改变笔尖的角度，从而改变粗糙效果的形状。

## 7.3.4 转动工具

使用转动工具可以在矢量对象的轮廓线上添加顺时针/逆时针的旋转效果。选择一个图形，单击工具箱中的【转动工具】按钮，在属性栏中通过【速度】选项设置应用旋转效果的速度。设置完成后，在图形边缘按住鼠标左键拖动，释放鼠标后即可看到转动的效果，如图 7-46 和图 7-47 所示。按住鼠标的时间越长，对象产生的变形效果越强烈。

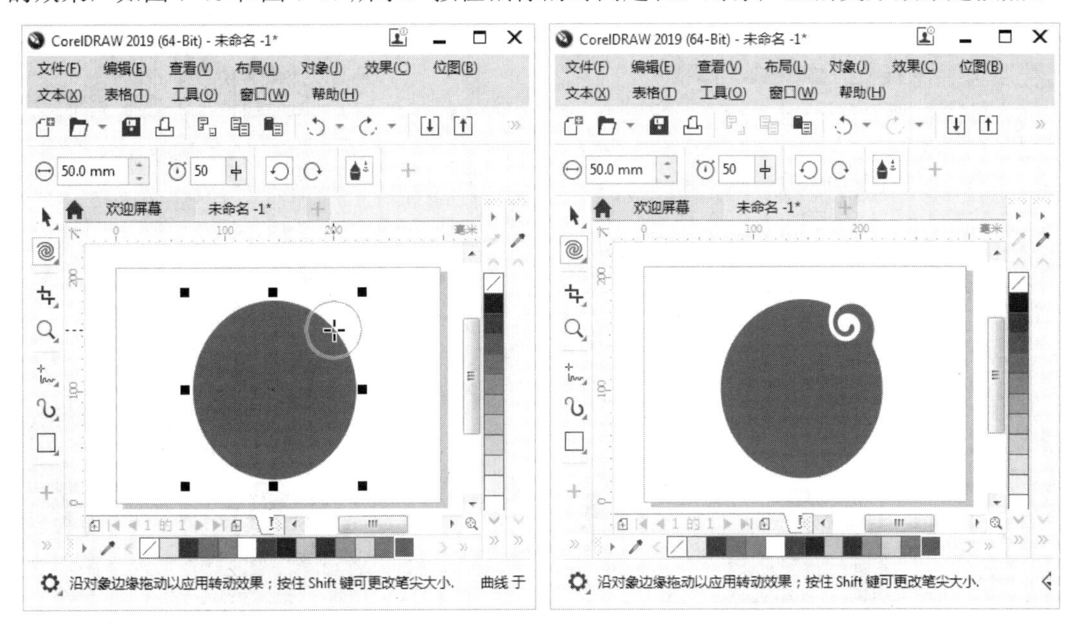


图 7-46　　　　图 7-47

转动分为“逆时针转动”和“顺时针转动”两种。单击【逆时针转动】按钮，拖动鼠标可以将图形按逆时针方向转动；单击【顺时针转动】按钮，拖动鼠标可以将图形按顺时针方向转动。

## 7.3.5 吸引和排斥工具

吸引工具通过吸引并移动节点的位置来改变对象的形态。选择图形，接着选择工具箱中的【吸引和排斥工具】按钮，在属性栏中单击【吸引】按钮，可以对笔尖大小、速度进行设置。设置完成后，将圆形光标覆盖在要调整对象的节点上，按住鼠标左键拖动，图形随即会发生变化，如图 7-48 和图 7-49 所示。按住鼠标的时间越长，节点越靠近光标。

排斥工具通过排斥节点的位置，使节点远离光标的位置来改变对象的形态。选择一个图形，接着选择工具箱中的【吸引和排斥工具】按钮，在属性栏中单击【排斥】按钮，可以对笔尖大小、速度进行设置。设置完成后，将圆形光标覆盖在要调整对象的节点上，按住鼠标左键拖动，图形随即会发生变化，如图 7-50 和图 7-51 所示。按住鼠标的时间越长，节点离光标越远。

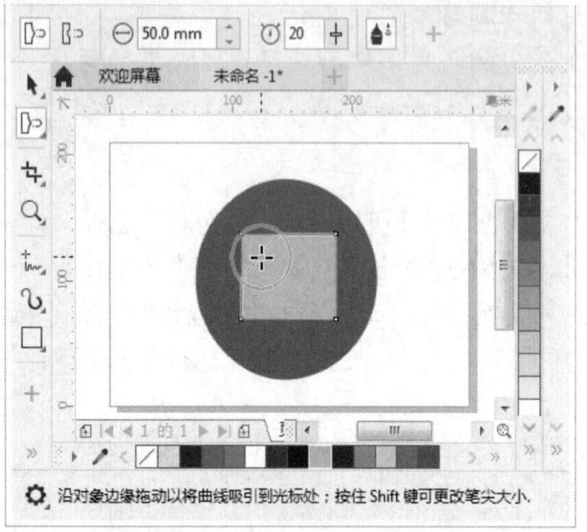


图 7-48

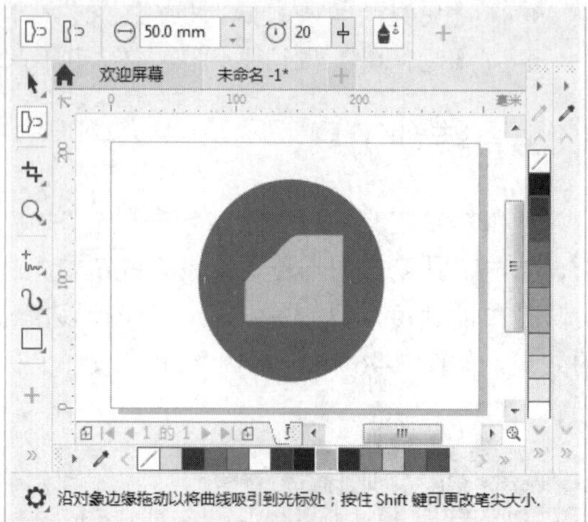


图 7-49

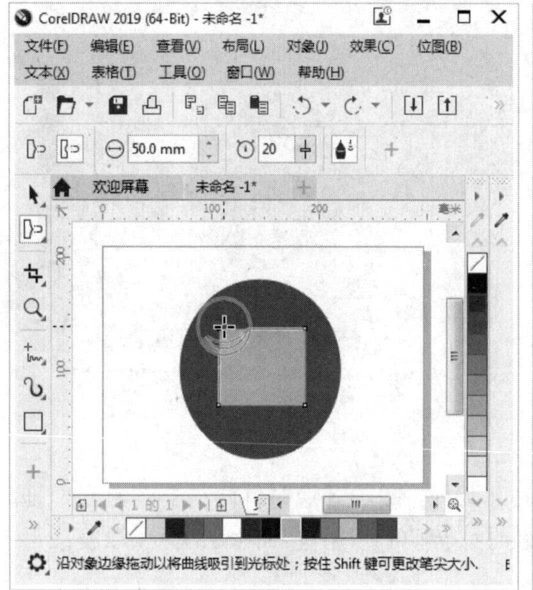


图 7-50

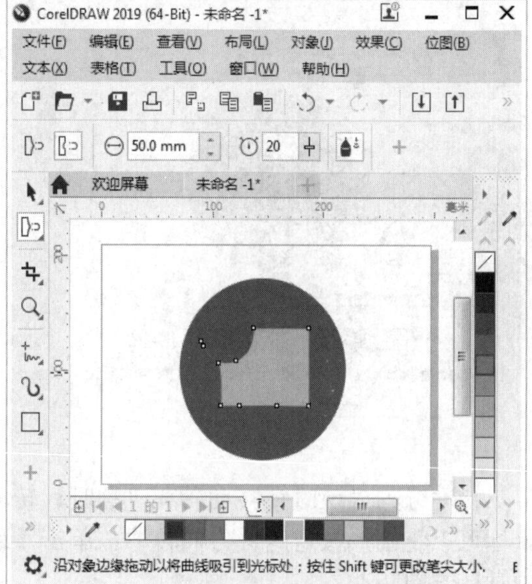


图 7-51

## 7.3.6 虚拟段删除工具

虚拟段删除工具用于删除对象中的部分线段。

单击工具箱中的【虚拟段删除】按钮，将光标移至图形上，当光标变为形状后单击鼠标左键，即可删除线段，如图 7-52 和图 7-53 所示。

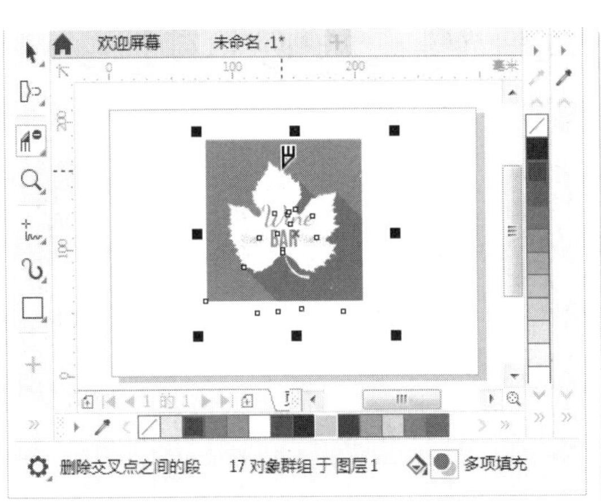

图 7-52

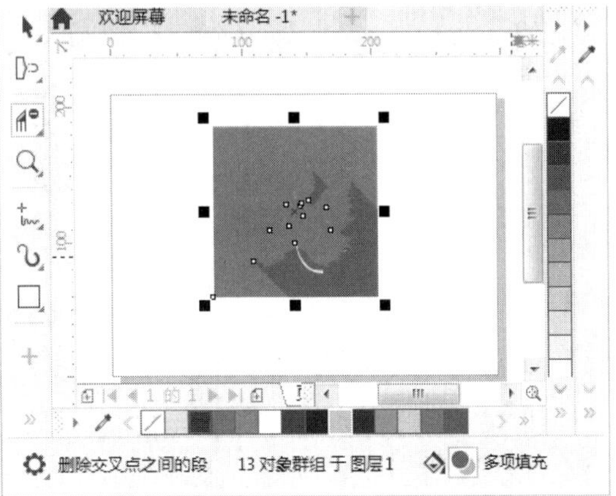

图 7-53

可以按住鼠标左键，拖动出一个矩形框，释放鼠标后矩形内的部分将被删除，如图 7-54 和图 7-55 所示。

图 7-54

图 7-55

## 7.3.7 裁剪工具

裁剪工具能够裁切位图和矢量图。使用该工具能够绘制一个裁剪范围，裁剪范围内的内容将被保留，范围外的内容被清除。需要注意的是，如果当前画面中没有被选中的对象，那么将对画面中的全部对象进行裁剪。如果包含被选中的对象，则对被选中的对象进行裁剪，其他区域不受影响。

单击工具箱中的【裁剪工具】按钮，在画面中按住鼠标左键拖动，释放鼠标即可得到裁剪框，如图 7-56 所示；单击【裁剪】按钮或者按 Enter 键即可完成裁剪操作，如图 7-57 所示。

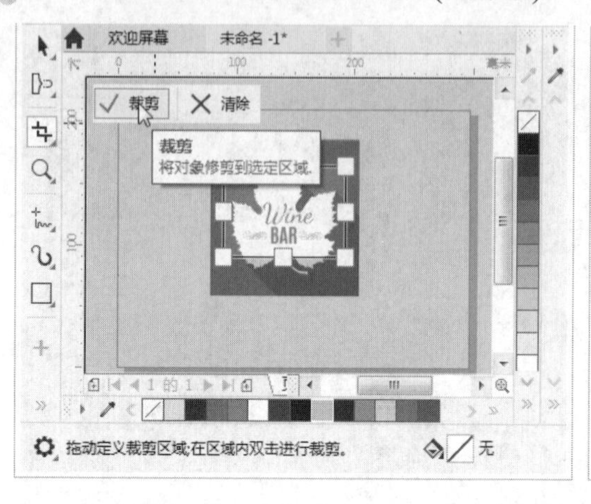


图 7-56

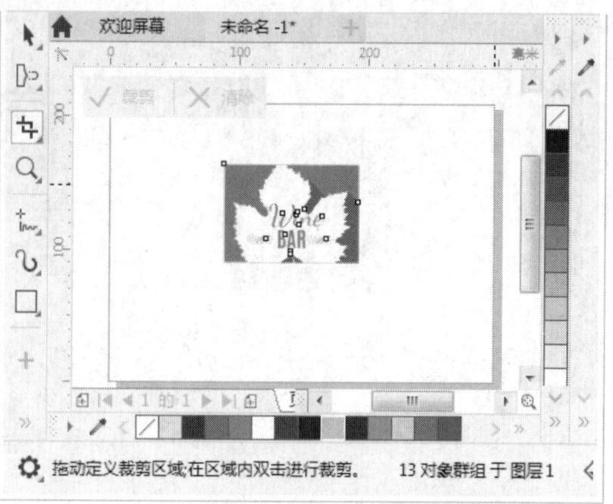


图 7-57

在裁剪过程中，拖曳裁剪框的控制点可以对裁剪框的大小进行更改。在裁剪框上双击将进入旋转编辑状态，拖曳控制点可以进行旋转，也可以在属性栏的【旋转角度】选项中输入数值进行旋转。

## 7.3.8 刻刀工具

刻刀工具用于将矢量对象拆分为多个独立对象。需要注意的是，如果当前画面中没有被选中的对象，那么将会对画面中的全部对象进行切分。如果包含被选中的对象，则对被选中的对象进行切分，其他区域不受影响。

刻刀工具有 2 点线模式、手绘模式、贝塞尔模式 3 种切分模式，不同的模式有不同的特点。在工具箱中单击该工具，在属性栏中可以进行切分模式的选择。

“2 点线模式”能够沿直线切割对象。选择一个图形，单击工具箱中【刻刀工具】按钮，在属性栏中单击【2 点线模式】按钮，接着在图形上按住鼠标左键拖动，释放鼠标后即可将图形一分为二，选择其中一个图形进行移动，效果如图 7-58 和图 7-59 所示。

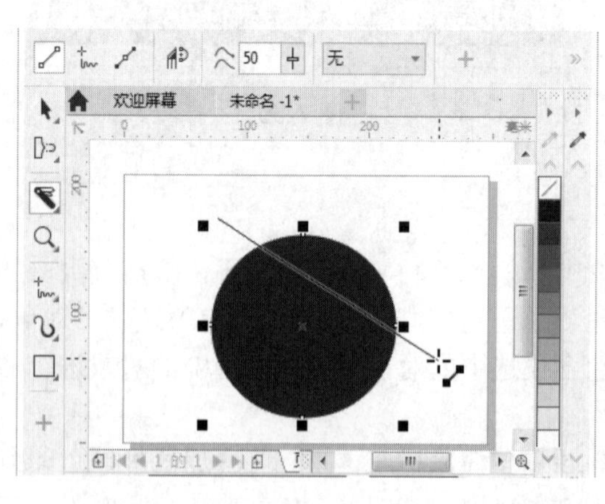


图 7-58

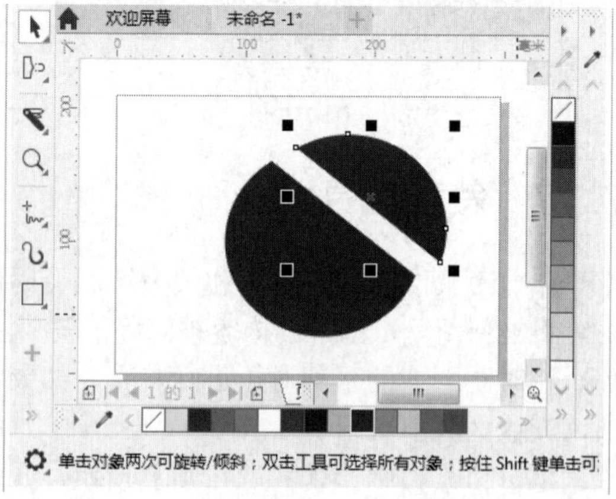

图 7-59

“手绘模式”能够通过随意地绘制分割线的方式切割对象。选择一个图形，单击工具箱中【刻刀工具】按钮，在属性栏中单击【手绘模式】按钮，接着在图形上按住鼠标左

键拖动，释放鼠标后即可将图形一分为二。选择其中一个图形进行移动，效果如图 7-60 和图 7-61 所示。

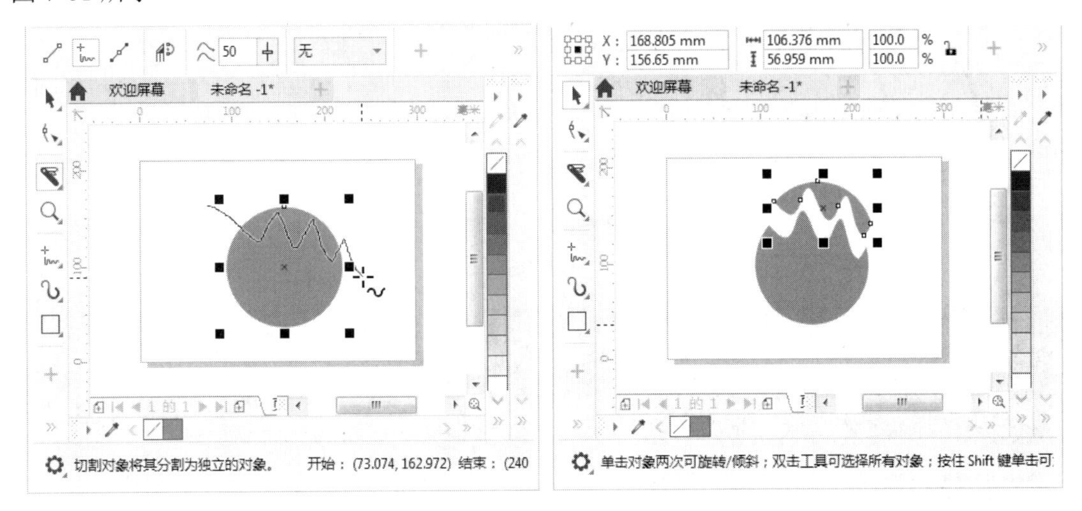


图 7-60　　　图 7-61

在选用“手绘模式”时，可以通过【手绘平滑】选项调整手绘曲线的平滑度。

“贝塞尔模式”能够沿贝塞尔曲线切割对象。选择一个图形，单击工具箱中的【刻刀工具】按钮，在属性栏中单击【贝塞尔模式】按钮，接着按住鼠标左键拖动进行绘制，绘制完成后双击鼠标左键即可完成切割操作。选择其中一个图形进行移动，效果如图 7-62 和图 7-63 所示。

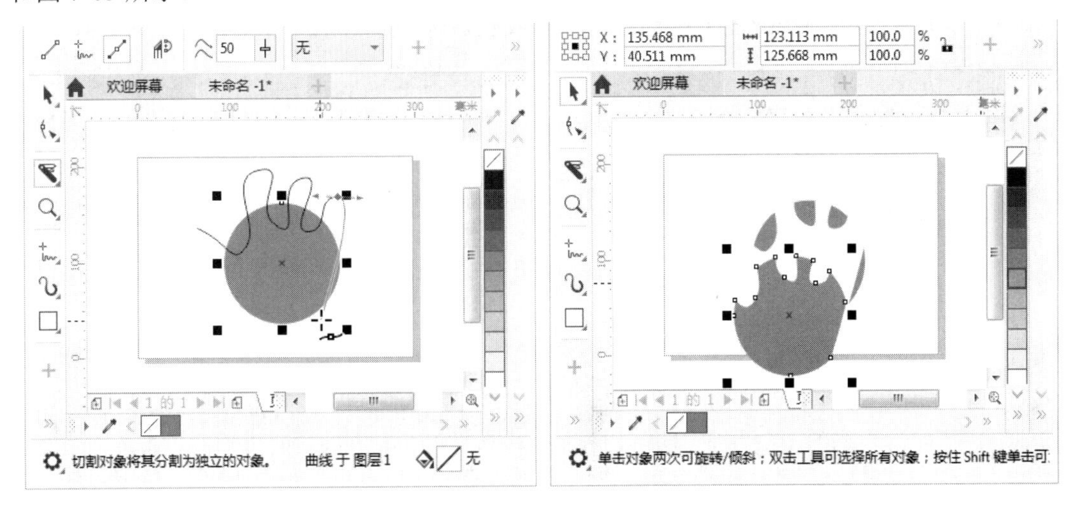


图 7-62　　　图 7-63

属性栏中的【剪切时自动闭合】按钮用来设置是否闭合被切割的路径。为了便于观察效果，首先绘制一个只有描边、没有填充的圆形，选择圆形，单击工具箱中的【刻刀工具】按钮，在属性栏中单击【剪切时自动闭合】按钮，使其处于激活状态，接着按住鼠标左键拖动切割圆形，然后移动其中一个图形，可以看到路径自动闭合，如图 7-64 和图 7-65 所示。若【剪切时自动闭合】按钮处于未激活状态，按住鼠标左键拖动切割圆形，然后移动其中一个图形，可以看到路径处于开放状态，如图 7-66 所示。

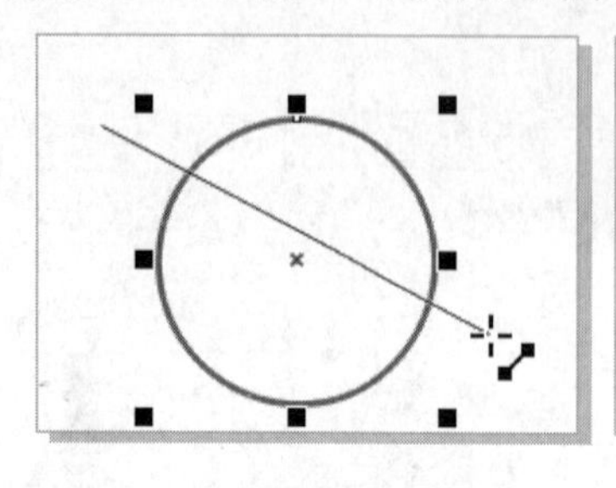

图 7-64

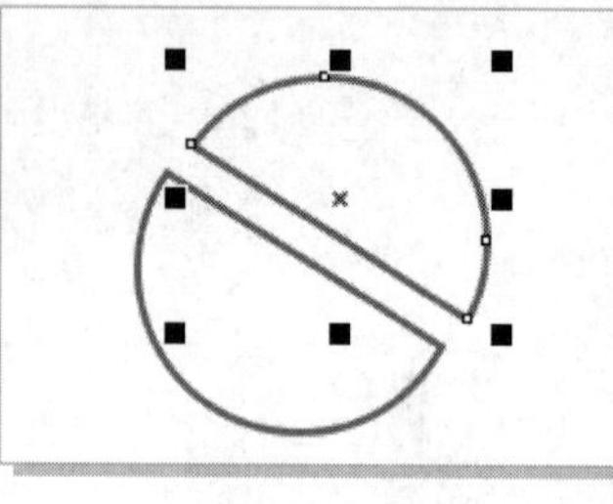

图 7-65

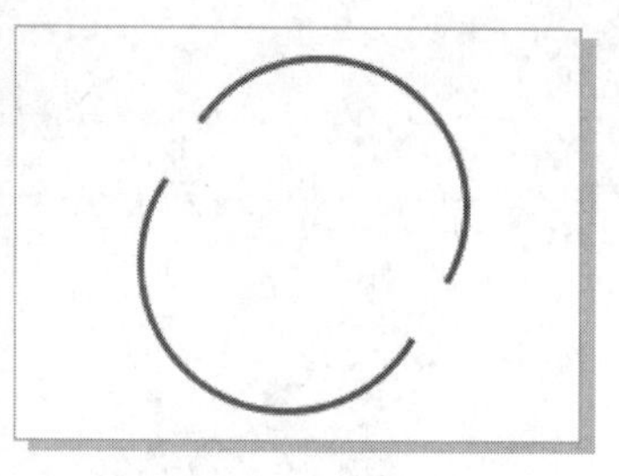

图 7-66

## Section 7.4 范例应用与上机操作

手机扫描下方二维码，观看本节视频课程

在本节的学习过程中，将侧重介绍和讲解与本章知识点有关的范例应用与技巧，主要内容包括使用弄脏工具制作云朵图形、使用粗糙工具制作贺卡、使用橡皮擦工具制作切分感背景等方面的知识与操作技巧。

### 7.4.1 使用弄脏工具制作云朵图形

使用弄脏工具可以在原图形的基础上添加或删除区域。

素材文件 无

效果文件 第 7 章\效果文件\云朵图形.cdr

使用矩形工具绘制一个矩形，如图 7-67 所示。

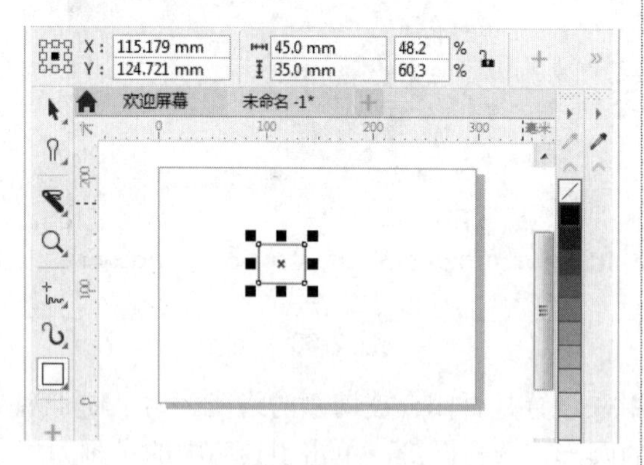


图 7-67

单击工具箱中的【弄脏工具】按钮，在属性栏中设置参数，在矩形左侧按住鼠标左键向左拖动，呈现出向左突出的弧线，如图 7-68 所示。

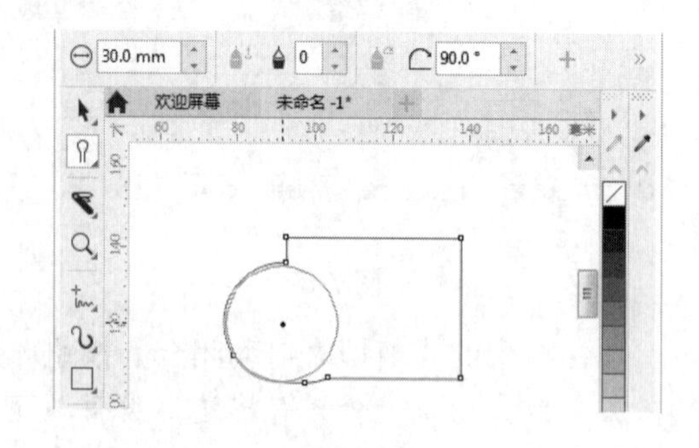


图 7-68

step 3 继续在属性栏中设置参数，在矩形左上角拖动，如图 7-69 所示。

step 4 继续调整【笔尖半径】参数，在矩形右侧进行变形，如图 7-70 所示。

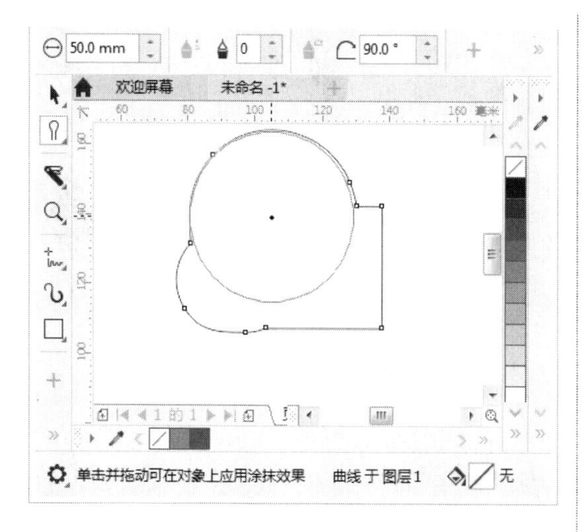


图 7-69

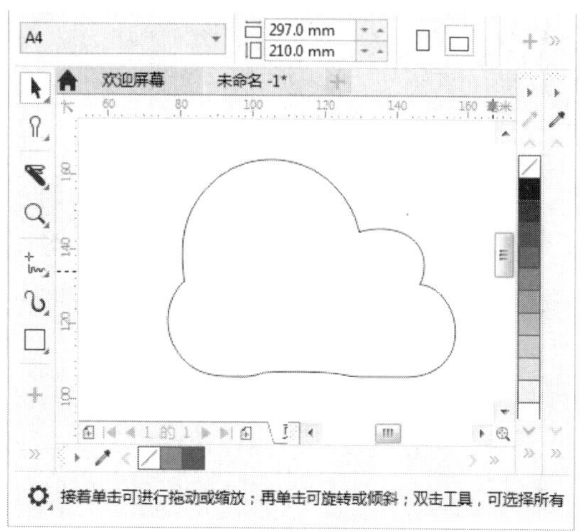


图 7-70

step 5 为图形添加白色描边，添加白色到10%黑色渐变填充，添加阴影，效果如图 7-71 所示。

图 7-71

## 7.4.2 使用粗糙工具制作贺卡

使用粗糙工具可以制作出带有很多锯齿的边缘，利用这一特点本案例将使用粗糙工具制作情人节贺卡。

**素材文件** 无

**效果文件** 第 7 章\效果文件\贺卡.cdr

step 1 创建一个横向的 A4 文档，使用矩形工具创建一个矩形，填充颜色(C：0，M：40，Y：0，K：0)，并去掉轮廓色，如图 7-72 所示。

step 2 单击工具箱中的【粗糙工具】按钮 ，在属性栏中设置【笔尖半径】为 20mm，设置【笔倾斜】为 50°，在矩形边缘按住鼠标左键拖曳进行变形，如图 7-73 所示。

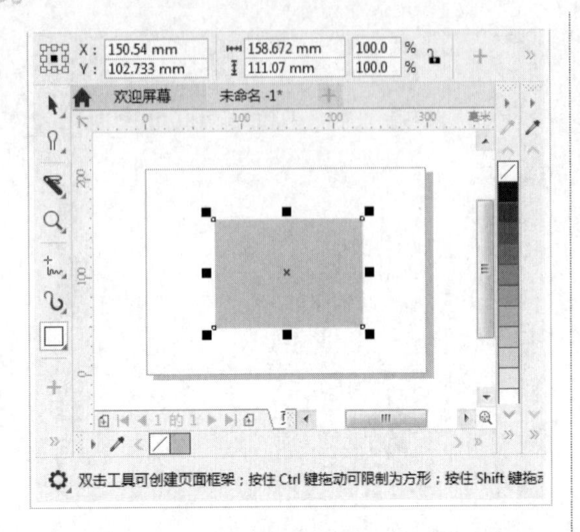


图 7-72

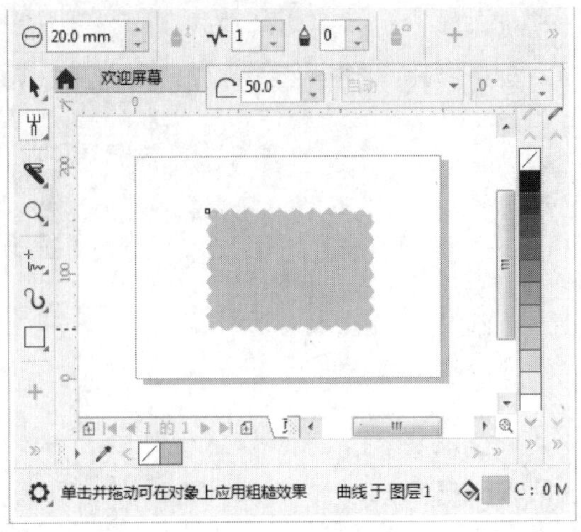


图 7-73

 使用平滑工具在图形边缘进行涂抹，使图形边缘变得圆润，如图 7-74 所示。

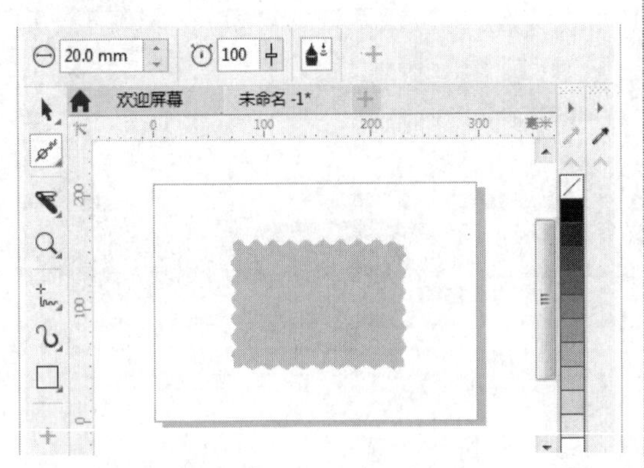

图 7-74

 使用矩形工具绘制一个白色圆角矩形，如图 7-75 所示。

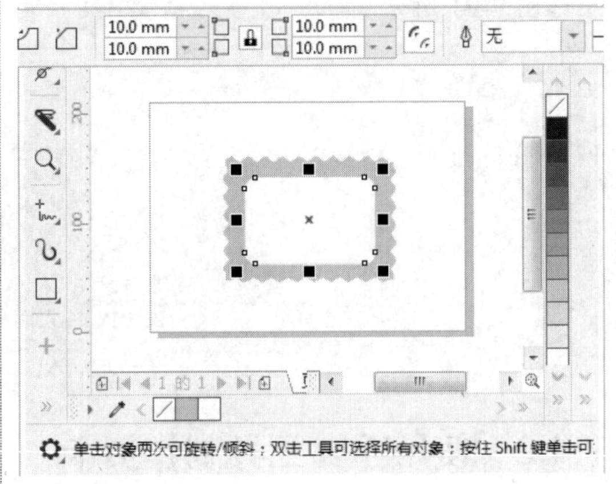


图 7-75

 使用文本工具输入内容，如图 7-76 所示。

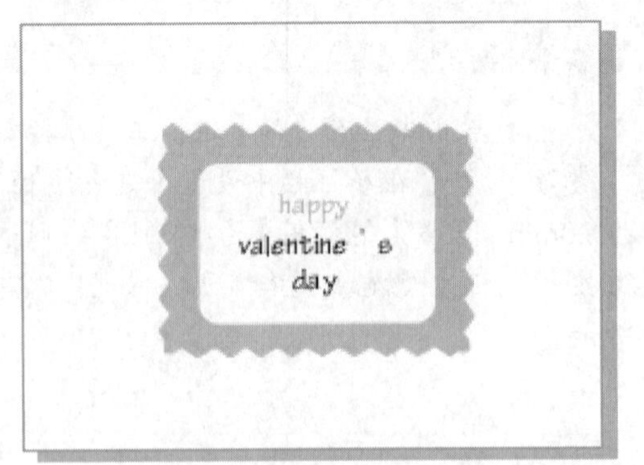


图 7-76

 添加蝴蝶结装饰和阴影效果，如图 7-77 所示。

图 7-77

### 7.4.3 使用橡皮擦工具制作切分感背景

橡皮擦工具可对矢量对象或位图对象上的局部进行擦除。本案例将介绍使用橡皮擦工具制作切分感背景的操作方法。

**素材文件** 无

**效果文件** 第7章\效果文件\切分感背景.cdr

step 1 创建一个横向的A4文档，使用矩形工具创建一个矩形，填充紫色(R：161，G：106，B：189)，并去掉轮廓色，如图7-78所示。

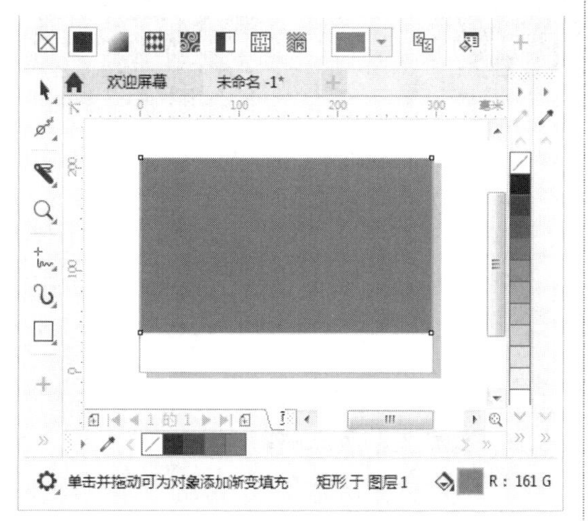


图7-78

使用同样的方法进行擦除，效果如图7-80所示。

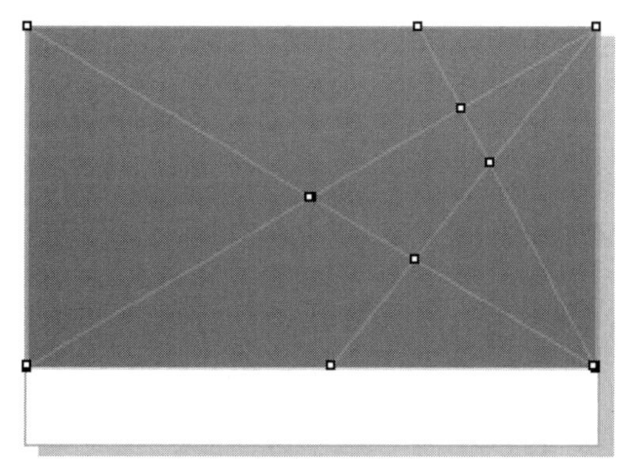

图7-80

继续选择图形，填充不同明度的紫色，如图7-82所示。

step 2 单击工具箱中的【橡皮擦工具】按钮，在属性栏中单击【圆形笔尖】按钮，设置【橡皮擦厚度】为0.1mm，接着在矩形左上角单击，然后将光标移动至矩形的右下角单击，效果如图7-79所示。

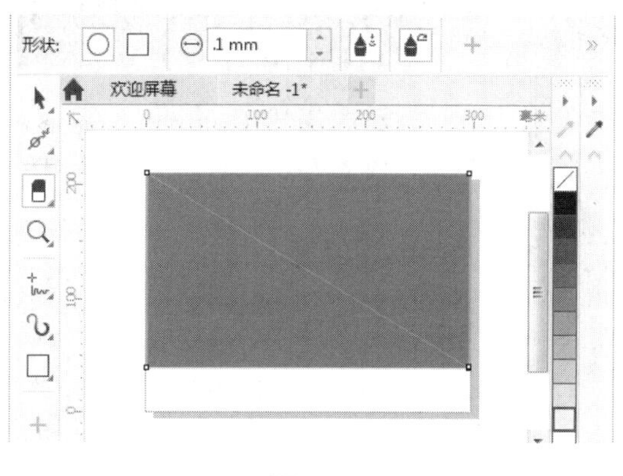


图7-79

step 4 选中矩形，按Ctrl+K组合键进行拆分。选择一个图形，填充浅紫色(R：186，G：142，B：205)，如图7-81所示。

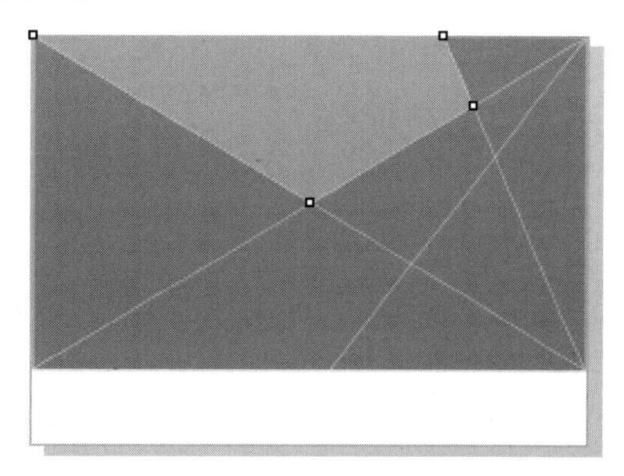

图7-81

使用文本工具输入文字，如图7-83所示。

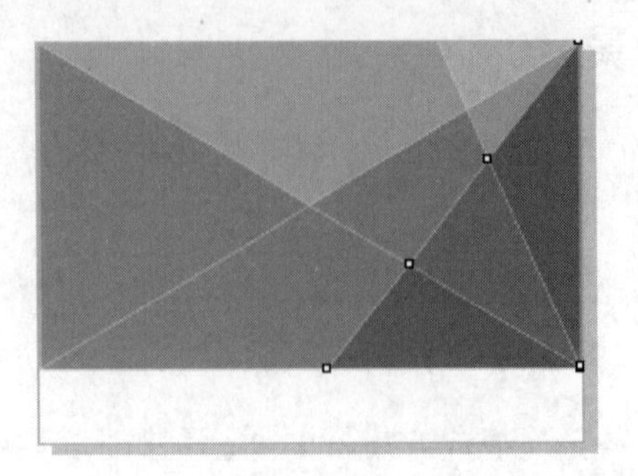
图 7-82

图 7-83

## Section 7.5 本章小结与课后练习

本节内容无视频课程

本章主要介绍了形状工具、修整图形、修饰图形等内容。学习本章后，用户可以基本了解编辑矢量对象的方法，为进一步使用软件制作图像奠定坚实的基础。

### 7.5.1 思考与练习

一、填空题

1. CorelDRAW 中的矢量图像主要分为________与________两大类。

2. 单击选择一个节点，单击属性栏中的________按钮，节点被断开。

二、判断题

1. 边界功能能够以一个或多个对象的整体外形创建矢量对象。 ( )

2. 相交功能可以将对象的重叠区域创建为一个新的独立对象。 ( )

三、思考题

1. 如何对齐节点?

2. 如何裁剪图形?

### 7.5.2 上机操作

1. 通过本章的学习，读者基本可以掌握编辑矢量对象的知识，下面通过练习使用转动工具，达到巩固与提高的目的。

2. 通过本章的学习，读者基本可以掌握编辑矢量对象的知识，下面通过练习相交图形，达到巩固与提高的目的。

# 第 8 章

# 制作矢量图形特效

本章主要介绍阴影工具、轮廓图工具、混合工具、变形工具、封套工具、立体化工具、块阴影工具、透明度工具方面的知识与技巧，同时还讲解了如何使用透明度工具制作混合效果等内容。通过本章的学习，读者可以掌握制作矢量图形特效方面的知识，为深入学习 CorelDRAW 2019 知识奠定基础。

## 本 章 要 点

1. 阴影工具
2. 轮廓图工具
3. 混合工具
4. 变形工具
5. 封套工具
6. 立体化工具
7. 块阴影工具
8. 透明度工具

# Section 8.1 阴影工具

手机扫描下方二维码，观看本节视频课程

有光的位置就有阴影，为对象添加阴影能够增加对象的真实程度，增强画面的空间感。CorelDRAW 2019 中的阴影工具可以为对象创建光线照射的阴影效果，使对象产生较强的立体感。

## 8.1.1 创建阴影效果

选择需要添加阴影的对象，单击工具箱中的【阴影工具】按钮，将光标移至图形对象上，按住鼠标左键向其他位置拖动，此时箭头的位置为阴影显示的大致范围，如图 8-1 所示。调整到合适位置后释放鼠标，阴影效果如图 8-2 所示。

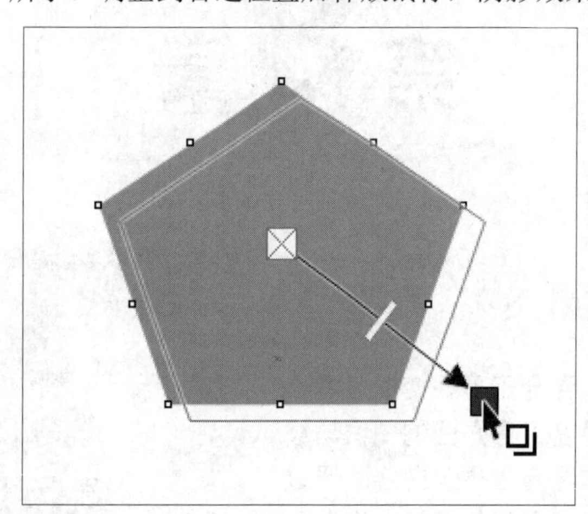

图 8-1

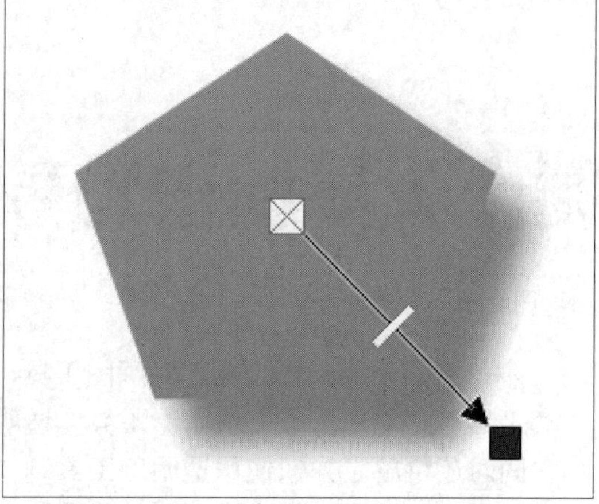

图 8-2

## 8.1.2 设置阴影属性

阴影工具的属性栏如图 8-3 所示。

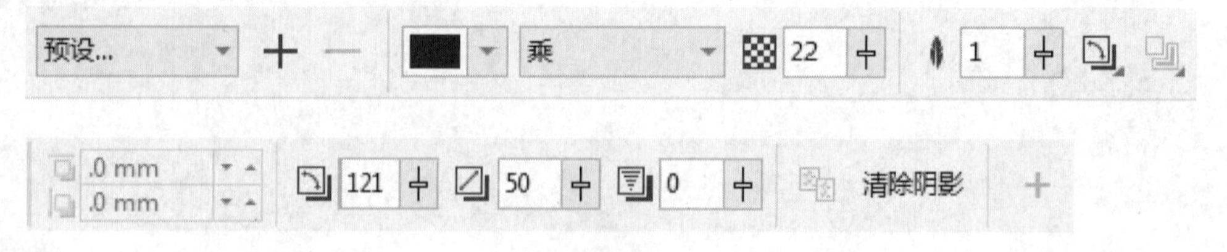


图 8-3

- 【预设】下拉按钮：单击该下拉按钮，在弹出的下拉列表中可以选择内置阴影效果。

- 【阴影颜色】下拉按钮：单击该下拉按钮，在弹出的颜色列表中可以设置阴影颜色。
- 【合并模式】下拉按钮乘：选择阴影颜色与下层对象颜色的调和方式。
- 【阴影的不透明度】文本框22：用于设置阴影的不透明度。数值越大，透明度越弱，阴影的颜色越深；反之则透明度越强，阴影颜色越浅。
- 【阴影羽化】文本框1：用于设置阴影的羽化程度，使阴影产生不同程度的边缘柔和效果。
- 【羽化方向】按钮：单击该按钮，在弹出的列表中可以设置阴影的羽化方向。
- 【羽化边缘】按钮：单击该按钮，弹出选项列表，选择羽化类型。
- 【阴影角度】文本框121：用于设置对象与阴影之间的透视角度。
- 【阴影延展】文本框50：用于调整阴影的长度。
- 【阴影淡出】文本框0：用于调整阴影边缘的淡出程度。

用户可以将对象和阴影分离成两个相互独立的对象，分离后的对象仍保持原有的颜色和状态不变。选择带有阴影的对象，按 Ctrl+K 组合键即可将阴影与图形对象分离，使用选择工具即可单独移动阴影对象。



# Section 8.2 轮廓图工具

手机扫描下方二维码，观看本节视频课程

轮廓图效果，是指由对象的轮廓向内或向外放射而形成的同心图形效果，类似于地图中的地势等高线，所以轮廓图效果也常被称为等高线效果。轮廓图效果可应用于图形或文本对象。本节将详细介绍使用轮廓图工具的方法。

## 8.2.1 创建轮廓图效果

创建轮廓图效果的方法有两种，一种是在工具箱中单击【轮廓图工具】按钮，另一种是执行【效果】→【轮廓图】命令，在弹出的【轮廓图】泊坞窗中进行相应的设置。

选中图形，单击工具箱中的【轮廓图工具】按钮，在属性栏中单击【预设】下拉按钮，在弹出的列表中选择【内向流动】选项，即可为图形添加轮廓图效果，如图 8-4 和图 8-5 所示。

## 8.2.2 设置轮廓图属性

轮廓图工具的属性栏如图 8-6 所示。

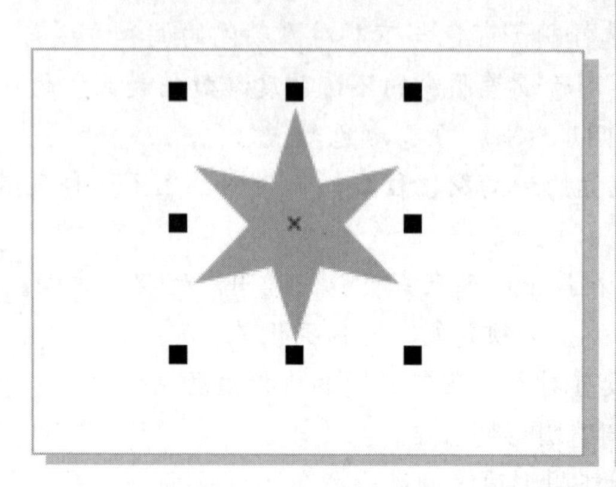
图 8-4

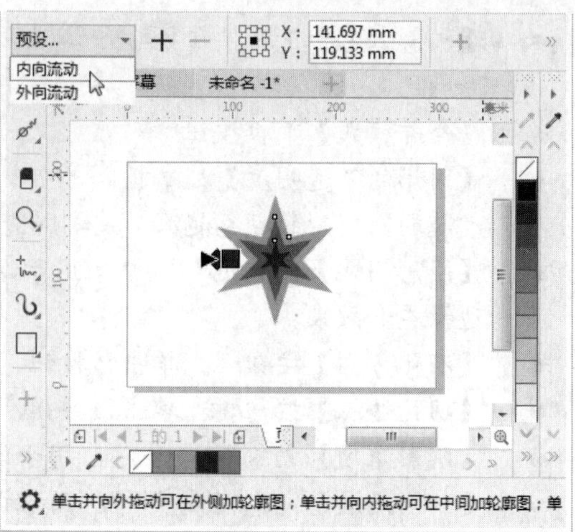

图 8-5

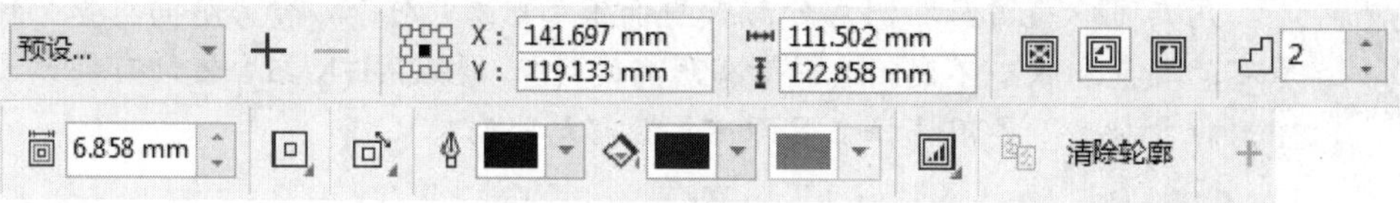

图 8-6

- 【预设】下拉按钮：单击该下拉按钮，在弹出的下列表中可选择系统提供的预设轮廓图样式。
- 【到中心】按钮：单击该按钮，调整为由图形边缘向中心放射的轮廓图效果。将轮廓图设置为该方向后，将不能设置轮廓图步数，轮廓图步数将根据所设置的轮廓图偏移量自动进行调整。
- 【内部轮廓】按钮：单击该按钮，调整为向对象内部放射的轮廓图效果。选择该轮廓方向后，可在后面的【轮廓图步数】微调框中设置轮廓图的发射数量。
- 【外部轮廓】按钮：单击该按钮，调整为向对象外部放射的轮廓图效果。用户同样也可对其设置轮廓图的步数。
- 【轮廓图偏移】微调框：可设置轮廓图效果中各步数之间的距离。
- 【轮廓图角】按钮：可设置生成轮廓图中尖角的样式，包括斜接角、圆角、斜切角。
- 【轮廓色】按钮：设置轮廓色的线性渐变序列，其中包括线性轮廓色、顺时针轮廓色、逆时针轮廓色。
- 【轮廓色】下拉按钮：改变轮廓图效果后最后一轮轮廓图的轮廓颜色，同时过渡的轮廓色也将随之发生变化。
- 【填充色】下拉按钮：改变轮廓图效果后最后一轮轮廓图的填充颜色，同时过渡的填充色也将随之发生变化。
- 【最后一个填充挑选器】下拉按钮：选择填充的第二种颜色。

选择应用轮廓图的对象，在轮廓图工具的属性栏中单击【清除轮廓】按钮，即可清除对象的轮廓图效果。

# Section 8.3 混合工具

手机扫描下方二维码，观看本节视频课程

混合效果也称为调和效果，应用混合效果，可以在两个或多个对象之间产生形状和颜色上的过渡。在两个不同对象之间应用调和效果时，对象的填充方式、排列顺序和外形轮廓等都会直接影响混合效果。

## 8.3.1 创建混合效果

首先绘制两个矢量图形，单击工具箱中的【混合工具】按钮，将光标移动至其中一个图形上，按住鼠标左键向另外一个图形上拖动，在另外一个图形上释放鼠标，此时可以看到两个对象之间产生形状与颜色的渐变混合效果，如图 8-7 和图 8-8 所示。

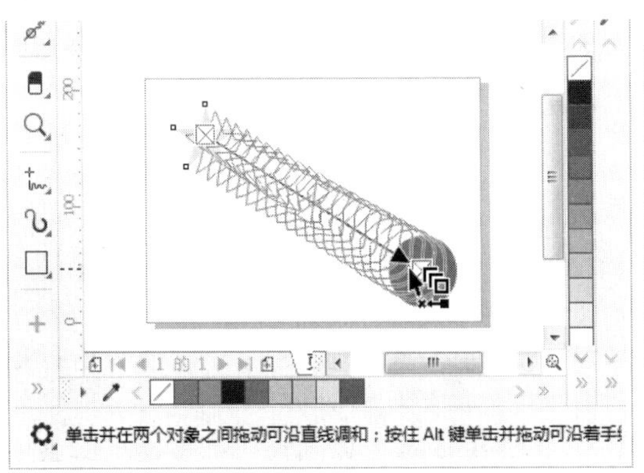


图 8-7

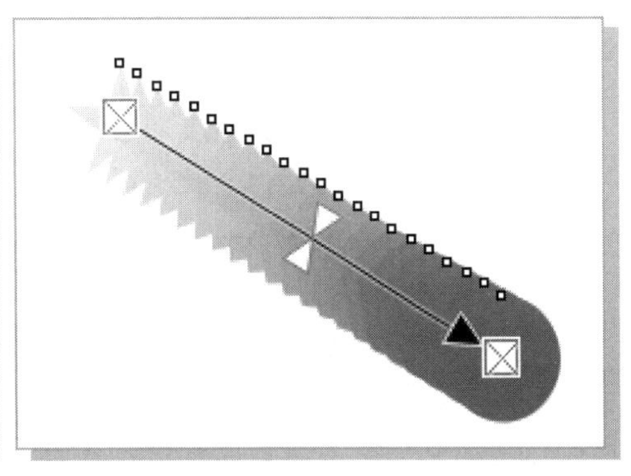

图 8-8

如果要创建两个以上图形的混合效果，首先使用混合工具在第一个图形上按住鼠标左键，拖动到第二个图形上释放鼠标，接着按住鼠标左键拖曳到第三个图像上释放鼠标，如图 8-9 和图 8-10 所示。

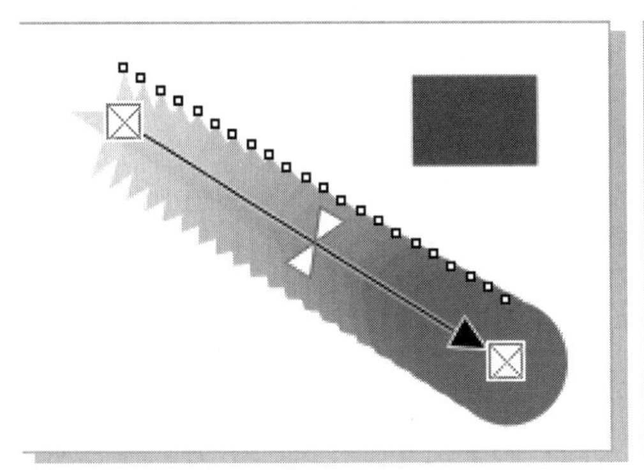

图 8-9

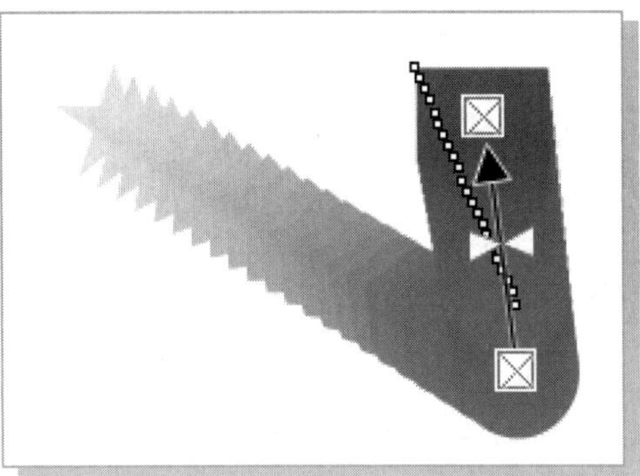

图 8-10

### 8.3.2 设置混合属性

在对象之间创建混合效果后，其属性栏设置如图 8-11 所示。

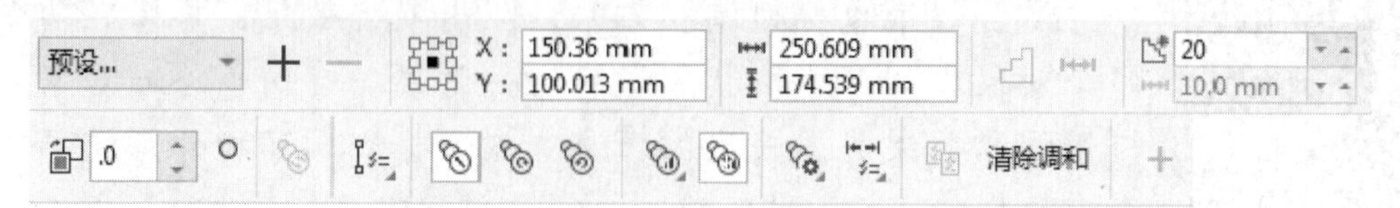


图 8-11

- 【预设】下拉按钮预设...：单击该下拉按钮，可以在弹出的下拉列表中选择一种预设混合样式。
- 【调和对象】微调框：用于设置混合效果中的混合步数与形状之间的偏移距离。
- 【调和方向】微调框：用于设置混合效果的角度。
- 【环绕调和】按钮：按调和方向在对象之间产生环绕式的调和效果，该按钮只有在为调和对象设置了调和方向后才能使用。
- 【路径属性】按钮：单击该按钮，改变调和的路径。
- 【直接调和】按钮：直接在所选对象的填充颜色之间进行颜色过渡。
- 【顺时针调和】按钮：使对象上的填充颜色按色轮盘中顺时针方向进行颜色过渡。
- 【逆时针调和】按钮：使对象上的填充颜色按色轮盘中逆时针方向进行颜色过渡。
- 【更多调和选项】按钮：在按下 giant 按钮弹出的选项面板中，包含了一些调整调和结构组成的选项。
- 【起始和结束属性】按钮：用于重新设置应用调和效果的起端和末端对象。

## Section 8.4 变形工具

手机扫描下方二维码，观看本节视频课程

使用变形工具可以对所选对象进行各种不同效果的变形。在 CorelDRAW 2019 中，用户可以为对象应用拉角变形、推角变形、扭曲变形、邮戳变形和拉链变形等 5 种不同类型的变形效果。变形效果同轮廓图一样，可应用于图形和文本对象。

### 8.4.1 创建变形效果

使用变形工具对图形进行变形与使用形状工具进行变形是有本质上的区别的：形状工具是直接对图形的形态进行不可还原的更改；使用变形工具对图形进行变形，实际上是为图形添加变形效果，一旦清除变形效果，图形即可恢复到原来的状态。

绘制一个图形，选择该图形，单击工具箱中的【变形工具】按钮，然后在图形上按住鼠标左键拖动，根据轮廓判断变形效果，释放鼠标即可完成变形的操作，如图 8-12 和图 8-13 所示。

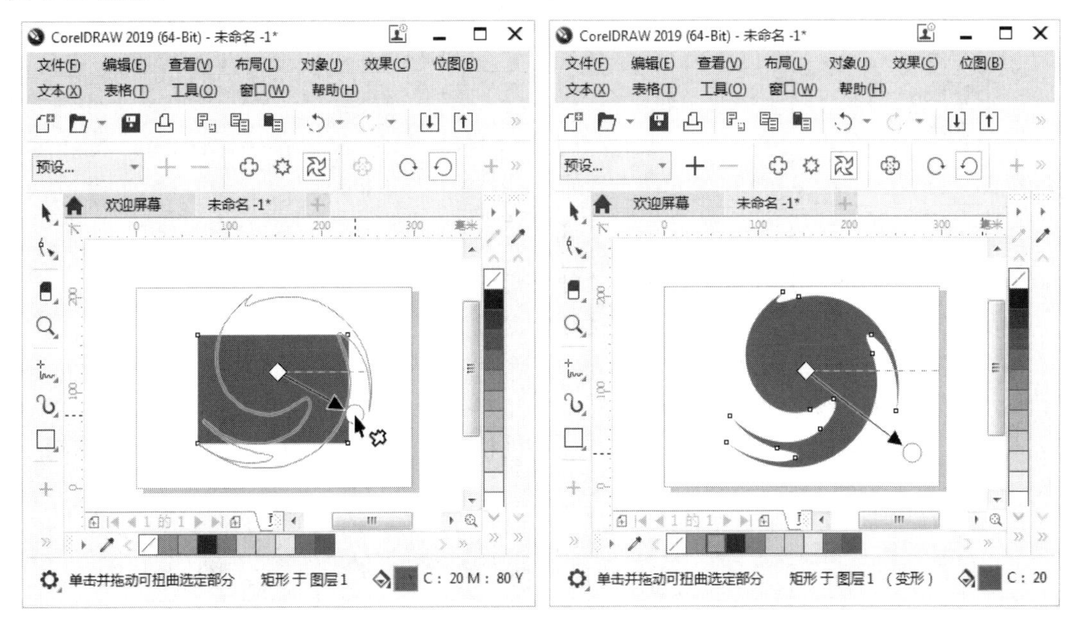


图 8-12　　　　图 8-13

## 8.4.2 设置变形属性

单击工具箱中的【变形工具】按钮，在属性栏的【预设】下拉列表中选择【拉角】选项，属性栏设置如图 8-14 所示。

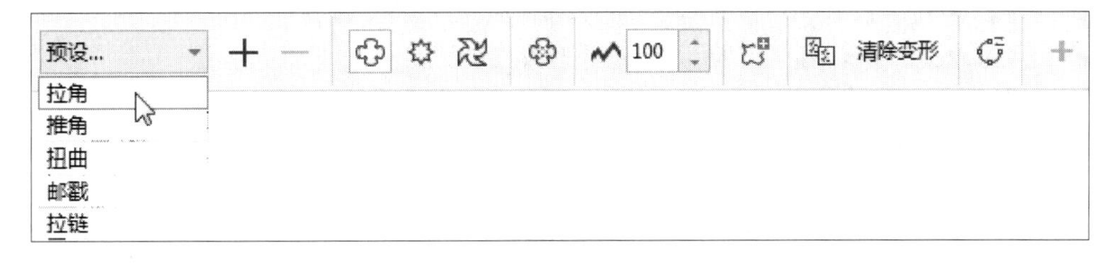


图 8-14

- 【推拉变形】按钮：通过推拉对象的节点，产生不同的推拉变形效果。
- 【拉链变形】按钮：在对象的内侧和外侧产生一系列的节点，从而使对象的轮廓变成锯齿状的效果。
- 【扭曲变形】按钮：使对象围绕自身旋转，形成螺旋效果。
- 【居中变形】按钮：居中对象中的变形效果。
- 【推拉振幅】微调框 100：调整对象的扩充和收缩。
- 【添加新的变形】按钮：将变形应用于已有变形的对象。

【推角】选项的属性栏与【拉角】选项相同，这里不再赘述。

单击工具箱中的【变形工具】按钮，在属性栏的【预设】下拉列表中选择【扭曲】选项，属性栏设置如图 8-15 所示。

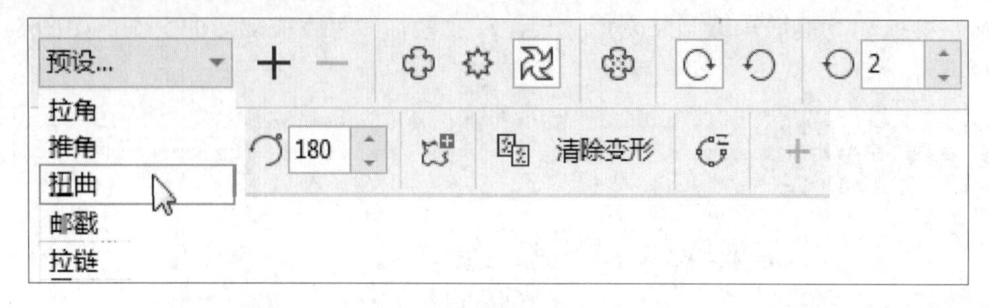


图 8-15

- 【顺时针旋转】按钮：应用顺时针变形。
- 【逆时针旋转】按钮：应用逆时针变形。
- 【完整旋转】微调框：设置变形的完整旋转次数。
- 【附加度数】微调框：设置超出变形完整旋转的度数。

单击工具箱中的【变形工具】按钮，在属性栏的【预设】下拉列表中选择【邮戳】选项，属性栏设置如图 8-16 所示。

图 8-16

- 【拉链频率】微调框：调整锯齿效果中锯齿的数量。
- 【随机变形】按钮：随机设置变形效果。
- 【平滑变形】按钮：使变形中的节点平滑。
- 【局限变形】按钮：随着变形的进行，降低变形效果。

【拉链】选项的属性栏与【邮戳】选项相同，这里不再赘述。

## Section 8.5 封套工具

手机扫描下方二维码，观看本节视频课程

封套工具是一种对对象进行变形的工具，产生的变形效果就如同将对象封装到一个袋子中，揉捏袋子，袋子中的物体形状就会相应发生变化。封套工具可以对图形、文字、编组对象以及位图等对象进行操作。

## 8.5.1 创建封套效果

选择一个图形，单击工具箱中的【封套工具】按钮，对象周围会显示用来编辑封套的控制框。在控制框边缘有控制点，拖曳控制点即可进行变形，如图 8-17 和图 8-18 所示。

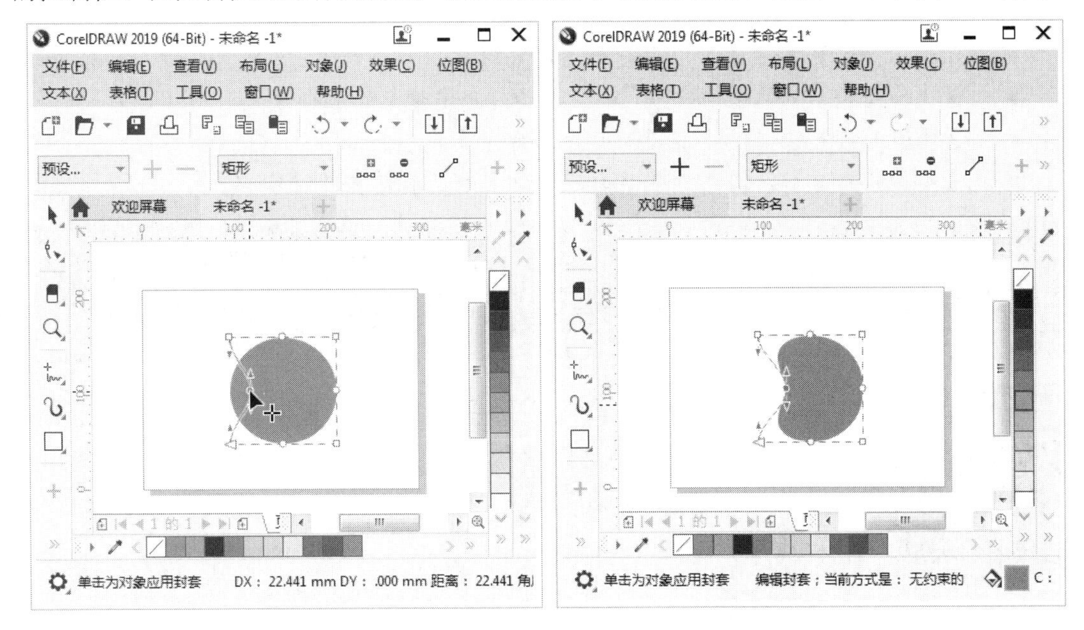


图 8-17　　　　图 8-18

## 8.5.2 设置封套属性

单击工具箱中的【封套工具】按钮，属性栏设置如图 8-19 所示。

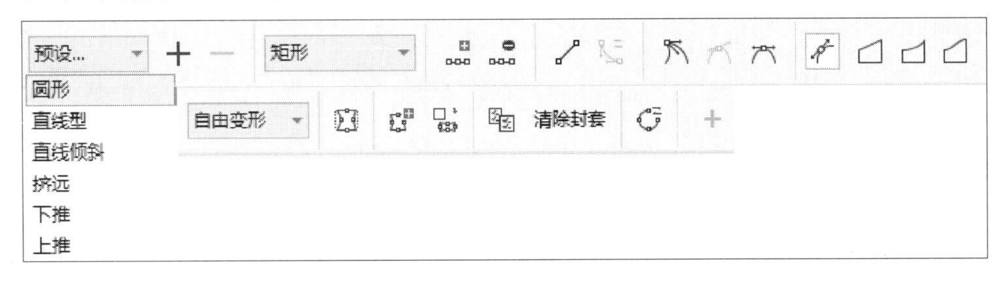


图 8-19

- 【预设】下拉按钮：单击该下拉按钮，可以在弹出的下拉列表中选择封套样式。
- 【选取模式】下拉按钮：在手绘和矩形选取框之间切换。
- 【添加节点】按钮：通过添加节点增加曲线对象中可编辑线段的数量。
- 【删除节点】按钮：删除节点改变曲线对象的形状。
- 【转换为线条】按钮：转换曲线为直线。
- 【转换为曲线】按钮：将线段转换为曲线，可通过控制柄更改曲线形状。
- 【尖突节点】按钮：通过将节点转换为尖突节点在曲线中创建一个锐角。

- 【平滑节点】按钮：通过将节点转换为平滑节点来提高曲线的圆滑度。
- 【对称节点】按钮：将同一曲线形状应用到节点的两侧。
- 【非强制模式】按钮：应用允许更改节点属性的自由形式的封套。
- 【直线模式】按钮：应用由直线组成的封套。
- 【单弧模式】按钮：应用封套构建弧形。
- 【双弧模式】按钮：应用封套构建 S 形状。
- 【映射模式】下拉按钮 自由变形：选择封套中对象的调整方式。
- 【保留线条】按钮：应用封套时保留直线。
- 【添加新封套】按钮：将封套应用到当前已有封套的对象中。

使用立体化工具可以为平面化的矢量对象添加三维效果。在平面作品中添加立体化效果，能够让画面更具视觉冲击力，使对象具有很强的纵深感和空间感。立体化效果可以应用于图形和文本对象。

### 8.6.1 创建立体化效果

选择对象，在工具箱中单击【立体化工具】按钮，将光标移至对象上，按住鼠标左键拖动，此时可以参照轮廓线确定立体化的大小，释放鼠标即可创建立体化的效果，如图 8-20 和图 8-21 所示。

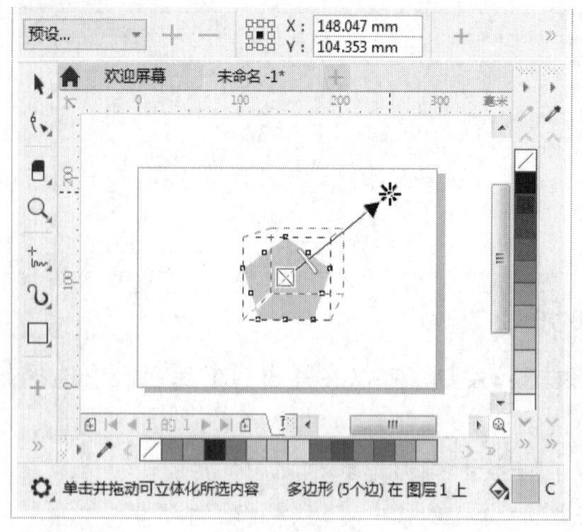


图 8-20

图 8-21

## 8.6.2 设置立体化属性

单击工具箱中的【立体化工具】按钮，属性栏设置如图 8-22 所示。

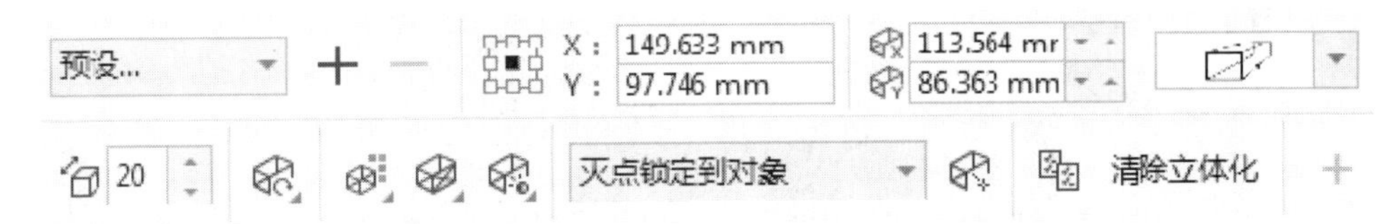


图 8-22

- 【预设】下拉按钮：单击该下拉按钮，可以在弹出的下拉列表中选择立体化预设样式。
- 【灭点坐标】微调框：通过设置 x 和 y 坐标确定立体化灭点的位置。
- 【立体化类型】下拉按钮：单击该下拉按钮，可以在弹出的下拉列表中选择立体化类型。
- 【深度】微调框：在其中输入数值，可调整立体化效果的纵深深度。数值越大，深度越深。
- 【立体化旋转】按钮：旋转立体化对象。
- 【立体化颜色】按钮：用于设置立体化效果的颜色。
- 【立体化倾斜】按钮：将斜边添加到立体化效果中。
- 【立体化照明】按钮：用于调整立体化的灯光效果。
- 【灭点属性】下拉按钮：更改灭点的锁定位置、复制灭点或在对象间共享灭点。
- 【页面或对象灭点】按钮：将灭点的位置锁定到页面或对象中。

# Section 8.7 块阴影工具

手机扫描下方二维码，观看本节视频课程

利用块阴影工具可以创建由简单线条构成的阴影效果，为对象创建光线照射的阴影效果，使对象产生较强的立体感。本节将详细介绍使用块阴影工具为对象创建阴影效果以及块阴影属性栏的相关知识。

## 8.7.1 创建块阴影效果

选择对象，在工具箱中单击【块阴影工具】按钮，将光标移至对象上，按住鼠标左键拖动，释放鼠标即可创建块阴影的效果，如图 8-23 和图 8-24 所示。

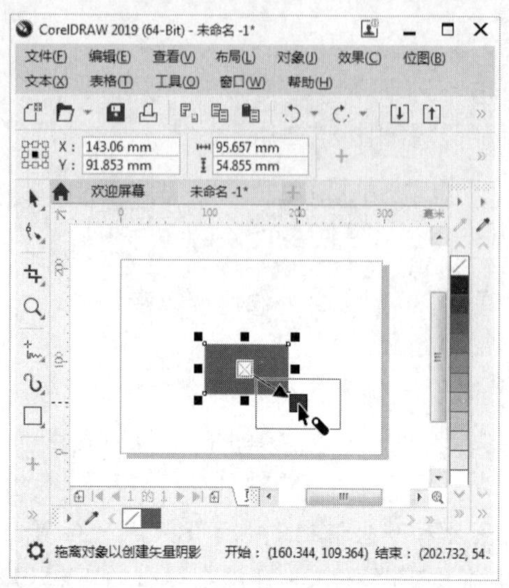


图 8-23

图 8-24

## 8.7.2 设置块阴影属性

单击工具箱中的【块阴影工具】按钮，属性栏设置如图 8-25 所示。

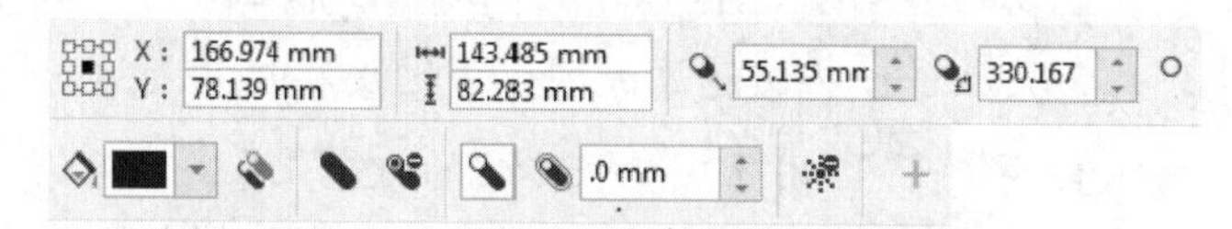


图 8-25

- 【深度】微调框：调整块阴影的深度。
- 【定向】微调框：设置块阴影的角度。
- 【块阴影颜色】下拉按钮：选择块阴影颜色。
- 【叠印块阴影】按钮：设置块阴影以在底层对象之上打印。
- 【简化】按钮：修剪对象和块阴影之间的叠加区域。
- 【移除孔洞】按钮：将块阴影设为不带孔的实线曲线对象。
- 【从对象轮廓生成】按钮：创建块阴影时，包括对象轮廓。

# Section 8.8 透明度工具

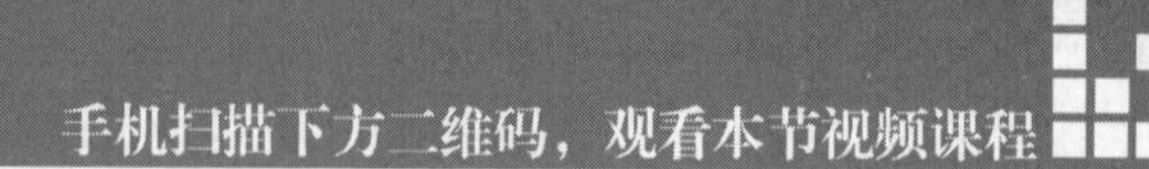

透明度工具可以为对象创建透明图层的效果。在物体的造型处理上，应用透明度效果可以很好地表现出对象的光滑质感，增强对象的真实效果。透明度效果可以应用于矢量图形、文本和位图图像。

## 8.8.1 创建透明度效果

选择对象，如图 8-26 所示，在工具箱中单击【透明度工具】按钮，在属性栏中单击【均匀透明度】按钮，设置【透明度】为 50，效果如图 8-27 所示。

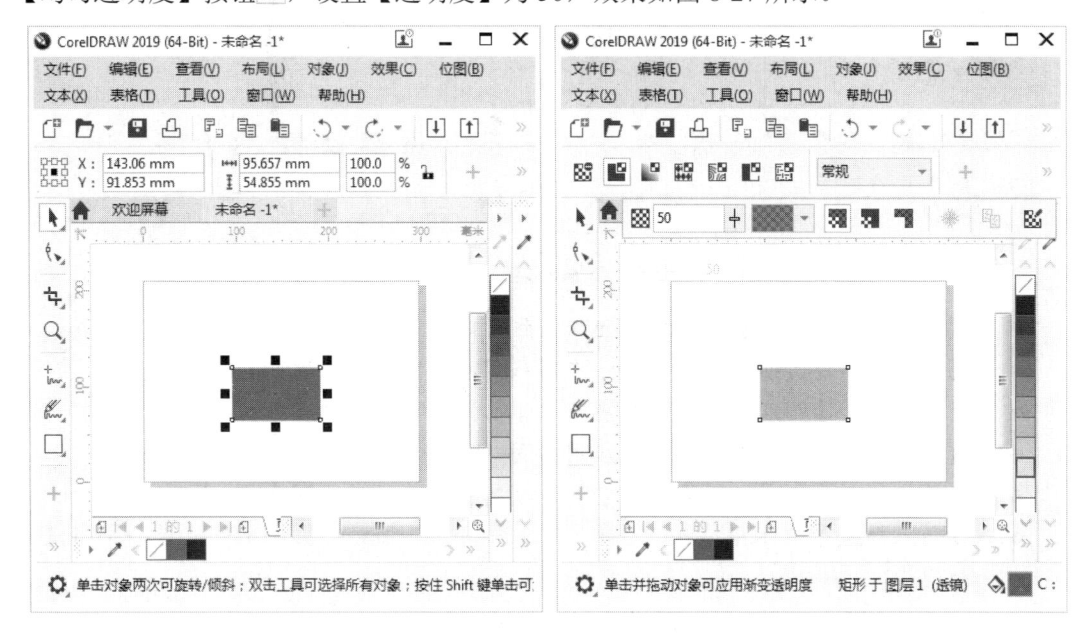


图 8-26　　　　图 8-27

## 8.8.2 设置透明度属性

单击工具箱中的【透明度工具】按钮，在属性栏中单击【均匀透明度】按钮，属性栏设置如图 8-28 所示。

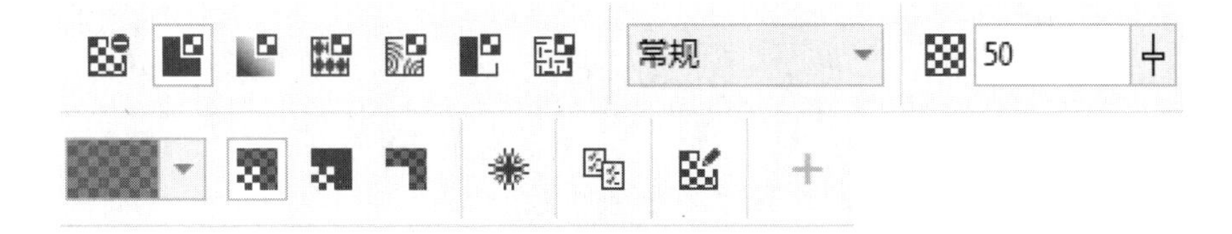


图 8-28

- 【均匀透明度】按钮：应用均匀分布且整齐的透明度。
- 【合并模式】下拉按钮 常规：用来设置两个图形叠加后产生的色彩混合的特殊效果。合并模式与当前设置的透明度类型无关，即使当前的透明度模式为【无透明度】选项，也是可以进行合并模式设置的。
- 【透明度】文本框 50：用于设置对象的透明程度。数值越大，透明度越强，反之则透明度越弱。
- 【透明度挑选器】下拉按钮：单击该下拉按钮，可以在弹出的下拉列表中选择一个预设透明度。
- 【全部】按钮：将透明度应用到对象填充和对象轮廓。

- 【填充】按钮：仅将透明度应用到对象填充。
- 【轮廓】按钮：仅将透明度应用到对象轮廓。
- 【冻结透明度】按钮：冻结对象的当前视图的透明度，这样即使对象发生移动，视图也不会发生变化。

单击工具箱中的【透明度工具】按钮，在属性栏中单击【渐变透明度】按钮，属性栏设置如图 8-29 所示。

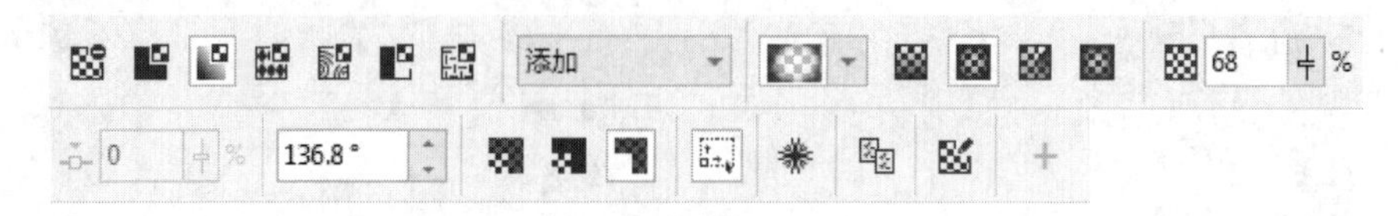

图 8-29

- 【线性渐变透明度】按钮：应用沿线性路径逐渐更改透明度。
- 【椭圆形渐变透明度】按钮：应用从同心椭圆形向外逐渐更改透明度。
- 【锥形渐变透明度】按钮：应用以锥形逐渐更改透明度。
- 【矩形渐变透明度】按钮：应用从同心矩形的中心向外逐渐更改透明度。
- 【节点透明度】文本框 68 %：指定选定节点的透明度。
- 【节点位置】文本框 82 %：指定中间节点相对于第一个和最后一个节点的位置。
- 【旋转】微调框 136.8°：指定角度旋转透明度。

单击工具箱中的【透明度工具】按钮，在属性栏中单击【向量图样透明度】按钮，属性栏设置如图 8-30 所示。

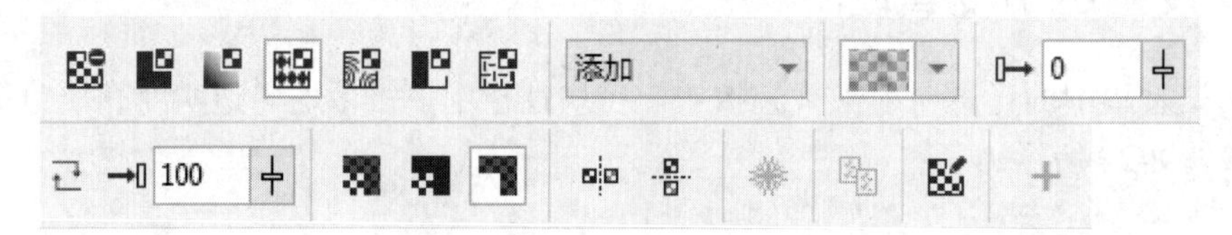

图 8-30

- 【前景透明度】文本框 0：设置前景色的透明度。
- 【反转】按钮：反转前景和背景图透明度。
- 【背景透明度】文本框 100：设置背景色的透明度。
- 【水平镜像平铺】按钮：排列平铺以便交替平铺，可在水平方向相互反射。
- 【垂直镜像平铺】按钮：排列平铺以便交替平铺，可在垂直方向相互反射。

单击工具箱中的【透明度工具】按钮，在属性栏中单击【位图图样透明度】按钮，属性栏设置如图 8-31 所示。

- 【调和过渡】下拉按钮 调和过渡：调整图样平铺的颜色和边缘过渡。

单击工具箱中的【透明度工具】按钮，在属性栏中单击【双色图样透明度】按钮，属性栏设置如图 8-32 所示。

图 8-31

图 8-32

单击工具箱中的【透明度工具】按钮，在属性栏中单击【底纹图样透明度】按钮，属性栏设置如图 8-33 所示。

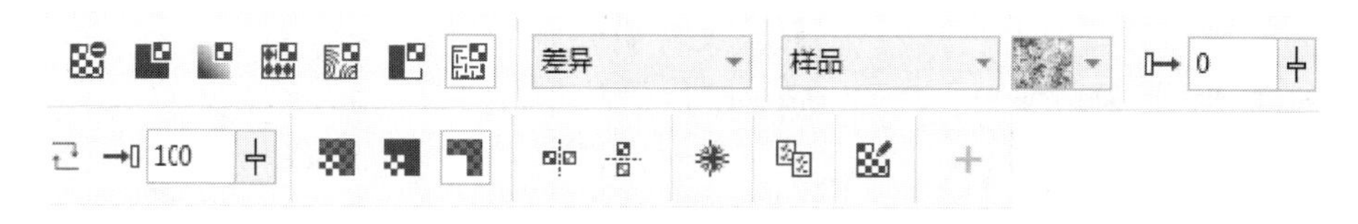


图 8-33

- 【底纹库】下拉按钮样品：单击该下拉按钮，可以在弹出的下拉列表中选择底纹样式。

单击工具箱中的【透明度工具】按钮，在属性栏中单击【无透明度】按钮，属性栏设置如图 8-34 所示。

图 8-34

## Section 8.9 范例应用与上机操作

手机扫描下方二维码，观看本节视频课程

在本节的学习过程中，将侧重介绍和讲解与本章知识点有关的范例应用与技巧，主要内容包括使用透明度工具制作混合效果、使用阴影工具制作电影海报、使用立体化工具制作立体文字标志等方面的知识与操作技巧。

### 8.9.1 使用透明度工具制作混合效果

本案例将介绍使用透明度工具制作图形与背景图片的混合效果。

素材文件 第8章\素材文件\1.jpg

效果文件 第8章\效果文件\混合效果.cdr

step 1 新建一个纵向的A4文档，使用椭圆形工具在文档中绘制一个正圆，填充颜色(C：0，M：100，Y：100，K：0)，去掉轮廓色，如图8-35所示。

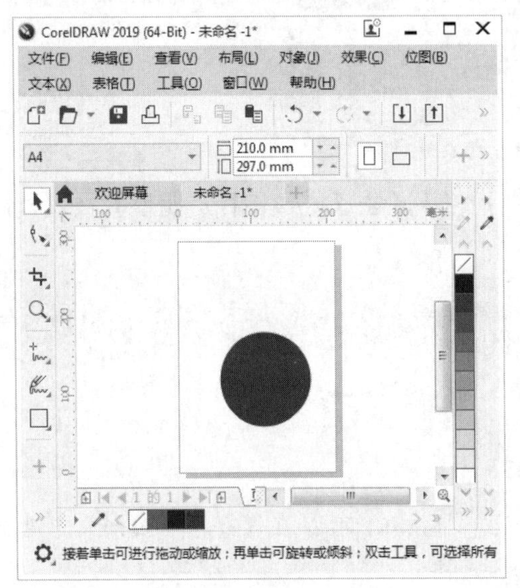

图 8-35

step 2 执行【文件】→【导入】命令，将“1.jpg”素材文件导入到文档中，如图8-36所示。

图 8-36

step 3 选中导入的文件，单击工具箱中的【透明度工具】按钮，在属性栏中单击【无透明度】按钮，设置【合并模式】为【底纹化】选项，效果如图8-37所示。

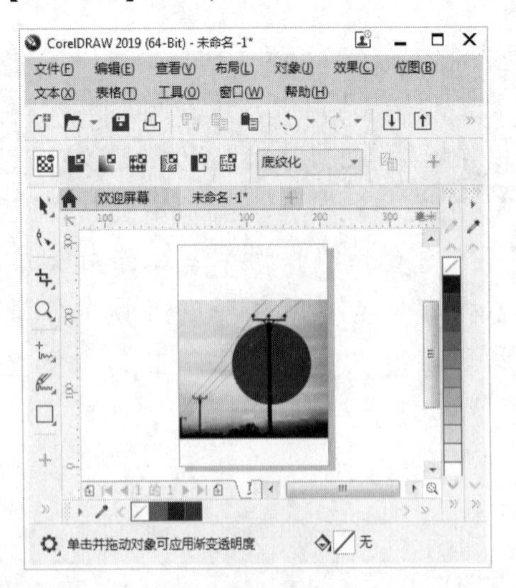

图 8-37

step 4 使用文本工具在画面中插入文字，设置字体、字号。通过以上步骤即可完成使用透明度工具制作混合效果的操作，如图8-38所示。

图 8-38

## 8.9.2 使用阴影工具制作电影海报

本案例将介绍使用阴影工具制作电影海报的操作方法。

素材文件 第8章\素材文件\2.png
效果文件 第8章\效果文件\电影海报.cdr

step 1 新建一个纵向的A4文档，双击矩形工具，绘制一个与画板等大的矩形，使用交互式填充工具为其填充由白色到青色(R：192，G：222，B：189)的椭圆形渐变，去掉轮廓色，如图8-39所示。

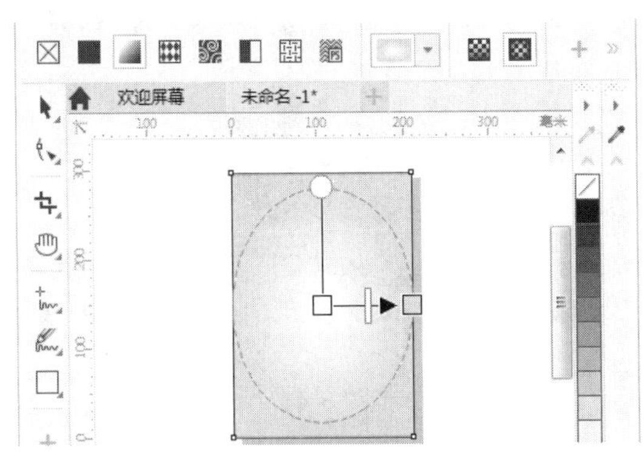


图 8-39

step 2 使用矩形工具在版面上方绘制一个矩形，并为其填充颜色(C：0，M：0，Y：20，K：80)，去掉轮廓色，如图8-40所示。

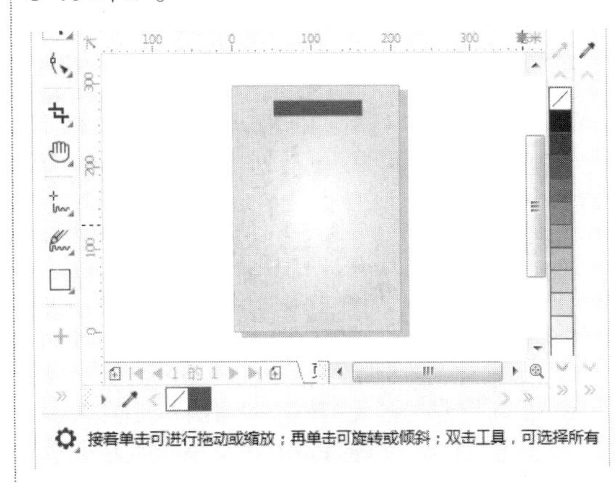


图 8-40

step 3 使用文本工具在画面中插入文字，设置字体、字号，设置颜色(R:225，G：185，B：36)，如图8-41所示。

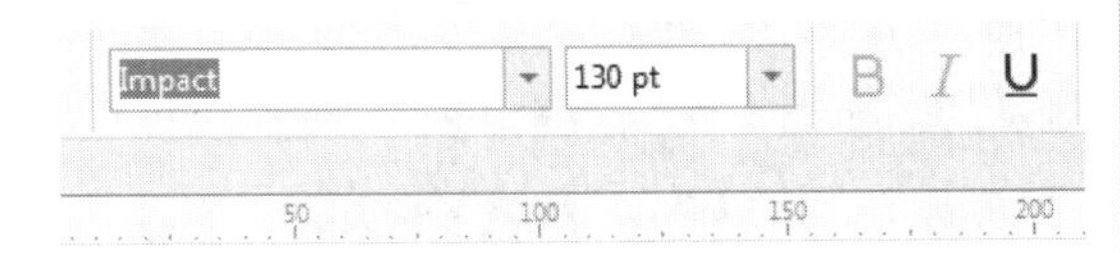

图 8-41

step 4 选中文字，单击工具箱中的【阴影工具】按钮，在文字上方按住鼠标左键向下拖曳创建阴影，在属性栏设置参数，如图8-42所示。

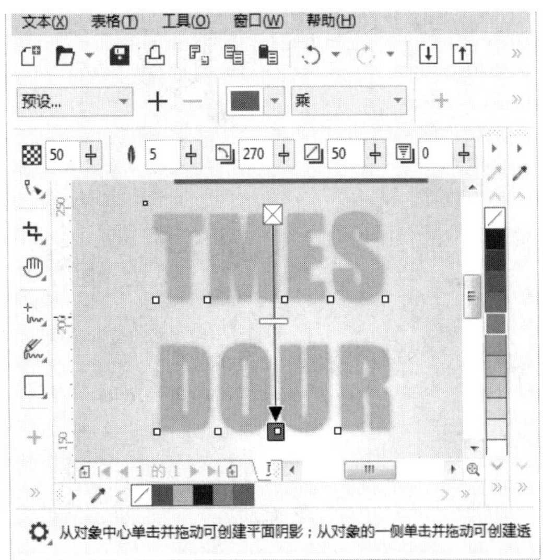


图 8-42

step 5 执行【文件】→【导入】命令，将“2.png”素材文件导入到文档中，如图 8-43 所示。

图 8-43

使用阴影工具为人物添加阴影，在属性栏中设置参数，如图 8-44 所示。

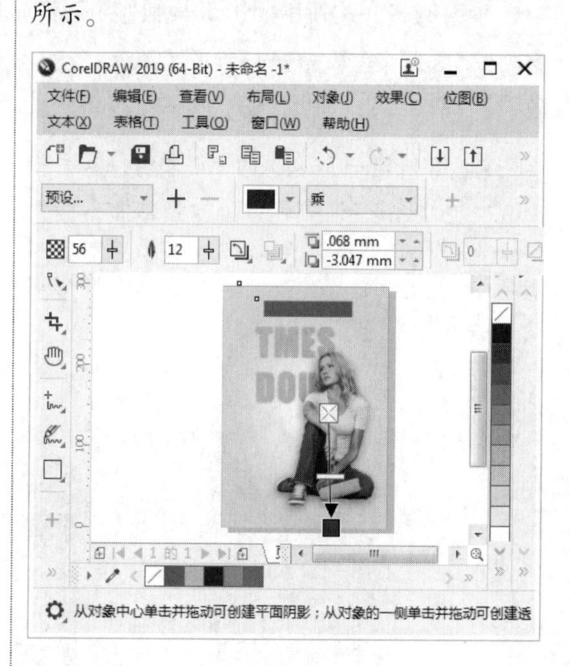

图 8-44

使用文本工具继续输入文字，并为其添加阴影效果，如图 8-45 所示。

图 8-47

step 8 使用文本工具继续输入文字，为上方的文字填充白色，为下方的文字填充蓝色，如图 8-46 所示。

图 8-46

使用钢笔工具绘制一个三角形，并为其填充和文字一样的蓝色，去掉轮廓色，如图 8-47 所示。

图 8-47

图形绘制完成，旋转并移动至适当位置，效果如图 8-49 所示。

图 8-49

选中三角形，执行【窗口】→【泊坞窗】→【变换】命令，弹出【变换】泊坞窗，单击【旋转】按钮，设置参数，单击【应用】按钮，如图 8-48 所示。

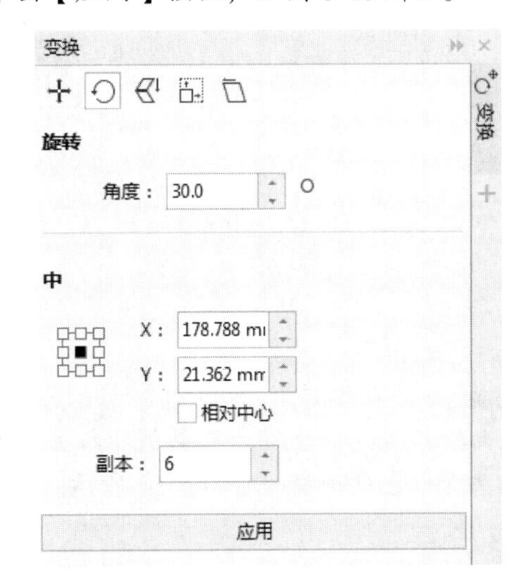


图 8-48

## 8.9.3 使用立体化工具制作立体文字标志

本案例将介绍使用立体化工具制作立体文字标志的方法。

素材文件 第 8 章\素材文件\3.png 4.png 5.jpg

效果文件 第 8 章\效果文件\立体文字标志.cdr

新建一个横向的 A4 文档，使用文本工具输入文字，设置字体为 Impact，字号为 150pt，为其添加一种白色到橘红色的线性渐变填充，如图 8-50 所示。

选择文字，单击工具箱中的【立体化工具】按钮，在文字上按住鼠标左键向右下角拖动，创建立体化效果，如图 8-51 所示。

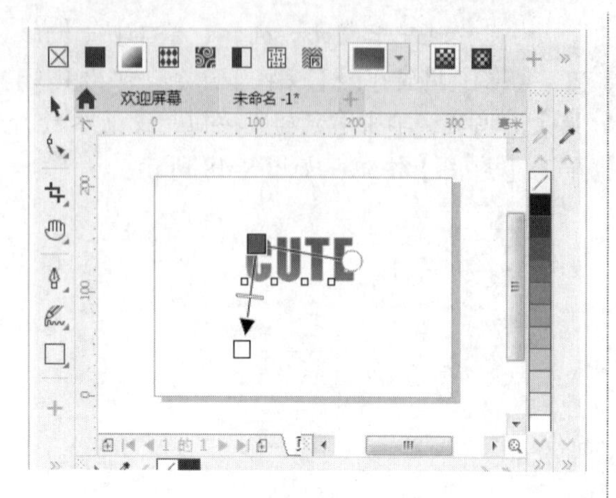


图 8-50

图 8-51

step 3 在属性栏中单击【立体化颜色】按钮 ，在弹出的面板中设置从朱红色到深红色的渐变，如图 8-52 所示。

图 8-52

以同样方法制作其他立体字，如图 8-53 所示。

图 8-53

step 5 执行【文件】→【导入】命令，将“3.png”和“4.png”素材文件导入到文档中，如图 8-54 所示。

图 8-54

step 6 按 Ctrl+A 组合键选中所有对象，按 Ctrl+G 组合键进行编组，并将所有内容复制一份，如图 8-55 所示。

图 8-55

在属性栏中单击【垂直镜像】按钮，如图 8-56 所示。

图 8-56

step 8 选中反过来的图形，执行【位图】→【转换为位图】命令，弹出【转换为位图】对话框，设置参数，单击 OK 按钮，如图 8-57 所示。

转换为位图

分辨率(E)： 72 dpi

Color

颜色模式(C)： RGB 色 ( 24 位 )

递色处理的(D)

总是叠印黑色(V)

选项

☑ 光滑处理(A)

☑ 透明背景(T)

未压缩的文件大小: 917 KB

? OK 取消

图 8-57

step 9 选择位图，单击【透明度工具】按钮，在属性栏中单击【渐变透明度】按钮，再单击【线性渐变透明度】按钮，设置合适的节点位置，如图 8-58 所示。

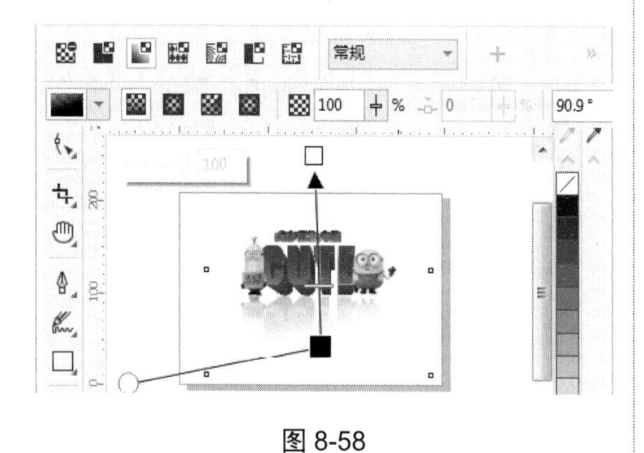


图 8-58

step 10 执行【文件】→【导入】命令，将“5.jpg”素材文件导入到文档中，放在底层，最终效果如图 8-59 所示。

图 8-59

## Section 8.10 本章小结与课后练习

本节内容无视频课程

本章主要介绍了阴影工具、轮廓图工具、混合工具、变形工具、封套工具、立体化工具、块阴影工具、透明度工具等内容。学习本章后，用户可以基本了解制作矢量图形特效的方法，为进一步使用软件制作图像奠定坚实的基础。

## 8.10.1　思考与练习

**一、填空题**

1. 选择带有阴影的对象，按________+________组合键可将阴影与图形对象分离，使用选择工具即可单独移动阴影对象。

2. 创建轮廓图效果的方法有两种，一种是在工具箱中单击【轮廓图工具】按钮，另一种是执行________→________命令，在弹出的【轮廓图】泊坞窗中进行相应的设置。

**二、判断题**

1. 选择应用轮廓图的对象，在轮廓图工具的属性栏中单击【清除轮廓】按钮，即可清除对象的轮廓图效果。　　(　　)

2. 单击混合工具属性栏中的【环绕调和】按钮，可以改变调和的路径。　　(　　)

**三、思考题**

1. 如何为对象添加立体化效果？

2. 如何为对象添加变形效果？

## 8.10.2　上机操作

1. 通过本章的学习，读者基本可以掌握制作矢量图形特效方面的知识，下面通过练习为对象添加块阴影效果，达到巩固与提高的目的。

2. 通过本章的学习，读者基本可以掌握制作矢量图形特效方面的知识，下面通过练习为对象添加封套效果，达到巩固与提高的目的。

范例导航
系列丛书

# 第9章

# 制作与应用表格

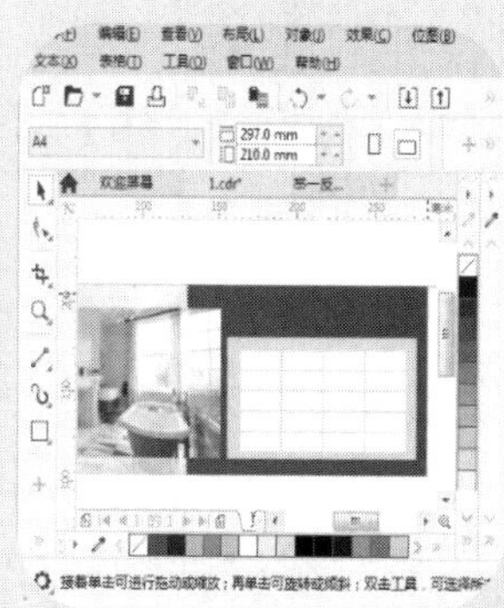

本章主要介绍创建表格、文本与表格的相互转换、设置表格的外观、操作表格、合并与拆分表格方面的知识与技巧，同时还讲解了如何制作简约表格、绘制家居用品表格以及为糖果包装添加表格的方法。通过本章的学习，读者可以掌握制作与应用表格方面的知识，为深入学习 CorelDRAW 2019 知识奠定基础。

1. 创建表格
2. 文本与表格的相互转换
3. 设置表格的外观
4. 操作表格
5. 合并与拆分表格

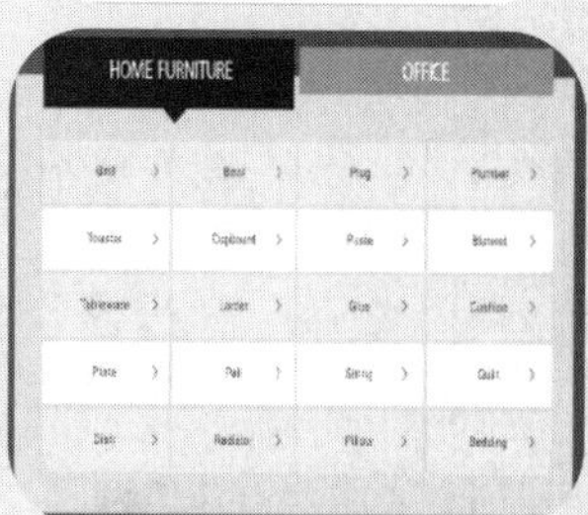

# Section 9.1 创建表格

手机扫描下方二维码，观看本节视频课程

在 CorelDRAW 2019 中，使用表格工具结合新增的【表格】菜单中的命令，可以任意创建和修改表格中指定位置处的颜色和轮廓属性，以及在绘制的表格中输入文字和插入图片，对表格进行合并、拆分、与文本进行转换等操作。

## 9.1.1 使用表格工具创建

单击工具箱中的【表格工具】按钮，在属性栏中设置合适的“行数”和“列数”，接着在画面中按住鼠标左键拖动，释放鼠标后即可得到表格，如图 9-1 和图 9-2 所示。

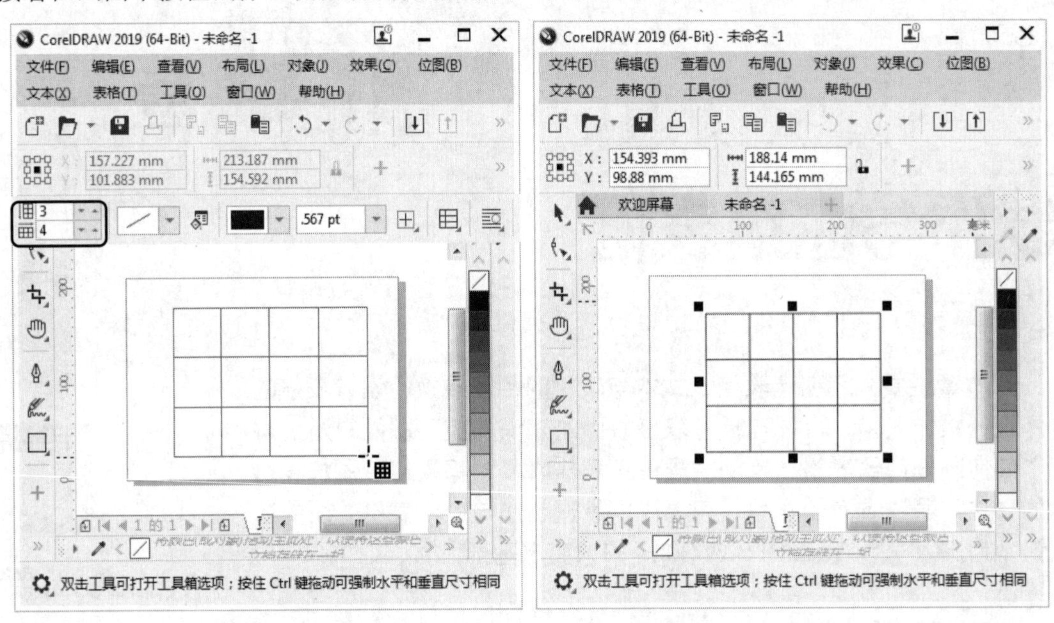

图 9-1　　图 9-2

表格工具属性栏如图 9-3 所示。

图 9-3

- 【对象大小】微调框：设置对象的宽度和高度。
- 【行数和列数】微调框：设置表格的行数和列数。

- 【填充色】下拉按钮：设置对象的填充色。
- 【编辑填充】按钮：更改当前填充的属性。
- 【轮廓色】下拉按钮：设置对象的轮廓颜色。
- 【轮廓宽度】下拉按钮 .567 pt：设置对象的轮廓宽度。
- 【边框选择】按钮：调整显示在表格内部和外部的边框。
- 【表格选项】下拉按钮 选项：选择是否在输入数据时自动调整单元格大小以及在单元格间添加空格。
- 【文本换行】按钮：选择段落文本环绕对象的样式并设置偏移距离。

## 9.1.2 使用菜单命令创建

想要创建特定尺寸的表格，可以执行【表格】→【创建新表格】命令，打开【创建新表格】对话框，在这里设置表格的行数、栏数、高度和宽度，设置完成后单击 OK 按钮，此时画面中就会出现一个精确尺寸的表格，如图 9-4 和图 9-5 所示。

也可以选择表格，在属性栏的 75.0 mm 选项中设置表格的宽度，在 100.0 mm 选项中设置表格的高度，然后按 Enter 键确定操作。

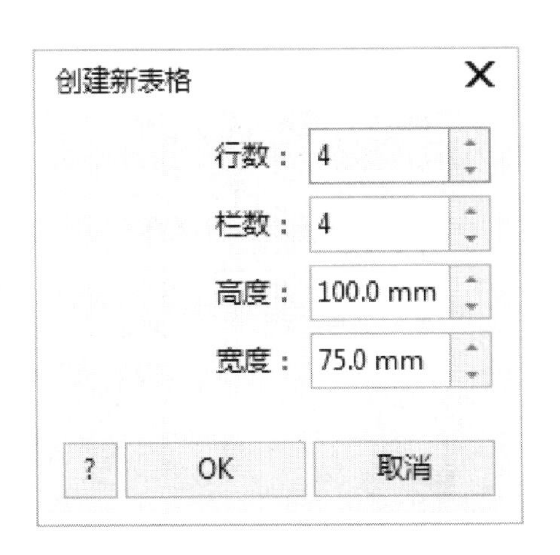


图 9-4

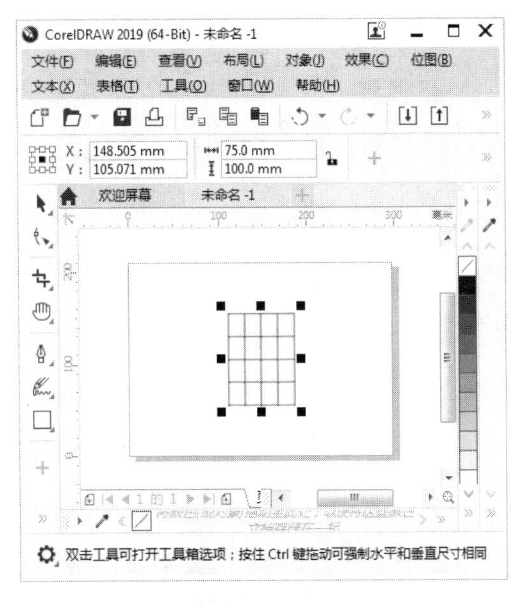


图 9-5

## Section 9.2 文本与表格的相互转换

手机扫描下方二维码，观看本节视频课程

在 CorelDRAW 2019 中，可以将文本转换为表格，根据设置的转换规则以确定所得到表格的行列数；也可以将表格转换为文本。本节将详细介绍文本与表格之间相互转换的操作方法。

## 9.2.1 将文本转换为表格

若要将文本转换为表格，需要在文本中插入制表符、逗号、段落回车符或其他字符。

step 1 选中文本，① 单击【表格】菜单，② 在弹出的菜单中选择【将文本转换为表格】菜单项，如图 9-6 所示。

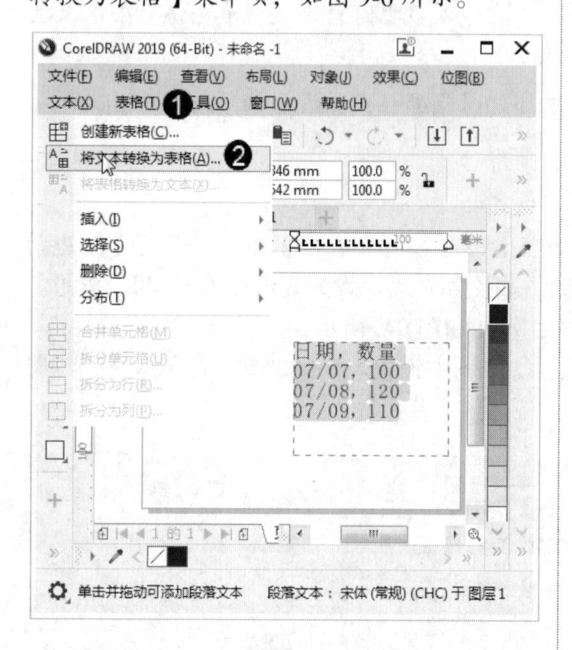


图 9-6

step 2 弹出【将文本转换为表格】对话框，① 选中【逗号】单选按钮，② 单击 OK 按钮，如图 9-7 所示。

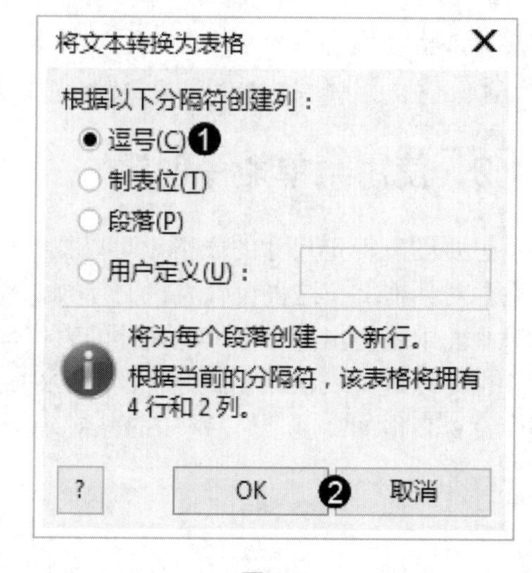


图 9-7

step 3 完成将文本转换为表格的操作，如图 9-8 所示。

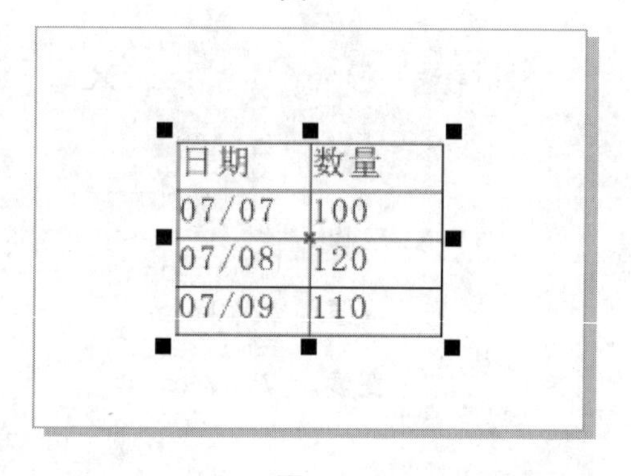


图 9-8

## 9.2.2 将表格转换为文本

将文本转换为表格后，还可以再将表格转换为文本。

step 1 选中表格，① 单击【表格】菜单，② 在弹出的菜单中选择【将表格转换为文本】菜单项，如图 9-9 所示。

step 2 弹出【将表格转换为文本】对话框，① 选中【制表位】单选按钮，② 单击 OK 按钮，如图 9-10 所示。

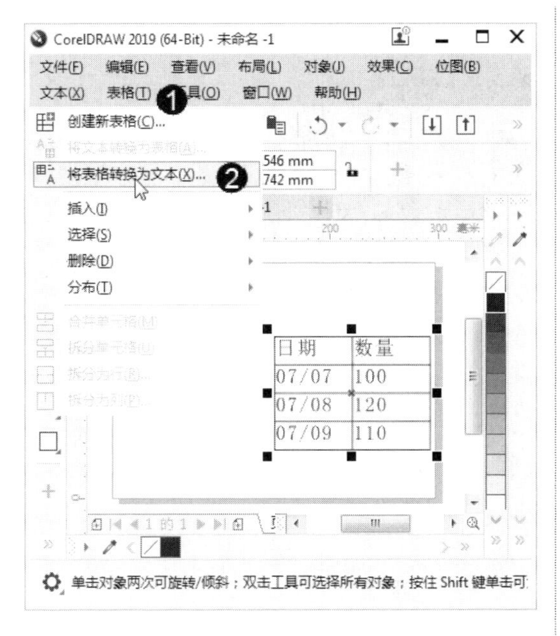


图 9-9

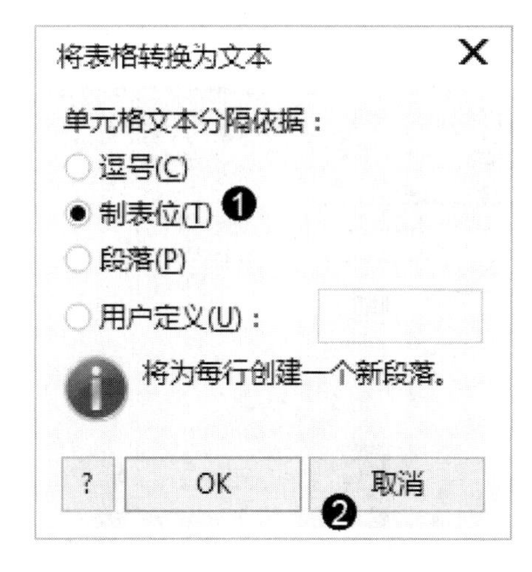


图 9-10

完成将表格转换为文本的操作，如图 9-11 所示。

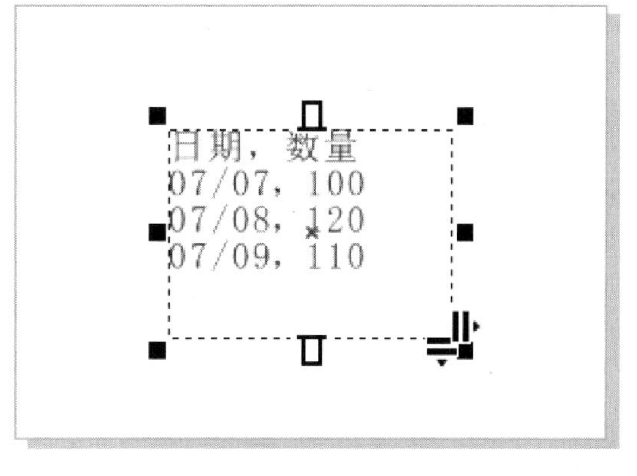


图 9-11

## Section 9.3 设置表格的外观

创建完表格后，用户可以在表格工具的属性栏中对表格的外观进行设置，还可以单独设置每个单元格的外观。本节将详细介绍设置表格整体外观以及设置单个单元格外观的具体操作方法。

### 9.3.1 设置表格背景色

选择表格，在属性栏单击【填充色】下拉按钮，在弹出的下拉面板中选择一种合适的颜色，此时表格就被填充了背景色，如图 9-12 所示。

如果要为单个单元格填充背景色，可以使用形状工具选中单元格，然后单击属性栏中的【填充色】下拉按钮，在弹出的下拉面板中选择一种合适的颜色，此时表格就被填充了背景色，如图 9-13 所示。

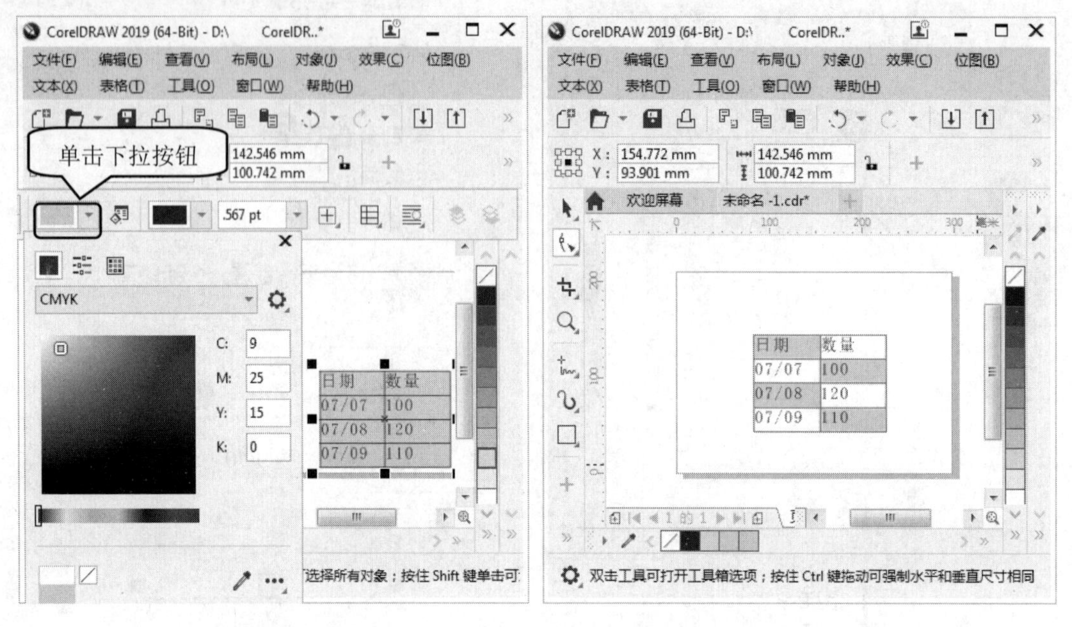


图 9-12　　　　图 9-13

选中表格或单元格，在属性栏中单击【填充色】下拉按钮，在弹出的下拉面板中单击【无颜色】按钮，即可去除背景色，如图 9-14 所示。

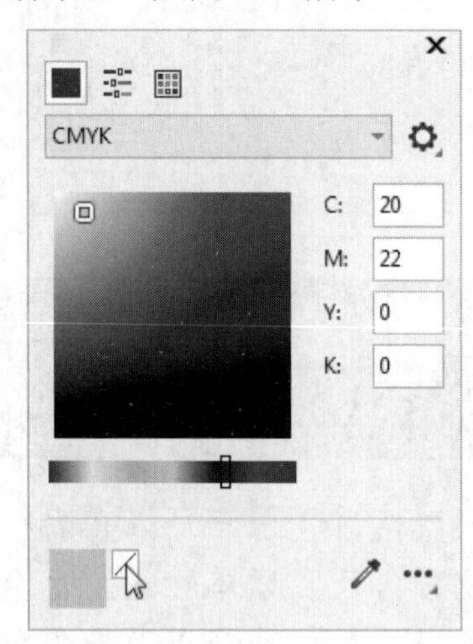


图 9-14

## 9.3.2　设置表格或单元格边框

设置表格边框的粗细和颜色的方法与设置图形的轮廓色有所不同，在设置表格边框时首先需要选择调整位置。

step 1 选中表格，在属性栏中单击【边框选择】按钮，在弹出的列表中选择【全部】选项，如图 9-15 所示。

step 2 在属性栏中单击【轮廓宽度】下拉按钮，在弹出的列表中选择 8.0pt 选项，如图 9-16 所示。

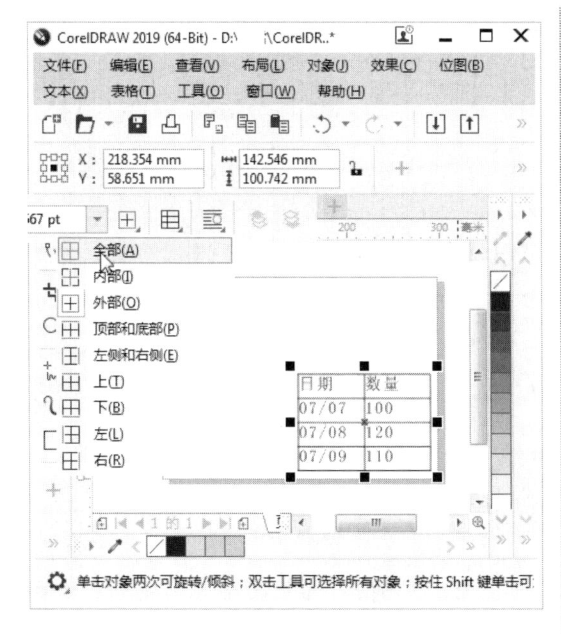


图 9-15

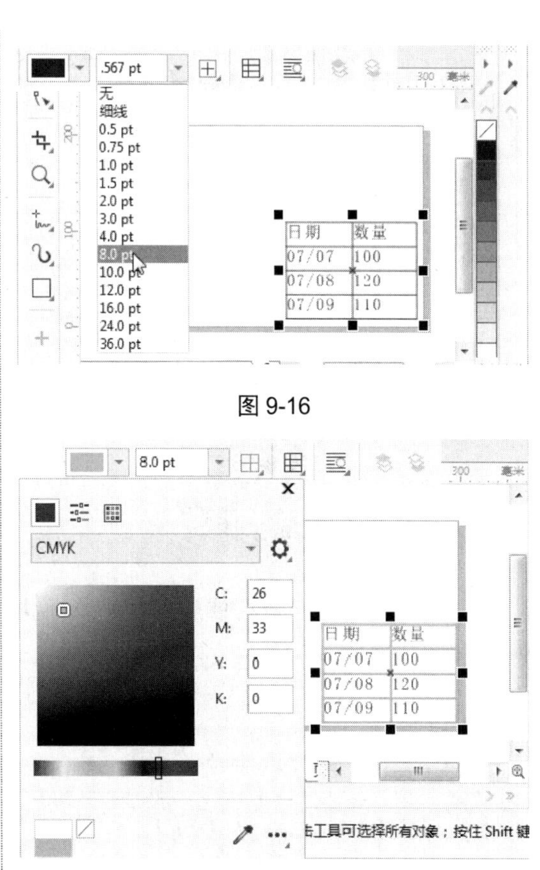


图 9-16

图 9-17

step 3 可以看到表格的边框已经变粗，在属性栏中单击【轮廓色】下拉按钮，在弹出的面板中选择一种颜色，即可完成设置表格边框的操作，如图 9-17 所示。

## Section 9.4 操作表格

手机扫描下方二维码，观看本节视频课程

操作表格的内容包括选择单元格、插入单元格、删除单元格、调整行高和列宽、平均分布行列、设置单元格对齐以及在单元格中添加图像等内容。本节将详细介绍操作表格的相关知识。

### 9.4.1 选择单元格

表格是由一个个单元格组成的，使用选择工具能够选择整个表格，而使用形状工具能够选择单独的单元格。

#### 1. 选中整个表格对象

使用选择工具在表格上单击即可将表格选中，如图 9-18 和图 9-19 所示。

| 日期 | 数量 |
| --- | --- |
| 07/07 | 100 |
| 07/08 | 120 |
| 07/09 | 110 |

图 9-18

| 日期 | 数量 |
| --- | --- |
| 07/07 | 100 |
| 07/08 | 120 |
| 07/09 | 110 |

图 9-19

## 2. 选择一个单元格

首先选中表格，然后使用形状工具单击准备选中的单元格，即可将单元格选中，如图 9-20 和图 9-21 所示。

| 日期 | 数量 |
| --- | --- |
| 07/07 | 100 |
| 07/08 | 120 |
| 07/09 | 110 |

图 9-20

| 日期 | 数量 |
| --- | --- |
| 07/07 | 100 |
| 07/08 | 120 |
| 07/09 | 110 |

图 9-21

## 3. 选择不相邻的单元格

如果要选择不相邻的单元格，可以按住 Ctrl 键单击进行加选，如图 9-22 所示。

| 日期 | 数量 |
| --- | --- |
| 07/07 | 100 |
| 07/08 | 120 |
| 07/09 | 110 |

图 9-22

## 4. 选择一列单元格

首先选中表格，然后使用形状工具将光标移至准备选中的那列表格的上方，光标变为▼形状，单击鼠标，即可选中一列单元格，如图 9-23 和图 9-24 所示。

| 日期 | 数量 |
| --- | --- |
| 07/07 | 100 |
| 07/08 | 120 |
| 07/09 | 110 |

图 9-23

| 日期 | 数量 |
| --- | --- |
| 07/07 | 100 |
| 07/08 | 120 |
| 07/09 | 110 |

图 9-24

## 5. 选择一行单元格

首先选中表格，然后使用形状工具将光标移至准备选中的那行表格的左侧，光标变为▶形状，单击鼠标，即可选中一行单元格，如图 9-25 和图 9-26 所示。

| 日期 | 数量 |
| --- | --- |
| 07/07 | 100 |
| 07/08 | 120 |
| 07/09 | 110 |

图 9-25

| 日期 | 数量 |
| --- | --- |
| 07/07 | 100 |
| 07/08 | 120 |
| 07/09 | 110 |

图 9-26

## 6. 选择多个单元格

用户可以通过框选的方式选择多个相连的单元格。首先选择一个单元格，然后按住鼠标左键拖动，释放鼠标后即可选择多个单元格，如图 9-27 和图 9-28 所示。

## 7. 全选单元格

首先选中一个单元格，按 Ctrl+A 组合键，即可选中全部单元格，如图 9-29 和 9-30 所示。

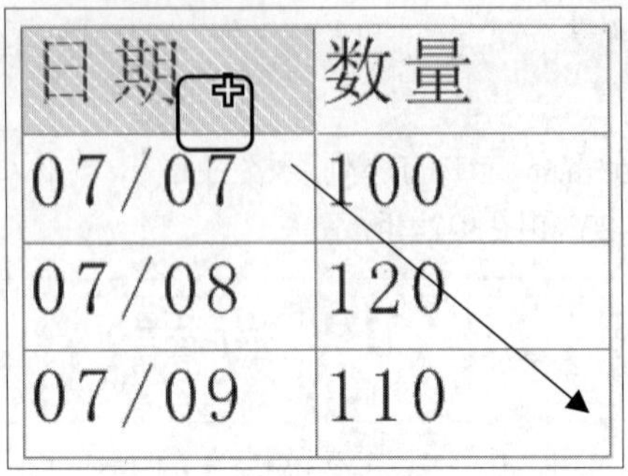

| 日期 | 数量 |
| --- | --- |
| 07/07 | 100 |
| 07/08 | 120 |
| 07/09 | 110 |

图 9-27

| 日期 | 数量 |
| --- | --- |
| 07/07 | 100 |
| 07/08 | 120 |
| 07/09 | 110 |

图 9-28

| 日期 | 数量 |
| --- | --- |
| 07/07 | 100 |
| 07/08 | 120 |
| 07/09 | 110 |

图 9-29

| 日期 | 数量 |
| --- | --- |
| 07/07 | 100 |
| 07/08 | 120 |
| 07/09 | 110 |

图 9-30

选择表格，然后单击工具箱中的形状工具，接着将光标定位在表格的左上角处，光标变为形状后，单击即可选中全部单元格。

## 9.4.2 插入单元格

如果创建的表格不能满足用户的需要，用户可以在已有表格中插入单元格、行或列。

### 1. 插入一行单元格

使用形状工具选中一个单元格，用鼠标右键单击该单元格，在弹出的快捷菜单中选择【插入】→【行上方】菜单项，即可在选中单元格的上方插入一行单元格，如图 9-31 和图 9-32 所示。在快捷菜单中选择【插入】→【行下方】菜单项，可以在选中单元格的下方插入一行单元格。

### 2. 插入一列单元格

使用形状工具选中一个单元格，鼠标右键单击该单元格，在弹出的快捷菜单中选择【插入】→【列左侧】菜单项，即可在选中单元格的左侧插入一列单元格，如图 9-33 和图 9-34 所示。在快捷菜单中选择【插入】→【列右侧】菜单项，即可在选中单元格的右侧插入一列单元格。

## 3. 插入多行单元格

使用形状工具选中一个单元格，用鼠标右键单击该单元格，在弹出的快捷菜单中选择【插入】→【插入行】菜单项，弹出【插入行】对话框，设置参数，单击 OK 按钮，即可完成插入多行单元格的操作，如图 9-35、图 9-36 和图 9-37 所示。

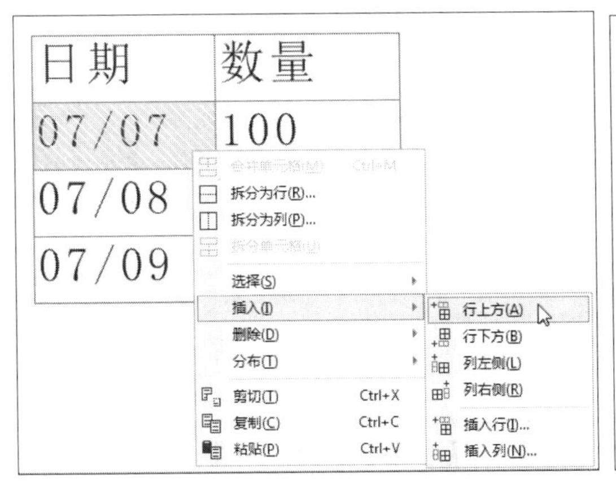


图 9-31

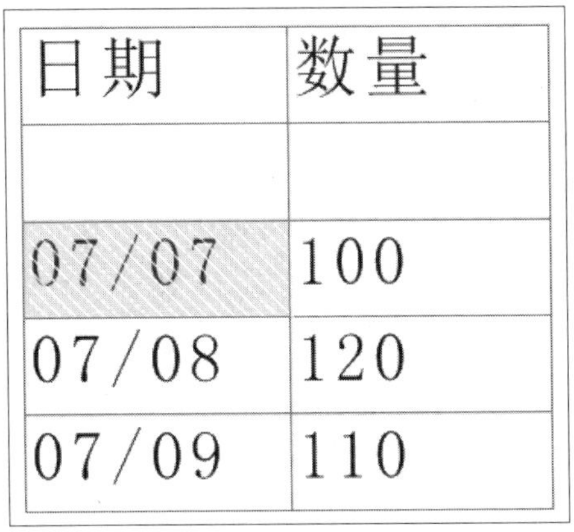

| 日期 | 数量 |
| --- | --- |
| | |
| 07/07 | 100 |
| 07/08 | 120 |
| 07/09 | 110 |

图 9-32

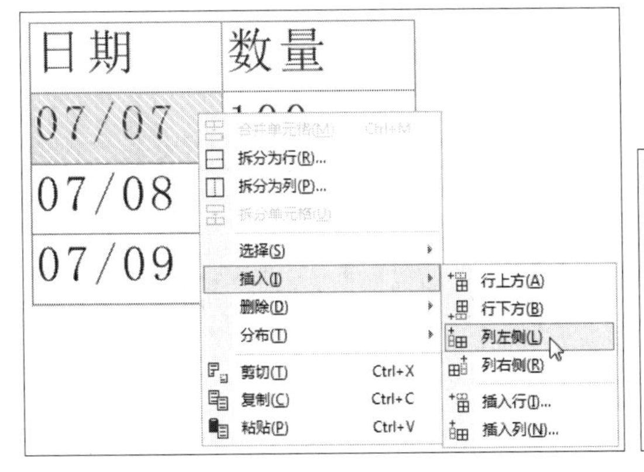


图 9-33

| | 日期 | 数量 |
| --- | --- | --- |
| | 07/07 | 100 |
| | 07/08 | 120 |
| | 07/09 | 110 |

图 9-34

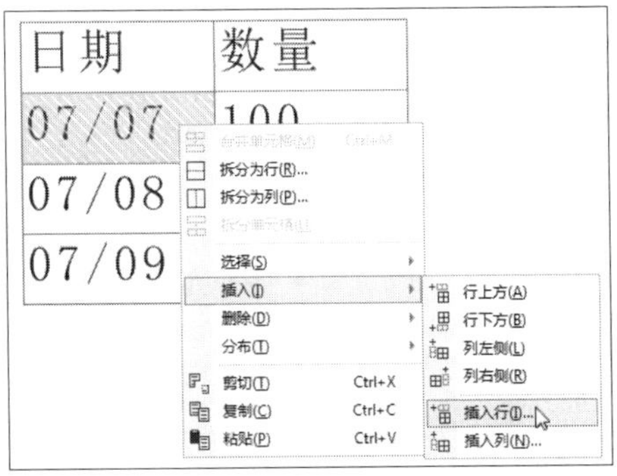

| 日期 | 数量 |
| --- | --- |
| 07/07 | 100 |
| 07/08 | |
| 07/09 | |

图 9-35

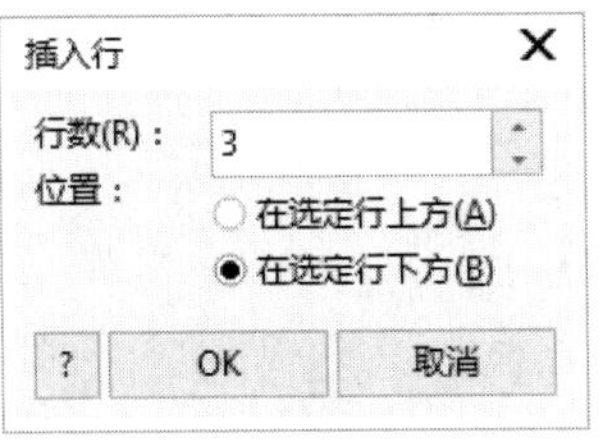


图 9-36

| 日期 | 数量 |
| --- | --- |
| 07/07 | 100 |
| | |
| | |
| | |
| 07/08 | 120 |
| 07/09 | 110 |

图 9-37

## 4. 插入多列单元格

使用形状工具选中一个单元格，用鼠标右键单击该单元格，在弹出的快捷菜单中选择【插入】→【插入列】菜单项，弹出【插入列】对话框，设置参数，单击 OK 按钮，即可完成插入多列单元格的操作，如图 9-38、图 9-39 和图 9-40 所示。

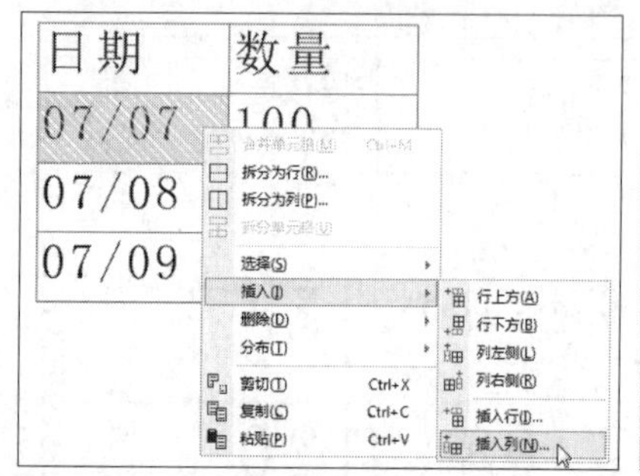


图 9-38

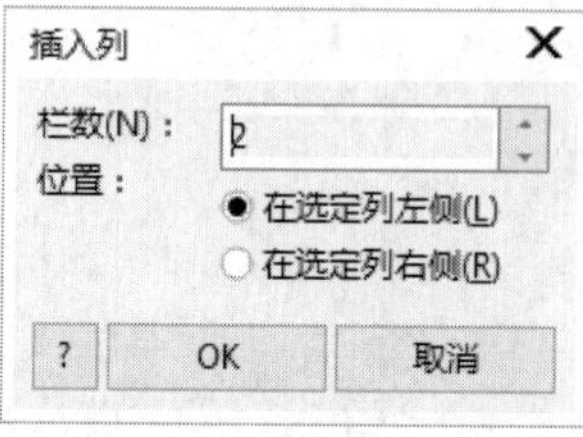


图 9-39

| | | 日期 | 数量 |
|---|---|---|---|
| | | 07/07 | 100 |
| | | 07/08 | 120 |
| | | 07/09 | 110 |

图 9-40

知识精讲

使用形状工具选中一个单元格，选择【表格】→【插入】菜单项，在弹出的子菜单中选择一个命令，也可以完成插入单元格的操作。

### 9.4.3 删除单元格

在表格没有拆分之前，只能删除一行或一列。可以通过命令来删除，也可以按 Delete 键删除。

## 1. 删除一行单元格

使用形状工具选中一个单元格，用鼠标右键单击该单元格，在弹出的快捷菜单中选择【删除】→【行】菜单项，即可将单元格所在的行删除，如图 9-41 和图 9-42 所示。

图 9-41

| 日期 | 数量 |
|---|---|
| 07/08 | 120 |
| 07/09 | 110 |

图 9-42

## 2. 删除一列单元格

使用形状工具选中一个单元格，用鼠标右键单击该单元格，在弹出的快捷菜单中选择

【删除】→【列】菜单项，即可将单元格所在的列删除，如图 9-43 和图 9-44 所示。

图 9-43

图 9-44

## 9.4.4 调整行高和列宽

默认情况下，绘制的单元格大小都是相同的，而在实际应用中经常需要更改单元格的大小。表格绘制完成后，可以在属性栏中调整表格的行高和列宽，也可以使用形状工具对行高和列宽直接进行调整。

### 1. 手动调整表格的行高、列宽

首先选择表格，接着单击【形状工具】按钮，将光标移至表格纵向分隔线上，光标变为 ↔ 形状后按住鼠标左键拖动，即可调整列宽，如图 9-45 和图 9-46 所示。

图 9-45

图 9-46

若将光标放置在横向分隔线上，拖动可以调整行高，如图 9-47 和图 9-48 所示。

### 2. 精确设置行高和列宽

首先使用形状工具选中一个单元格，在属性栏的【宽度】和【高度】微调框中输入数值，按 Enter 键即可完成精确调整行高和列宽的操作，如图 9-49 和图 9-50 所示。

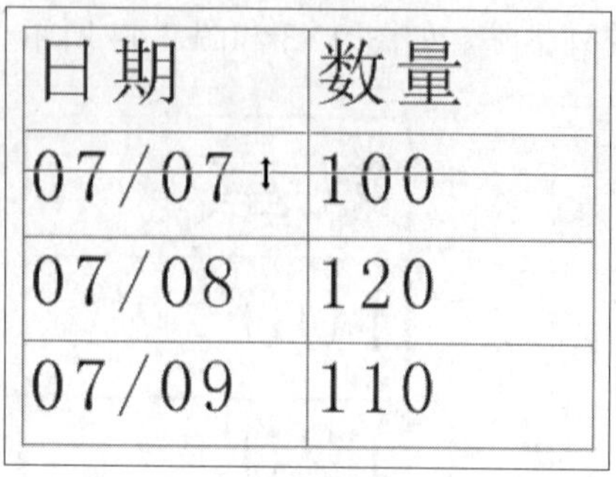

| 日期 | 数量 |
| --- | --- |
| 07/07 | 100 |
| 07/08 | 120 |
| 07/09 | 110 |

图 9-47

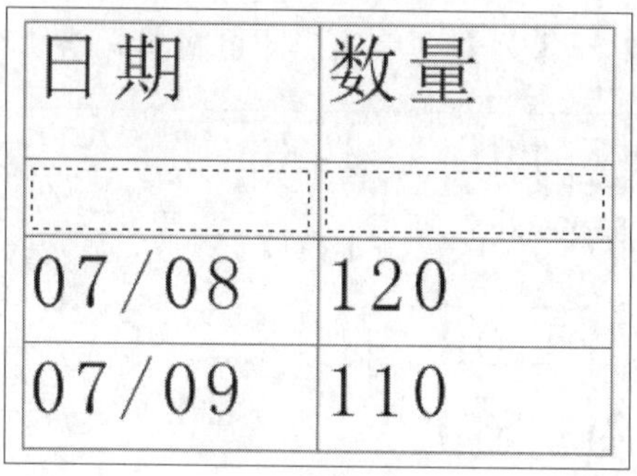

| 日期 | 数量 |
| --- | --- |
| | |
| 07/08 | 120 |
| 07/09 | 110 |

图 9-48

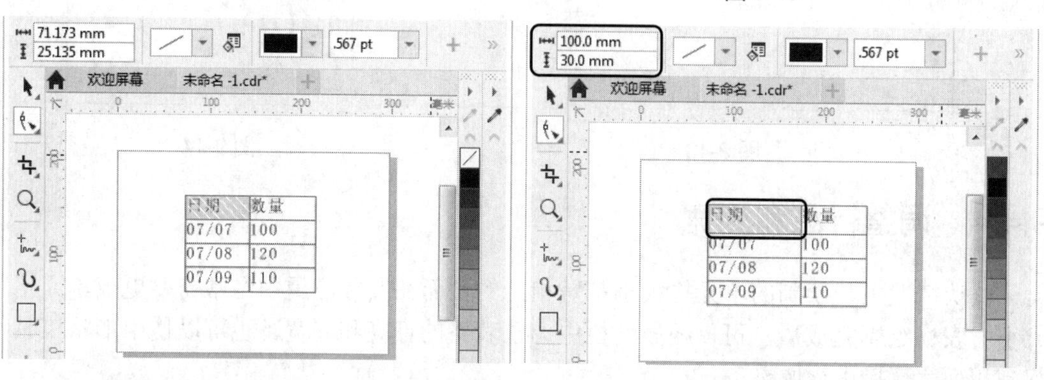


图 9-49

图 9-50

## 9.4.5 平均分布行列

如果行列的大小不均，用户也可以将其平均分布，达到美观的作用。

### 1. 平均分布行

使用形状工具选中一列单元格，用鼠标右键单击该列单元格，在弹出的快捷菜单中选择【分布】→【行均分】菜单项，被选中的行将会在垂直方向均匀分布，如图 9-51 和图 9-52 所示。

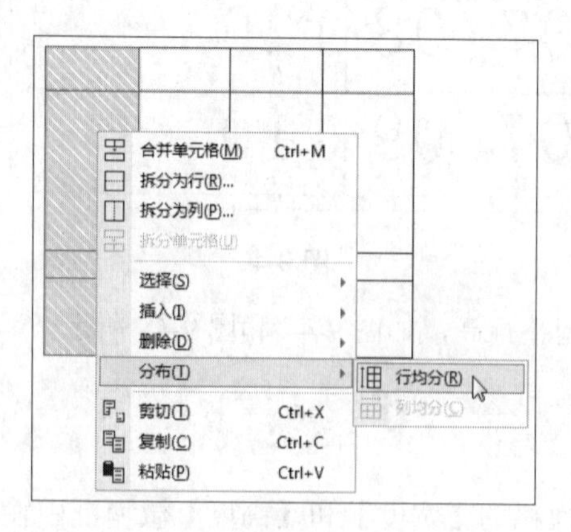


图 9-51

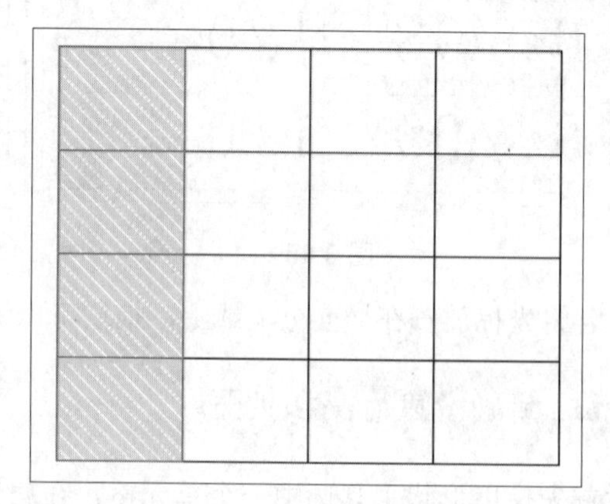

图 9-52

## 2. 平均分布列

使用形状工具选中一行单元格，用鼠标右键单击该行单元格，在弹出的快捷菜单中选择【分布】→【列均分】菜单项，被选中的列将会在水平方向均匀分布，如图 9-53 和图 9-54 所示。

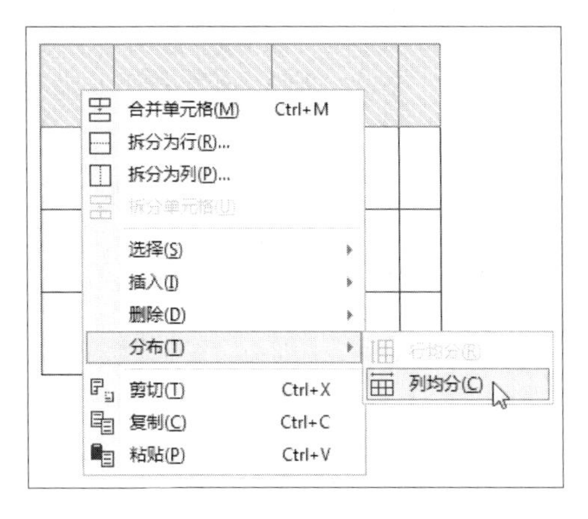


图 9-53

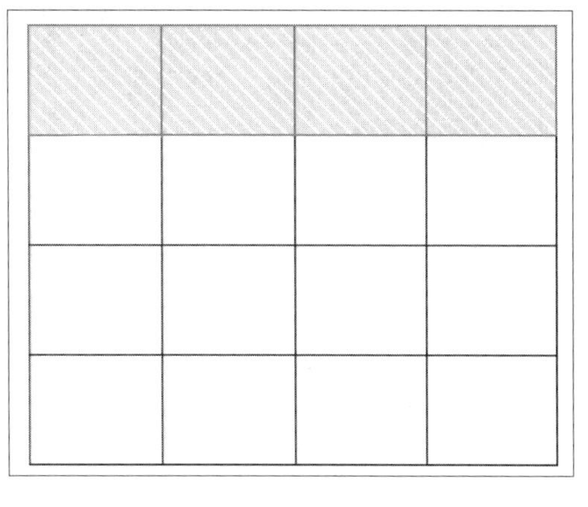

图 9-54

## 9.4.6 在单元格中添加图像

用户可以向表格中添加位图图像。向表格中添加位图图像的方法非常简单，下面详细介绍向表格中添加位图图像的方法。

选中表格，① 单击【文件】菜单，② 在弹出的菜单中选择【导入】菜单项，如图 9-55 所示。

图 9-55

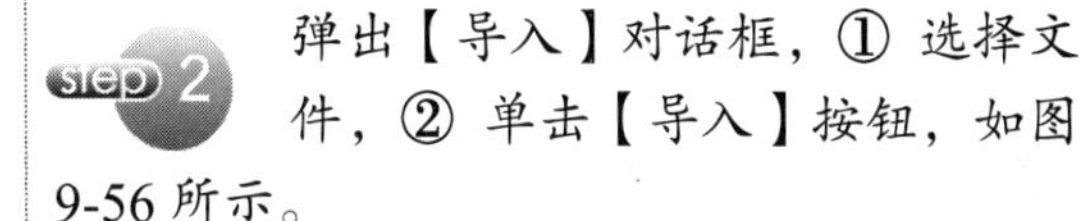

弹出【导入】对话框，① 选择文件，② 单击【导入】按钮，如图 9-56 所示。

图 9-56

step 3 用鼠标左键单击并拖动，将位图导入到文件中，如图 9-57 所示。

step 4 按住鼠标右键，将位图拖动到单元格内，释放鼠标后，在弹出的快捷菜单中选择【置于单元格内部】菜单项，如图 9-58 所示。

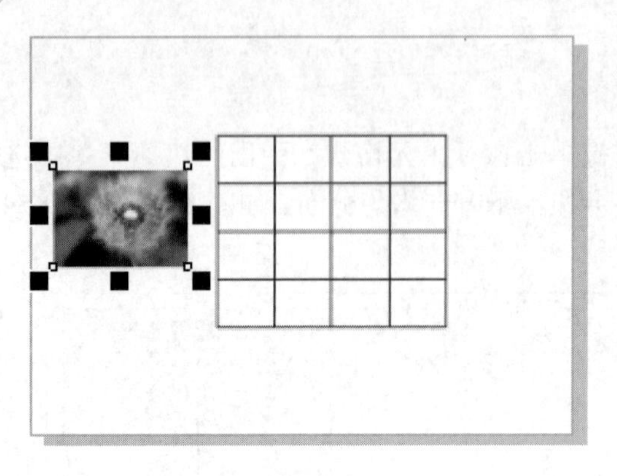

图 9-57

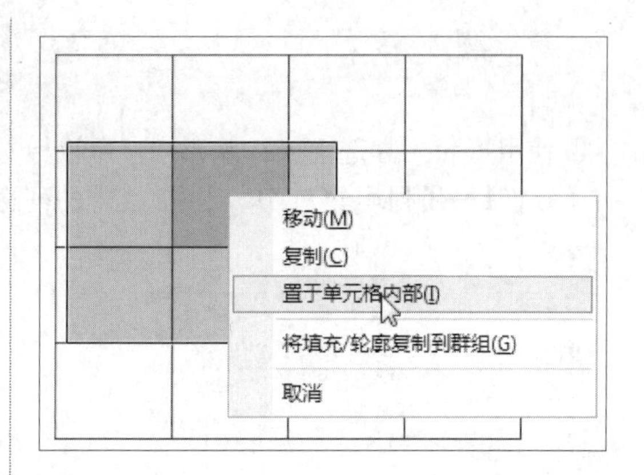


图 9-58

step 5 此时可以看到图片被导入到单元格中。使用选择工具选中位图，拖曳控制点可以更改图像大小，如图 9-59 所示。

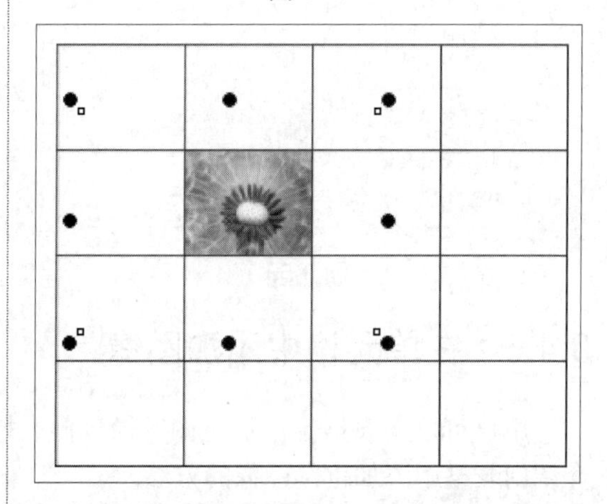

图 9-59

## Section 9.5 合并与拆分单元格

手机扫描下方二维码，观看本节视频课程

在制作表格时，为了形象、直观地传达信息，经常需要将单元格进行合并与拆分。合并单元格可以将多个单元格合并为一个单元格，拆分单元格可以将一个单元格拆分为成列的两个或多个单元格。

### 9.5.1 合并多个单元格

合并单元格的操作非常简单，首先使用形状工具选中需要合并的单元格，在属性栏单击【合并单元格】按钮，即可将单元格进行合并，如图 9-60 和图 9-61 所示。执行【表格】→【合并单元格】命令，也可以完成操作。

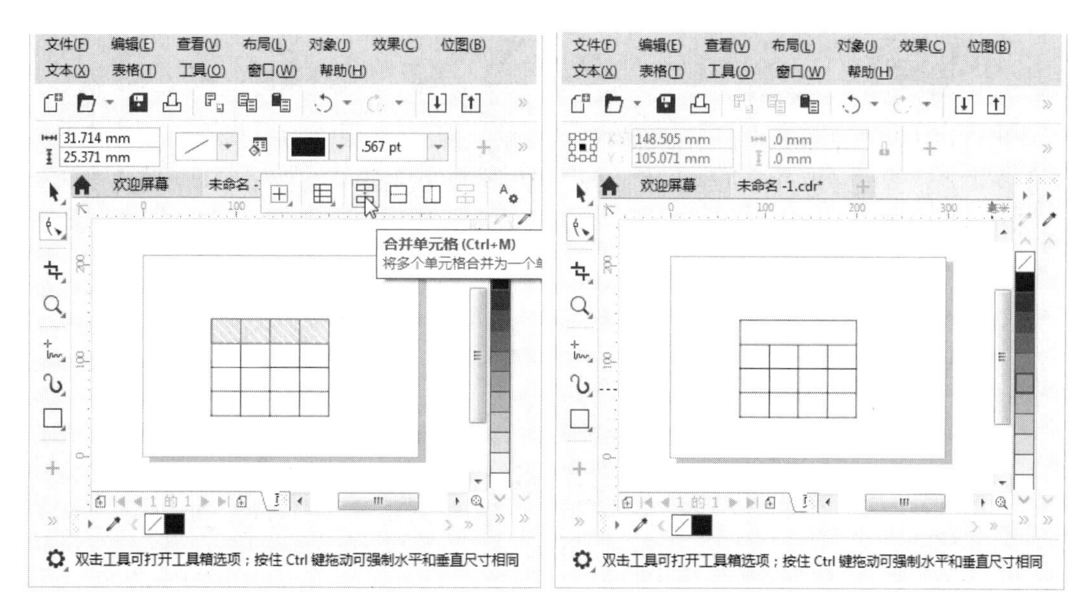


图 9-60　　　　图 9-61

## 9.5.2　拆分单元格

【拆分为行】命令可以将一个单元格拆分为成行的两个或多个单元格，【拆分为列】命令可以将一个单元格拆分为成列的两个或多个单元格，【拆分单元格】命令则能够将合并过的单元格进行拆分。

### 1. 拆分为行

使用形状工具选中单元格，用鼠标右键单击单元格，在弹出的快捷菜单中选择【拆分为行】菜单项，弹出【拆分单元格】对话框，设置参数，单击 OK 按钮，即可将选中的单元格拆分为指定行数，如图 9-62、图 9-63 和图 9-64 所示。

图 9-62

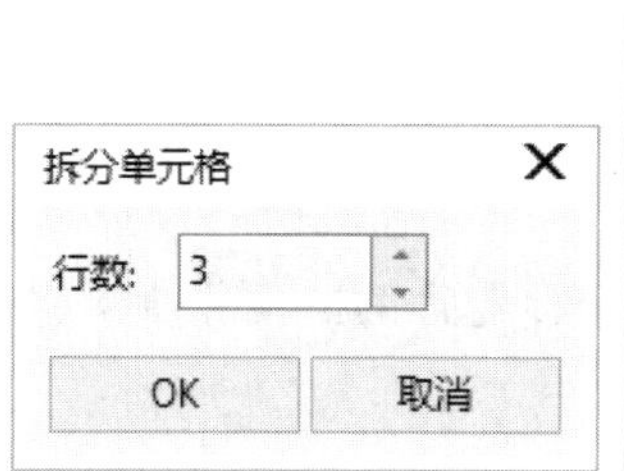


图 9-63

图 9-64

## 2. 拆分为列

使用形状工具选中单元格，用鼠标右键单击单元格，在弹出的快捷菜单中选择【拆分为列】菜单项，弹出【拆分单元格】对话框，设置参数，单击 OK 按钮，即可将选中的单元格拆分为指定列数，如图 9-65、图 9-66 和图 9-67 所示。

图 9-65

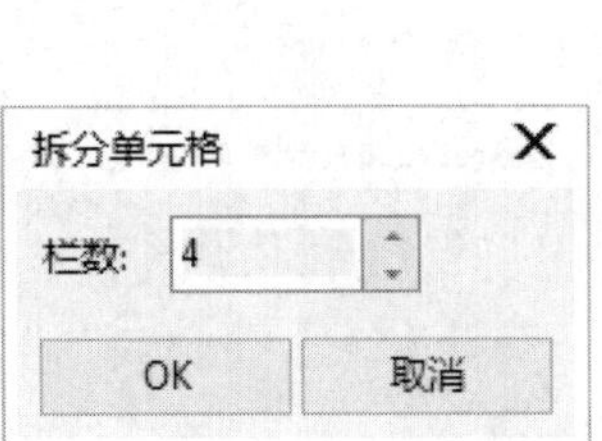


图 9-66

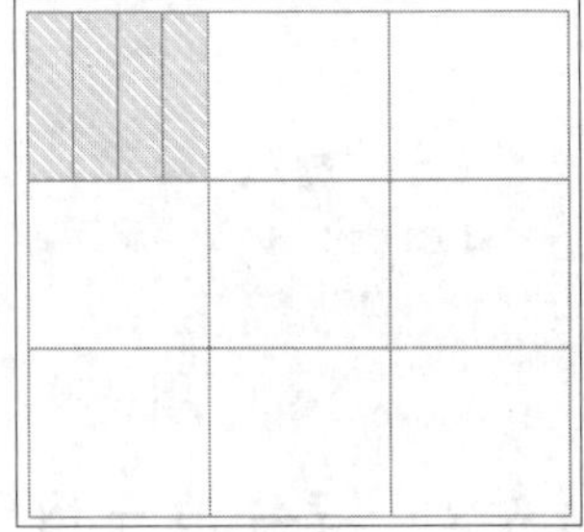

图 9-67

使用形状工具选中单元格，在属性栏中单击【水平拆分单元格】按钮，弹出【拆分单元格】对话框，设置参数，单击 OK 按钮，即可完成将选中的单元格拆分为指定行数的操作；在属性栏中单击【垂直拆分单元格】按钮，弹出【拆分单元格】对话框，设置参数，单击 OK 按钮，即可完成将选中的单元格拆分为指定列数的操作。

## Section 9.6 范例应用与上机操作

手机扫描下方二维码，观看本节视频课程

在本节的学习过程中，将侧重介绍和讲解与本章知识点有关的范例应用与技巧，主要内容包括制作简约表格、绘制家居用品表格、为糖果包装添加表格等方面的知识与操作技巧。通过本节案例的制作，用户可以达到举一反三的目的。

### 9.6.1 制作简约表格

本案例将介绍制作一个标题行为橘黄色背景、正文为灰白相间背景的简约表格的操作方法。

素材文件 无

效果文件 第 9 章\效果文件\简约表格.cdr

step 1 新建一个横向的A4文档，①单击【表格】菜单，②在弹出的菜单中选择【创建新表格】菜单项，如图9-68所示。

图9-68

step 3 文档中插入表格，使用控制柄调整列宽和行高，如图9-70所示。

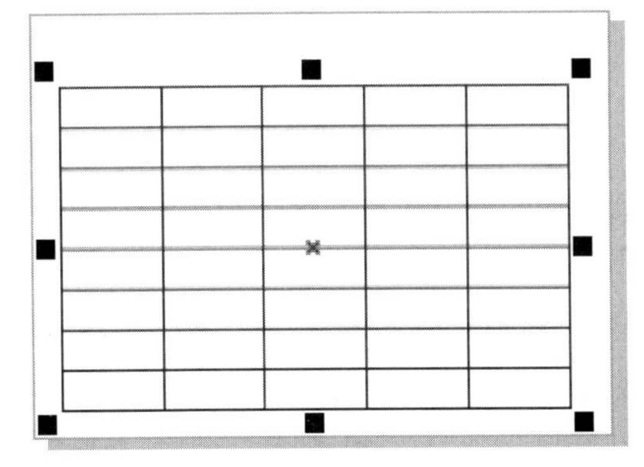

图9-70

step 5 选中最后一行单元格，单击属性栏中的【合并单元格】按钮，将其合并，如图9-72所示。

step 2 弹出【创建新表格】对话框，设置【行数】为8，【栏数】为5，【高度】和【宽度】均为100mm，单击OK按钮，如图9-69所示。

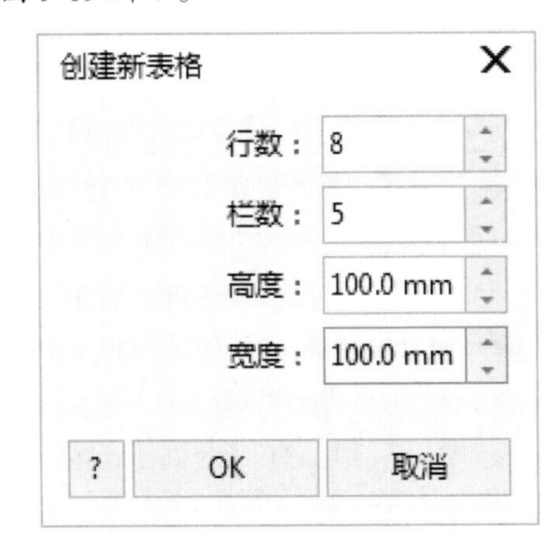


图9-69

step 4 选中第一行单元格，为其填充橘红色(C：0，M：60，Y：100，K：0)，如图9-71所示。

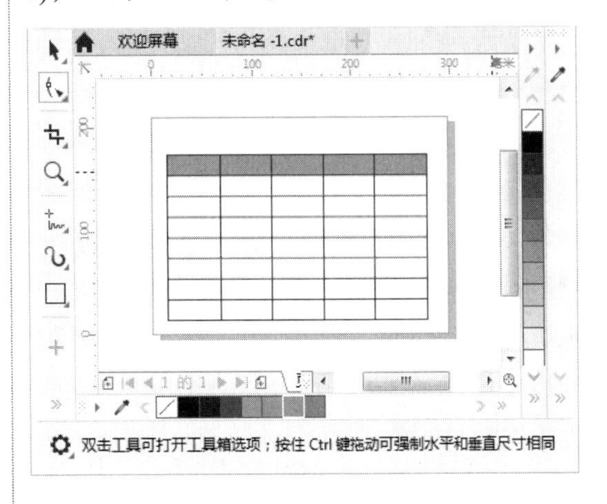


图9-71

step 6 为第二行至最后一行单元格分别填充20%黑色和白色，如图9-73所示。

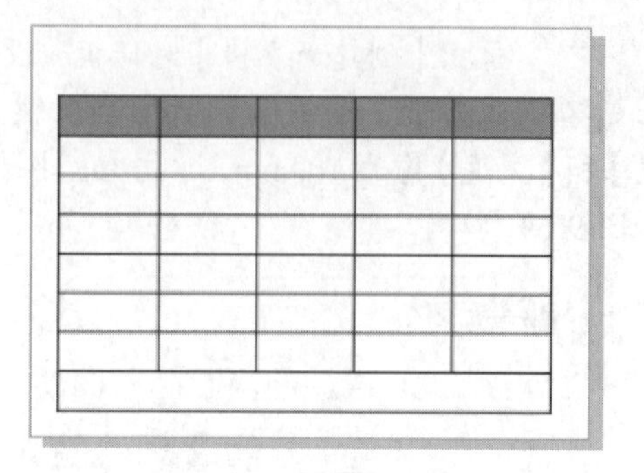

图 9-72

step 7 选择表格，在属性栏单击【边框选择】按钮⊞，在弹出的列表中选择【全部】选项，设置【轮廓宽度】为 0.25mm，设置【轮廓色】为白色，效果如图 9-74 所示。

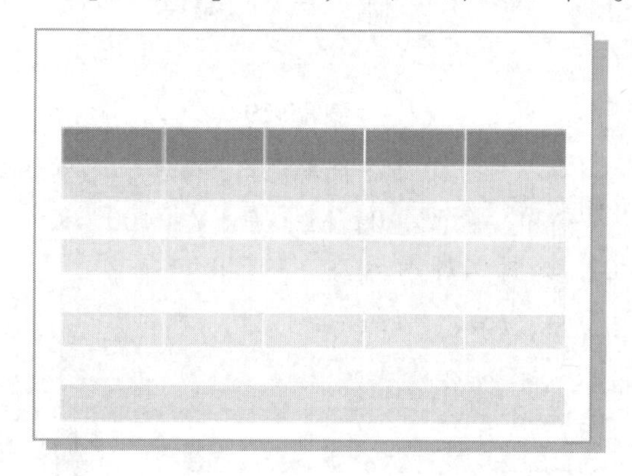

图 9-74

step 9 使用相同方法输入其他单元格的文字，将第一行文字填充为白色，如图 9-76 所示。

| Monday | Tuesday | Wednesday | Thursday | Friday |
| --- | --- | --- | --- | --- |
| yoga | rope skipping | Power cycling | sit-up | jogging |
| jogging | Power cycling | yoga | Power cycling | rope skipping |
| sit-up | jogging | jogging | jogging | sit-up |
| Power cycling | sit-up | rope skipping | yoga | Power cycling |
| rope skipping | yoga | sit-up | rope skipping | yoga |
| sit-up | sit-up | sit-up | sit-up | sit-up |
| Two hours a day | | | | |

图 9-76

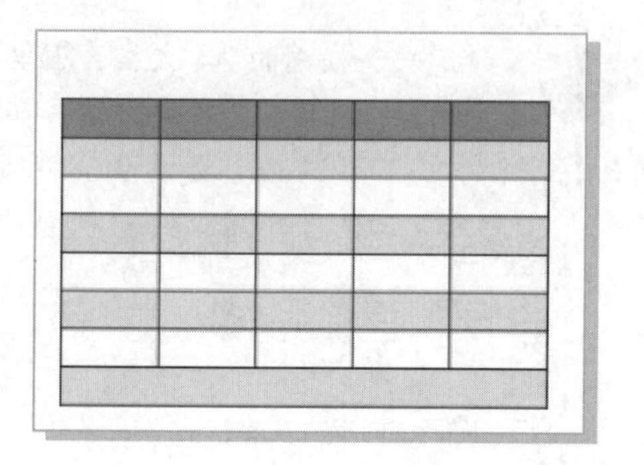

图 9-73

step 8 双击第一个单元格，在属性栏设置字体字号，设置【文本对齐】为【中】，输入文字，如图 9-75 所示。

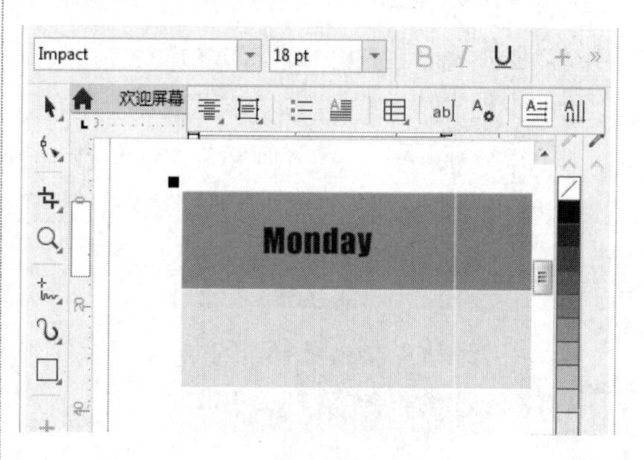


图 9-75

step 10 选择表格，单击工具箱中的【阴影工具】按钮，按住鼠标左键拖曳为其添加阴影，在属性栏设置参数，效果如图 9-77 所示。

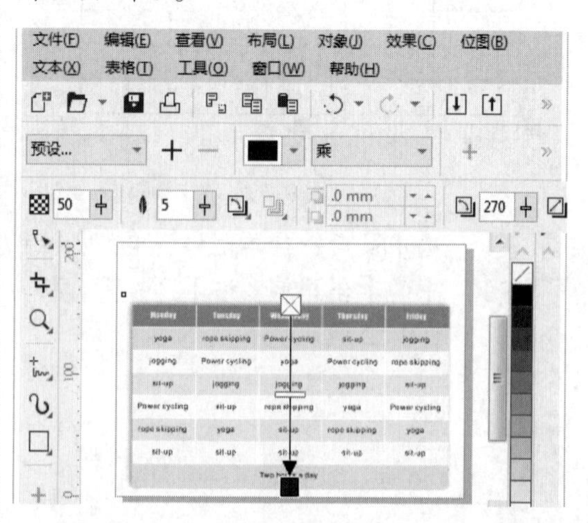


图 9-77

step 11 使用椭圆工具在画面右上方绘制一个正圆，也填充橘红色。接着使用 2 点线工具绘制一条直线，轮廓色为 20% 黑色，【轮廓宽度】为 2pt，如图 9-78 所示。

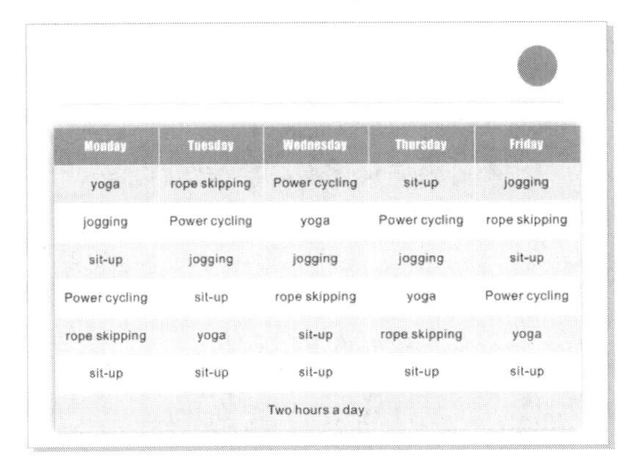

| Monday | Tuesday | Wednesday | Thursday | Friday |
| --- | --- | --- | --- | --- |
| yoga | rope skipping | Power cycling | sit-up | jogging |
| jogging | Power cycling | yoga | Power cycling | rope skipping |
| sit-up | jogging | jogging | jogging | sit-up |
| Power cycling | sit-up | rope skipping | yoga | Power cycling |
| rope skipping | yoga | sit-up | rope skipping | yoga |
| sit-up | sit-up | sit-up | sit-up | sit-up |
| Two hours a day | | | | |

图 9-78

step 12 使用文本工具输入表格标题，设置字体字号，如图 9-79 所示。

Weight loss form

5

| Monday | Tuesday | Wednesday | Thursday | Friday |
| --- | --- | --- | --- | --- |
| yoga | rope skipping | Power cycling | sit-up | jogging |
| jogging | Power cycling | yoga | Power cycling | rope skipping |
| sit-up | jogging | jogging | jogging | sit-up |
| Power cycling | sit-up | rope skipping | yoga | Power cycling |
| rope skipping | yoga | sit-up | rope skipping | yoga |
| sit-up | sit-up | sit-up | sit-up | sit-up |
| Two hours a day | | | | |

图 9-79

## 9.6.2 绘制家居用品表格

本案例将介绍绘制家居用品表格的方法。

素材文件 第 9 章\素材文件\1.cdr

效果文件 第 9 章\效果文件\家具用品表格.cdr

step 1 打开“1.cdr”素材文件，在画面右侧使用矩形工具绘制一个矩形，填充 20%黑色，去掉轮廓色，如图 9-80 所示。

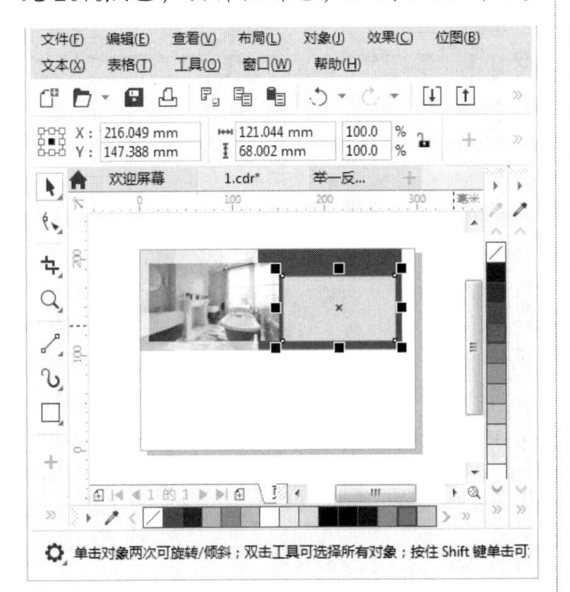


图 9-80

step 2 执行【表格】→【创建新表格】命令，创建一个 5 行 4 列的表格，如图 9-81 所示。

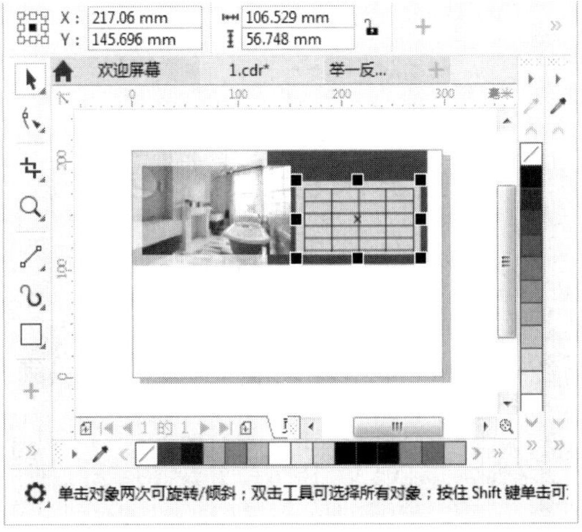


图 9-81

step 3 将表格的背景填充为白色，将边框设置为 20%黑色，设置【轮廓边框】为 1.0pt，如图 9-82 所示。

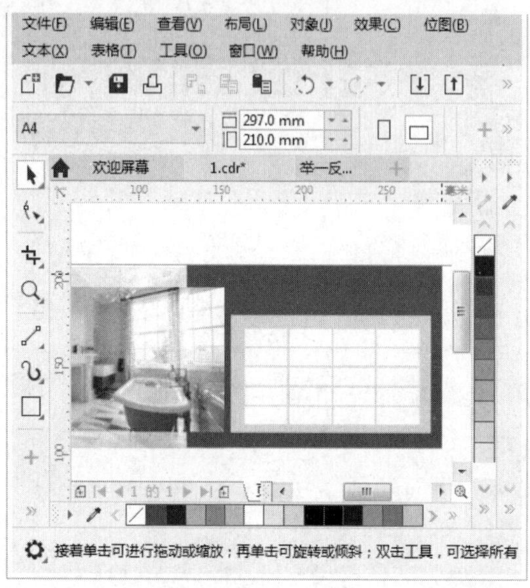

图 9-82

step 4 在表格中使用文本工具输入内容，设置字体、字号、字体颜色，如图 9-83 所示。

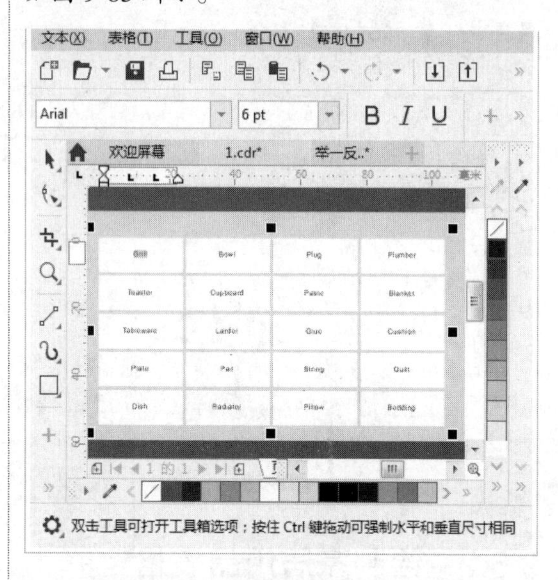

图 9-83

step 5 使用常见形状工具绘制箭头符号，为其添加黑色，并输入文字。再绘制一个矩形，填充 40%黑色，并输入文字，即可完成绘制家居用品表格的操作，如图 9-84 所示。

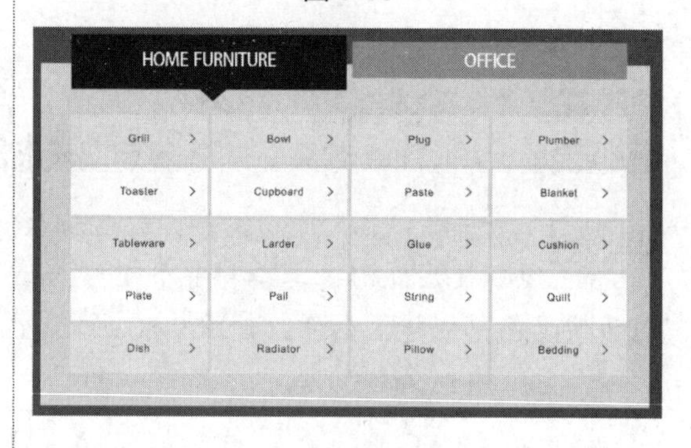


图 9-84

## 9.6.3 为糖果包装添加表格

本案例将介绍为糖果包装添加表格的操作方法。

素材文件 第 9 章\素材文件\2.cdr
效果文件 第 9 章\效果文件\糖果包装表格.cdr

step 1 打开“2.cdr”素材文件，执行【表格】→【创建新表格】命令，创建一个 3 行 2 列的表格，如图 9-85 所示。

step 2 选中表格，在属性栏设置【边框选择】为【全部】，【轮廓颜色】为白色，【边框】为 0.2pt，如图 9-86 所示。

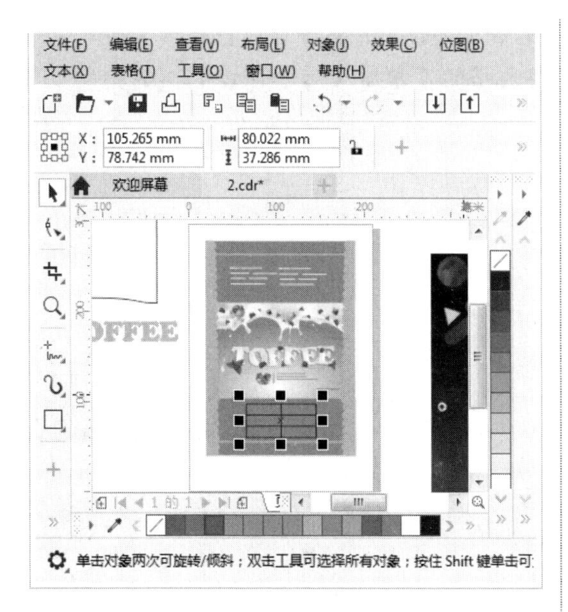

图 9-85

step 3 使用文本工具在表格中输入文字，设置字体、字号与文字颜色，如图9-87 所示。

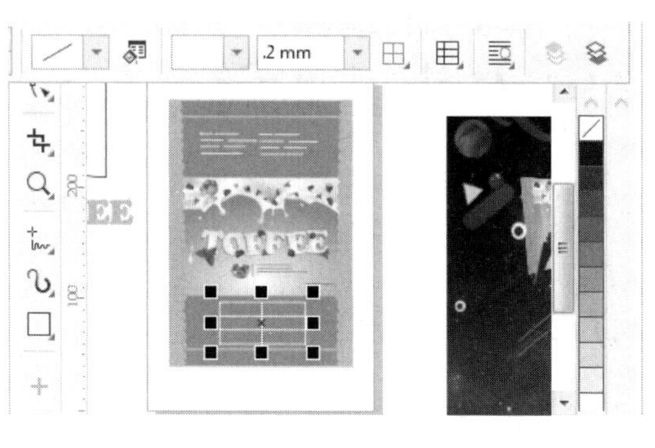

图 9-86

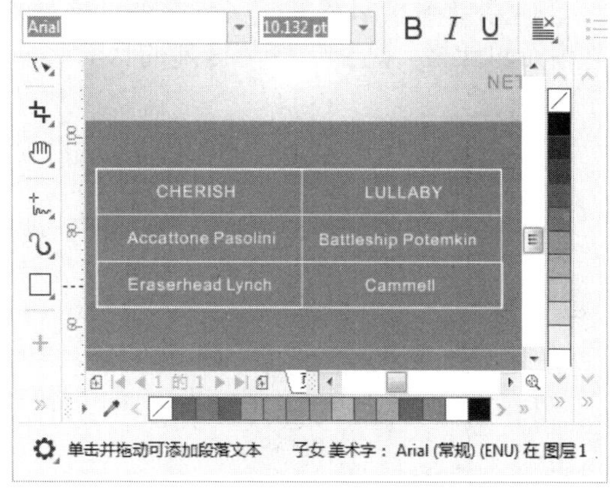


图 9-87

## Section 9.7 本章小结与课后练习

本节内容无视频课程

本章主要介绍了创建表格、文本与表格的相互转换、设置表格的外观、操作表格、合并与拆分表格等内容。学习本章后，用户可以基本了解制作与应用表格的方法，为进一步使用软件制作图像奠定坚实的基础。

### 9.7.1 思考与练习

#### 一、填空题

1. 选择表格，在属性栏单击________下拉按钮，在弹出的下拉面板中选择一种合适的颜色，此时表格就被填充了背景色。

2. 使用形状工具选中一列单元格，鼠标右键单击该列单元格，在弹出的快捷菜单中选择________→________菜单项，被选中的行将会在垂直方向均匀分布。

#### 二、判断题

1. 首先选中表格，然后使用形状工具单击准备选中的单元格，即可将单元格选中。（　）

2. 使用形状工具选中一个单元格，用鼠标右键单击该单元格，在弹出的快捷菜单中选择【插入】→【行上方】菜单项，即可在选中单元格的下方插入一行单元格。 ( )

三、思考题

1. 如何拆分单元格？

2. 如何删除一行单元格？

## 9.7.2 上机操作

1. 通过本章的学习，读者基本可以掌握制作与应用表格方面的知识，下面通过练习给单元格添加图像，达到巩固与提高的目的。

2. 通过本章的学习，读者基本可以掌握制作与应用表格方面的知识，下面通过练习合并多个单元格，达到巩固与提高的目的。

范例导航
系列丛书

# 第 10 章

# 编辑与处理位图

本章主要介绍编辑位图、描摹位图、调整位图色调、转换位图颜色模式方面的知识与技巧，同时还讲解如何使用双色调模式制作怀旧海报等内容。通过本章的学习，读者可以掌握编辑与处理位图方面的知识，为深入学习 CorelDRAW 2019 知识奠定基础。

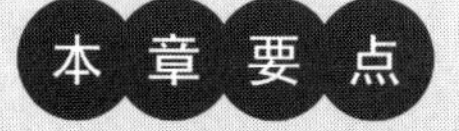


1. 编辑位图
2. 描摹位图
3. 调整位图色调
4. 转换位图颜色模式

# Section 10.1 编辑位图

手机扫描下方二维码，观看本节视频课程

CorelDRAW 2019 的位图编辑功能，是该软件区别于其他图形绘制软件的最大特色。用户可以在当前文件中导入矢量图形，然后进行位图与矢量图形的转换，转换后用户可以对位图进行编辑、裁剪、重新取样以及矫正图像等操作。

## 10.1.1 将矢量图转换为位图

在 CorelDRAW 2019 中，一些特定的命令只能针对位图进行编辑，那么此时就需要将矢量图形转换为位图。

step 1 新建一个横向的 A4 文档，将矢量图形导入到文档中，① 单击【位图】菜单，② 在弹出的菜单中选择【转换为位图】菜单项，如图 10-1 所示。

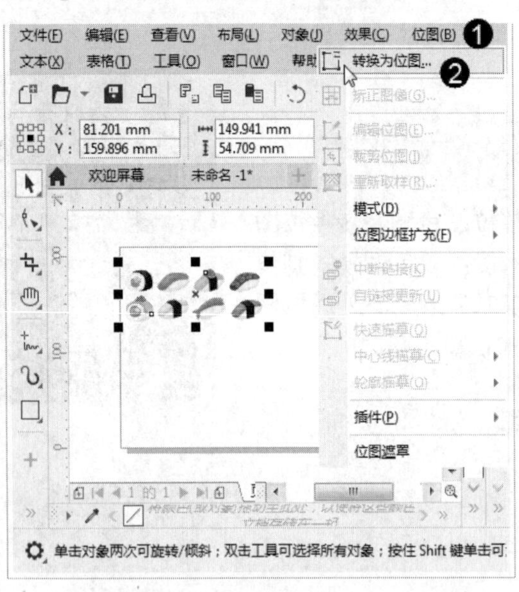


图 10-1

step 2 弹出【转换为位图】对话框，保持默认设置，单击 OK 按钮即可将矢量图形转换为位图，如图 10-2 所示。

转换为位图

分辨率(E)： 300 dpi

Color

颜色模式(C)： CMYK 色（32 位）

递色处理的(D)

总是叠印黑色(Y)

选项

光滑处理(A)

透明背景(T)

未压缩的文件大小: 5.47 MB

? OK 取消

图 10-2

【转换为位图】对话框中各选项参数的功能如下。

- 【分辨率】下拉按钮：在该下拉列表中可以选择一种合适的分辨率，分辨率越高，转换后位图的清晰度越高，文件所占内存也越多。
- 【颜色模式】下拉按钮：在该下拉列表中可以选择转换的色彩模式。
- 【光滑处理】复选框：勾选该复选框，可以防止在转换为位图后出现锯齿。
- 【透明背景】复选框：勾选该复选框，可以在转换为位图后保留原对象的通透性。

## 10.1.2 矫正图像

矫正位图功能可以很方便地对有镜头畸变、角度以及透视问题的图像进行裁切处理，得到端正的图像效果。执行【位图】→【矫正图像】命令，打开【矫正图像】对话框，如图 10-3 所示。

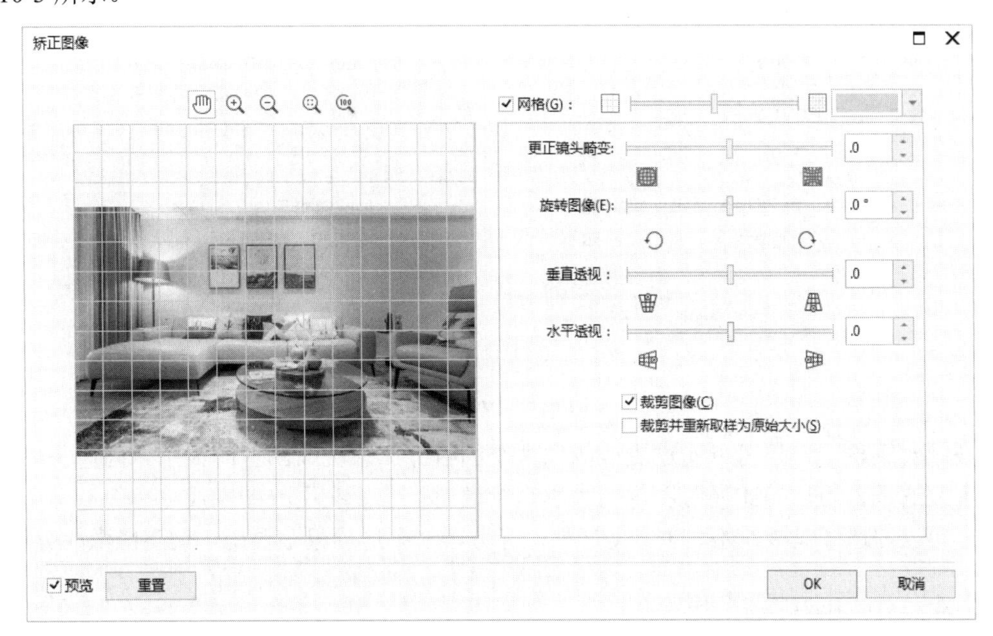


图 10-3

- 【更正镜头畸变】选项：用来校正图像桶形畸变和枕形畸变。向左拖动滑块可以校正桶形畸变，向右拖动滑块可以矫正枕形畸变。预览效果时可以取消勾选【网格】复选框，以方便观察效果。
- 【旋转图像】选项：用来调整图像的旋转角度，向左拖动滑块可以使图像逆时针旋转(最大 15°角)，向右拖动滑块可以使图像顺时针旋转(最大 15°角)。
- 【垂直透视】选项：拖动滑块，可以使图像产生垂直方向的透视效果。
- 【水平透视】选项：拖动滑块，可以使图像产生水平方向的透视效果。
- 【裁剪图像】复选框：勾选该复选框，可以将旋转的图像进行修剪以保持原始图像的纵横比。取消勾选该复选框，将不会删除图像中的任何部分。
- 【裁剪并重新取样为原始大小】复选框：勾选【裁剪图像】复选框后，该复选框可用。勾选该复选框，可以对旋转的图像进行修剪，然后重新调整其大小以恢复原始的高度和宽度。

## 10.1.3 重新取样

使用【重新取样】命令可以改变位图的大小和分辨率。执行【位图】→【重新取样】命令，打开【重新取样】对话框，可以看到位图的原始尺寸，在【宽度】和【高度】微调框中输入新的尺寸，单击 OK 按钮即可完成更改图像大小的操作，如图 10-4 所示。

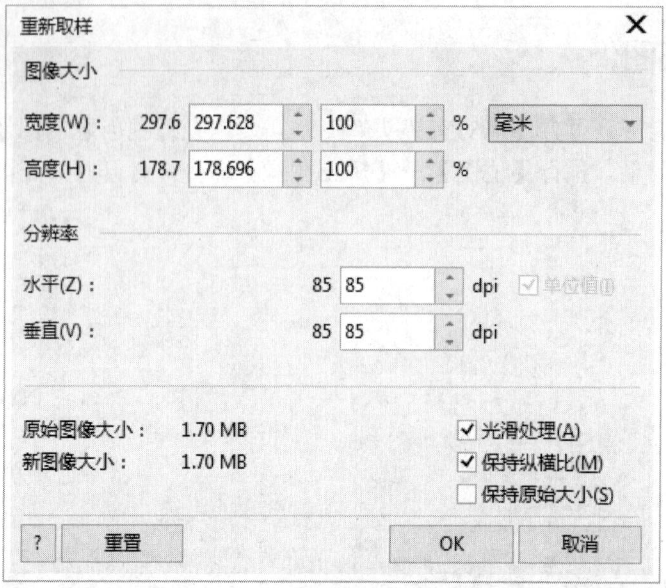

图 10-4

在该对话框中，还可以通过更改图像大小的百分比来更改图像的大小。勾选【保持纵横比】复选框，可以等比例对图像的大小进行调整；若要在更改图像尺寸后保持图像大小不变，可以勾选【保持原始大小】复选框。【分辨率】选项组主要用于调整图像的分辨率。

## 10.1.4 位图边框扩充

【位图边框扩充】命令可以为位图添加边框。执行【位图】→【位图边框扩充】→【自动扩充位图边框】命令，可以自动为位图添加边框(此命令既可对位图进行操作，也适用于矢量图形)。

选择位图，执行【位图】→【位图边框扩充】→【手动扩充位图边框】命令，弹出【位图边框扩充】对话框，可以看到图像的原始大小，在此基础上设置【扩大到】参数(数值要比原始数值大才能看到扩充边框)，单击 OK 按钮即可完成扩充边框的操作，如图 10-5 所示。

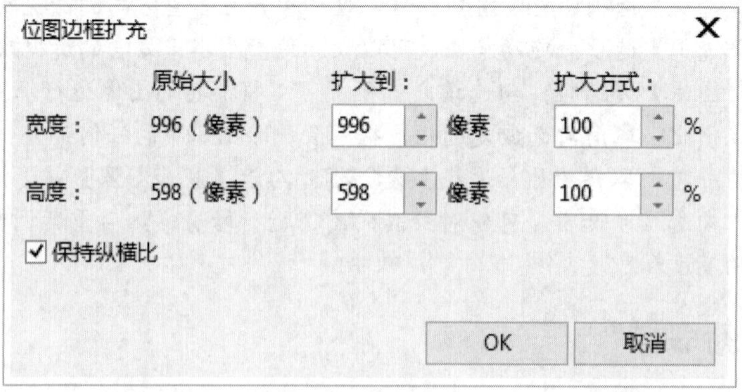

图 10-5

## Section 10.2 描摹位图

手机扫描下方二维码，观看本节视频课程

位图是由一个个像素方块构成的，而矢量图则是由一个个不同形状的色块构成，没有那么多颜色细节。通过描摹功能将位图转换为矢量图，就需要将位图中大量颜色接近的像素块合并为一个个相似的颜色色块，从而组成整个图像。

### 10.2.1 快速描摹位图

【快速描摹】命令可以快速将位图转换为矢量对象，是一种较为快速、粗糙的描摹方式。选择一个位图，执行【位图】→【快速描摹】命令，稍等片刻即可完成描摹操作，如图 10-6 所示为原图，如图 10-7 所示为效果图。

图 10-6

图 10-7

移动矢量图，可以看到原图还在原来的位置，如图 10-8 所示。此时矢量图形处于编组的状况，按 Ctrl+U 组合键取消群组，然后使用形状工具在图形上单击即可显示节点，如图 10-9 所示。

图 10-8

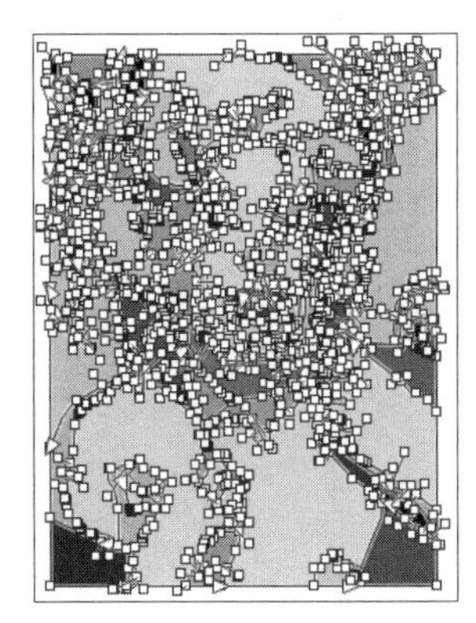

图 10-9

## 10.2.2 中心线描摹

中心线描摹又称为笔触描摹，它使用未填充的封闭和开放曲线来描摹图像。此种方式适用于描摹线条图纸、施工图、线条画和拼版等。中心线描摹提供了两种预设样式，一种用于技术图解，另一种用于线条画，用户可根据所要描摹的图像内容选择合适的描摹样式。

选择一个位图，执行【位图】→【中心线描摹】→【技术图解】命令，打开 PowerTRACE 对话框，在对话框右侧进行参数调整，然后在左侧缩览图中预览描摹效果，单击 OK 按钮即可完成操作，如图 10-10 所示。

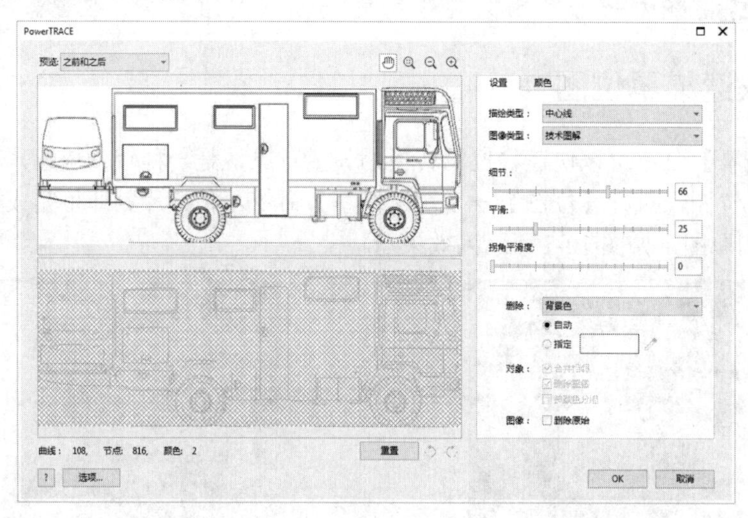


图 10-10

选择一个位图，执行【位图】→【中心线描摹】→【线条画】命令，打开 PowerTRACE 对话框，同样进行相应的设置，然后在左侧缩览图中预览描摹效果，单击 OK 按钮即可完成操作，如图 10-11 所示。

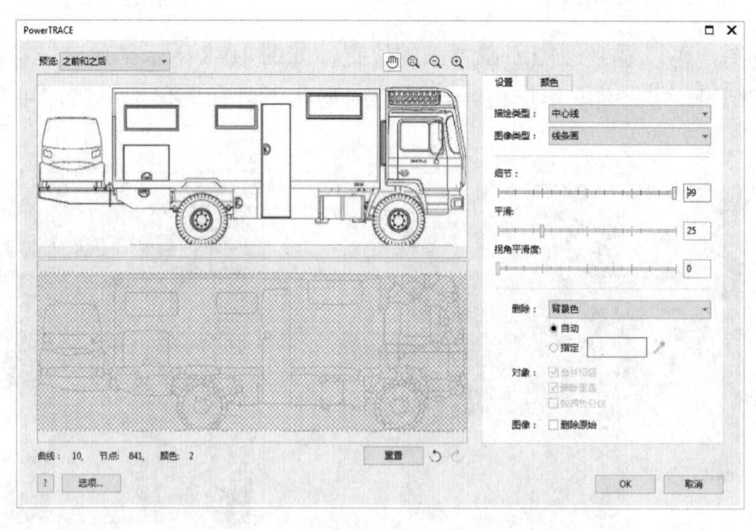


图 10-11

## 10.2.3 轮廓描摹

轮廓描摹又称为填充描摹，使用无轮廓的曲线对象来描摹图像，它用于描摹剪贴画、徽标、相片图像及低质量和高质量图像。轮廓描摹提供了 6 种预设样式，包括线条图、徽标、徽标细节、剪贴画、低质量图像和高质量图像。

选择一个位图，执行【位图】→【轮廓描摹】命令，在弹出的子菜单中可以看到 6 个命令，从中选择一个命令，在弹出的 PowerTRACE 对话框中可以对相应的参数进行设置。用户也可以通过【图像类型】下拉列表选择轮廓描摹的类型，如图 10-12 所示。

图 10-12

## Section 10.3 调整位图色调

手机扫描下方二维码，观看本节视频课程

在平面设计中经常会用到位图元素，而位图的颜色可能与当前作品的色彩不符，这时就需要对位图颜色进行一定的调整。在 CorelDRAW 2019 中，有一些常用的调整位图颜色的命令，通过这些命令可以实现位图元素色彩的变更。

## 10.3.1 高反差

【高反差】命令通过调整色阶来增强图像的对比度，还可以精确地对图像中某一种色调进行调整，常用于压暗或提亮画面中的颜色。

选择一个位图，执行【效果】→【调整】→【高反差】命令，打开【高反差】对话框，在上方的直方图中，直观地显示图像每个亮度值的像素点的数量，如图 10-13 所示。

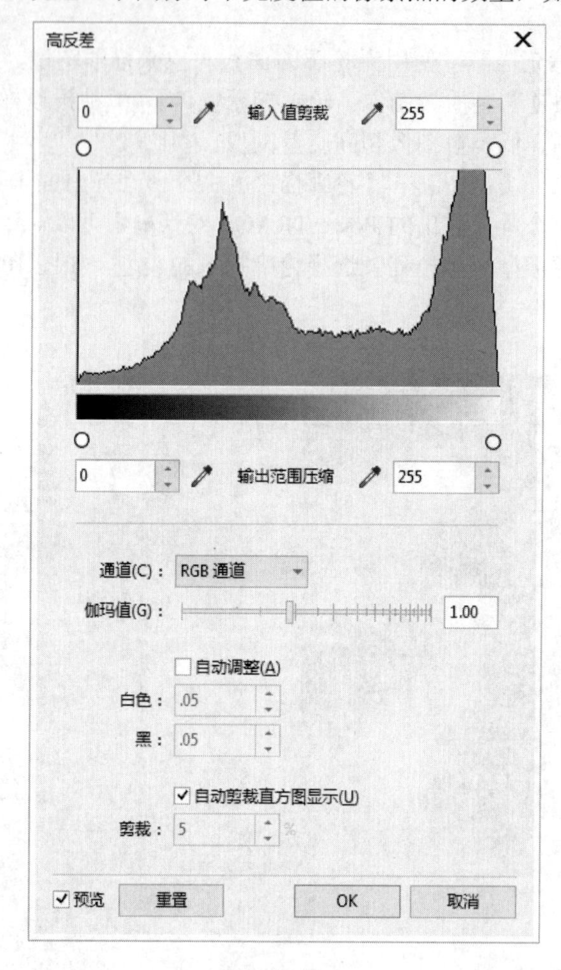


图 10-13

- 【伽玛值】选项：用于提高图像中的细节部分。向左拖曳滑块，可以让画面颜色变暗；向右拖曳滑块，可以让画面颜色变亮。
- 【输出范围压缩】选项：用于指定图像最亮色调和最暗色调的标准值。向左拖曳圆形滑块，可以增加画面黑色的数量；向右拖曳圆形滑块，可以增加画面白色的数量。
- 【通道】下拉按钮：默认情况下是对全图进行调色，也就是“RGB 通道”，当进行参数调色时全图都会发生变化。还可以对单独的通道进行调色，在下拉列表中选择颜色通道，然后拖动【输出范围压缩】圆形滑块添加或减少颜色含量。

## 10.3.2 局部平衡

【局部平衡】命令常用于提高图像中边缘部分的对比度，可以更好地展示明亮区域和暗色区域中的细节。

选择一个位图，执行【效果】→【调整】→【局部平衡】命令，打开【局部平衡】对话框，默认情况下，【宽度】和【高度】选项处于锁定状态，也就是调整其中一个参数，另外一个参数也发生同样的变化。单击🔒按钮将其解锁，拖动相应的滑块即可单独调整【宽度】和【高度】选项，如图 10-14 所示。

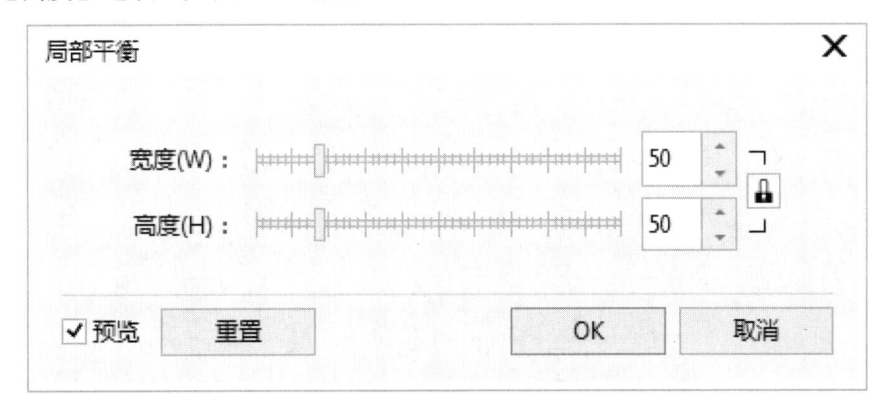


图 10-14

向左拖动滑块，可以增加边缘的对比度；向右拖动滑块，可以减弱边缘的对比度。

## 10.3.3 调合曲线

使用【调合曲线】命令可以通过调整曲线形态改变画面的明暗程度以及色彩，常用于提高或压暗图形亮度、增强图像对比度这类操作中。

选择一个位图，执行【效果】→【调整】→【调合曲线】命令，打开【调合曲线】对话框，如图 10-15 所示，在曲线上单击添加控制点，然后拖曳即可进行调整。

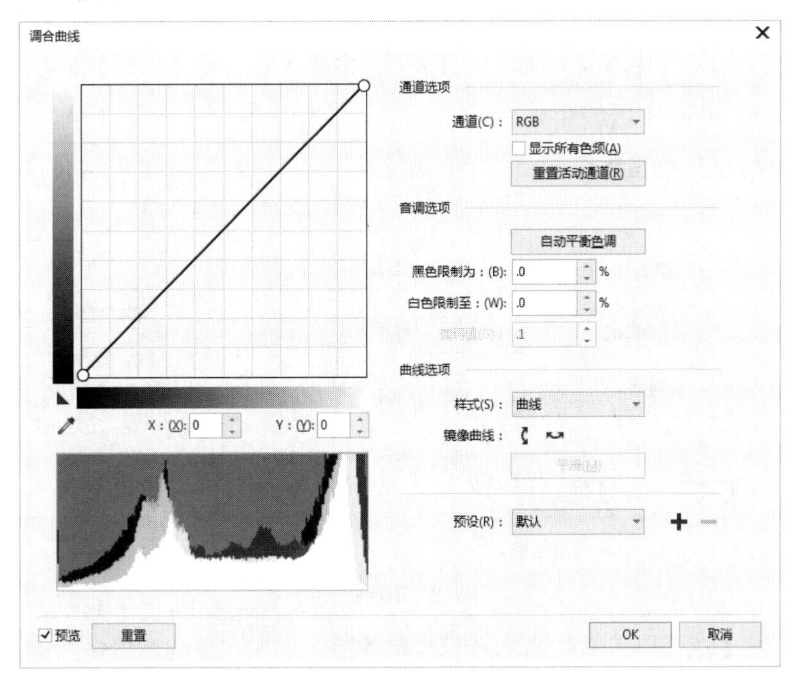


图 10-15

在曲线上单击添加一个控制点，然后按住鼠标左键将其向左上方拖动，画面亮度将被提高，如图 10-16 所示；若将控制点向右下方拖动，画面亮度变暗，如图 10-17 所示；如果同时添加两个控制点，一个向左上方拖动，一个向右下方拖动，此时会增强图形亮度的对比度，如图 10-18 所示。

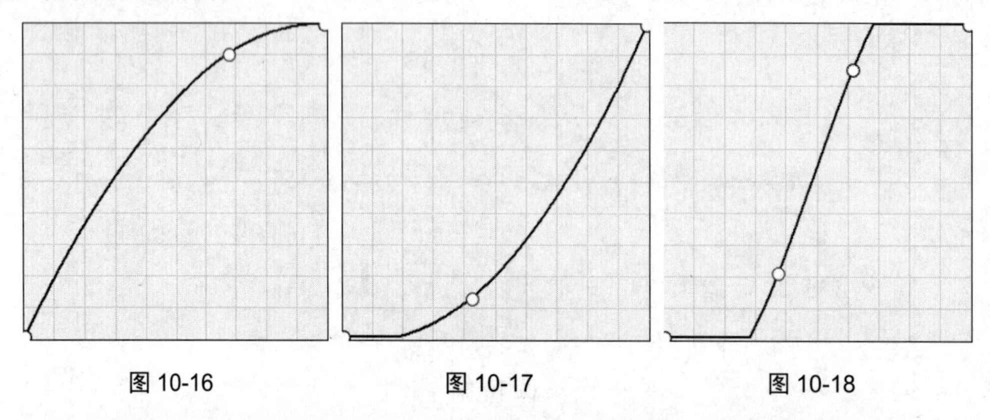

图 10-16　　图 10-17　　图 10-18

在该对话框中，用户还可以对图像的各个通道进行调整。通过调整通道的曲线，可以影响到画面的颜色倾向。在【通道】下拉列表中选择一个通道，然后调整曲线形状进行调色。将单一通道的曲线向上拉，则相当于在当前画面中增加这种颜色；将单一通道的曲线向下压，则相当于减少画面中的这种颜色。

## 10.3.4　亮度/对比度/强度

【亮度/对比度/强度】命令用于调整矢量对象或位图的亮度、对比度以及颜色的强度。选择一个位图，执行【效果】→【调整】→【亮度/对比度/强度】命令，打开【亮度/对比度/强度】对话框，拖动滑块，或者在右侧的微调框中输入数值进行调整，即可完成亮度/对比度/强度的调整，如图 10-19 所示。

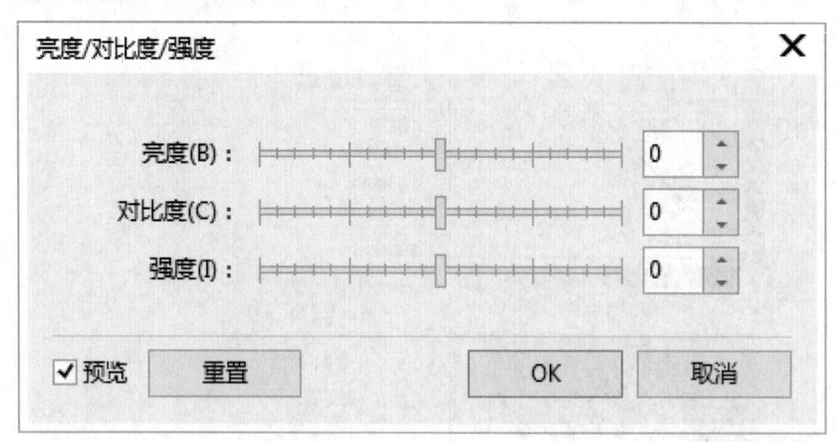


图 10-19

- 【亮度】选项：用来提高或者压暗图像的亮度，数值越低图像越暗，数值越高图像越亮。
- 【对比度】选项：用来增强或减弱图像亮度的对比度。数值越低图像对比度越弱，

数值越高图像对比越强烈。

- 【强度】选项：可加亮图像的浅色区域或加暗深色区域。【对比度】和【强度】通常一起调整，因为增加对比度有时会使阴影和高光中的细节丢失，而增加强度可以还原这些细节。

## 10.3.5 颜色平衡

【颜色平衡】命令通过对图像中互为补色的色彩平衡关系的处理，来校正图像色彩。选择位图，执行【效果】→【调整】→【颜色平衡】命令，打开【颜色平衡】对话框，首先在【范围】选项组中勾选【阴影】、【中间色调】、【高光】和【保持亮度】复选框，然后分别拖动【青--红】、【品红--绿】和【黄--蓝】滑块，或在右侧的微调框中输入数值进行调整，如图 10-20 所示。

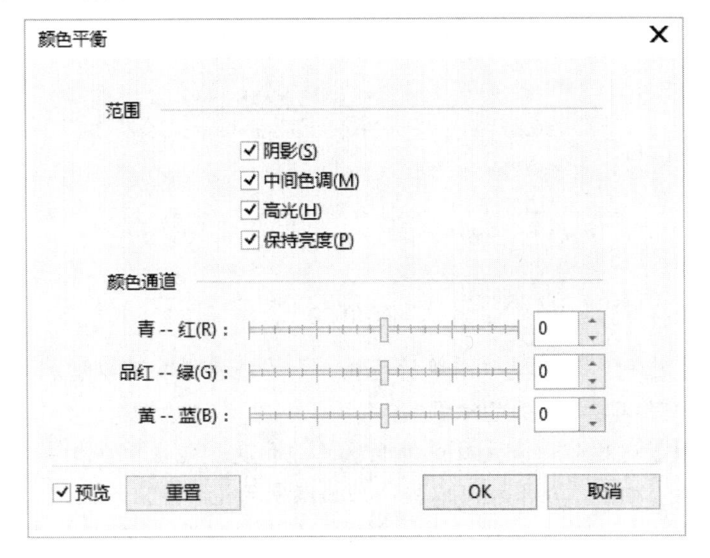


图 10-20

## 10.3.6 伽玛值

在 CorelDRAW 2019 中，【伽玛值】命令主要用于调整对象的中间色调，对深色和浅色影响较小(此命令既可针对位图进行操作，也可应用于矢量图形)。选择位图，执行【效果】→【调整】→【伽玛值】命令，打开【伽玛值】对话框，向左滑动滑块可以让图像变暗，向右滑动滑块可以让图像变亮，如图 10-21 所示。

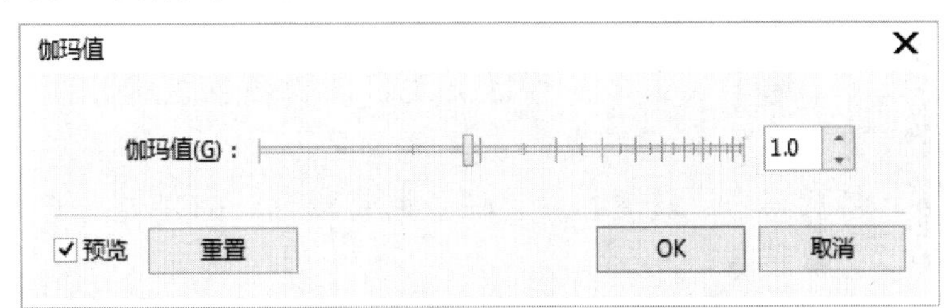


图 10-21

### 10.3.7 色度/饱和度/亮度

“色度/饱和度/亮度”命令可通过调整滑块位置或者设置数值，更改画面的颜色倾向、色彩的鲜艳程度以及亮度(此命令既可针对位图进行操作，也可应用于矢量图形)。选择位图，执行【效果】→【调整】→【色度/饱和度/亮度】命令，打开【色度/饱和度/亮度】对话框，如图 10-22 所示。

图 10-22

- 【色度】选项：用来更改图像的色相，向左拖动滑块可以增加画面的蓝调，向右拖动滑块可以增加画面的绿调。
- 【饱和度】选项：用来更改图像颜色的饱和度，向左滑动滑块可以降低画面颜色的饱和度，向右滑动滑块可以提高画面颜色的饱和度。
- 【亮度】选项：用来更改图像的亮度，向左拖动滑块可以降低画面的亮度，向右拖动滑块可以提高画面的亮度。
- 【主对象】单选按钮和其他单选按钮：单击【主对象】单选按钮，调色效果会影响整个画面；单击其他单选按钮，如单击【青色】单选按钮，然后进行其他参数调整，则画面中包含青色的部分会发生改变。

## Section 10.4 转换位图颜色模式

手机扫描下方二维码，观看本节视频课程

【模式】命令可以更改位图的颜色模式，同一个图像转换为不同的颜色模式，在显示效果上也会有所不同。位图的模式包括黑白、灰度、双色调、调色板色、RGB 色、CMYK 色、Lab 色模式等。

## 10.4.1 转换黑白图像

应用黑白模式后，图像只显示为黑白色，这种 1 位的模式没有层次上的变化。这种模式可以清楚地显示位图的线条和轮廓图，适用于艺术线条和一些简单的图形。

选择位图，执行【位图】→【模式】→【黑白(1 位)】命令，打开【转换至 1 位】对话框，单击【转换方法】下拉按钮，在弹出的下拉列表中选择一种合适的转换方法，然后通过【强度】选项设置转换方式的强弱，如图 10-23 所示。

图 10-23

## 10.4.2 转换灰度模式

【灰度】模式是由 255 个级别的灰度组成的颜色模式，它不具有颜色信息。如果要将彩色图像变为黑白图像，可以使用该命令。选择位图，执行【位图】→【模式】→【灰度(8 位)】命令，图像变为灰色，如图 10-24 所示。

图 10-24

### 10.4.3 转换 RGB 图像

执行【位图】→【模式】→RGB 命令，即可将图像的颜色模式转换为 RGB 模式，该命令没有参数设置窗口。RGB 模式是最常用的位图颜色模式，它以红、绿、蓝 3 种基本色为基础，进行不同程度的叠加。制作用于在电子屏幕上显示的图像时，例如网页设计、软件 UI 设计等，常采用该颜色模式。

### 10.4.4 转换 CMYK 图像

执行【位图】→【模式】→CMYK 命令，可将图像的颜色模式转换为 CMYK 模式，该命令没有参数设置窗口。CMYK 模式是一种印刷常用的颜色模式，在制作用于印刷的文档时，例如书籍、画册、名片等，需要将文档的颜色模式设置为 CMYK 模式。CMYK 是一种减色颜色模式，其色域略小于 RGB，所以 RGB 模式图像转换为 CMYK 模式图像后，会产生色感降低的情况。

### 10.4.5 转换调色板颜色图像

【调色板颜色】模式也成为【索引颜色】模式。将图像转换为【调色板颜色】模式时，会给每个像素分配一个固定的颜色值。这些颜色值存储在颜色表中，或包含在多达 256 色的调色板中。因此，【调色板颜色】模式的图像包含的数据比 24 位颜色模式的图像少，文件大小也较小。对于颜色范围有限的图像，将其转换为【调色板颜色】模式效果最佳。

选择位图，执行【位图】→【模式】→【调色板颜色】命令，打开【转换至调色板色】对话框，进行相应参数设置，单击 OK 按钮即可完成操作，如图 10-25 所示。

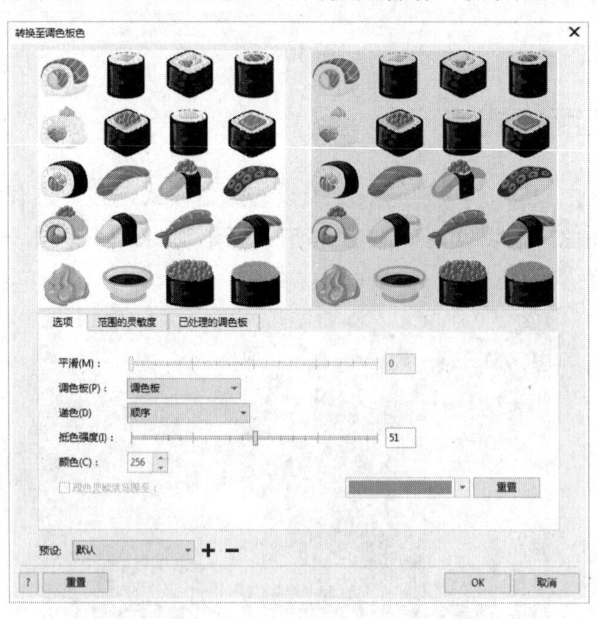


图 10-25

● 【平滑】选项：拖曳滑块，可以调整图像的平滑度，使图像看起来更加细腻、

真实。

- 【调色板】下拉按钮：在该下拉列表中可以选择调色板样式。
- 【递色】下拉按钮：可以增加颜色的信息，它可以将像素与某些特定的颜色或相对于某种特定颜色的其他像素放在一起，将一种色彩像素与另一种色彩像素关联可以创建调色板上不存在的附加颜色。
- 【抵色强度】选项：可以调整图片的粗糙细腻程度。
- 【颜色】微调框：转换为调色板颜色模式的颜色数量。

## Section 10.5 范例应用与上机操作

手机扫描下方二维码，观看本节视频课程

本节将侧重介绍和讲解与本章知识点有关的范例应用与技巧，主要内容包括使用双色调模式制作怀旧海报、使用【色度/饱和度/亮度】命令调整局部颜色等方面的知识与操作技巧。

### 10.5.1 使用双色调模式制作怀旧海报

本案例将介绍使用双色调模式制作怀旧海报的操作方法。

素材文件 第10章\素材文件\1.jpg

效果文件 第10章\效果文件\怀旧海报.cdr

step 1 新建一个纵向的A4文档，执行【文件】→【导入】命令，将"1.jpg"文件导入文档中，图10-26所示。

图 10-26

step 2 选中图像，执行【位图】→【模式】→【双色调(8位)】命令，弹出【双色调】对话框，① 在【类型】下拉列表中选择【双色调】选项，② 单击下方列表中的第2个颜色色块，③ 单击【编辑】按钮，如图10-27所示。

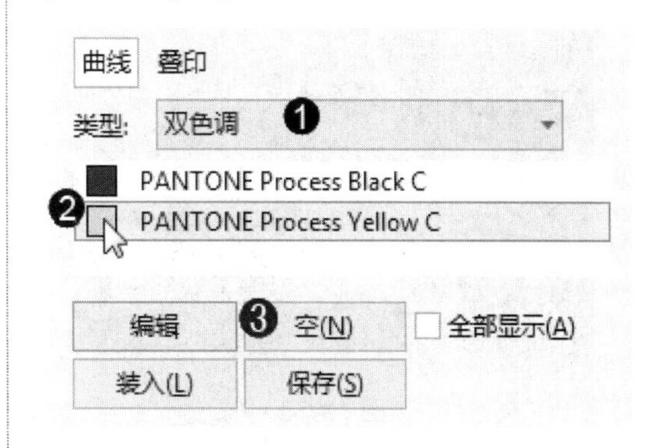


图 10-27

step 3 弹出【选择颜色】对话框，① 选中【颜色查看器】单选按钮，② 在【名称】下拉列表中选择【洋红】选项，③ 在 CMYK 文本框中输入数值，④ 单击 OK 按钮，如图 10-28 所示。

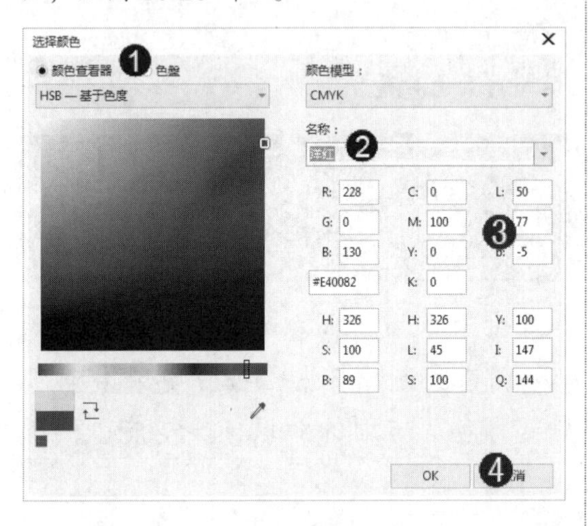


图 10-29

step 5 图片色调已经改变，效果如图 10-30 所示。

图 10-30

step 4 返回到【双色调】对话框，调整曲线形状，单击 OK 按钮，如图 10-29 所示。

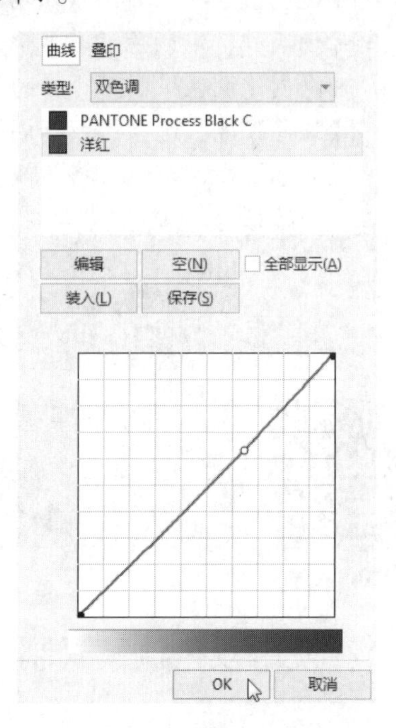


图 10-30

step 6 使用文本工具输入文字，效果如图 10-31 所示。

图 10-31

## 10.5.2 使用【色度/饱和度/亮度】命令调整局部颜色

【色度/饱和度/亮度】命令不仅可以对画面整体色调进行调整，还可以更改画面中某一种颜色。本案例将介绍使用该命令更改眼影颜色的方法。

素材文件 第10章\素材文件\2.jpg

效果文件 第10章\效果文件\调整局部颜色.cdr

step 1 新建一个横向的A4文档，执行【文件】→【导入】命令，将“2.jpg”文件导入文档中，执行【效果】→【调整】→【色度/饱和度/亮度】命令，如图10-32所示。

图 10-32

step 2 弹出【色度/饱和度/亮度】对话框，① 因为眼影的颜色为青色，所以选中【青色】单选按钮，② 拖动【色度】滑块进行调色，眼影颜色已经发生改变，③单击OK按钮，如图10-33所示。

图 10-33

图 10-34

step 3 通过以上步骤即可完成使用【色度/饱和度/亮度】命令调整局部颜色的操作，如图10-34所示。

## Section 10.6 本章小结与课后练习

本节内容无视频课程

本章主要介绍了编辑位图、描摹位图、调整位图色调、转换位图颜色模式等内容。学习本章后，用户可以基本了解编辑与处理位图的方法，为进一步使用软件制作图像奠定坚实的基础。

## 10.6.1 思考与练习

一、填空题

1. ________命令常用于提高图像中边缘部分的对比度，可以更好地展示明亮区域和暗色区域中的细节。

2. 轮廓描摹又称为________，使用无轮廓的曲线对象来描摹图像，它用于描摹剪贴画、徽标、相片图像及低质量和高质量图像。

二、判断题

1. 矫正位图功能可以很方便地对有镜头畸变、角度以及透视问题的图像进行裁切处理，得到端正的图像效果。 (　　)

2. 使用【高反差】命令可以改变位图的大小和分辨率。 (　　)

三、思考题

1. 如何将位图转换为黑白图像？

2. 如何快速描摹位图？

## 10.6.2 上机操作

1. 通过本章的学习，读者基本可以掌握编辑与处理位图方面的知识，下面通过练习将位图转换为 CMYK 模式，达到巩固与提高的目的。

2. 通过本章的学习，读者基本可以掌握编辑与处理位图方面的知识，下面通过练习使用【伽玛值】效果调整位图的色调，达到巩固与提高的目的。

# 第11章

# 位图特效

本章主要介绍为位图添加特效的方法、三维效果、艺术笔触效果、模糊效果、相机效果、颜色转换效果等方面的知识与技巧，同时还讲解如何应用茶色玻璃效果制作网页等内容。通过本章的学习，读者可以掌握为位图添加特效方面的知识，为深入学习 CorelDRAW 2019 知识奠定基础。

1. 为位图添加特效的方法
2. 三维效果
3. 艺术笔触效果
4. 模糊效果
5. 相机效果
6. 颜色转换效果
7. 轮廓图效果
8. 创造性效果
9. 扭曲效果
10. 底纹效果

## Section 11.1 为位图添加特效的方法

手机扫描下方二维码，观看本节视频课程

特效在其他软件里也被叫作滤镜，都是为位图添加特殊效果的功能。在 CorelDRAW 2019 中运用这些功能，用户可以制作出位图处理软件才能制作出的特效。若要为矢量添加特效，则需要先将矢量图转换为位图，才能继续操作。

虽然特效命令非常多，但其应用方法很简单。相关操作基本可以概括为选择对象→执行特效命令→设置参数这三大步骤。虽然有些特效的名称比较晦涩难懂，其中的参数选项也各不相同，但是这些参数大多数可以通过调整滑块或者简单设置数值便能直接在画面中观察到效果。因此，在学习这些特效命令时，并不需要对每个参数的具体含义进行过多的深究，只要简单地操作尝试，即可明白其中含义。

本章讲解的位图特效功能无法直接对矢量图形进行操作。如果想要为绘制的矢量图形添加这些特殊效果，可以选中矢量图形，执行【位图】→【转换为位图】命令，将其转换为位图，之后再进行这些特效操作。

## Section 11.2 三维效果

手机扫描下方二维码，观看本节视频课程

“三维效果”组中包括“三维旋转”“柱面”“浮雕”“卷页”“挤远/挤近”以及“球面”6 种效果，使用这些效果可以使图像呈现出三维变换效果，增强其空间深度感。本节将详细介绍这 6 种三维效果的用法、区别以及参数设置情况。

### 11.2.1 三维旋转

三维旋转效果可以使平面图像在三维空间内旋转，产生一定的立体效果。

选中图像，执行【效果】→【三维效果】→【三维旋转】命令，弹出【三维旋转】对话框，设置参数，单击 OK 按钮，即可完成对图像应用三维旋转效果的操作。如图 11-1 所示为原图，如图 11-2 所示为效果图。

【三维旋转】对话框如图 11-3 所示，【垂直】微调框 垂直(V)：35 用来设置垂直方向的旋转角度，【水平】微调框 水平(H)：0 用来设置水平方向的旋转角度，数值范围为-75～75 之间。

图 11-1

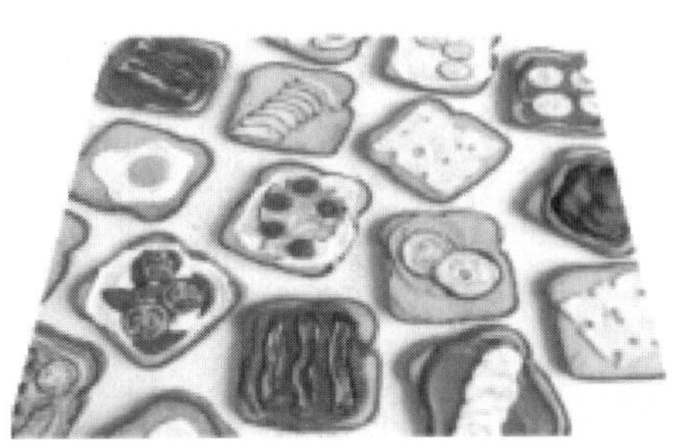

图 11-2

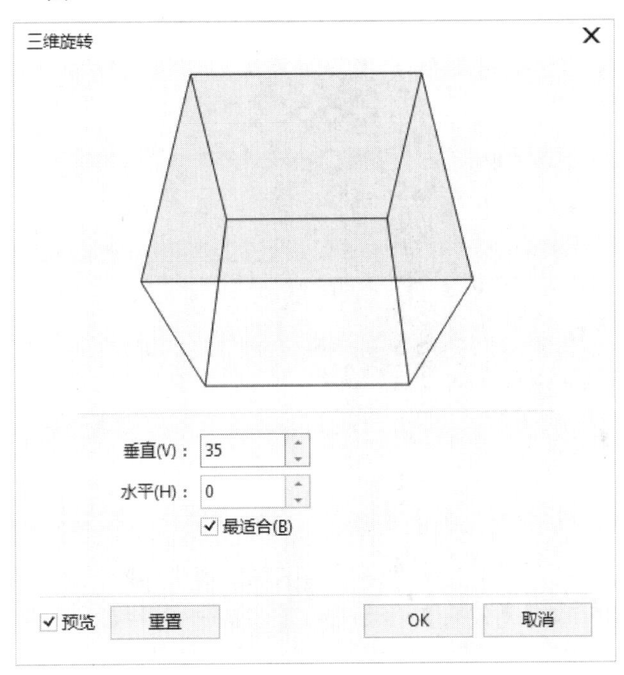


图 11-3

## 11.2.2 柱面

柱面效果可以沿着圆柱体的表面贴上图像，创建出贴图的三维效果。

选中图像，执行【效果】→【三维效果】→【柱面】命令，弹出 Cylinder 对话框，设置参数，单击 OK 按钮，即可完成对图像应用柱面效果的操作。如图 11-4 所示为原图，如图 11-5 所示为效果图。

Cylinder 对话框如图 11-6 所示，在【柱面模式】选项组中选中【水平】或【垂直的】单选按钮，可进行相应方向的延伸或挤压的变形，然后设置【百分比】数值调整变形的强度。

图 11-4

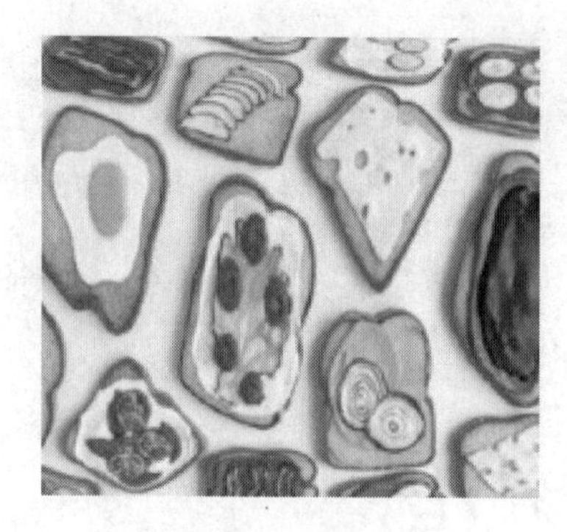

图 11-5

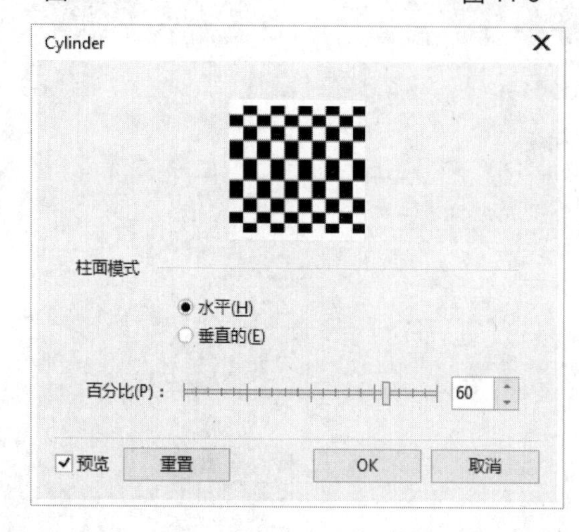


图 11-6

## 11.2.3 浮雕

浮雕效果是通过勾画图像的轮廓和降低周围色值在平面图像上生成类似于浮雕的一种三维效果。选中图像，执行【效果】→【三维效果】→【浮雕】命令，弹出【浮雕】对话框，设置参数，单击 OK 按钮，即可完成对图像应用浮雕效果的操作。如图 11-7 所示为原图，如图 11-8 所示为效果图。

图 11-7

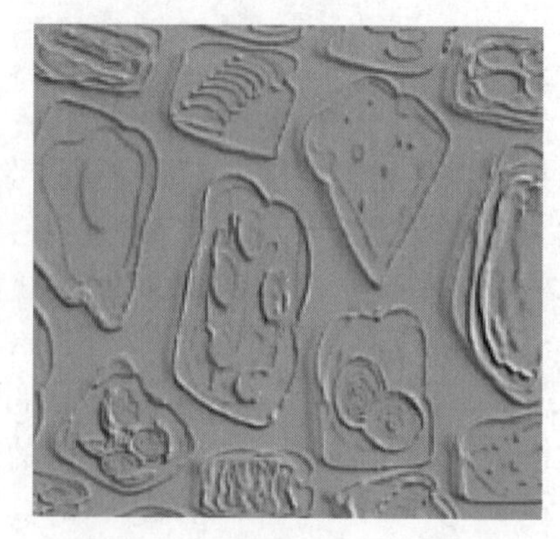

图 11-8

【浮雕】对话框如图 11-9 所示。

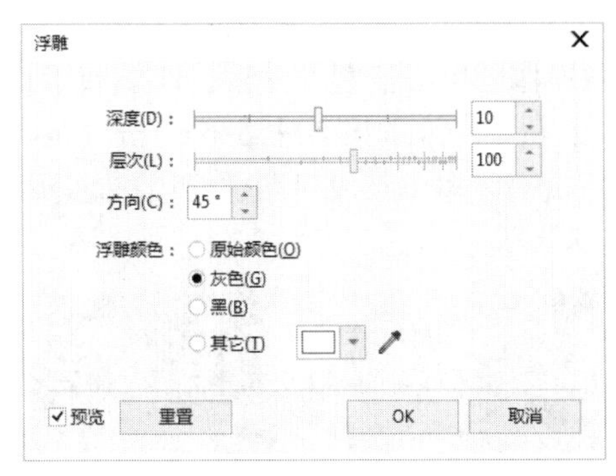


图 11-9

## 11.2.4　卷页

卷页效果可以把位图的任意一角像纸一样卷起来，呈现向内卷曲的效果。

选中图像，执行【效果】→【三维效果】→【卷页】命令，弹出【卷页】对话框，设置参数，单击 OK 按钮，即可完成对图像应用卷页效果的操作。如图 11-10 所示为原图，如图 11-11 所示为效果图。

图 11-10

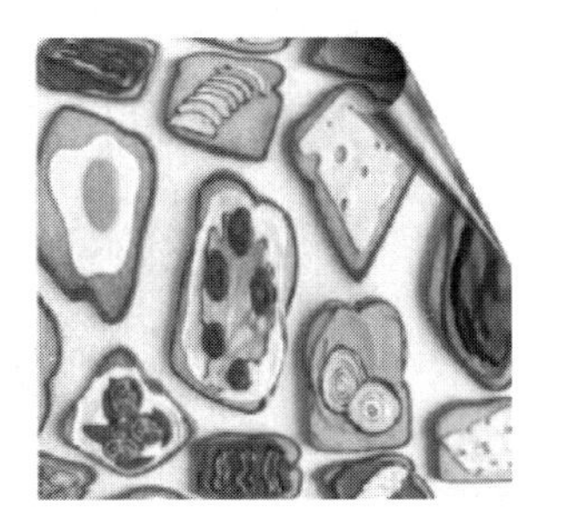

图 11-11

【卷页】对话框如图 11-12 所示。

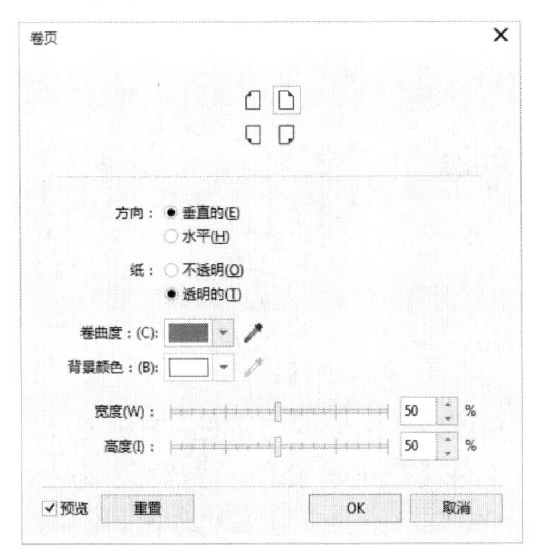


图 11-12

## 11.2.5 挤远/挤近

挤远/挤近效果用来覆盖图像的中心位置，使图像产生或远或近的距离感。

选中图像，执行【效果】→【三维效果】→【挤远/挤近】命令，弹出【挤远/挤近】对话框，设置参数，单击 OK 按钮，即可完成对图像应用挤远/挤近效果的操作。如图 11-13 所示为原图，如图 11-14 所示为效果图。

图 11-13

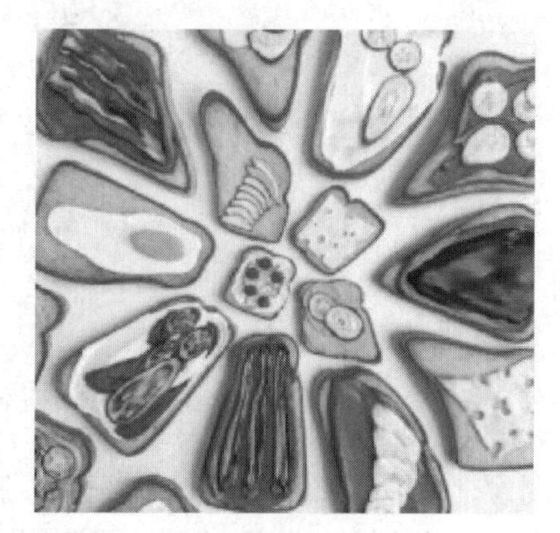

图 11-14

【挤远/挤近】对话框如图 11-15 所示，将滑块向右拖动或输入正值，呈现挤远效果；将滑块向左拖动或输入负值，呈现挤近效果。

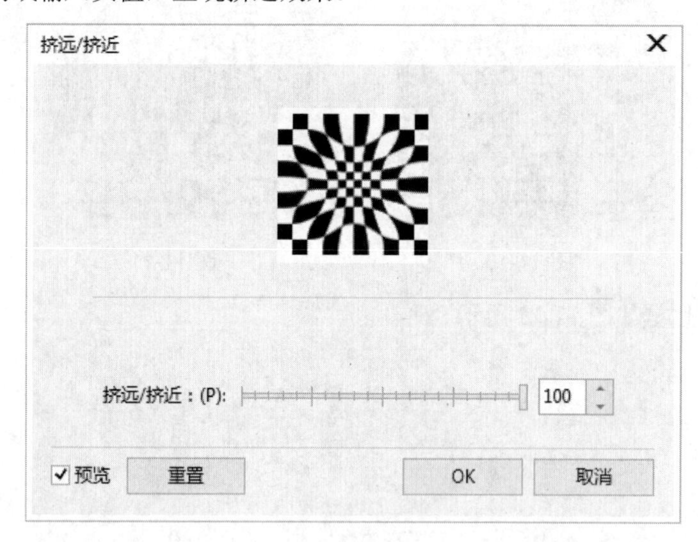


图 11-15

## 11.2.6 球面

球面效果通过变形处理使图像产生球体内外侧的视觉效果。

选中图像，执行【效果】→【三维效果】→【球面】命令，弹出【球面】对话框，设置参数，单击 OK 按钮，即可完成对图像应用球面效果的操作。如图 11-16 所示为原图，如图 11-17 所示为效果图。

图 11-16

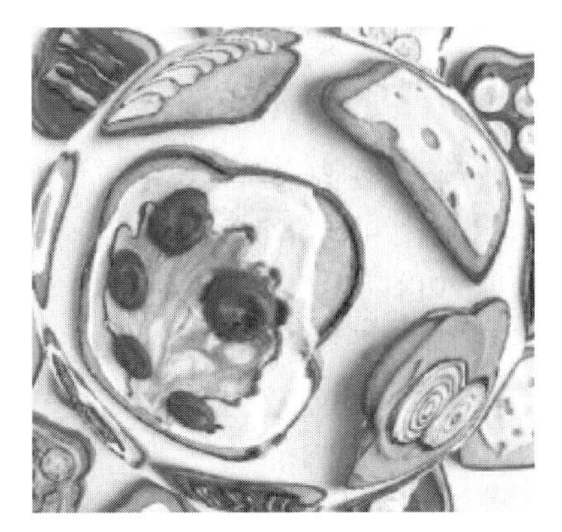

图 11-17

【球面】对话框如图 11-18 所示，其中【百分比】选项用来调整球面的效果，将滑块向右拖动或输入正值，会得到凸出的球面化效果；将滑块向左拖动或输入负值，会得到凹陷的球面化效果。

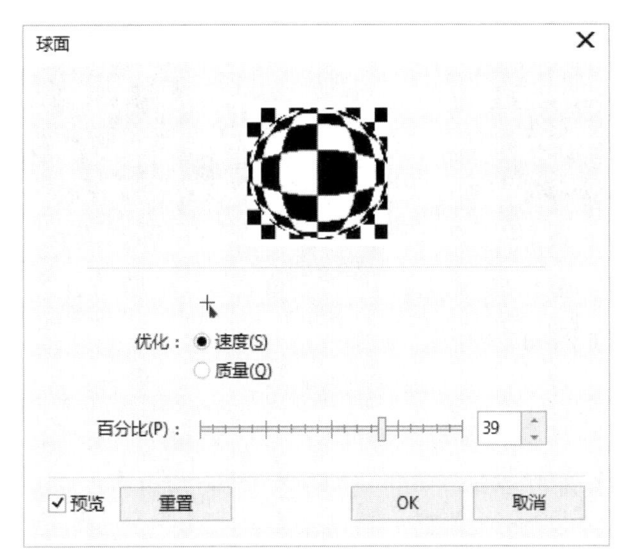


图 11-18

## Section 11.3 艺术笔触效果

手机扫描下方二维码，观看本节视频课程

“艺术笔触”效果组可以把位图转化成类似于用各种自然方法绘制出的图像，使其呈现出艺术画的风格。该组包括“蜡笔画”“印象派”“调色刀”以及“水彩画”等效果。

## 11.3.1 蜡笔画

蜡笔画效果可以使图像产生蜡笔效果，选中图像，执行【效果】→【艺术笔触】→【蜡笔画】命令，弹出【蜡笔】对话框，设置参数，单击 OK 按钮，即可完成对图像应用蜡笔画效果的操作。如图 11-19 所示为原图，如图 11-20 所示为效果图。其特点是图像基本颜色不变，颜色会分散到图像中。

图 11-19

图 11-20

【蜡笔】对话框如图 11-21 所示。

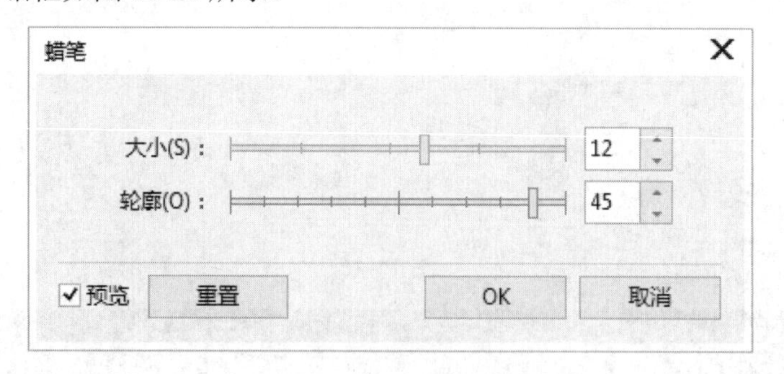


图 11-21

## 11.3.2 印象派

印象派效果模拟油性颜料生成的效果，即将图像转换为小块的纯色，从而制作出类似印象派绘画作品的效果。

选中图像，执行【效果】→【艺术笔触】→【印象派】命令，弹出【印象派】对话框，设置参数，单击 OK 按钮，即可完成对图像应用印象派效果的操作。如图 11-22 所示为原图，如图 11-23 所示为效果图。

图 11-22

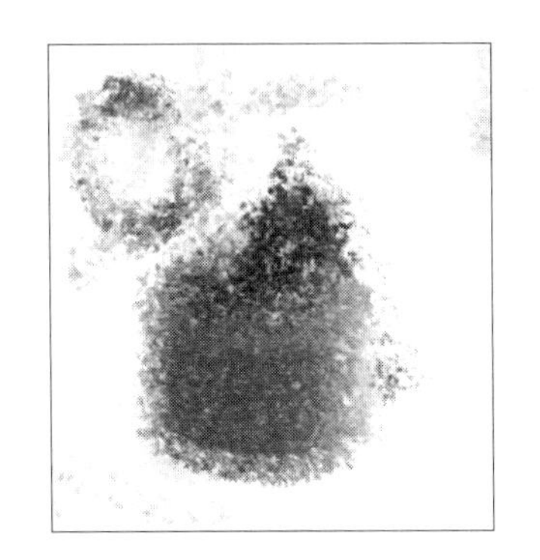

图 11-23

【印象派】对话框如图 11-24 所示。

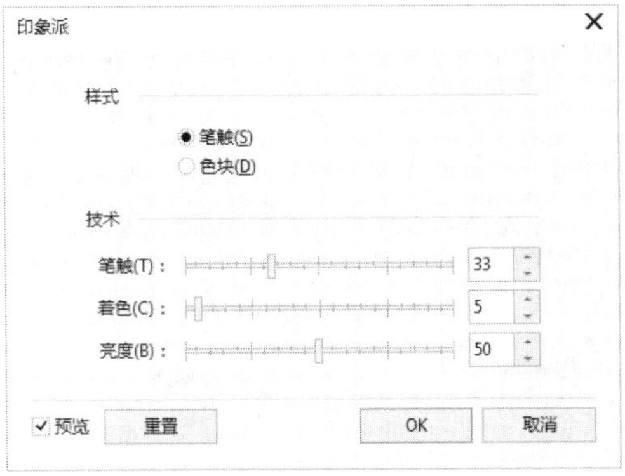

印象派

样式

笔触(S)
色块(D)

技术

笔触(T)： 33
着色(C)： 5
亮度(B)： 50

预览 重置 OK 取消

图 11-24

## 11.3.3 调色刀

调色刀效果将位图的像素进行分配，使图像产生类似于调色板、刻刀绘制而成的效果。使用刻刀替换画笔可以使图像中相近的颜色相互融合，减少了细节，从而产生了写意效果。

选中图像，执行【效果】→【艺术笔触】→【调色刀】命令，弹出【调色刀】对话框，设置参数，单击 OK 按钮，即可完成对图像应用调色刀效果的操作。如图 11-25 所示为原图，如图 11-26 所示为效果图。

图 11-25

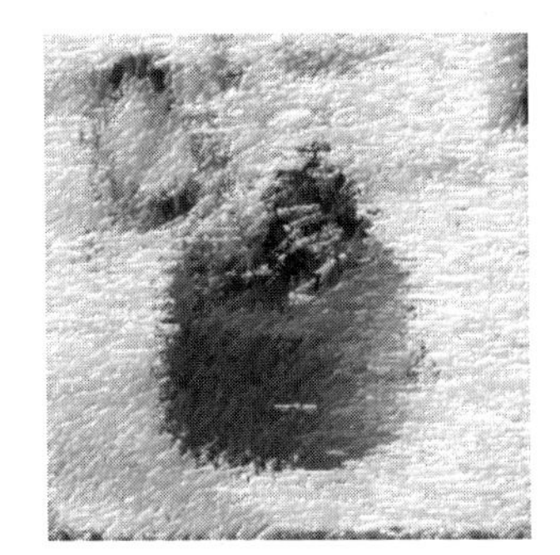

图 11-26

【调色刀】对话框如图 11-27 所示。

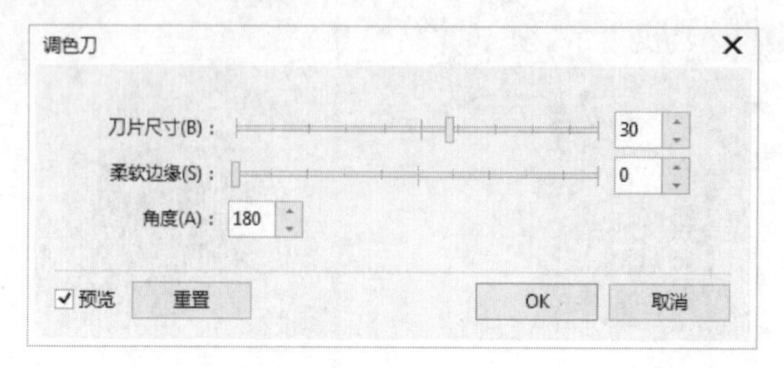


图 11-27

## 11.3.4　水彩画

水彩画效果可以描画出图像中静物的形状，同时对图像进行简化、混合、渗透等调整，使其产生水彩画的效果。

选中图像，执行【效果】→【艺术笔触】→【水彩画】命令，弹出【水彩】对话框，设置参数，单击 OK 按钮，即可完成对图像应用水彩画效果的操作。如图 11-28 所示为原图，如图 11-29 所示为效果图。

图 11-28

图 11-29

【水彩】对话框如图 11-30 所示。

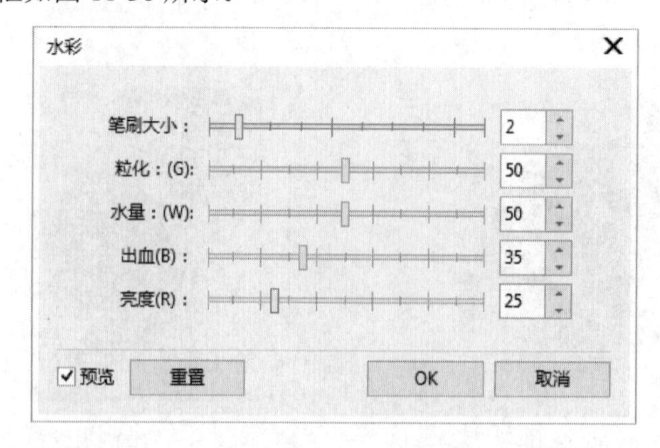


图 11-30

# Section 11.4 模糊效果

手机扫描下方二维码，观看本节视频课程

“模糊”效果组中的命令可以使选中位图产生虚化的效果。该组包括“定向平滑”“高斯式模糊” “低通滤波器”“动态模糊”等效果。

## 11.4.1 定向平滑

定向平滑效果可以调和相同像素间的区别，使之产生平滑的效果。

选中图像，执行【效果】→【模糊】→【定向平滑】命令，弹出【定向平滑】对话框，设置参数，单击 OK 按钮，即可完成对图像应用定向平滑效果的操作。如图 11-31 所示为原图，如图 11-32 所示为效果图。该效果比较微弱，可以放大图像观察。

图 11-31

图 11-32

【定向平滑】对话框如图 11-33 所示，用户可以通过【百分比】选项来调整平滑效果的强度。

定向平滑

百分比(P)： 98

预览 重置 OK 取消

图 11-33

## 11.4.2 高斯式模糊

高斯式模糊效果可以产生朦胧的效果。选中图像，执行【效果】→【模糊】→【高斯式模糊】命令，弹出【高斯式模糊】对话框，设置参数，单击 OK 按钮，即可完成对图像应用高斯式模糊效果的操作。如图 11-34 所示为原图，如图 11-35 所示为效果图。

图 11-34

图 11-35

【高斯式模糊】对话框如图 11-36 所示，用户可以通过【半径】选项来调整模糊的强度。

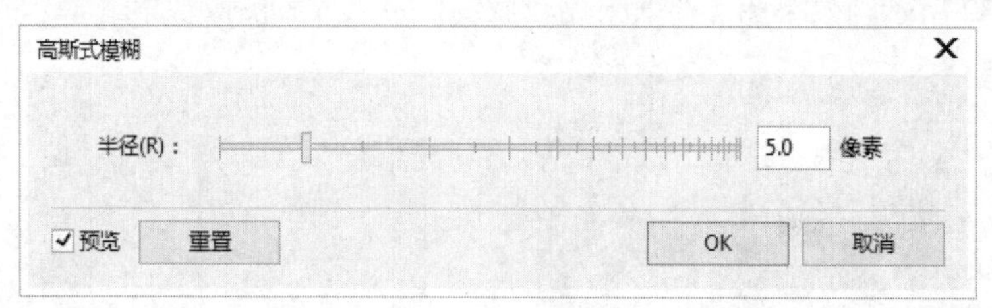


图 11-36

## 11.4.3 低通滤波器

低通滤波器效果可以调整图像中尖锐的边角和细节，使图像的模糊效果更加柔和。需要注意的是，该效果只针对图像中的某些元素。

选中图像，执行【效果】→【模糊】→【低通滤波器】命令，弹出【低通滤波器】对话框，设置参数，单击 OK 按钮，即可完成对图像应用低通滤波器效果的操作。如图 11-37 所示为原图，如图 11-38 所示为效果图。

图 11-37

图 11-38

【低通滤波器】对话框如图 11-39 所示，用户可以通过【百分比】和【半径】选项来设置像素半径区域内像素使用的模糊效果强度及模糊半径的大小。

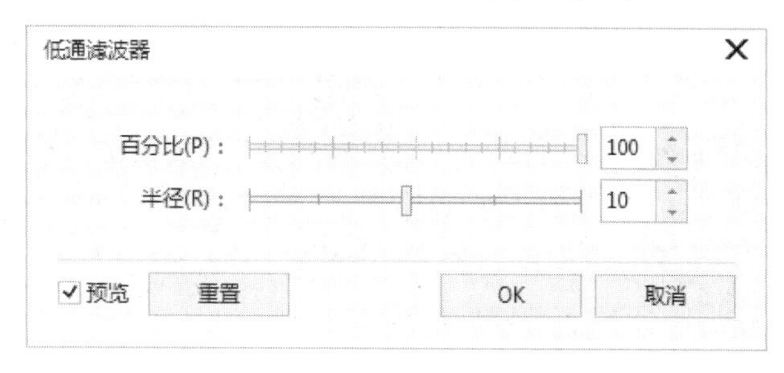


图 11-39

## 11.4.4 动态模糊

动态模糊效果可以产生位图快速移动的模糊效果，其特点是将像素进行某一方向上的线性位移，来产生运动模糊效果。

选中图像，执行【效果】→【模糊】→【动态模糊】命令，弹出【动态模糊】对话框，设置参数，单击 OK 按钮，即可完成对图像应用动态模糊效果的操作。如图 11-40 所示为原图，如图 11-41 所示为效果图。

图 11-40

图 11-41

【动态模糊】对话框如图 11-42 所示。

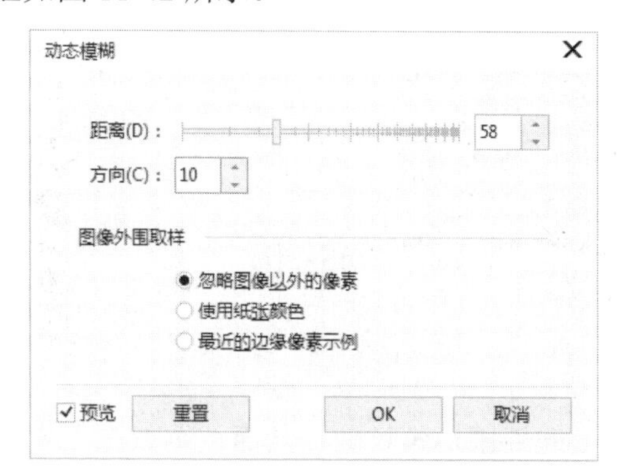


图 11-42

## Section 11.5 相机效果

手机扫描下方二维码，观看本节视频课程

“相机”效果组中的命令能够模仿照相机的原理，使图像产生光的效果(一种能让照片回到历史，展示过去流行的摄影风格的效果)。该效果组包括“着色”“扩散”“照片过滤器”“棕褐色色调”“延时”等效果。

### 11.5.1 着色

着色效果可以使图像变成单色色调。选中图像，执行【效果】→【相机】→【着色】命令，弹出【着色】对话框，设置参数，单击 OK 按钮，即可完成对图像应用着色效果的操作。如图 11-43 所示为原图，如图 11-44 所示为效果图。

图 11-43

图 11-44

【着色】对话框如图 11-45 所示，主要通过调整【色度】与【饱和度】选项的数值，使位图产生单色的色调效果。

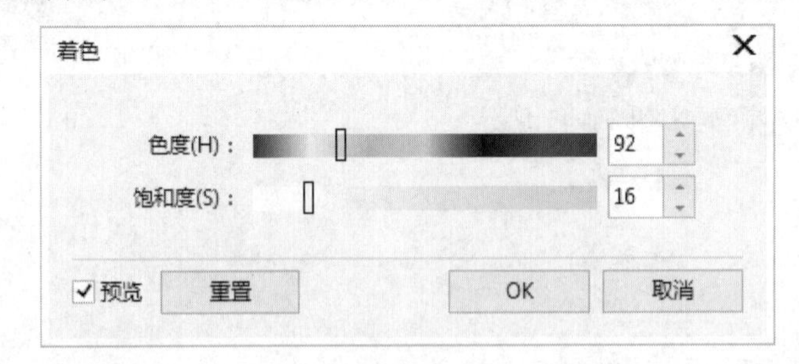


图 11-45

### 11.5.2 扩散

扩散效果将位图的像素向周围均匀扩散，从而使图像产生模糊、柔和、虚化的效果。选中图像，执行【效果】→【相机】→【扩散】命令，弹出【扩散】对话框，设置参数，

单击 OK 按钮，即可完成对图像应用扩散效果的操作。如图 11-46 所示为原图，如图 11-47 所示为效果图。

图 11-46

图 11-47

【扩散】对话框如图 11-48 所示。

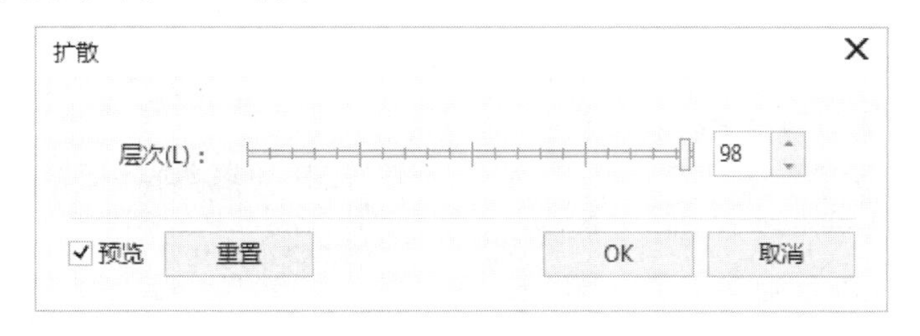


图 11-48

## 11.5.3 照片过滤器

照片过滤器效果可以在固有色的基础上改变色相，使色调变得更亮或更暗，从而达到控制图片色温的效果。

选中图像，执行【效果】→【相机】→【照片过滤器】命令，弹出【照片过滤器】对话框，设置参数，单击 OK 按钮，即可完成对图像应用照片过滤器效果的操作。如图 11-49 所示为原图，如图 11-50 所示为效果图。

图 11-49

图 11-50

【照片过滤器】对话框如图 11-51 所示。

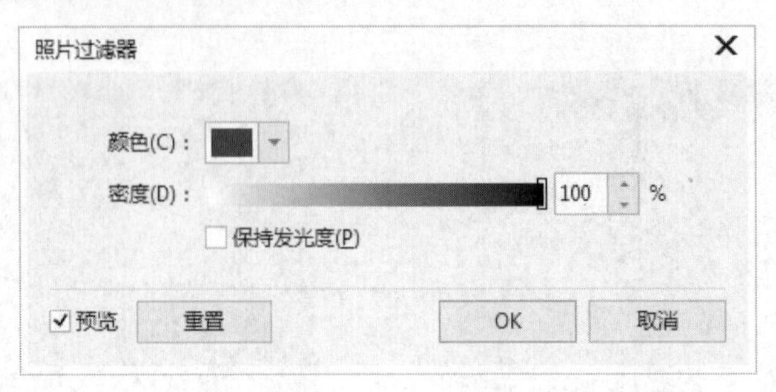


图 11-51

## 11.5.4 棕褐色色调

棕褐色色调效果可以制作出单色旧照片的效果，常用来制作老照片或怀旧复古效果。选中图像，执行【效果】→【相机】→【棕褐色色调】命令，弹出【棕褐色色调】对话框，设置参数，单击 OK 按钮，即可完成对图像应用棕褐色色调效果的操作。如图 11-52 所示为原图，如图 11-53 所示为效果图。

图 11-52

图 11-53

【棕褐色色调】对话框如图 11-54 所示。

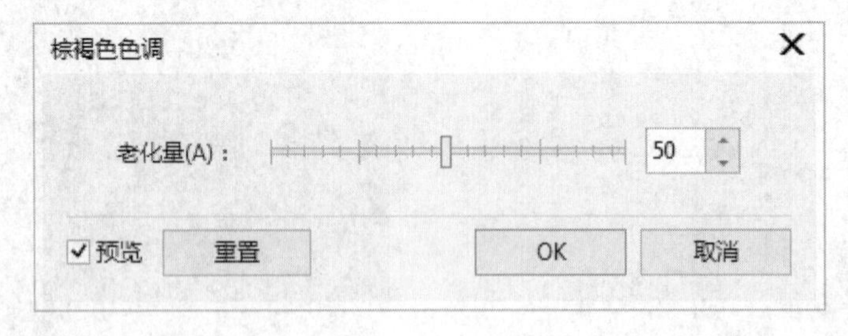


图 11-54

## 11.5.5 延时

延时效果可以使图像产生一种旧照片的效果。

选中图像，执行【效果】→【相机】→【延时】命令，弹出【延时】对话框，设置参数，单击 OK 按钮，即可完成对图像应用延时效果的操作。如图 11-55 所示为原图，如图 11-56 所示为效果图。

图 11-55

图 11-56

【延时】对话框如图 11-57 所示，选择一种合适的效果，然后通过【强度】选项控制效果的强弱。

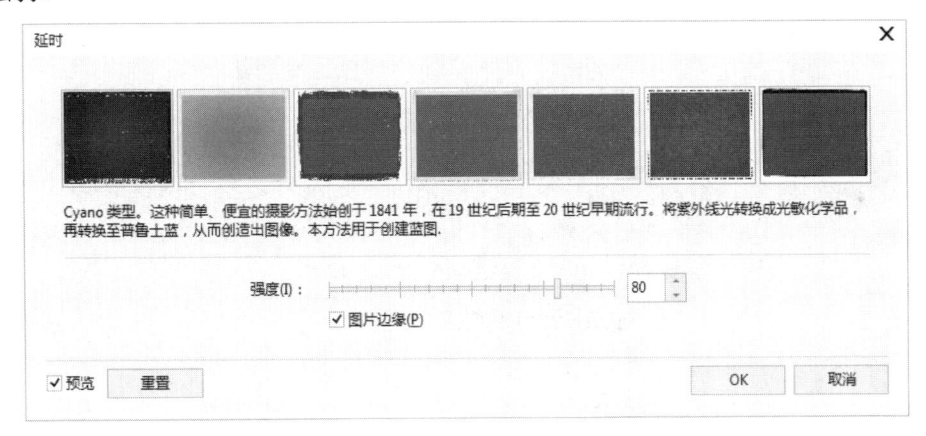


图 11-57

## Section 11.6 颜色转换效果

手机扫描下方二维码，观看本节视频课程

“颜色转换”效果组中的命令用于模拟胶片印染效果，使位图产生各种颜色的变化，给人以强烈的视觉冲击。该效果组包括“位平面”“半色调”“梦幻色调”“曝光”等效果。本节将详细介绍运用“颜色转换”效果组的方法。

## 11.6.1 位平面

位平面效果通过调节红、绿和蓝 3 种颜色的参数，使用纯色来表现位图色调。

选中图像，执行【效果】→【颜色转换】→【位平面】命令，弹出【位平面】对话框，设置参数，单击 OK 按钮，即可完成对图像应用位平面效果的操作。如图 11-58 所示为原图，如图 11-59 所示为效果图。

图 11-58

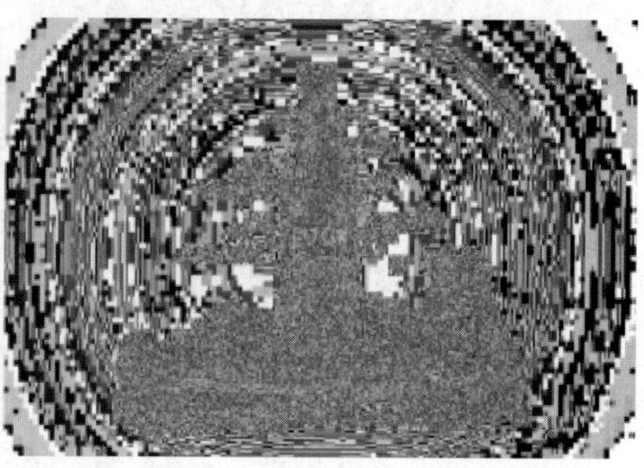

图 11-59

【位平面】对话框如图 11-60 所示，可分别拖动【红】、【绿】和【蓝】选项的滑块调整相应颜色的含量。

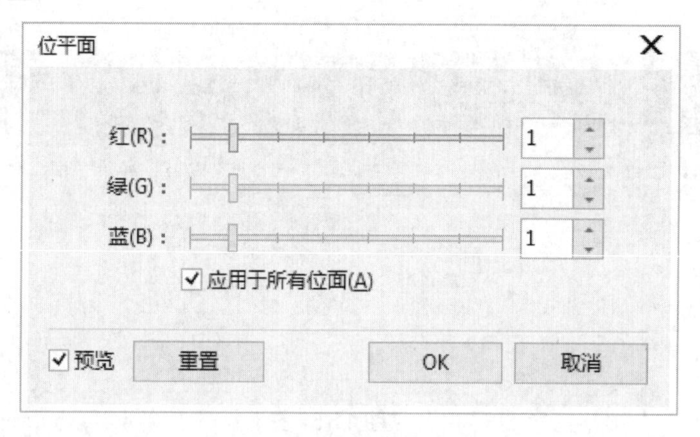


图 11-60

## 11.6.2 半色调

半色调效果可以使位图产生一种类似于彩色网格的效果。添加该效果后，图像将由不同色调的大小不一的圆点组成。

选中图像，执行【效果】→【颜色转换】→【半色调】命令，弹出【半色调】对话框，设置参数，单击 OK 按钮，即可完成对图像应用半色调效果的操作。如图 11-61 所示为原图，如图 11-62 所示为效果图。

图 11-61

图 11-62

【半色调】对话框如图 11-63 所示，可分别拖动【青】、【品红】、【黄】和【黑】选项的滑块设置网点的颜色。

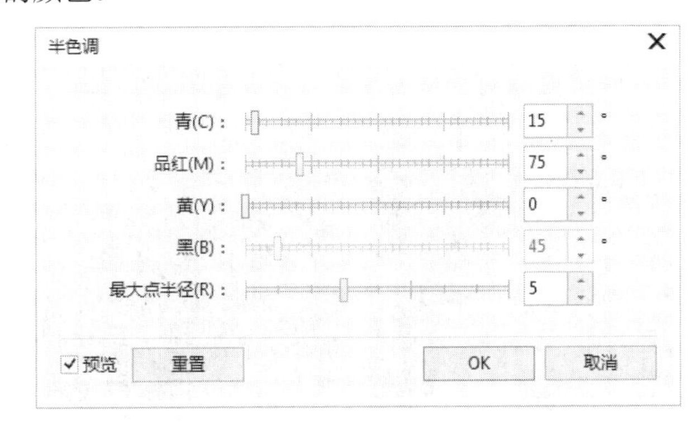


图 11-63

## 11.6.3 梦幻色调

梦幻色调效果可以将位图转换成明亮的电子色彩，使其产生一种高对比的电子效果。该效果应用前后有着丰富的颜色变化。

选中图像，执行【效果】→【颜色转换】→【梦幻色调】命令，弹出【梦幻色调】对话框，设置参数，单击 OK 按钮，即可完成对图像应用梦幻色调效果的操作。如图 11-64 所示为原图，如图 11-65 所示为效果图。

图 11-64

图 11-65

【梦幻色调】对话框如图 11-66 所示。

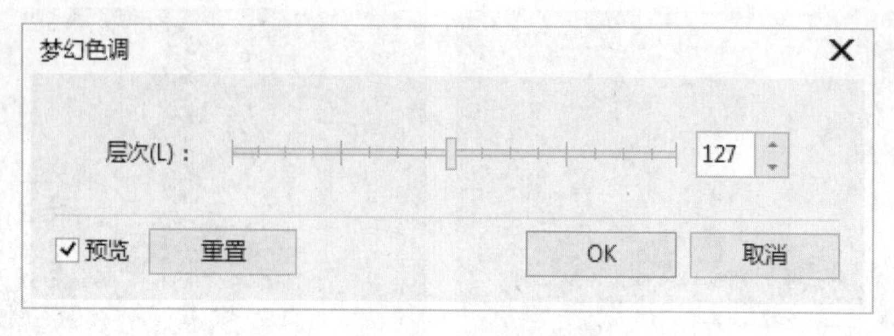


图 11-66

## 11.6.4 曝光

曝光效果可以使位图转换成照片底片曝光效果，从而产生高对比效果。

选中图像，执行【效果】→【颜色转换】→【曝光】命令，弹出【曝光】对话框，设置参数，单击 OK 按钮，即可完成对图像应用曝光效果的操作。如图 11-67 所示为原图，如图 11-68 所示为效果图。

图 11-67

图 11-68

【曝光】对话框如图 11-69 所示。

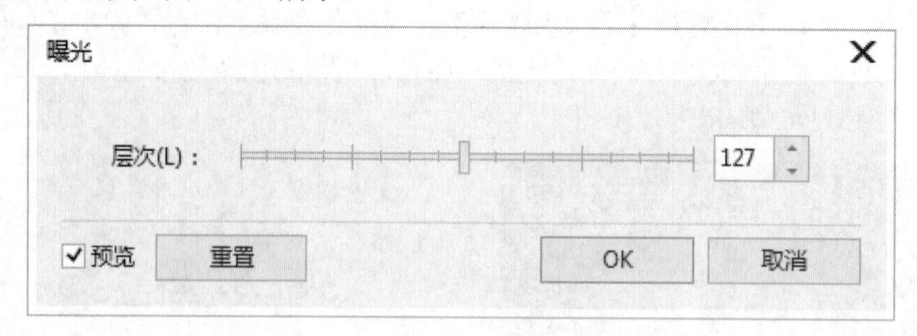


图 11-69

## Section 11.7 轮廓图效果

手机扫描下方二维码，观看本节视频课程

“轮廓图”效果组中的命令主要用于检测和重新绘制图像的边缘，且只对轮廓和边缘产生效果，图像中剩余的部分将转换成中间色。该效果组包括“边缘检测”“查找边缘”“描摹轮廓”等效果。

### 11.7.1 边缘检测

边缘检测效果可以检测颜色差异的边缘，并将检测到的图像中各个对象的边缘转换为曲线，得到边缘线的效果。

选中图像，执行【效果】→【轮廓图】→【边缘检测】命令，弹出【边缘检测】对话框，设置参数，单击 OK 按钮，即可完成对图像应用边缘检测效果的操作。如图 11-70 所示为原图，如图 11-71 所示为效果图。

图 11-70

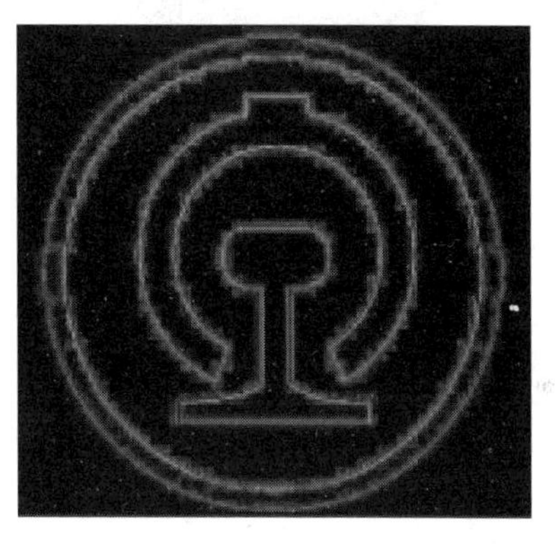

图 11-71

【边缘检测】对话框如图 11-72 所示。

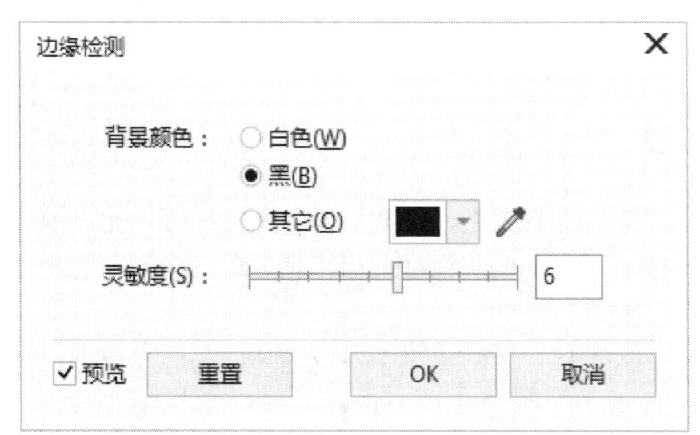


图 11-72

## 11.7.2 查找边缘

查找边缘效果用于检测位图的边缘，并自动将所选位图的边缘和轮廓高亮显示，将位图转换成柔和、纯色的线条。

选中图像，执行【效果】→【轮廓图】→【查找边缘】命令，弹出【查找边缘】对话框，设置参数，单击 OK 按钮，即可完成对图像应用查找边缘效果的操作。如图 11-73 所示为原图，如图 11-74 所示为效果图。

【查找边缘】对话框如图 11-75 所示。

图 11-73

图 11-74

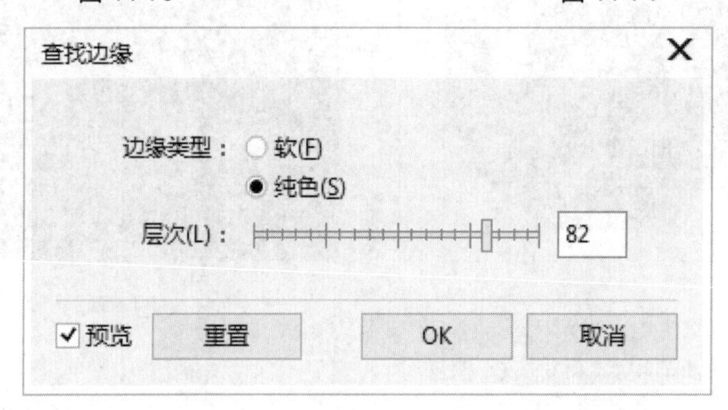


图 11-75

## 11.7.3 描摹轮廓

描摹轮廓效果可以将位图的填充色消除，从而得到位图的纯边缘轮廓痕迹的效果。换句话说，就是描绘图像的颜色，在图像内部创建轮廓，多用于需要显示高对比度的位图图像。

选中图像，执行【效果】→【轮廓图】→【描摹轮廓】命令，弹出【描摹轮廓】对话框，设置参数，单击 OK 按钮，即可完成对图像应用描摹轮廓效果的操作。如图 11-76 所示为原图，如图 11-77 所示为效果图。

图 11-76

图 11-77

【描摹轮廓】对话框如图 11-78 所示。

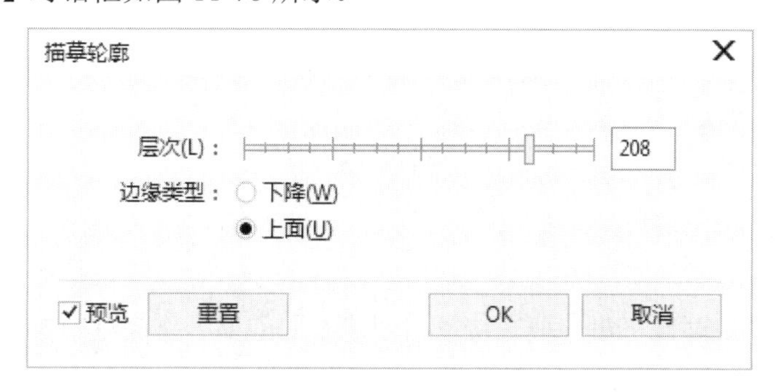


图 11-78

## Section 11.8 创造性效果

手机扫描下方二维码，观看本节视频课程

“创造性”效果组中的命令用于模仿工艺品和纺织品的表面，将位图转换成不同的形状和纹理。该效果组包括“晶体化”“织物”“框架”“玻璃砖”等效果。

### 11.8.1 晶体化

晶体化效果可以使位图图像产生类似于晶体块状组合的画面效果。

选中图像，执行【效果】→【创造性】→【晶体化】命令，弹出【晶体化】对话框，设置参数，单击 OK 按钮，即可完成对图像应用晶体化效果的操作。如图 11-79 所示为原图，如图 11-80 所示为效果图。

图 11-79

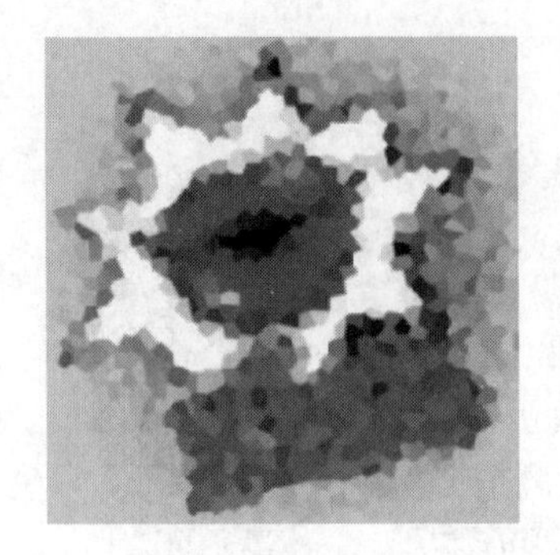

图 11-80

【晶体化】对话框如图 11-81 所示。

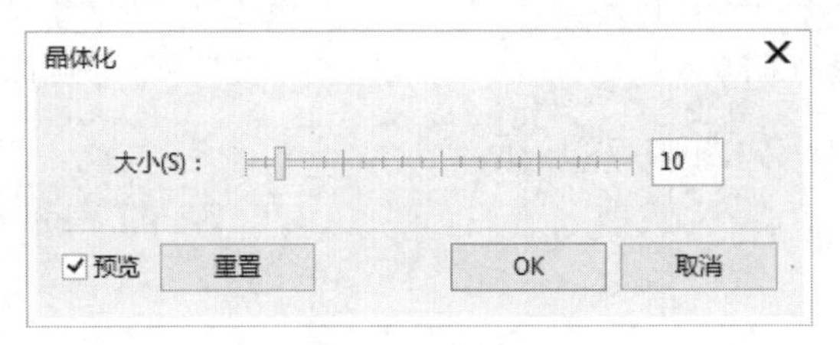


图 11-81

## 11.8.2 织物

织物效果可以为对象和背景填充纹理，创建不同的编织物底纹效果，如“刺绣”“地毯钩织”“彩格杯子”“珠帘”“丝带”和“拼纸”等效果。

选中图像，执行【效果】→【创造性】→【织物】命令，弹出【织物】对话框，设置参数，单击 OK 按钮，即可完成对图像应用织物效果的操作。如图 11-82 所示为原图，如图 11-83 所示为效果图。【织物】对话框如图 11-84 所示。

图 11-82

图 11-83

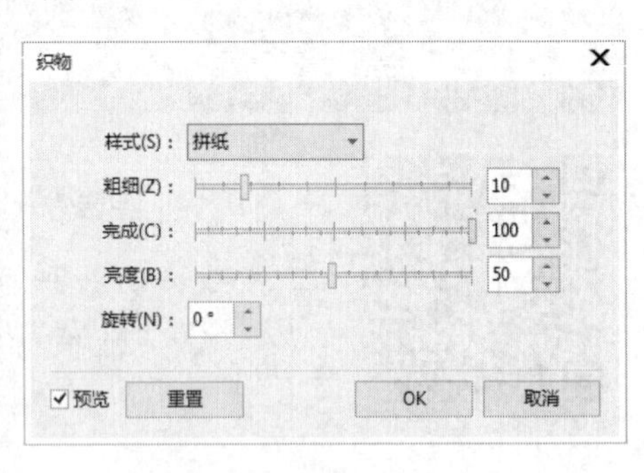


图 11-84

## 11.8.3 框架

框架效果可以使位图图像边缘产生绘画感的涂抹效果。

选中图像，执行【效果】→【创造性】→【框架】命令，弹出【图文框】对话框，设置参数，单击 OK 按钮，即可完成对图像应用框架效果的操作。如图 11-85 所示为原图，如图 11-86 所示为效果图。

图 11-85

图 11-86

【图文框】对话框如图 11-87 和图 11-88 所示，分为【选择】与【修改】两个选项卡。

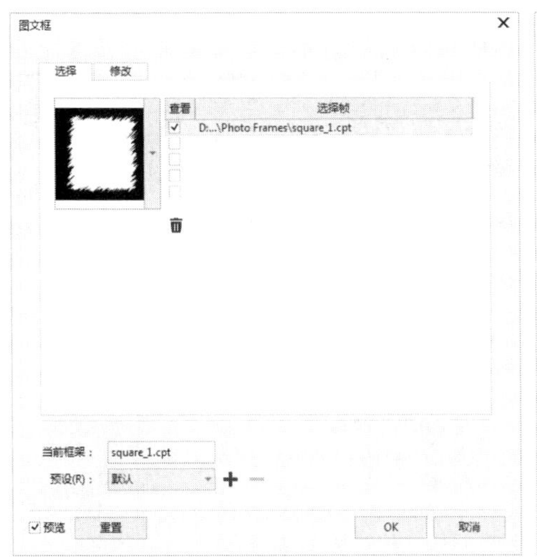


图 11-87

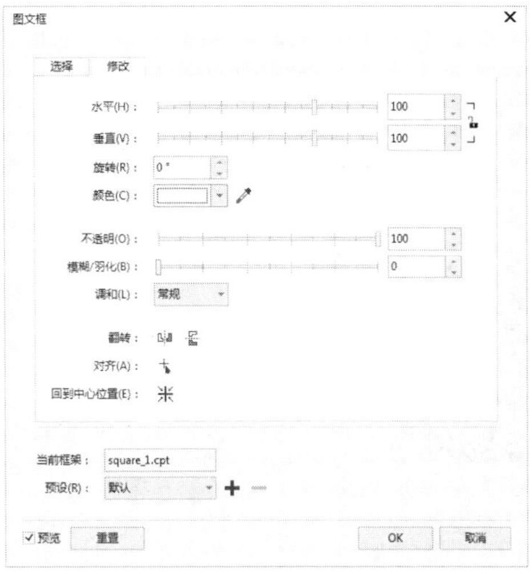


图 11-88

## 11.8.4 玻璃砖

玻璃砖效果可以为图像添加半透明的图案，使其产生透过玻璃看图像的效果。

选中图像，执行【效果】→【创造性】→【玻璃砖】命令，弹出【玻璃砖】对话框，设置参数，单击 OK 按钮，即可完成对图像应用玻璃砖效果的操作。如图 11-89 所示为原图，如图 11-90 所示为效果图。

图 11-89

图 11-90

【玻璃砖】对话框如图 11-91 所示。

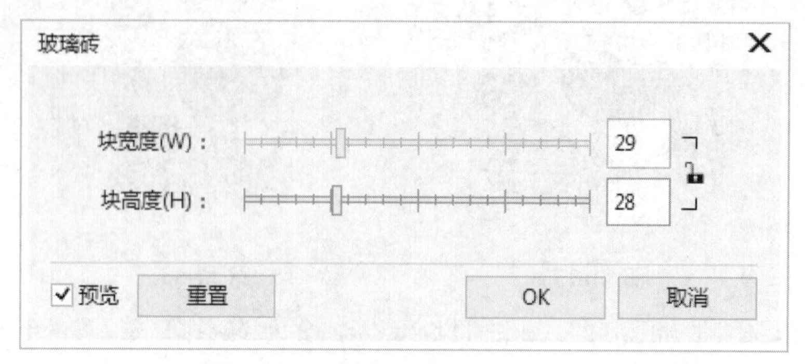


图 11-91

## Section 11.9 扭曲效果

手机扫描下方二维码，观看本节视频课程

“扭曲”效果组中的命令可以使位图发生几何变化，使画面产生特殊的变形效果。该效果组包括“块状”“网孔扭曲”“龟纹”“平铺”等效果。

### 11.9.1 块状

块状效果可以将位图分成若干小块，制作出类似于色块拼贴的效果。

选中图像，执行【效果】→【扭曲】→【块状】命令，弹出【块状】对话框，设置参数，单击 OK 按钮，即可完成对图像应用块状效果的操作。如图 11-92 所示为原图，如图 11-93 所示为效果图。

图 11-92

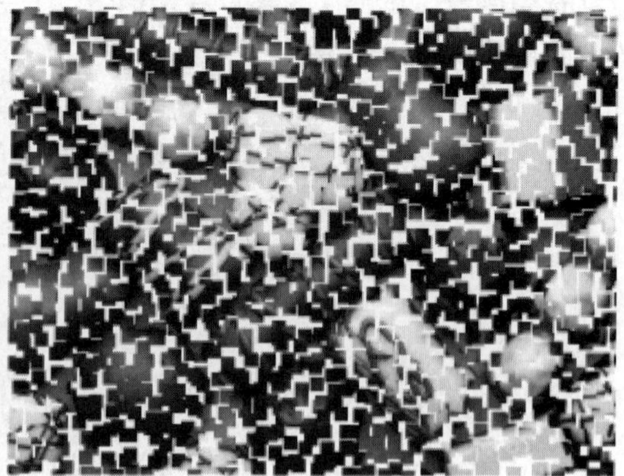

图 11-93

【块状】对话框如图 11-94 所示。

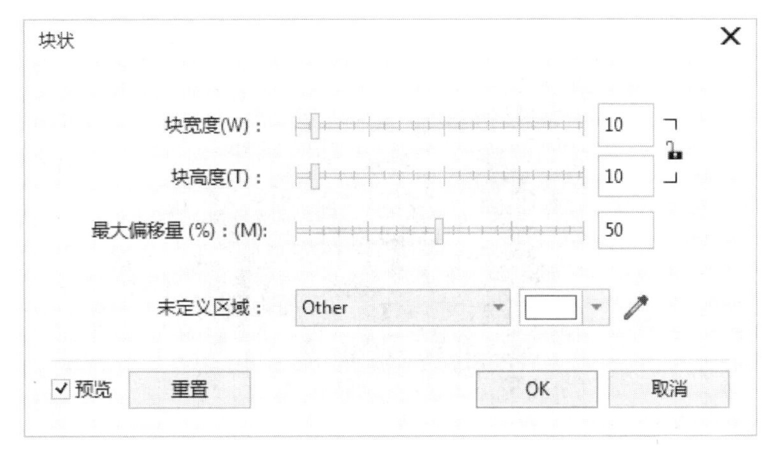


图 11-94

## 11.9.2　网孔扭曲

网孔扭曲效果可以使图像按照网格的形状进行扭曲，通过调整网格的扭曲形态即可调整图像的扭曲效果。

选中图像，执行【效果】→【扭曲】→【网孔扭曲】命令，弹出【网孔扭曲】对话框，设置参数，单击 OK 按钮，即可完成对图像应用网孔扭曲效果的操作。如图 11-95 所示为原图，如图 11-96 所示为效果图。

图 11-95

图 11-96

【网孔扭曲】对话框如图 11-97 所示。

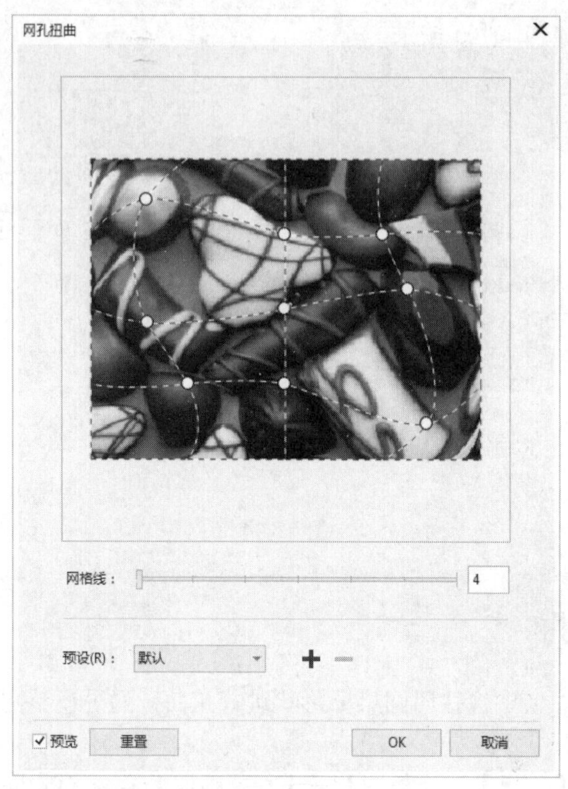


图 11-97

## 11.9.3 龟纹

龟纹效果可以对位图图像中的像素进行颜色混合，使图像产生畸变的波浪效果。

选中图像，执行【效果】→【扭曲】→【龟纹】命令，弹出【龟纹】对话框，设置参数，单击 OK 按钮，即可完成对图像应用龟纹效果的操作。如图 11-98 所示为原图，如图 11-99 所示为效果图。

图 11-98

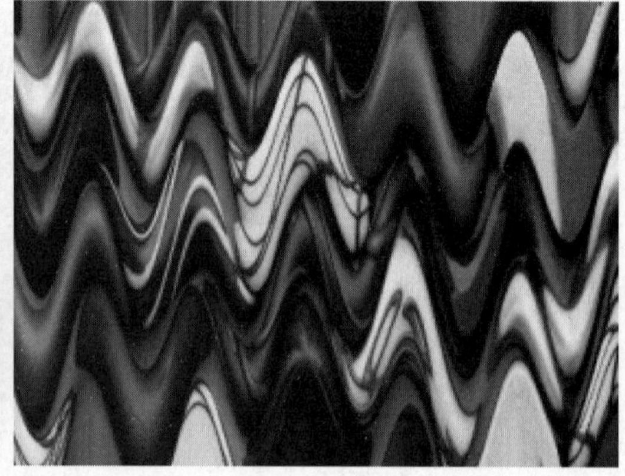

图 11-99

【龟纹】对话框如图 11-100 所示。

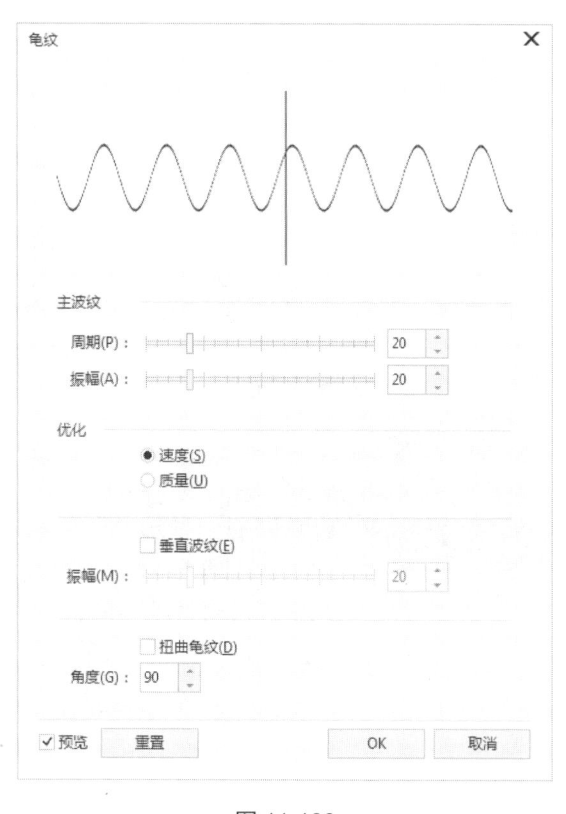


图 11-100

## 11.9.4 平铺

平铺效果可以使图像产生由多个原图像平铺成的图像效果。

选中图像，执行【效果】→【扭曲】→【平铺】命令，弹出 Tile 对话框，设置参数，单击 OK 按钮，即可完成对图像应用平铺效果的操作。如图 11-101 所示为原图，如图 11-102 所示为效果图。

图 11-101

图 11-102

Tile 对话框如图 11-103 所示。

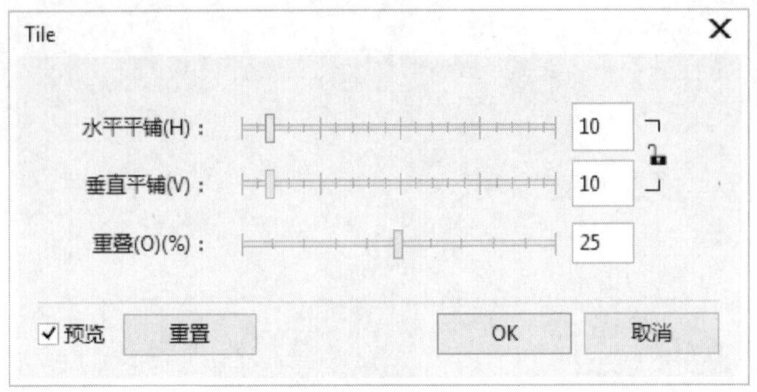


图 11-103

## Section 11.10 底纹效果

手机扫描下方二维码，观看本节视频课程

“底纹”效果组中的命令用于为位图图像添加一些底纹效果，使其呈现一种特殊的质地感。该组包括“鹅卵石”“蚀刻”“塑料”等效果。本节将详细介绍使用底纹效果的方法。

### 11.10.1 鹅卵石

鹅卵石效果可以为图像添加一种类似于砖石块拼接的效果。

选中图像，执行【效果】→【底纹】→【鹅卵石】命令，弹出【鹅卵石】对话框，设置参数，单击 OK 按钮，即可完成对图像应用鹅卵石效果的操作。如图 11-104 所示为原图，如图 11-105 所示为效果图。

图 11-104

图 11-105

【鹅卵石】对话框如图 11-106 所示。

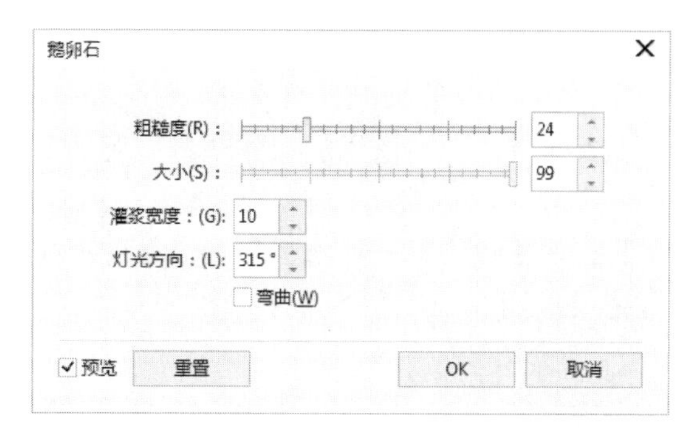


图 11-106

## 11.10.2　蚀刻

蚀刻效果可以使图像呈现一种在金属板上雕刻的效果，可以用于制作金币、雕刻。

选中图像，执行【效果】→【底纹】→【蚀刻】命令，弹出【蚀刻】对话框，设置参数，单击 OK 按钮，即可完成对图像应用蚀刻效果的操作，如图 11-107 所示为原图，如图 11-108 所示为效果图。

图 11-107

图 11-108

【蚀刻】对话框如图 11-109 所示。

蚀刻

详细资料(D)：85

深度：50

光源方向(L)：315 °

表面颜色(S)：

预览　重置　OK　取消

图 11-109

### 11.10.3 塑料

塑料效果描摹图像的边缘细节，为图像添加液体塑料质感的效果，使其看起来更具有真实感。

选中图像，执行【效果】→【底纹】→【塑料】命令，弹出【塑料】对话框，设置参数，单击 OK 按钮，即可完成对图像应用塑料效果的操作，如图 11-110 所示为原图，如图 11-111 所示为效果图。

图 11-110

图 11-111

【塑料】对话框如图 11-112 所示。

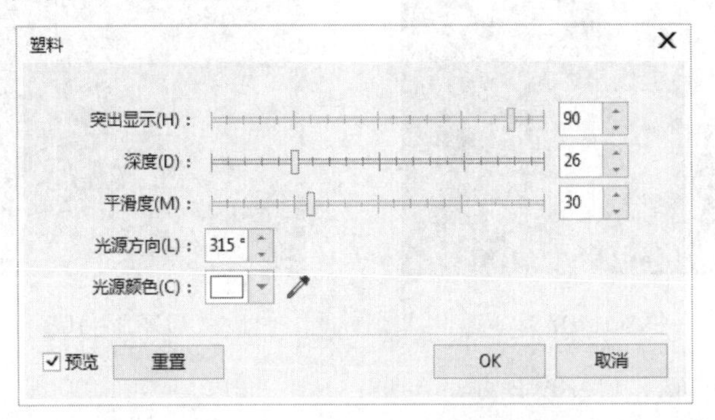


图 11-112

## Section 11.11 范例应用与上机操作

手机扫描下方二维码，观看本节视频课程

在本节的学习过程中，将侧重介绍和讲解与本章知识点有关的范例应用与技巧，主要内容包括应用茶色玻璃效果制作网页、应用半色调效果制作波普风格海报和应用水印画效果制作油画效果等方面的知识与操作技巧。

## 11.11.1　应用茶色玻璃效果制作网页

利用“茶色玻璃”命令能够制作出单色图片的效果。为了达到满意的图像效果，也可以配合使用其他调色命令进行颜色的处理。

素材文件　第11章\素材文件\1.jpg 、2.jpg

效果文件　第11章\效果文件\网页.cdr

step 1　创建一个横向的A4文档，导入素材文件“1.jpg”和“2.jpg”，将其转换为位图，如图11-113所示。

图 11-113

step 2　选中两个图像，执行【效果】→【调整】→【色调/饱和度/亮度】命令，弹出【色调/饱和度/亮度】对话框，设置参数，单击OK按钮，如图11-114所示。

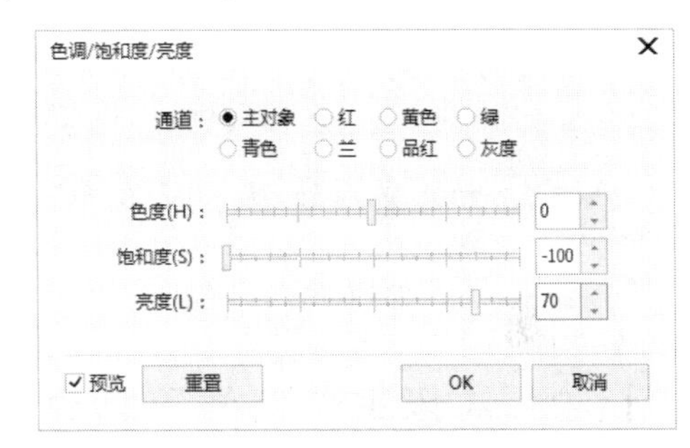


图 11-114

step 3　调整色调/饱和度/亮度后的效果如图11-115所示。

图 11-115

step 4　执行【效果】→【创造性】→【茶色玻璃】命令，弹出【茶色玻璃】对话框，设置参数，设置颜色(C：0，M：39，Y：18，K：0)，单击OK按钮，如图11-116所示。

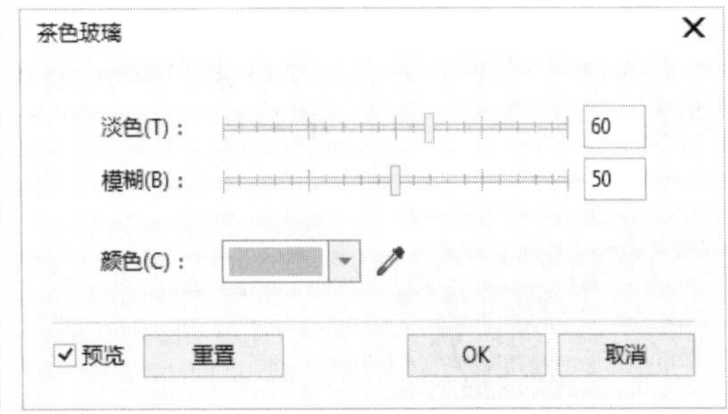


图 11-116

step 5　添加了茶色玻璃效果后的图片如图11-117所示。

step 6　最后添加文字和几何图形进行装饰，效果如图11-118所示。

图 11-117

图 11-118

## 11.11.2 应用半色调效果制作波普风格海报

波普风格的特点是颜色鲜明大胆、图案夸张。利用半色调命令可以制作波普风格的海报。

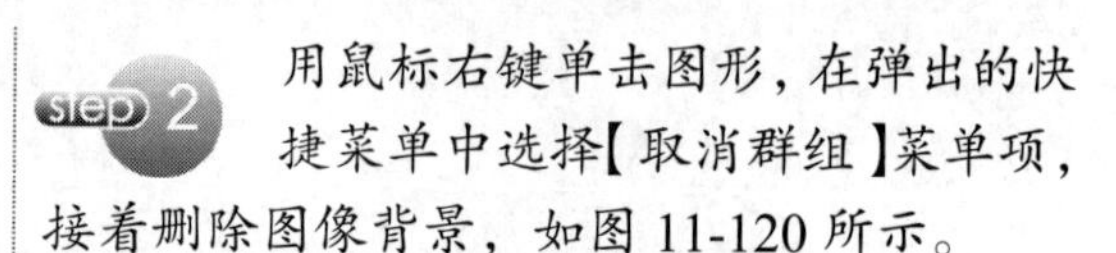


step 1 打开“1.cdr”素材文件，选中人物图片，执行【位图】→【轮廓描摹】→【高质量图像】命令，弹出 PowerTRACE 对话框，设置参数，单击 OK 按钮，如图 11-119 所示。

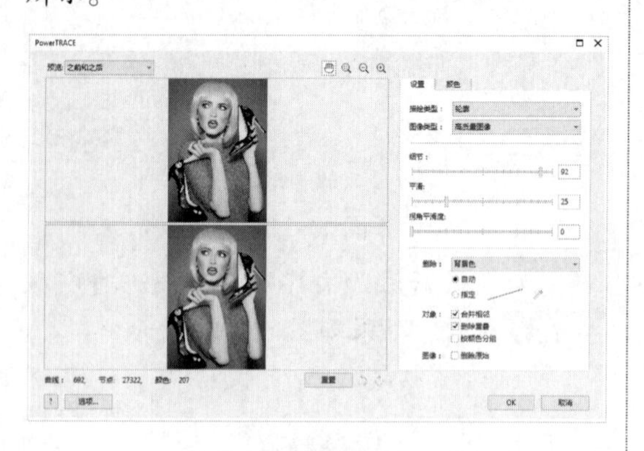

图 11-119

step 2 用鼠标右键单击图形，在弹出的快捷菜单中选择【取消群组】菜单项，接着删除图像背景，如图 11-120 所示。

图 11-120

step 3 选择图像，执行【位图】→【转换为位图】命令，弹出【转换为位图】对话框，单击 OK 按钮，如图 11-121 所示。

图 11-121

step 4 复制一份图像，选中其中一个图像，执行【效果】→【颜色转换】→【半色调】命令，弹出【半色调】对话框，设置参数，如图 11-122 所示。

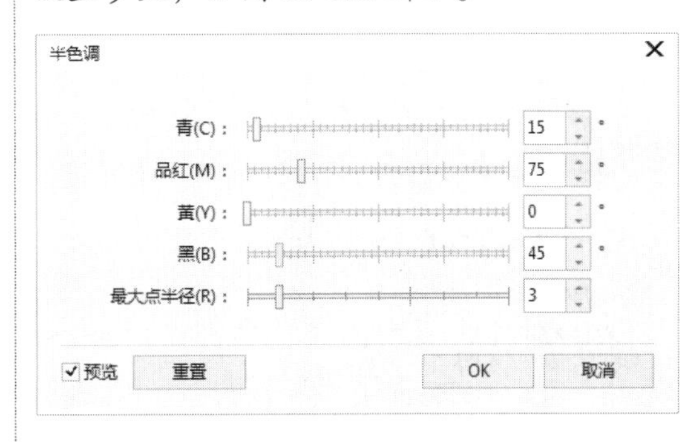


图 11-122

step 5 添加了半色调效果的图像如图 11-123 所示。

图 11-123

step 6 将添加了半色调效果的图像移动到背景上，调整合并模式，设置透明度，如图 11-124 所示。

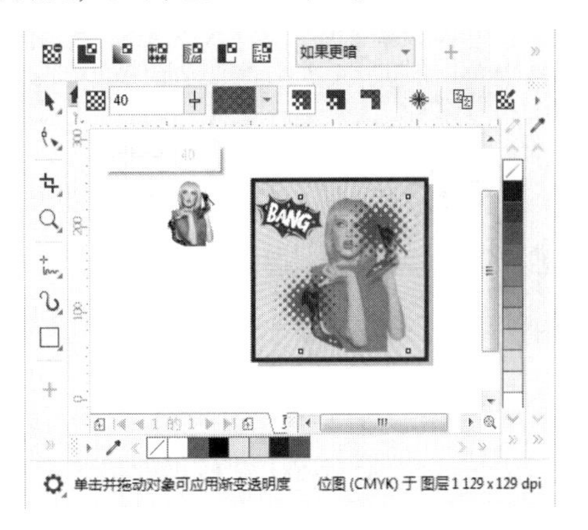


图 11-124

step 7 将另一个人物移到画面中，最终效果如图 11-125 所示。

图 11-125

### 11.11.3 应用水印画效果制作油画效果

本案例将利用水印画效果制作逼真的油画效果。

素材文件 第11章\素材文件\3.jpg，4.png

效果文件 第11章\效果文件\油画效果.cdr

step 1 执行【文件】→【导入】命令，创建一个横向的A4文档，导入素材文件“3.jpg”，如图11-126所示。

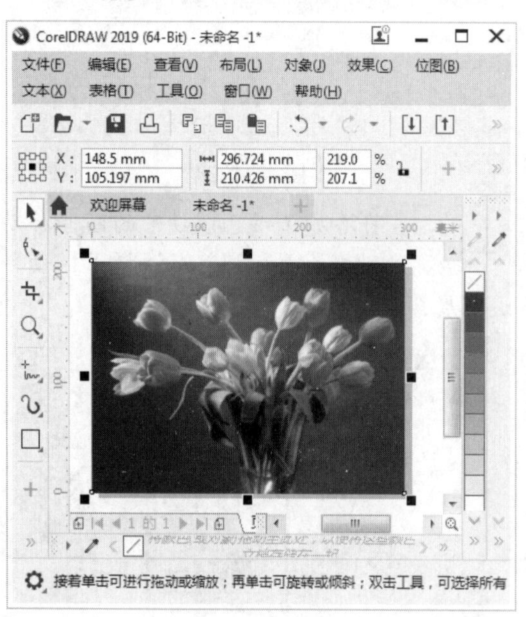


图 11-126

选中图像，单击【效果】菜单，选中【艺术笔触】菜单项，选中【水印画】子菜单项，如图11-127所示。

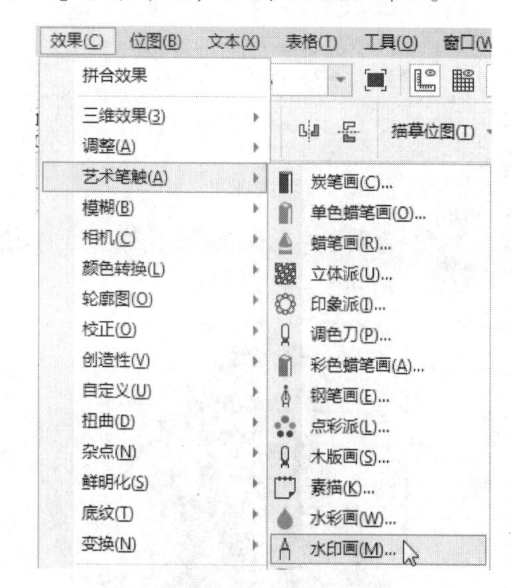


图 11-127

step 3 弹出【水印】对话框，单击OK按钮，如图11-128所示。

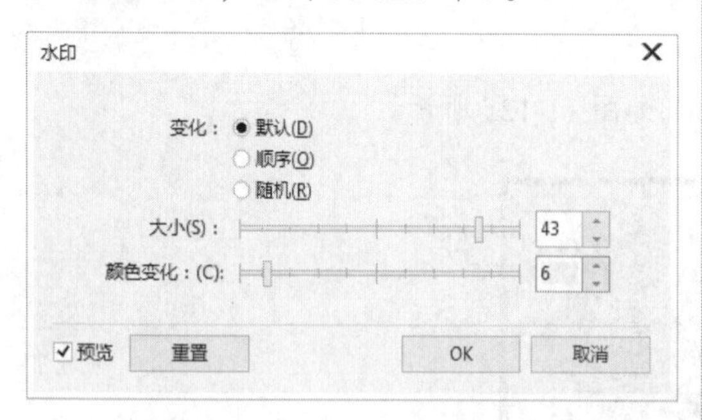


图 11-128

图像已经添加了水印画效果，如图11-129所示。

图 11-129

导入画框素材文件“4.png”，将其移动到合适的位置，如图 11-130 所示。

图 11-130

## Section 11.12 本章小结与课后练习

本节内容无视频课程

本章主要介绍了为位图添加特效的方法、三维效果、艺术笔触效果、模糊效果、相机效果、颜色转换效果、轮廓图效果、创造性效果、扭曲效果、底纹效果等内容。学习本章后，用户可以基本了解位图特效的方法，为进一步使用软件制作图像奠定坚实的基础。

### 11.12.1 思考与练习

**一、填空题**

1. ________在其他软件里也被叫做滤镜，都是为位图添加特殊效果的功能。

2. 虽然特效命令非常多，但其应用方法其实很简单。相关操作基本可以概括为【选择对象】→【________】→【________】这三大步骤。

**二、判断题**

1. 三维旋转效果可以使平面图像在三维空间内旋转，产生一定的立体效果。 (   )

2. 印象派效果模拟油性颜料生成的效果，即将图像转换为小块的纯色，从而制作出类似印象派绘画作品的效果。 (   )

**三、思考题**

1. 如何为图像添加玻璃砖效果？

2. 如何为图像添加扩散效果？

### 11.12.2 上机操作

1. 通过本章的学习，读者基本可以掌握位图特效方面的知识，下面通过练习为图像添加球面效果，达到巩固与提高的目的。

2. 通过本章的学习，读者基本可以掌握位图特效方面的知识，下面通过练习为图像添加龟纹效果，达到巩固与提高的目的。

# 第 12 章

# 管理和打印文件

本章主要介绍导出 CorelDRAW 中的文件、打印和印刷方面的知识与技巧，同时还讲解了查看文档属性、导出为 WordPress、【发送到】命令等内容，通过本章的学习，读者可以掌握管理和打印文件方面的知识，为深入学习 CorelDRAW 2019 知识奠定基础。

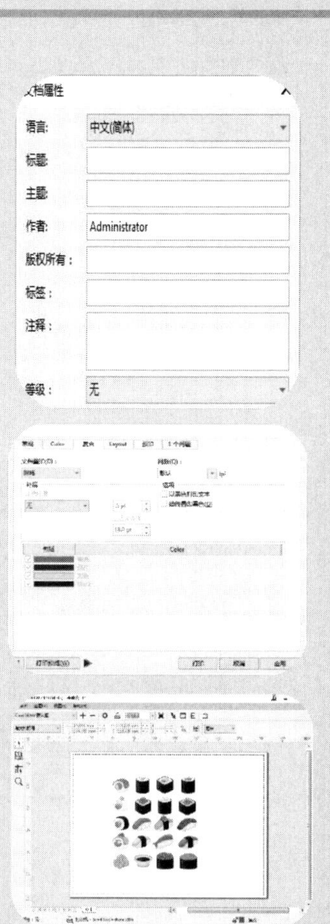


## 本章要点

1. 导出 CorelDRAW 中的文件
2. 打印和印刷

Section 12.1

## 导出 CorelDRAW 中的文件

手机扫描下方二维码，观看本节视频课程

在一个作品制作完成后，通常会保存为 cdr 格式的文件(CorelDRAW 默认的工程文件格式)，这种格式的文件便于之后对画面进行修改。除此之外，通常还会导出到 Office、导出为 Web 网页以及导出为 PDF 文件。

### 12.1.1 导出到 Office

【导出到 Office】命令可以将文件导出到 Microsoft Office 或 WordPerfect Office 中。

编辑好文档后，执行【文件】→【导出为】→【导出到 Office】命令，弹出【导出用于办公】对话框，在该对话框中设置好参数和选项，单击 OK 按钮，即可完成将文件导出到 Office 的操作，如图 12-1 所示。

图 12-1

## 12.1.2 导出为 Web

用户还可以将文件导出为 Web 网页。执行【文件】→【导出为】→Web 命令，弹出【导出到网页】对话框，在其中可以设置参数，设置完成后单击【另存为】按钮即可完成将文件导出为 Web 的操作，如图 12-2 所示。

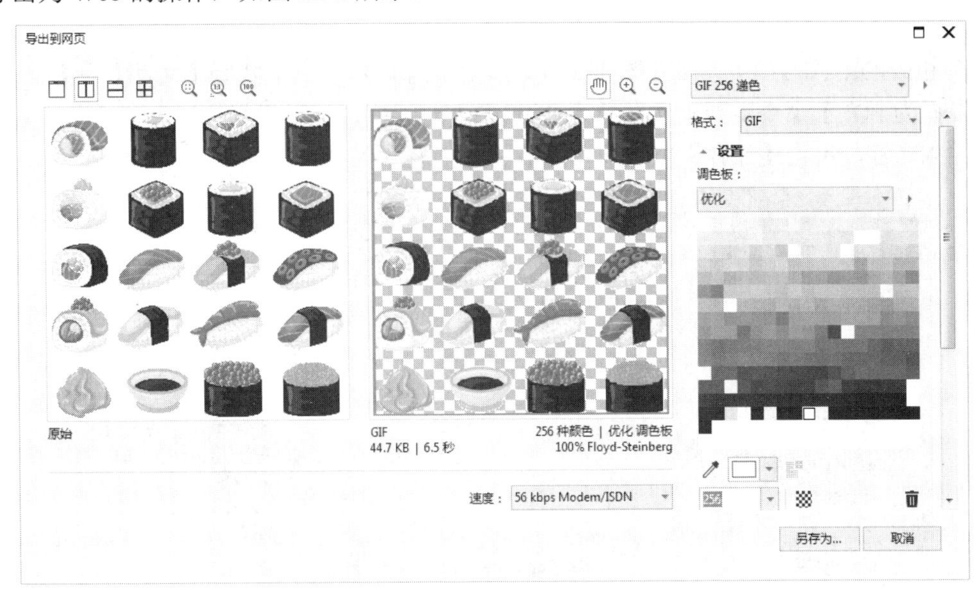


图 12-2

- 【预设列表】下拉按钮 GIF 256 递色：单击该下拉按钮，在弹出的下拉列表中可以选择预设模式，如图 12-3 所示。
- 【格式】下拉按钮 格式：GIF：单击该下拉按钮，在弹出的下拉列表中可以选择文件保存格式，如图 12-4 所示。

GIF 256 递色
原始
GIF 128 无递色
GIF 128 递色
GIF 256 无递色
GIF 256 递色
GIF 64 无递色
GIF 64 递色
PNG 24 位
PNG 8 位 128 无递色
PNG 8 位 128 递色
PNG 8 位 256 无递色
PNG 8 位 256 递色
PNG 8 位 64 无递色
PNG 8 位 64 递色
中等质量 JPEG
低品质 JPEG
高质量 JPEG
自定义

图 12-3

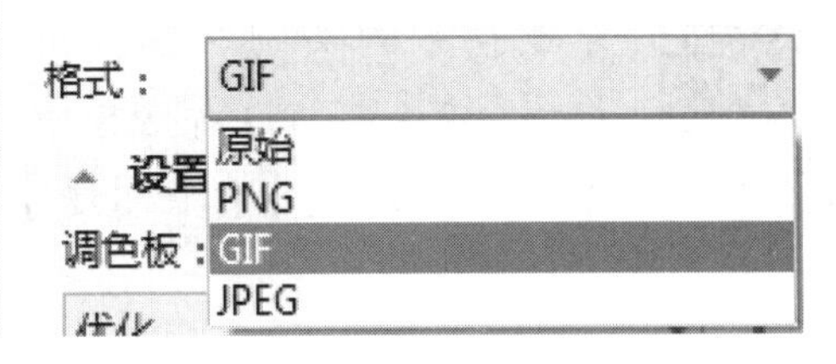


图 12-4

## 12.1.3 发布为 PDF

PDF(Portable Document Format 的简称，意为可携带文档格式，是由 Adobe Systems 用于与应用程序、操作系统、硬件无关的方式进行文件交换所发展出的文件格式。PDF 文件以 PostScript 语言图像模型为基础，无论在哪种打印机上都可保证精确的颜色和准确的打印效果，即 PDF 会忠实地再现原稿的每一个字符、颜色以及图像。

在 CorelDRAW 2019 中，用户可以将文档发布为 PDF 文件。执行【文件】→【导出为】→【发布为 PDF】命令，弹出【发布为 PDF(H)】对话框，选择保存位置，在【文件名】文本框输入名称，单击【保存】按钮即可完成将文档发布为 PDF 的操作，如图 12-5 所示。

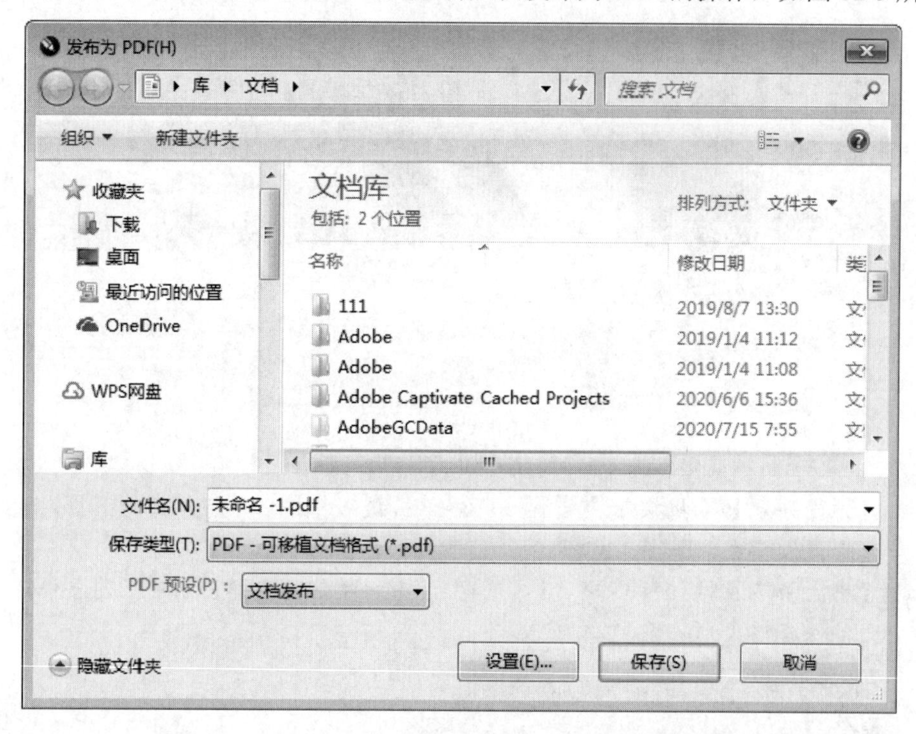


图 12-5

## 打印和印刷

完成设计稿的制作后，经常需要将其打印为可以观看、展示或携带的实物。在将文档打印前，需要对其进行正确的打印设置。在【打印】对话框中包括【常规】、Color、【复合】、Layout、【预印】以及【1 个问题】选项卡。

## 12.2.1　打印设置

执行【文件】→【打印】命令，弹出【打印】对话框，默认情况下显示的为【常规】选项卡，如图 12-6 所示。

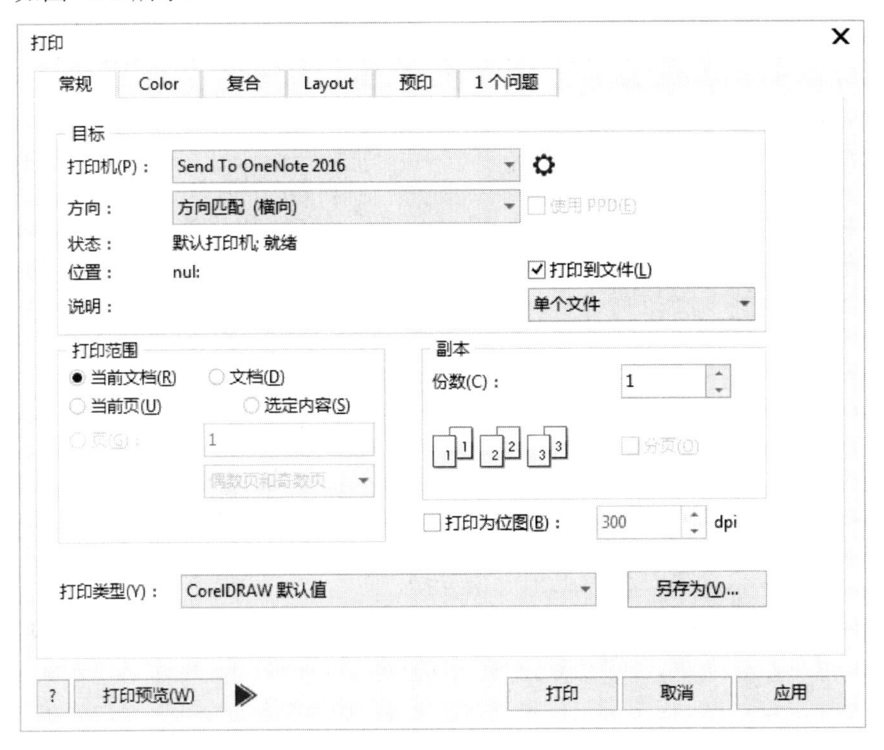


图 12-6

- 【打印机】下拉按钮：设置打印机型号。
- 【方向】下拉按钮：设置打印方向。
- 【状态】选项：提示打印机目前的状态。
- 【位置】选项：提示打印机目前的位置。
- 【打印范围】选项组：包括【当前文档】、【文档】、【当前页】以及【选定内容】4 种范围。选择不同的范围，打印出的页面内容也不一样。
- 【份数】微调框：设置要打印的数量。
- 【打印到文件】复选框：勾选该复选框，单击下方的下拉按钮，在弹出的下拉列表中有 3 个选项，选择不同的选项可以打印出不同的效果。

选择 Layout 标签，切换到 Layout 选项卡，在该选项卡中可以对文档中的图像位置和大小、版式布局、出血显示进行设置，如图 12-7 所示。

- 【与文档相同】单选按钮：保持图像大小与原文档相同。
- 【调整到页面大小】单选按钮：调整打印页面的大小和位置，以适应打印页面。
- 【重新定位插图至】单选按钮：从该下拉列表中选择一个位置来重新定位图像在打印页面中的位置，并且可以在下方的相应微调框中指定大小、位置和比例。

图 12-7

- 【拼贴页面】复选框：勾选该复选框，软件会将每页的各个部分打印在单独的纸张上，然后可以将这些纸张合并为一张。
- 【平铺重叠】微调框：指定要平铺重叠的数量。
- 【页宽】微调框：指定平铺要占用的页宽的百分比。
- 【出血限制】复选框：设置图像可以超出裁剪标记的距离，使打印作业扩展到最终纸张大小的边缘之外。出血边缘限制可以将稿件的边缘设计成超出实际纸张的尺寸，通常在上、下、左、右可各留出 3 ~ 5mm，这样可以避免由于打印和裁剪过程中的误差而产生不必要的白边。
- 【版面布局】下拉按钮：可以从该下拉列表中选择一种版面布局。

选择 Color 标签，切换到 Color 选项卡，在该选项卡中可以对打印的颜色进行设置，如图 12-8 所示。

选择【复合】标签，切换到【复合】选项卡，在该选项卡中可以对颜色的叠印和网频数量进行设置，如图 12-9 所示。

选择【预印】标签，切换到【预印】选项卡，在该选项卡中可以对文件信息、纸片/胶片、注册标记、调校栏进行设置，如图 12-10 所示。

设置完成后，如果没有问题，单击【打印】按钮进行打印。若有问题，单击【1 个问题】标签，在【1 个问题】选项卡中查看问题，并做出更改，如图 12-11 所示。

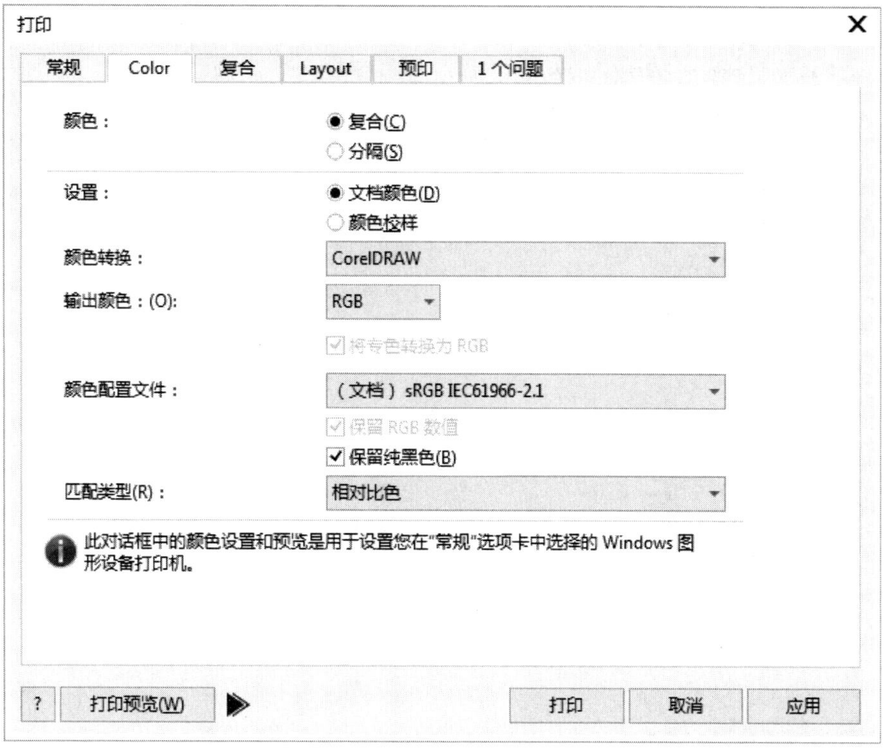

打印
常规
Color
复合
Layout
预印
1 个问题
颜色：
复合(C)
分隔(S)
设置：
文档颜色(D)
颜色校样
颜色转换：
CorelDRAW
输出颜色：(O):
RGB
将专色转换为 RGB
颜色配置文件：
（文档）sRGB IEC61966-2.1
保留 RGB 数值
保留纯黑色(B)
匹配类型(R)：
相对比色
此对话框中的颜色设置和预览是用于设置您在"常规"选项卡中选择的 Windows 图形设备打印机。
?
打印预览(W)
打印
取消
应用

图 12-8

打印
常规
Color
复合
Layout
预印
1 个问题
文档叠印(D)：
忽略
网频(Q)：
默认
lpi
补漏
自动补漏：
无
.5 pt
上述文本(B)：
18.0 pt
选项
以黑色打印文本
始终叠印黑色(O)
包括
Color
青色
品红
黄色
Black
?
打印预览(W)
打印
取消
应用

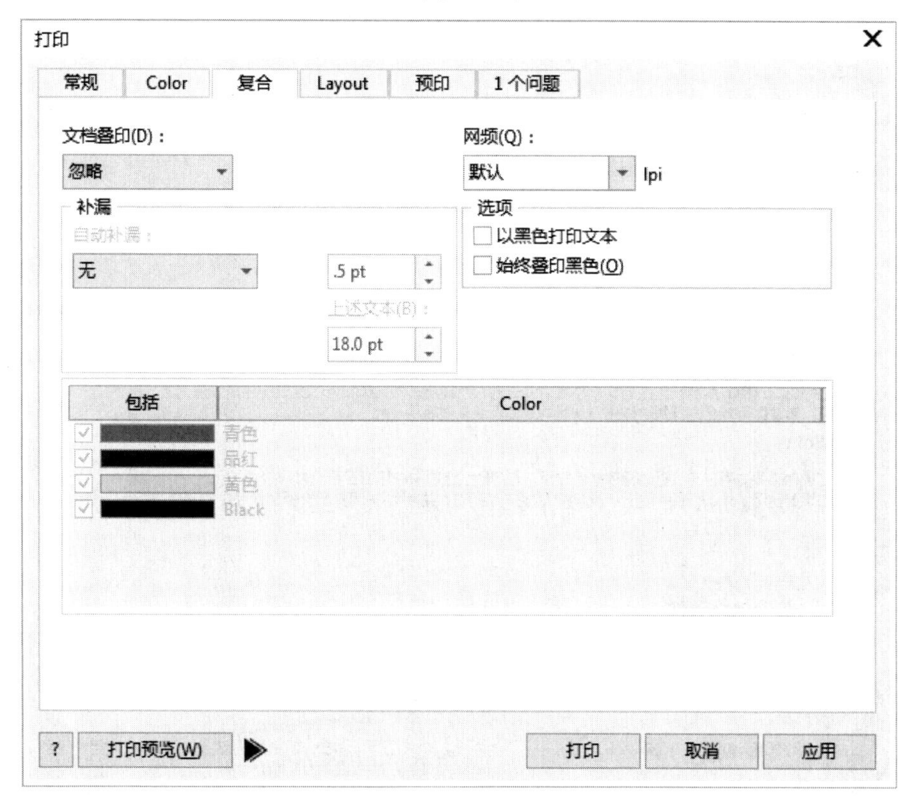

图 12-9

打印
常规
Color
复合
Layout
预印
1 个问题
纸片/胶片设置
反转(N)
镜像(R)
文件信息
打印文件信息(I)
未命名 -1
打印页码(P)
在页面内的位置(O)
完成
裁剪/折叠标记(M)
仅外部(X)
对象标记(K)
注册标记
打印套准标记(G)
样式(Y)：
调校栏
颜色调校栏(L)
尺度比例(D)
浓度(T)：
位图缩减取样
颜色和灰度(C)
300
dpi
单色
1,200
dpi
?
打印预览(W)
打印
取消
应用

图 12-10

打印
常规
Color
复合
Layout
预印
1 个问题
印前检查对象(P)：
默认设置
已对非 PostScript 输出启用颜色校正。
细节：
使用当前选择的复合颜色预置文件校准该设备的颜色输出。如果该设备的驱动程序也设置为进行颜色校正，系统则可能会进行两次校正，从而导致校正结果前后不一致.
建议：
如果你想要使用打印机驱动程序颜色校正，在"颜色"选项卡中将其设置为执行颜色校正。
如果要使用 Corel 的颜色校正，请选择"常规"标签下的"属性"，关闭打印机驱动程序中的颜色校正.
今后不检查此问题(D)
?
打印预览(W)
打印
取消
应用

图 12-11

## 12.2.2 打印预览

一般情况下，在打印输出前都需要进行打印预览，以便确认打印输出的总体效果。

执行【文件】→【打印预览】命令，进入【打印预览】窗口，用户可以在其中对内容进行设置，设置完成后单击【关闭打印预览】按钮，如图 12-12 所示。

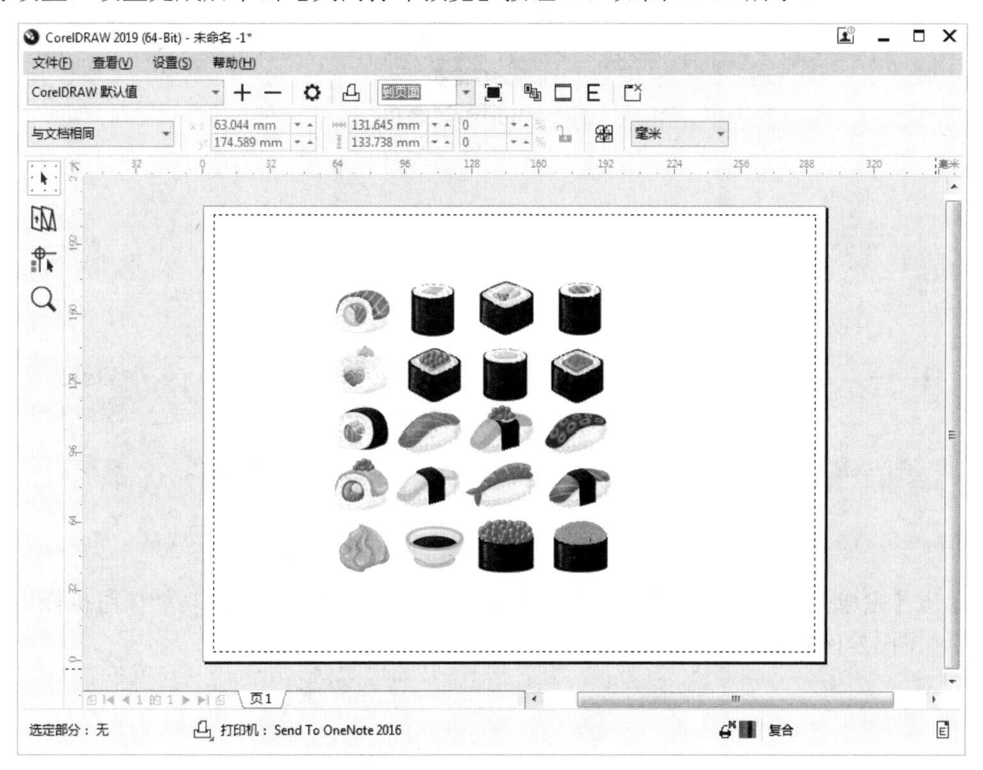


图 12-12

- 【页面中的图像位置】下拉按钮：在该下拉列表中，可以选择打印对象在纸张上的位置。
- 【挑选工具】按钮：单击该工具，在预览窗口中的图形对象上按住鼠标左键并拖曳，可移动图形的位置；在图形对象上单击，拖曳对象四周的控制点，可调整对象在页面上的大小。
- 【缩放工具】按钮：该工具与工具箱中的缩放工具使用方法相似，使用该工具在预览窗口中单击鼠标左键可放大视图。

## 12.2.3 合并打印

用户可以使用【合并打印】向导来组合文本和绘图，例如，可以在不同的请柬上打印不同的接收方姓名。

执行【文件】→【合并打印】→【创建/载入合并打印】命令，弹出【合并打印】对话框。单击【添加列】按钮，分别添加“邀请函”“地点”“座位号”3 列，然后单击【添加记录】按钮＋，添加“1”和“2”两条记录，如图 12-13 所示。

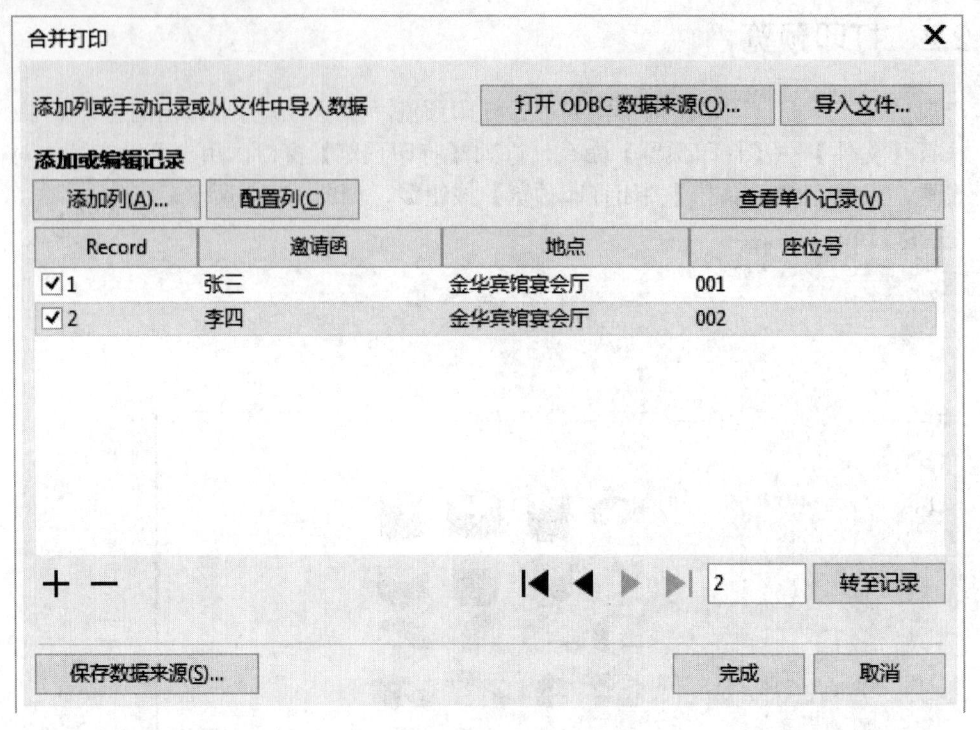


图 12-13

单击【完成】按钮，弹出【合并打印】对话框，可以单击其中的功能按钮执行相应的操作，如图 12-14 所示。

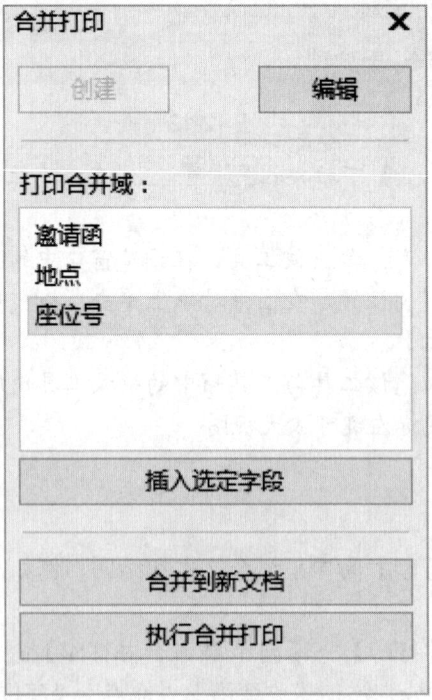

合并打印
创建
编辑
打印合并域：
邀请函
地点
座位号
插入选定字段
合并到新文档
执行合并打印

图 12-14

## Section 12.3 范例应用与上机操作

手机扫描下方二维码，观看本节视频课程

在本节的学习过程中，将侧重介绍和讲解与本章知识点有关的范例应用与技巧，主要内容包括查看文档属性、导出为 WordPress 以及使用 CorelDRAW 的发送到功能等方面的知识与操作技巧。

### 12.3.1 查看文档属性

执行【文件】→【文档属性】命令，弹出【文档属性】对话框，可以为当前文档添加一些说明信息，如标题、主题、作者、版权所有等，在对话框下方还可以查看当前文档的页数、字体、文本统计、使用的颜色模型及绘图包含的对象类型等信息，如图 12-15 和图 12-16 所示。

文档属性

语言: 中文(简体)

标题:

主题:

作者: Administrator

版权所有：

标签：

注释：

等级： 无

图 12-15

文件

名称和位置： 未命名 -1

文档

1

图层： 1

页面尺寸： A4 (297.000 x 210.000mm)

页面方向： 横向

分辨率 (dpi)： 300

Color

RGB 预置文件： sRGB IEC61966-2.1

CMYK 预置文件： Japan Color 2001 Coated

灰度预置文件： Dot Gain 15%

原色模式： CMYK

匹配类型: 相对比色

图形对象

对象数： 7675

点数： 45213

最大曲线点数： 73

? OK 取消

图 12-16

### 12.3.2 导出为 WordPress

WordPress 是使用 PHP 语言开发的博客平台，用户可以在支持 PHP 和 MySQL 数据库的服务器上架设属于自己的网站。也可以把 WordPress 当作一个内容管理系统(CMS)来使用。

WordPress 有许多第三方开发的免费模板，安装方式简单易用。不过要做一个自己的模板，则需要有一定的专业知识。比如至少要懂得标准通用标记语言下的一个应用 HTML 代码、CSS、PHP 等相关知识。

用户还可以将文件导出为 WordPress，执行【文件】→【导出为】→WordPress 命令，弹出【WordPress 导出】对话框，在其中可以设置参数，设置完成后单击【上传】按钮即可完成将文件导出为 WordPress 的操作，如图 12-17 所示。

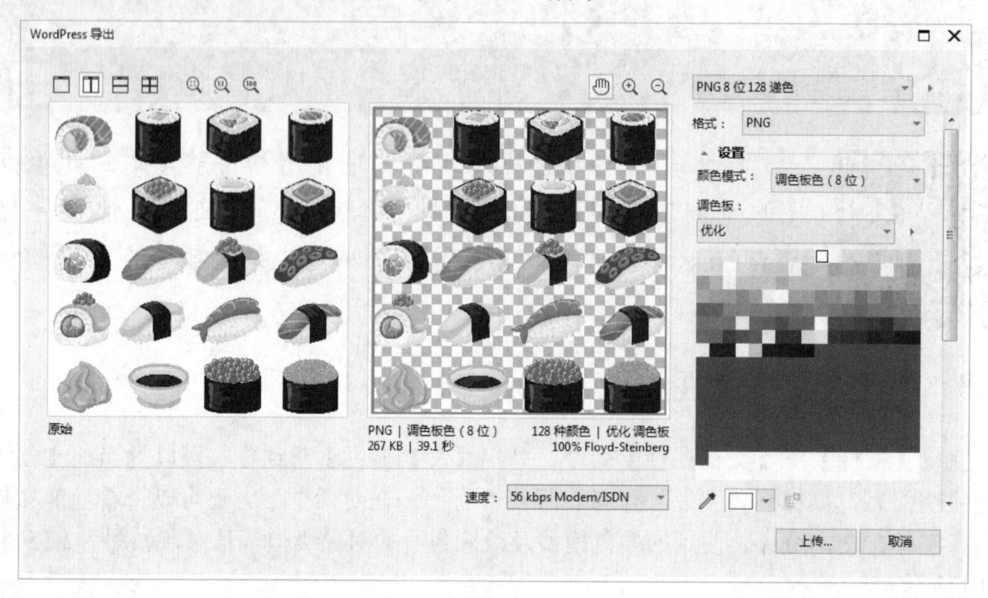


图 12-17

## 12.3.3 【发送到】命令

【发送到】命令可以将文件以下面几种方式进行处理，如图 12-18 所示。

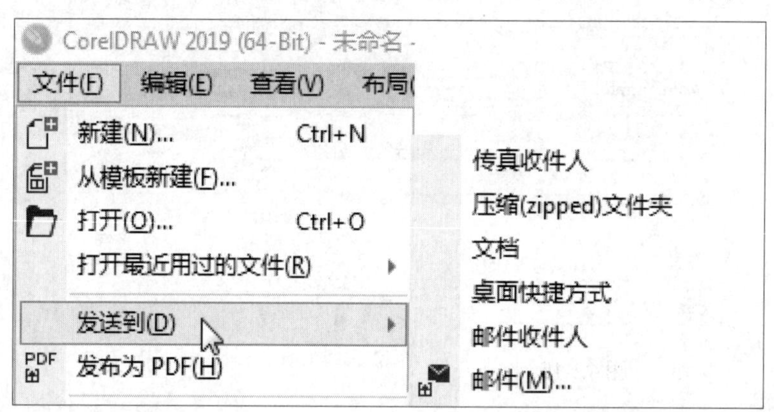


图 12-18

- 【传真收件人】菜单项：执行该命令后，将会弹出【新传真】窗口，文件将以附件的形式添加在传真中，如图 12-19 所示。
- 【压缩(zipped)文件夹】菜单项：执行该命令，即可在文件的保存位置创建一个压缩文件。
- 【文档】菜单项：执行该命令后，系统将发送文件至【我的文档】文件夹。
- 【桌面快捷方式】菜单项：执行该命令后，系统将会在桌面生成该文件的快捷方式。
- 【邮件收件人】菜单项：执行该命令后，将弹出【发送电子邮件】窗口，文件将

以附件的形式添加在邮件中，用户对该窗口进行设置后，即可将文件通过电子邮件发送，如图 12-20 所示。

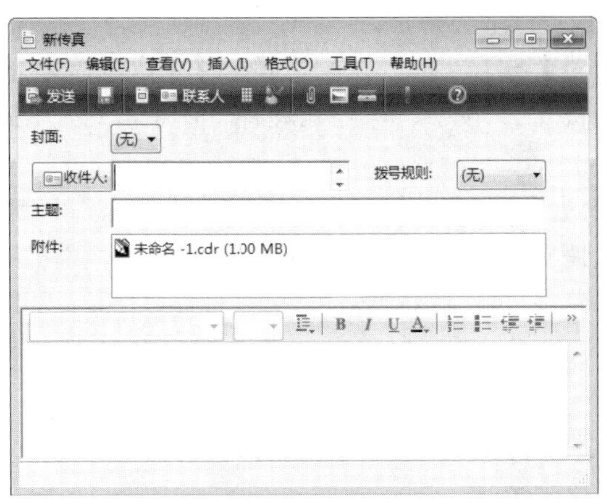


图 12-19

图 12-20

- 【邮件】菜单项：执行该命令后，将会弹出【转换为位图】对话框，单击 OK 按钮，弹出【发送电子邮件】窗口，邮件附件中将会添加“.cdr”和“.jpg”格式的文件，如图 12-21 所示。

图 12-21

## Section 12.4 本章小结与课后练习

本节内容无视频课程

本章主要介绍了导出 CorelDRAW 中的文件、打印和印刷等内容。学习本章后，用户可以基本了解管理和打印文件的方法，为进一步使用软件制作图像奠定坚实的基础。

## 12.4.1 思考与练习

**一、填空题**

1. 编辑好文档后，执行【文件】→【导出为】→________命令，弹出【导出用于办公】对话框，在该对话框中设置好参数和选项，单击 OK 按钮，即可完成将文件导出到 Office 的操作。

2. PDF(Portable Document Format 的简称，意为________)，是由 Adobe Systems 用于与应用程序、操作系统、硬件无关的方式进行文件交换所发展出的文件格式。

**二、判断题**

1. 在【打印】对话框中包括【常规】、Color、【复合】、Layout、【预印】以及【1 个问题】选项卡。 (  )

2. 在【打印】对话框中选择 Color 标签，切换到 Color 选项卡，在该选项卡中可以对文档中的图像位置和大小、版式布局、出血显示进行设置。 (  )

**三、思考题**

1. 如何导出文档为 PDF 格式？

2. 如何查看文档属性？

## 12.4.2 上机操作

1. 通过本章的学习，读者基本可以掌握管理与打印文件方面的知识，下面通过练习导出文档为 Web 网页，达到巩固与提高的目的。

2. 通过本章的学习，读者基本可以掌握管理与打印文件方面的知识，下面通过练习导出文档为 WordPress，达到巩固与提高的目的。

范例导航
系列丛书

# 第13章 综合应用案例

经过前面章节的学习，软件的操作想必大家已经非常熟悉了，本章主要介绍三个使用 CorelDRAW 2019 制作的完整案例，包括制作园艺博览会宣传广告、制作时装网站首页以及制作图形化版面。通过这三个案例的制作，可以提高自己对软件操作的熟悉程度，还能为以后独立设计制作打下坚实的基础。

## 本章要点

1. 制作园艺博览会宣传广告
2. 制作时装网站首页
3. 制作图形化版面

# Section 13.1 制作园艺博览会宣传广告

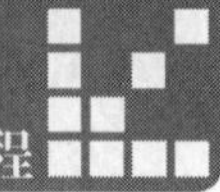

手机扫描下方二维码，观看本节视频课程

本节将详细介绍使用造型功能制作园艺博览会宣传广告的操作方法，主要步骤包括使用矩形工具制作青色背景、使用椭圆形工具绘制盛放图片的圆形框、绘制白色云朵背景，以及在圆形框中置入图像素材、输入文字、绘制水滴效果图形等。

本案例将详细介绍使用造型功能制作园艺博览会宣传广告的操作方法。

素材文件 第13章\素材文件\园艺博览会\1.jpg~8.jpg

效果文件 第13章\效果文件\园艺博览会.cdr

创建一个横向的A4文档，使用矩形工具在画面上绘制一个矩形，如图13-1所示。

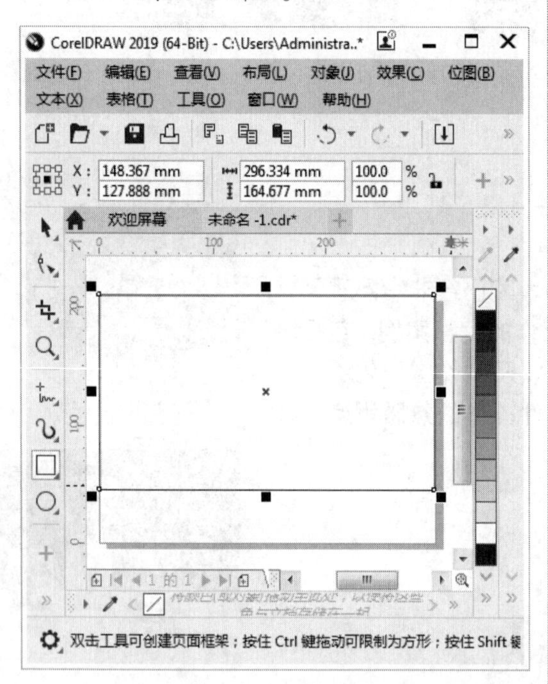


图 13-1

step 2 使用交互式填充工具为矩形填充青色(R: 61, G: 170, B: 203)，在调色板中右键单击【无】按钮去掉轮廓色，如图13-2所示。

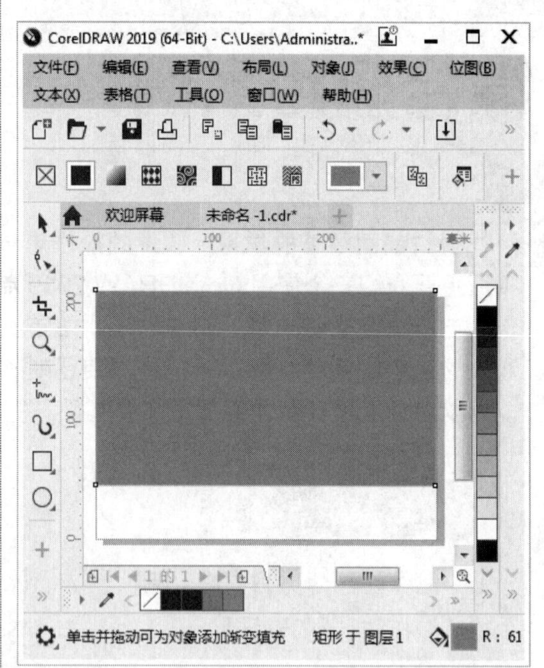


图 13-2

step 3 按住Ctrl键，使用椭圆形工具绘制一个正圆，填充浅蓝色(R: 160, G: 217, B: 246)，并去掉轮廓色，如图13-3所示。

使用矩形工具绘制一个矩形，并填充白色，去掉轮廓色，如图13-4所示。

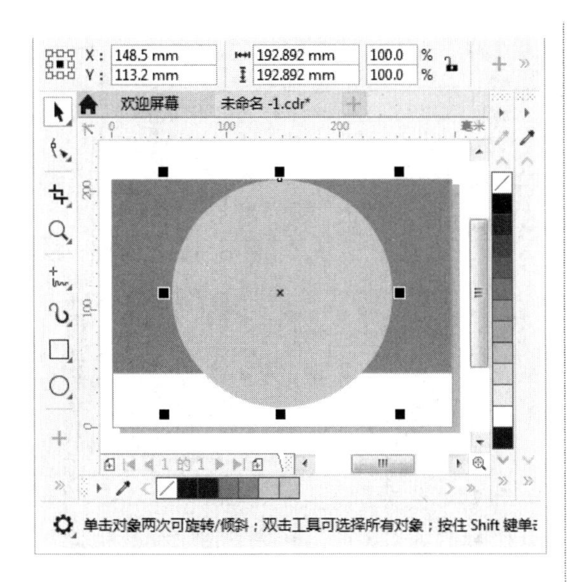


图 13-3

step 5 执行【窗口】→【泊坞窗】→【变换】命令，在弹出的【变换】泊坞窗中设置旋转【角度】为 45°，【副本】为 3，单击【应用】按钮，如图 13-5 所示。

变换

旋转

角度： 45.0

中

X： 149.066 mm

Y： 113.265 mm

相对中心

副本： 3

应用

图 13-5

step 7 按住 Shift 键选中所有的白色矩形和正圆，然后单击属性栏中的【修剪】按钮，接着选择白色矩形，按 Delete 键删除，效果如图 13-7 所示。

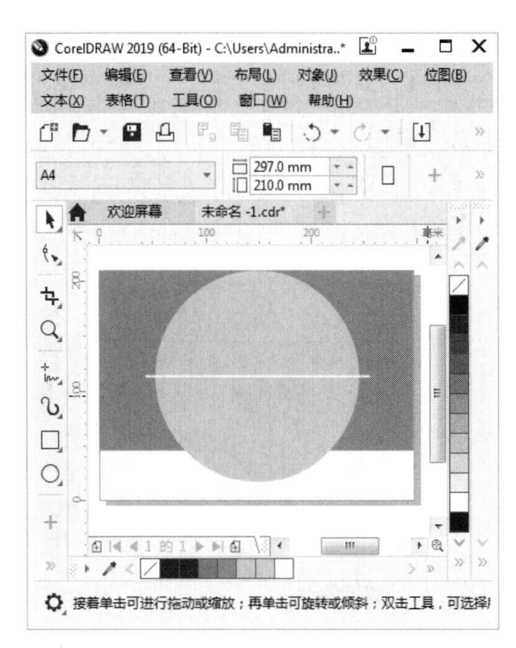


图 13-4

step 6 得到的效果如图 13-6 所示。

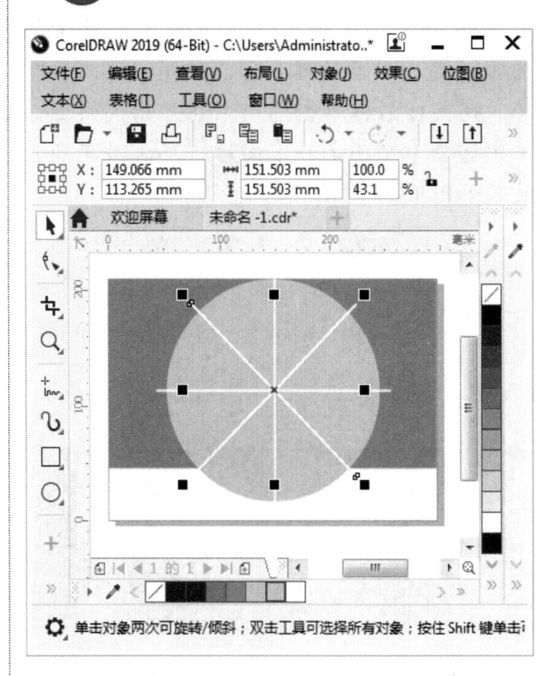


图 13-6

step 8 使用椭圆形工具在画面上绘制一排圆形并为其填充白色，效果如图 13-8 所示。

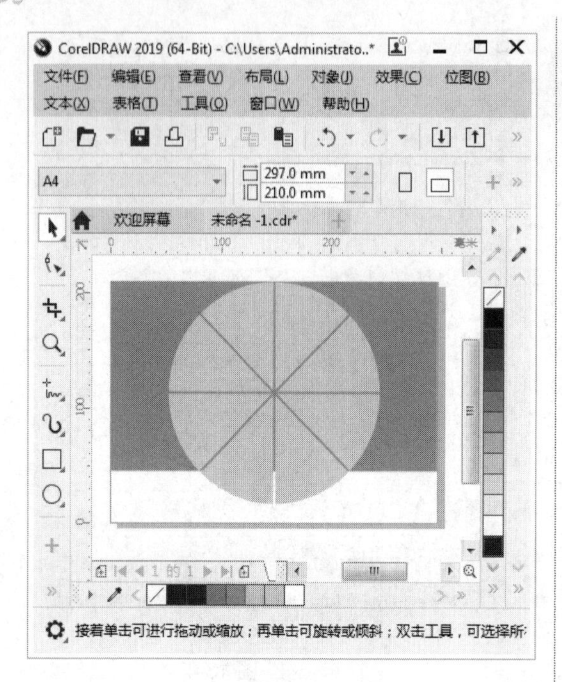


图 13-7

step 9 选中绘制的一排椭圆形，去除轮廓色，单击属性栏中的【焊接】按钮，超出画面的部分可以使用裁剪工具裁掉。用鼠标右键单击图形，在弹出的快捷菜单中选择【顺序】→【向后一层】菜单项，效果如图 13-9 所示。

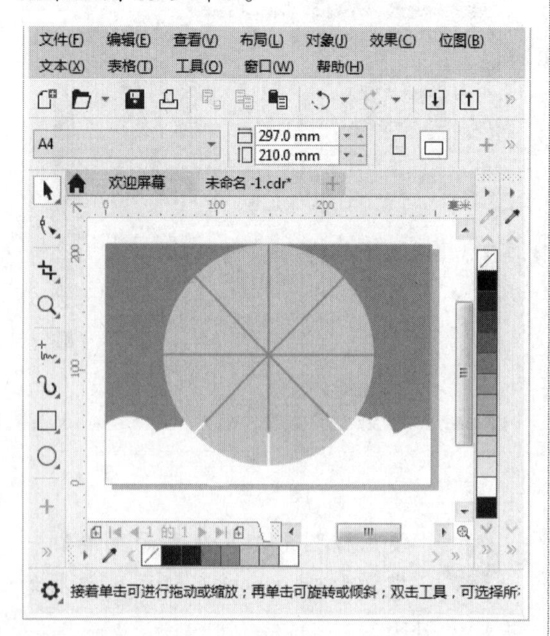


图 13-9

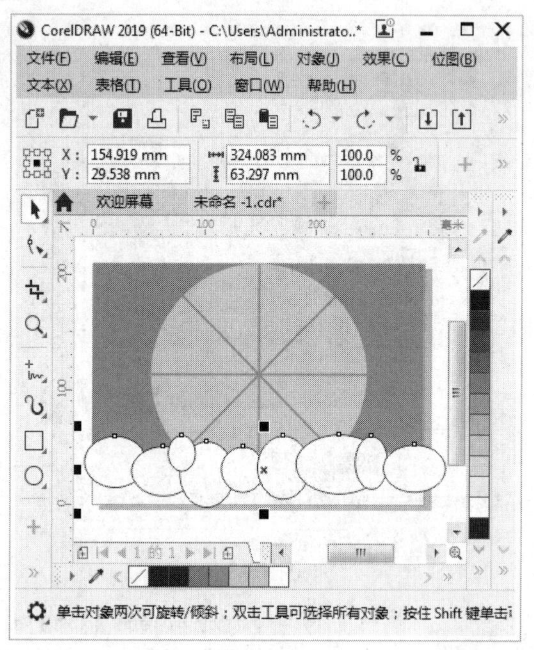


图 13-8

step 10 选中圆形，按 Ctrl+C 组合键复制，按 Ctrl+V 组合键粘贴。为了便于观察，将复制的圆形填充黑色，进行等比例缩放，效果如图 13-10 所示。

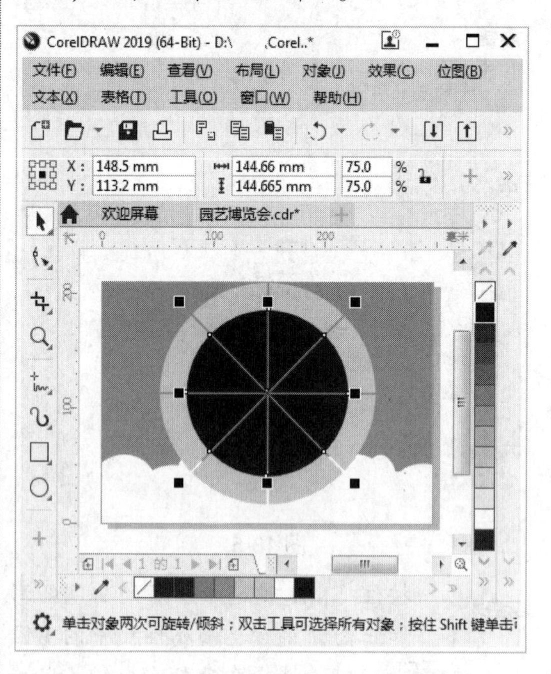


图 13-10

step 11 选中黑色圆形，按Ctrl+K组合键进行拆分。执行【文件】→【导入】命令，导入“1.jpg”文件，如图13-11所示。

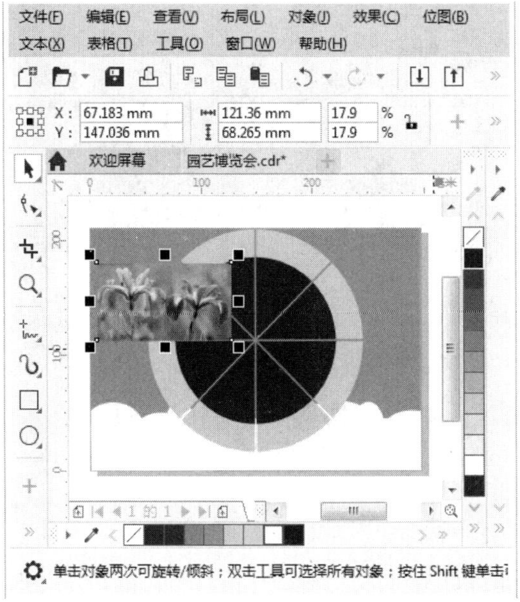

图 13-11

step 13 使用相同方法置入其他素材，如图13-13所示。

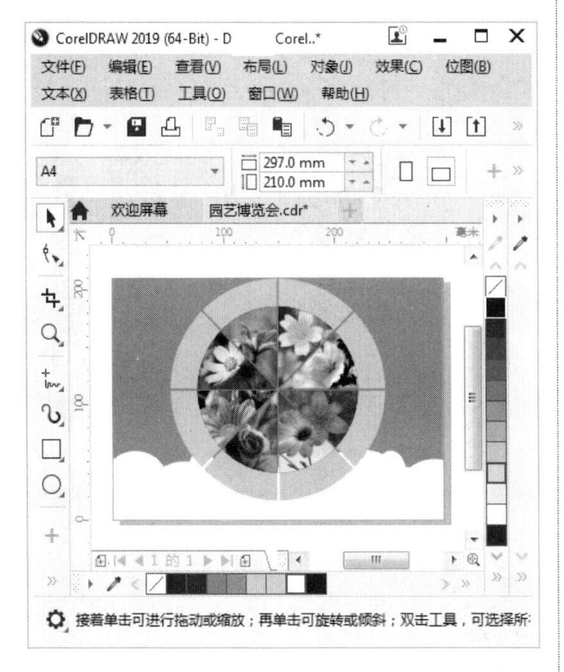


图 13-13

step 12 选中导入的图像，执行【对象】→PowerClip→【置于图文框内部】命令，光标变为箭头形状，单击其中一个饼形，素材已经嵌入到饼形中，如图13-12所示。

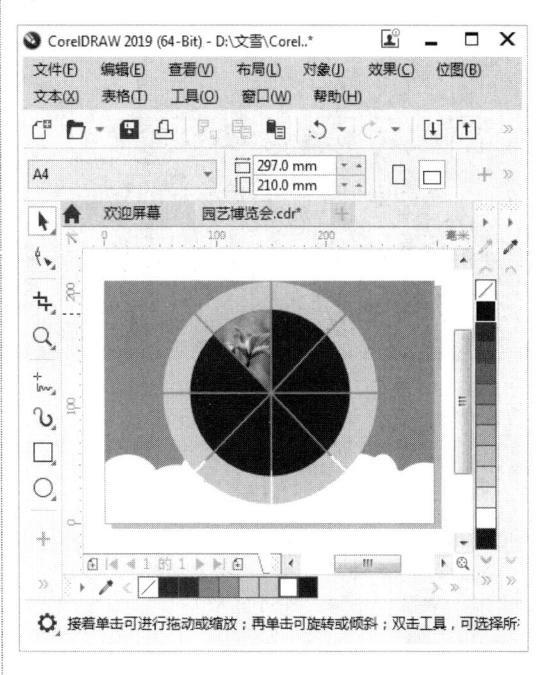


图 13-12

step 14 使用椭圆形工具绘制一个圆形，填充红色，如图13-14所示。

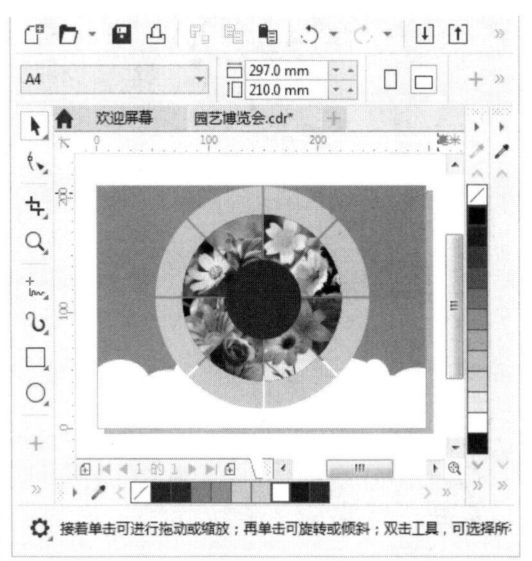


图 13-14

使用文本工具输入内容，设置字体字号，设置颜色为黄色，如图 13-15 所示。

图 13-15

使用钢笔工具绘制一个形状，填充黄色，如图 13-17 所示。

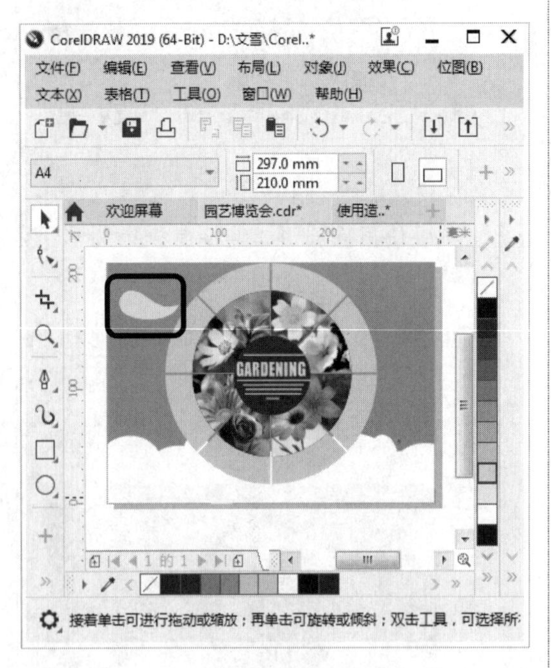


图 13-17

使用椭圆形工具在图形上方按住 Ctrl 键绘制一个正圆，填充白色，如图 13-19 所示。

输入其他两段文字，设置字体字号与颜色，如图 13-16 所示。

图 13-16

使用相同方法绘制其他形状，如图 13-18 所示。

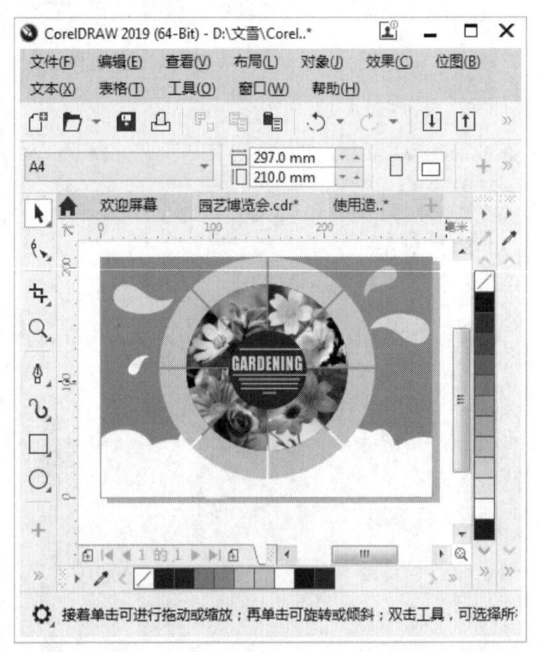


图 13-18

使用文本工具输入 tree、flower、garden 三个单词，填充黄色，分别放在白色正圆中，如图 13-20 所示。

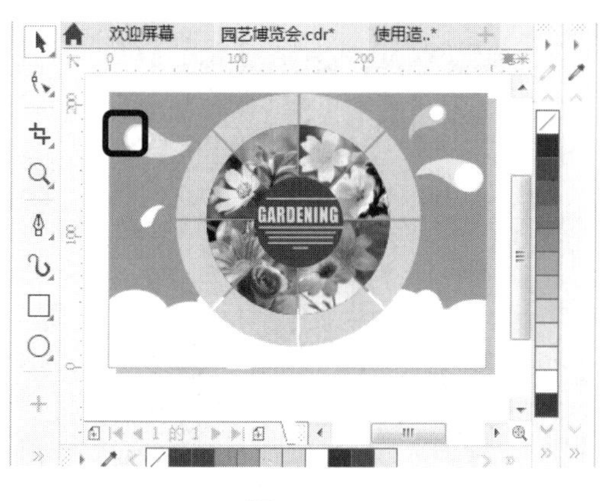


图 13-19

图 13-20

## Section 13.2 制作时装网站首页

手机扫描下方二维码，观看本节视频课程

本节将详细介绍制作时装网站首页的操作方法，主要步骤包括使用矩形工具制作黑色背景、执行“导入”命令导入图像素材、使用常用工具绘制箭头、使用文本工具输入文字内容、使用【合并】命令制作搜索符号、导入文字素材等。

本案例将详细介绍使用 CorelDRAW2019 制作时装网站首页的操作方法。

素材文件 第13章\素材文件\时装网站首页\1.jpg~5.jpg 6.cdr

效果文件 第13章\效果文件\时装网站首页.cdr

step 1 新建一个宽度为 1924px、高度为 1080px 的横向空白文档，使用矩形工具在画面中绘制一个矩形，填充黑色，如图 13-21 所示。

图 13-21

step 3 执行【文件】→【导入】命令，导入“1.jpg”文件，如图 13-23 所示。

step 2 再绘制一个矩形，填充 70%黑色，如图 13-22 所示。

图 13-22

step 4 使用相同方法导入其他素材，如图 13-24 所示。

图 13-23

使用矩形工具在照片下方绘制矩形，并填充 80%黑色，如图 13-25 所示。

图 13-25

step 7 使用文本工具在画面上半部分输入文字，设置字体字号，填充白色，并为其中两个单词添加白色矩形边框，如图 13-27 所示。

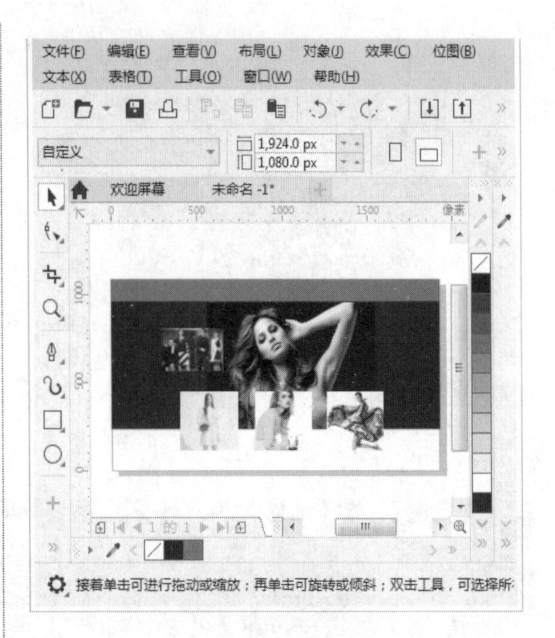


图 13-24

step 6 单击工具箱中的【常见形状工具】按钮，在属性栏中选择一种箭头形状，在矩形上绘制一个箭头，填充白色，去掉轮廓色，如图 13-26 所示。

图 13-26

step 8 使用矩形工具绘制一个矩形，填充 40%黑色，在属性栏中单击【圆角】按钮，设置【转角半径】为 5px，如图 13-28 所示。

图 13-27

step 9 在圆角矩形上绘制一个正圆，填充轮廓色为白色，接着绘制一个矩形，填充轮廓色为白色，在属性栏设置【旋转角度】为 30°，如图 13-29 所示。

图 13-29

step 11 在图像下方绘制一个矩形，填充黑色，添加白色轮廓色。在图像中间绘制一个三角形，填充白色，如图 13-31 所示。

图 13-31

step 13 执行【文件】→【导入】命令，将"6.cdr"素材文件导入文档，最终效果如图 13-33 所示。

图 13-28

step 10 框选两个图形，在属性栏中单击【焊接】按钮，得到一个完整图形，如图 13-30 所示。

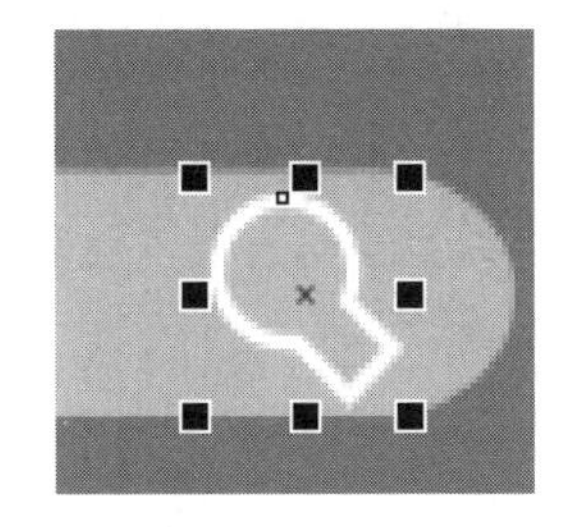

图 13-30

step 12 在画面上方使用矩形工具绘制一个矩形，填充白色，去掉轮廓色。使用矩形工具绘制一个圆角矩形，如图 13-32 所示。

图 13-32

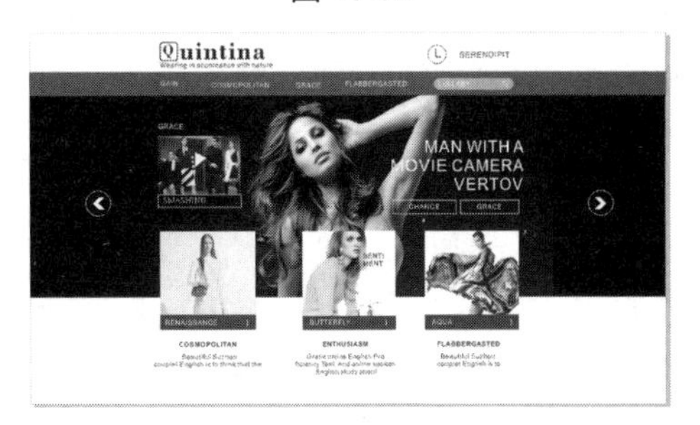


图 13-33

## Section 13.3 制作图形化版面

手机扫描下方二维码，观看本节视频课程

本节将详细介绍制作图形化版面的操作方法，主要步骤包括使用钢笔工具绘制并填充图形、使用矩形工具绘制并填充矩形、导入图像素材、使用椭圆形工具绘制并填充圆形、使用钢笔工具绘制不规则线条、使用文本工具输入内容，导入图片素材等。

本案例将详细介绍使用 CorelDRAW 2019 制作图形化版面的操作方法。

素材文件 第13章\素材文件\图形化版面\1.jpg~3.jpg

效果文件 第13章\效果文件\图形化版面.cdr

step 1 创建一个横向的 A4 文档，使用钢笔工具绘制一个不规则形状，如图 13-34 所示。

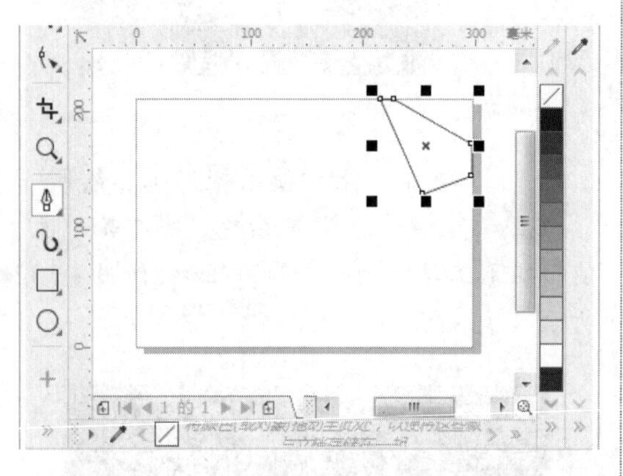

图 13-34

step 2 单击【交互式填充工具】按钮，在属性栏中单击【均匀填充】按钮，设置填充色为黄色(C：0，M：20，Y：100，K：0)，去掉轮廓色，如图 13-35 所示。

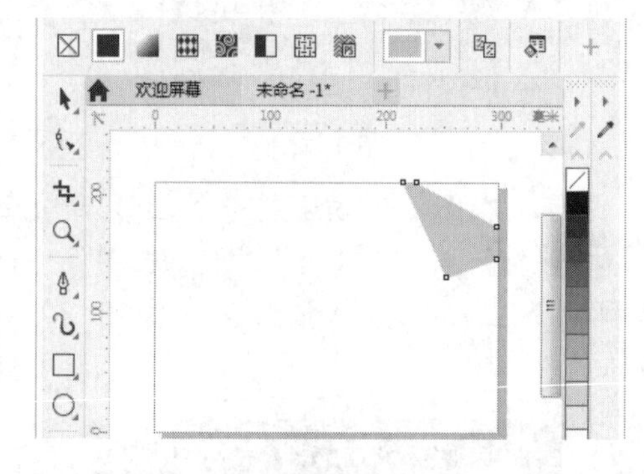


图 13-35

step 3 使用钢笔工具在黄色图像上绘制一个三角形，并填充为白色，去掉轮廓色，如图 13-36 所示。

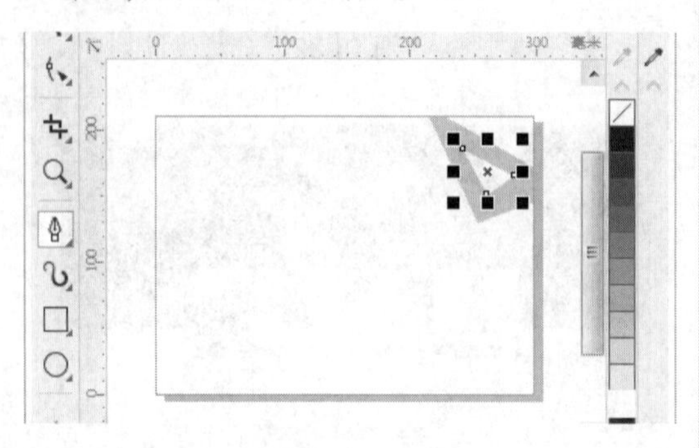

图 13-36

step 4 使用矩形工具绘制一个矩形，填充白色，轮廓色为 40%黑色，如图 13-37 所示。

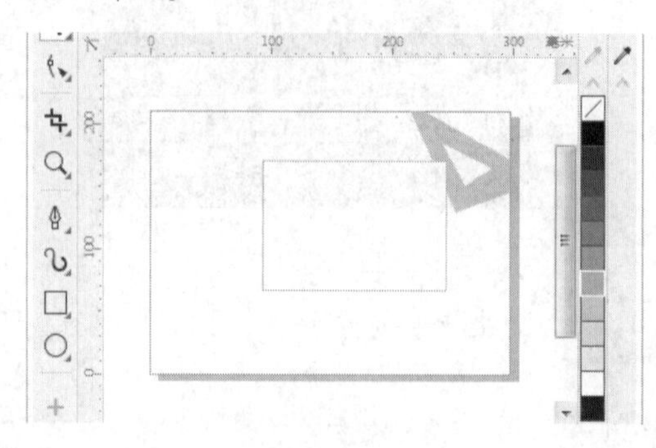

图 13-37

step 5 在矩形右下方绘制一个小矩形，填充20%黑色，去掉轮廓色，并复制出两个，如图13-38所示。

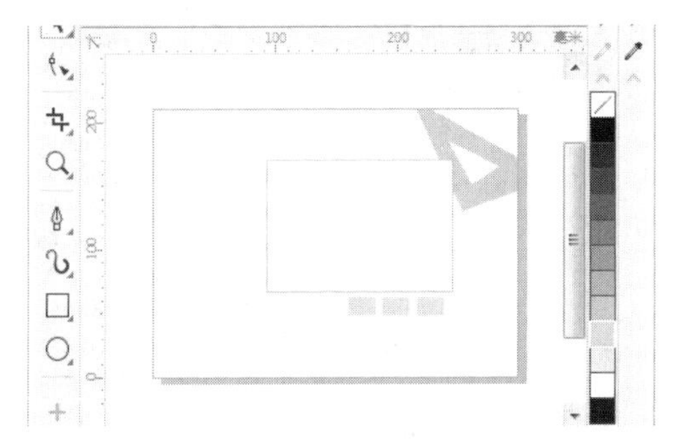

图 13-38

step 6 执行【文件】→【导入】命令，导入“1.jpg”文件，将其放置在白色矩形内，如图13-39所示。

图 13-39

step 7 选中导入的素材，按住鼠标左键向下拖动，至适当位置后右击进行复制，然后缩小至合适大小，如图13-40所示。

图 13-40

step 8 使用椭圆形工具绘制一个正圆，在属性栏中设置【轮廓宽度】为2pt，轮廓色为40%黑色，填充白色，如图13-41所示。

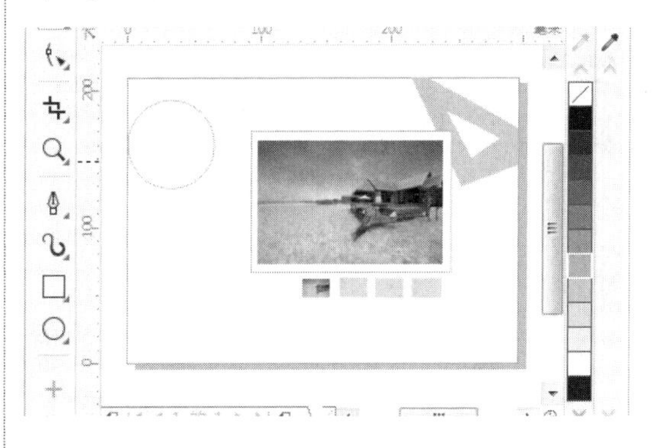

图 13-41

step 9 使用钢笔工具绘制一条随意的线条，轮廓色为40%黑色，如图13-42所示。

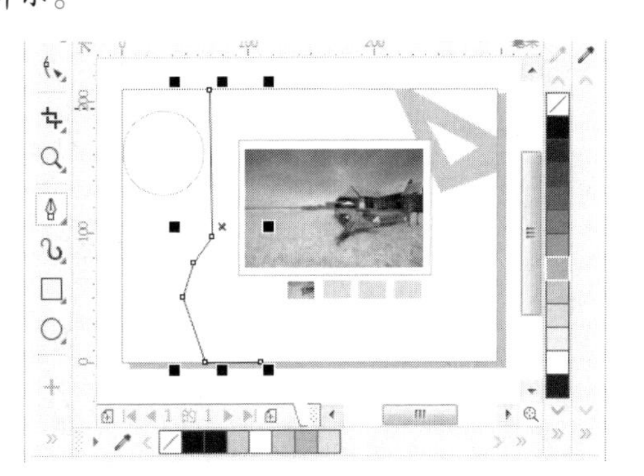

图 13-42

step 10 使用椭圆形工具绘制一个正圆，在属性栏中设置【轮廓宽度】为6pt，轮廓色为黑色，如图13-43所示。

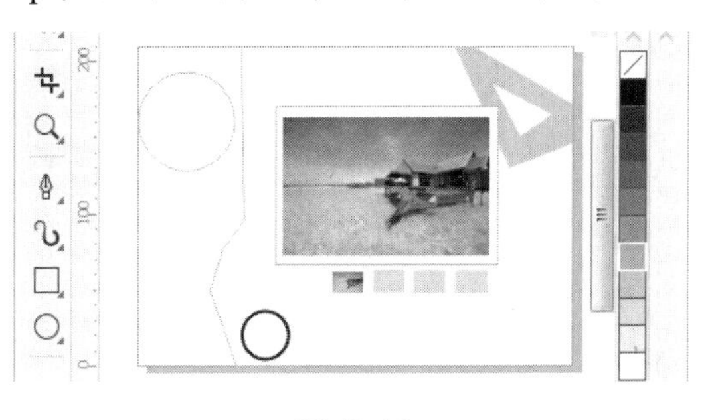

图 13-43

使用相同方法绘制其他正圆，如图 13-44 所示。

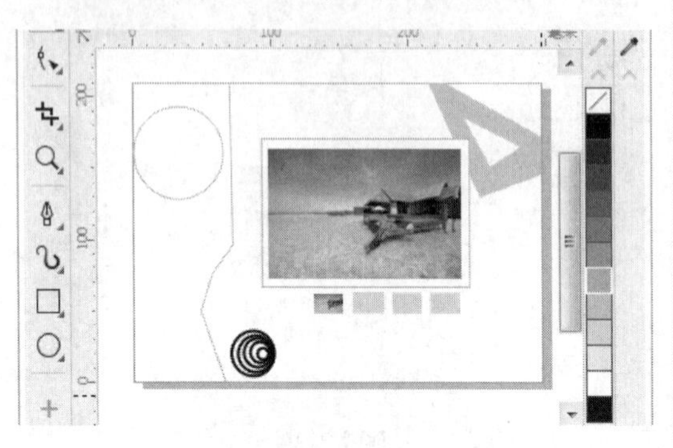

图 13-44

使用文本工具在画面中输入文字，效果如图 13-46 所示。

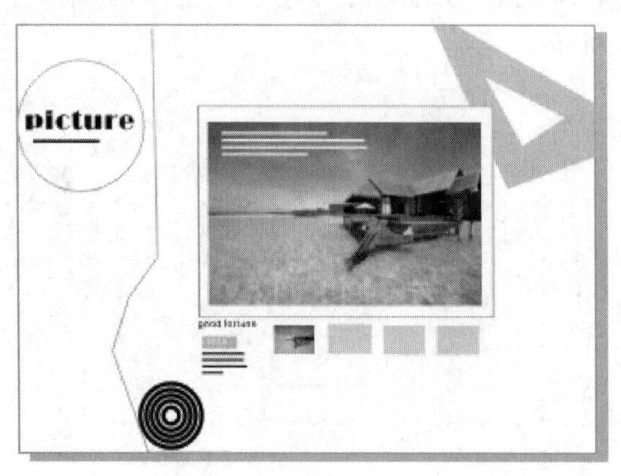


图 13-46

step 12 选中所有圆形，执行【窗口】→【泊坞窗】→【对齐与分布】命令，在弹出的【对齐与分布】泊坞窗中单击【水平居中对齐】和【垂直居中对齐】按钮，效果如图 13-45 所示。

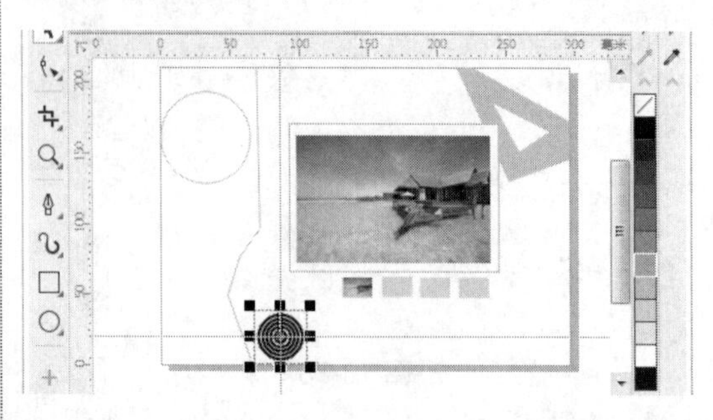

图 13-45

step 14 执行【文件】→【导入】命令，导入“2.png”和“3.jpg”素材文件，效果如图 13-47 所示。

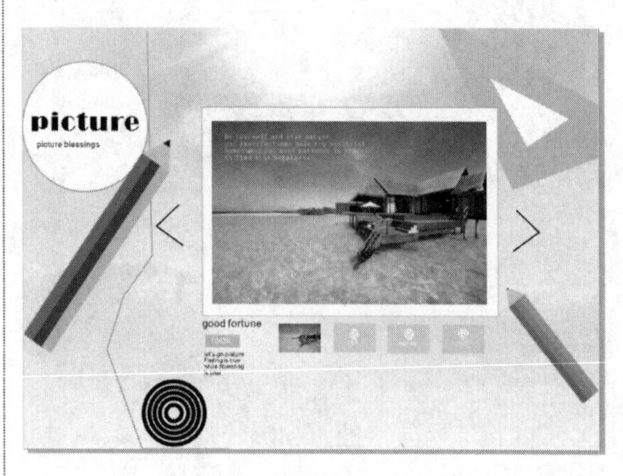


图 13-47

# 课后练习参考答案

## 第 1 章

### 1.8.1 思考与练习

**一、填空题**

1. 页面设计、位图编辑
2. 海报设计、广告设计、卡片设计
3. 菜单栏、属性栏、泊坞窗(面板)

**二、判断题**

1. 错
2. 对

**三、思考题**

1. 打开 CorelDRAW 2019，在欢迎屏幕中单击【新文档】按钮。

弹出【创建新文档】对话框，设置参数，单击 OK 按钮，通过以上步骤即可创建一个空白的新文档。

2. 在 CorelDRAW 2019 中打开素材文件，选择【查看】→【网格】→【文档网格】菜单项。

此时文档底部显示浅灰色的均匀分布的网格，通过以上步骤即可完成使用文档网格的操作。

### 1.8.2 上机操作

1. 在 CorelDRAW 2019 中新建一个文档，选择【文件】→【导入】菜单项。

弹出【导入】对话框，选中准备导入的文件，单击【导入】按钮。

在工作区中按住鼠标左键并拖动，控制导入对象的大小，释放鼠标左键完成导入操作。

2. 打开一个文件，单击工具箱中的【缩放工具】按钮，光标变为一个中心带有加号的放大镜，在图片上进行单击，图片已经放大显示。

若想要缩小图片，单击属性栏上的【缩小】按钮，可以看到图片已经缩小显示。

## 第 2 章

### 2.6.1 思考与练习

**一、填空题**

1. 矩形工具、椭圆工具、多边形工具、螺纹工具
2. 轮廓宽度

**二、判断题**

1. 对
2. 对

**三、思考题**

1. 执行【文件】→【新建】命令，弹出【创建新文档】对话框，设置【页面大小】为 A4 选项，单击【纵向】按钮，单击 OK 按钮，创建一个空白文档。

单击工具箱中的【矩形工具】按钮，在工作区中的左上角按住鼠标左键向画面的右下角拖动，绘制一个与画布等大的矩形。

选中该矩形，左键单击右侧调色板中的白色按钮，为矩形填充白色，接着在调色板中的上方右键单击【无】按钮，去掉轮廓。

使用矩形工具在左侧绘制一个矩形，为其填充深黄色(C：0，M：20，Y：100，K：0)，并去掉轮廓。

继续使用相同方法，再绘制两个矩形，为其填充深黄色，去掉轮廓。

执行【文件】→【导入】命令，弹出【导入】对话框，选择准备导入的文件，单击【导入】按钮。

在画面中按住鼠标左键向右下角拖动导入对象并控制其大小，释放鼠标左键完成导入操作。

使用相同方法导入素材“2.jpg”，单击

工具箱中的【文本工具】按钮，在画面中单击鼠标左键，定位光标，输入内容。

在属性栏设置字体、大小，并为其填充白色。

选中文字，单击文字的中心位置，文字控制点变为可旋转的控制点，将光标移至右上角的控制点上，按住 Ctrl 键的同时，拖动鼠标将其旋转。

选中旋转的文字并移到合适的位置，使用相同的方法制作其他文字。

2. 执行【文件】→【新建】命令，弹出【创建新文档】对话框，设置【宽度】为 269mm，【高度】为 267mm，单击【纵向】按钮，单击 OK 按钮，创建空白文档。

单击工具箱中的【矩形工具】按钮，在画面中绘制一个与画板等大的矩形。

选中矩形，单击工具箱中的【交互式填充工具】按钮，在属性栏单击【渐变填充】按钮，单击【椭圆形渐变填充】按钮，单击右侧节点，在显示的浮动工具栏中设置节点颜色，设置中心点为白色，右键单击调色板中的【无】按钮，去掉轮廓色。

单击工具箱中的【矩形工具】按钮右侧的按钮，在弹出的列表中选择【椭圆形】选项，在画面中间按住 Ctrl 键的同时按住鼠标左键拖动绘制一个正圆。

选中圆形，单击工具箱中的【交互式填充工具】按钮，在属性栏单击【均匀填充】按钮，设置填充颜色为深红色，右键单击调色板中的【无】按钮，去掉轮廓色。

继续使用相同的方法，在深红色正圆上方绘制一个稍小的白色正圆，并调整其位置。

继续使用相同的方法，在白色正圆上方绘制一个稍小的红色正圆，并调整其位置。

选择【文件】→【导入】菜单项，弹出【导入】对话框，选择素材，单击【导入】按钮。

在画面中按住鼠标左键向右下方拖动素材，调整其位置，即可完成制作圆形标志的操作。

### 2.6.2 上机操作

1. 单击工具箱中的【矩形工具】按钮，在画面中按住鼠标左键并拖动，释放鼠标后，可以看到出现了一个矩形，单击调色板中的一个色块，可以更改矩形填充色为该颜色。

2. 执行【文件】→【新建】命令，弹出【创建新文档】对话框，创建一个横向的 A4 文档。

使用多边形工具，在属性栏中设置【边数或点数】为 5，在画布中绘制多边形。

在工具箱中单击【形状工具】按钮，向多边形内部拖曳控制点调整锐度，通过以上步骤即可完成绘制五角星的操作。

## 第 3 章

### 3.8.1 思考与练习

一、填空题

1. 【闭合曲线】
2. 预设、喷涂、书法
3. “无”“中”
4. 编辑锚点工具

二、判断题

1. 错
2. 对
3. 对
4. 对

三、思考题

1. 单击工具箱中的【B 样条工具】按钮，在画面中单击确定起点，移动光标至下一处单击，接着移动光标至下一处单击或按住鼠标左键拖动，此时 3 个点形成一条曲线。多次移动光标并单击，可创建多个控制点，最后按 Enter 键结束绘制。

2. 在工具箱中单击【连接器工具】按钮，在属性栏中单击【直角连接器工具】按钮，在其中一个对象上按住鼠标左键拖曳出连接线，光标位置偏离原有方向就会产生带

有直角转角的连接线。

3. 单击工具箱中的【平行度量工具】按钮，然后在要测量的对象上按住鼠标左键拖曳，拖曳的距离就是测量的距离，释放鼠标后将光标向侧面移动，此时会创建示例，光标拖曳到合适的位置后单击鼠标左键完成操作。

### 3.8.2 上机操作

1. 使用贝塞尔工具绘制一条直线，继续在下一个节点处单击，得到下一条线段，即可得到需要的折线。

2. 单击工具箱中的【角度量工具】按钮，将光标移动至画面中，按住鼠标左键拖曳，释放鼠标后将光标向另一侧移动，以确定测量的角度，然后单击鼠标左键。

## 第 4 章

### 4.7.1 思考与练习

**一、填空题**

1. Shift

2. 【编辑】、【全选】

**二、判断题**

1. 对

2. 对

**三、思考题**

1. 使用选择工具单击对象两次，当对象四周出现双箭头形状的控制点时，移动光标至上方居中的控制点上，鼠标指针变为⇌形状，按住鼠标左键并拖曳，当对象倾斜至适当的角度后释放鼠标左键，即可完成倾斜对象的操作。

2. 选中对象，选择【编辑】→【复制属性自】菜单项，弹出【复制属性】对话框，勾选【填充】复选框，单击 OK 按钮。

光标显示为黑色箭头，单击要复制属性的对象，对象的属性复制完成。

### 4.7.2 上机操作

1. 使用选择工具在对象上单击两次，对象四周的控制点变为双箭头形状，移动光标至对象右上角的控制点上，按住鼠标左键移动鼠标，即可使对象围绕中心点旋转。

2. 选中需要合并的多个对象，在属性栏中单击【合并】按钮，即可将多个对象进行合并。

## 第 5 章

### 5.6.1 思考与练习

**一、填空题**

1. 均匀填充、向量图样填充、双色图样填充

2. 底纹填充

**二、判断题**

1. 错

2. 对

**三、思考题**

1. 选择一个图形，接着单击调色板中的色块，即可为图形填充颜色。

2. 如果想要清除轮廓线，选中带有轮廓线的图形，在右侧的调色板中右键单击按钮，即可清除轮廓线。

### 5.6.2 上机操作

1. 如果要更改轮廓线的颜色，右击调色板中的色块即可；还可以按 F12 键，弹出【轮廓笔】对话框，单击【颜色】下拉按钮，在弹出的下拉面板中选择所需颜色，最后单击 OK 按钮，完成轮廓线的设置。

2. 如果要调整轮廓线的宽度，可以选择图形，单击属性栏中的【轮廓线宽度】下拉按钮，在弹出的下拉列表中选择一种预设的轮廓线宽度，也可以直接在数值框中输入数值，然后按 Enter 键确认。

## 第 6 章

### 6.5.1 思考与练习

**一、填空题**

1. 字号、样式

2. Ctrl、T、段落

二、判断题

1. 对

2. 对

三、思考题

1. 选中要进行分栏的段落文本，选择【文本】→【栏】菜单项，弹出【栏设置】对话框，在【栏数】微调框中输入数值，单击 OK 按钮，可以看到段落文字已经添加了分栏效果。

2. 使用文本工具输入文字，设置字体和字号。

执行【文本】→【字形】命令，打开【字形】泊坞窗，选择一种字体，选择一个字符，单击【复制】按钮。

在文本中要添加字符的位置单击鼠标右键，在弹出的快捷菜单中选择【粘贴】菜单项。

### 6.5.2 上机操作

1. 按住 Ctrl 键，使用椭圆形工具绘制出一个正圆。

单击工具箱中的【文本工具】按钮，将光标移至圆形上单击鼠标确定光标。

使用输入法输入内容，即可完成创建沿路径排列文字的操作。

2. 选中要添加项目符号的段落文本，选择【文本】→【项目符号】菜单项，弹出【项目符号】对话框，勾选【使用项目符号】复选框，设置参数，单击 OK 按钮，可以看到段落文字已经添加了项目符号。

## 第 7 章

### 7.5.1 思考与练习

一、填空题

1. “形状”“曲线”

2. 【断开曲线】

二、判断题

1. 对

2. 对

三、思考题

1. 加选水平方向的节点，单击属性栏中的【对齐节点】按钮。

弹出【对齐节点】对话框，勾选【水平对齐】复选框，单击 OK 按钮，选中的节点在水平方向上已经对齐。

2. 单击工具箱中的【裁剪工具】按钮，在画面中按住鼠标左键拖动，释放鼠标即可得到裁剪框，单击【裁剪】按钮或者按 Enter 键即可完成裁剪操作。

### 7.5.2 上机操作

1. 使用转动工具可以在矢量对象的轮廓线上添加顺时针/逆时针的旋转效果。选择一个图形，单击工具箱中的【转动工具】按钮，在属性栏中通过【速度】选项设置应用旋转效果的速度。设置完成后，在图形边缘按住鼠标左键拖动，释放鼠标后即可看到转动的效果。

2. 选择两个图形，单击属性栏中的【相交】按钮，移动图形后可查看相交效果。

## 第 8 章

### 8.10.1 思考与练习

一、填空题

1. Ctrl、K

2. 【效果】、【轮廓图】

二、判断题

1. 对

2. 错

三、思考题

1. 选择对象，在工具箱中单击【立体化工具】按钮，将光标移至对象上，按住鼠标左键拖动，此时可以参照轮廓线确定立体化的大小，释放鼠标即可创建立体化的效果。

2. 绘制一个图形，选择该图形，单击工具箱中的【变形工具】按钮，然后在图形上按住鼠标左键拖动，根据轮廓判断变形效果，释放鼠标即可完成变形的操作。

### 8.10.2　上机操作

1. 选择对象，在工具箱中单击【块阴影工具】按钮，将光标移至对象上，按住鼠标左键拖动，释放鼠标即可创建块阴影的效果。

2. 选择一个图形，单击工具箱中的【封套工具】按钮，对象周围会显示用来编辑封套的控制框，在控制框边缘有控制点，拖曳控制点即可进行变形。

## 第 9 章

### 9.7.1　思考与练习

**一、填空题**

1. 【填充色】
2. 【分布】【行均分】

**二、判断题**

1. 对
2. 错

**三、思考题**

1. 使用形状工具选中单元格，用鼠标右键单击单元格，在弹出的快捷菜单中选择【拆分为行】菜单项，弹出【拆分单元格】对话框，设置参数，单击 OK 按钮，即可将选中的单元格拆分为指定行数。

使用形状工具选中单元格，鼠标右键单击单元格，在弹出的快捷菜单中选择【拆分为列】菜单项，弹出【拆分单元格】对话框，设置参数，单击 OK 按钮，即可将选中的单元格拆分为指定列数。

2. 使用形状工具选中一个单元格，用鼠标右键单击该单元格，在弹出的快捷菜单中选择【删除】→【行】菜单项，即可将单元格所在的行删除。

### 9.7.2　上机操作

1. 选中表格，选择【文件】→【导入】菜单项，弹出【导入】对话框，选择文件，单击【导入】按钮。

用鼠标左键单击并拖动，将位图导入到文件中。

按住鼠标右键，将位图拖动到单元格内，释放鼠标后，在弹出的快捷菜单中选择【置于单元格内部】菜单项。

此时可以看到图片被导入到单元格中，使用选择工具选中位图，拖曳控制点可以更改图像大小。

2. 合并单元格的操作非常简单，首先使用形状工具选中需要合并的单元格，在属性栏单击【合并单元格】按钮，即可将单元格进行合并。

## 第 10 章

### 10.6.1　思考与练习

**一、填空题**

1. 【局部平衡】
2. 【填充描摹】

**二、判断题**

1. 对
2. 错

**三、思考题**

1. 选择位图，执行【位图】→【模式】→【黑白(1 位)】命令，打开【转换至 1 位】对话框，单击【转换方法】下拉按钮，在弹出的下拉列表中选择一种合适的转换方法，然后通过【强度】选项设置转换方式的强弱。

2. 选择一个位图，执行【位图】→【快速描摹】命令，稍等片刻即可完成描摹操作。

### 10.6.2　上机操作

1. 执行【位图】→【模式】→CMYK 命令，可将图像和颜色模式转换为 CMYK 模式。

2. 选择位图，执行【效果】→【调整】→【伽玛值】命令，打开【伽玛值】对话框，向左滑动滑块可以让图像变暗，向右滑动滑块可以让图像变亮。

# 第 11 章

## 11.12.1 思考与练习

**一、填空题**

1. 特效
2. 执行特效命令、设置参数

**二、判断题**

1. 对
2. 对

**三、思考题**

1. 选中图像，执行【效果】→【创造性】→【玻璃砖】命令，弹出【玻璃砖】对话框，设置参数，单击 OK 按钮，即可完成对图像应用玻璃砖效果的操作。

2. 选中图像，执行【效果】→【相机】→【扩散】命令，弹出【扩散】对话框，设置参数，单击 OK 按钮，即可完成对图像应用扩散效果的操作。

## 11.12.2 上机操作

1. 选中图像，执行【效果】→【三维效果】→【球面】命令，弹出【球面】对话框，设置参数，单击 OK 按钮，即可完成对图像应用“球面”效果的操作。

2. 选中图像，执行【效果】→【扭曲】→【龟纹】命令，弹出【龟纹】对话框，设置参数，单击 OK 按钮，即可完成对图像应用龟纹效果的操作。

# 第 12 章

## 12.4.1 思考与练习

**一、填空题**

1. 【导出到 Office】
2. “可携带文档格式”

**二、判断题**

1. 对
2. 错

**三、思考题**

1. 在 CorelDRAW 2019 中，用户可以将文档发布为 PDF 文件。执行【文件】→【导出为】→【发布为 PDF】命令，弹出【发布为 PDF(H)】对话框，选择保存位置，在【文件名】文本框输入名称，单击【保存】按钮，即可完成将文档发布为 PDF 的操作。

2. 执行【文件】→【文档属性】命令，弹出【文档属性】对话框，可以为当前文档添加一些说明信息，如标题、主题、作者、版权所有等，在对话框下方还可以查看当前文档的页数、字体、文本统计、使用的颜色模型及绘图包含的对象类型等信息。

## 12.4.2 上机操作

1. 执行【文件】→【导出为】→Web 命令，弹出【导出到网页】对话框，在其中设置参数，设置完成后单击【另存为】按钮，即可完成将文件导出为 Web 的操作。

2. 执行【文件】→【导出为】→WordPress 命令，弹出【WordPress 导出】对话框，在其中设置参数，设置完成后单击【上传】按钮，即可完成将文件导出为 WordPress 的操作。